W0254305

Grundbau-Dynamik

Von

Dr.-Ing. **Hans Lorenz**

o. Professor für Grundbau und Bodenmechanik
an der Technischen Universität Berlin

Mit 302 Abbildungen

Springer-Verlag
Berlin/Göttingen/Heidelberg
1960

ISBN-13: 978-3-642-92785-0 e-ISBN-13: 978-3-642-92784-3
DOI: 10.1007/978-3-642-92784-3

Softcover reprint of the hardcover 1st edition 1960

Dem Begründer der Grundbau-Dynamik
meinem verehrten Lehrer
Geheimrat Professor Dr.-Ing. E. h. August Hertwig
in Dankbarkeit gewidmet

Vorwort

Der Verfasser hat mit seiner Berufung an die Technische Universität Berlin die Verpflichtung übernommen, die an dieser Hochschule beheimatete Tradition der Behandlung dynamischer Probleme des Bauingenieurwesens, inbesondere des Grundbaus, weiter zu pflegen. Er konnte sich dabei auf die Arbeiten von A. Hertwig, H. Reissner und E. Rausch stützen und auf Erfolge ihrer Schüler bei der Behandlung dynamischer Probleme in der Praxis berufen. Die Vorlesung, die zur Vertiefung der Kenntnisse des Bauingenieurs gedacht ist, führt den Titel „Angewandte Dynamik im Grundbau". Das vorliegende Werk, das denselben Problemen gewidmet ist, wurde kürzer „Grundbau-Dynamik" betitelt. Dabei ist aber der Hinweis verlorengegangen, daß alle Erkenntnisse dieses Gebietes auf den Ergebnissen der Mechanik und auf den mit der Theorie in Übereinstimmung gebrachten Erfahrungen aus Experiment und Praxis beruhen. Das Ziel einer angewandten Wissenschaft muß sein, die theoretisch fundierten Berechnungsverfahren zu vereinfachen, um durch möglichst weitgehend verminderten Arbeitsaufwand den Anwendungsbereich in der Praxis entsprechend zu erweitern. So wurde bewußt auf alle Ableitungen dynamischer Grundgesetze und Gleichungen verzichtet und — wo möglich — der schematischen (z. B. nomographischen) Behandlung exakter Lösungsverfahren der Vorzug gegenüber Näherungslösungen gegeben, vor allem dort, wo letztere größeren Rechenaufwand erfordern als die exakten.

Das Streben nach wirtschaftlicher Gestaltung der dynamisch erregten Grundbauwerke führt von der Blockbauweise zu aufgelösten Konstruktionen und erfordert deshalb, auch die homogenen Systeme in die Behandlung einzubeziehen. Dabei konnte an dem grundlegenden, leider restlos vergriffenen Werk von Hohenemser-Prager, „Dynamik der Stabwerke" nicht vorbeigegangen werden. Die Schwierigkeit, dieses Buch zu beschaffen, zwang vielmehr zu einer ausführlichen Wiedergabe der wichtigsten Ergebnisse dieser Autoren, denen ein besonderer Dank des Verfassers gebührt. Von ihrem großzügigen Angebot, die Funktionstafeln, die eine sehr wichtige Ergänzung ihres Werkes darstellen, wiedergeben zu können, hat der Verfasser aus Platzmangel und weil inzwischen ähnliche Tafeln erschienen und zugänglich sind, keinen Gebrauch gemacht.

Nicht geringerer Dank gebührt dem Koninklijke Shell-Laboratorium, Amsterdam, insbesondere ihrem spiritus rector, Herrn Dr.-Ir. L. W. Nijboer, für den bei Großunternehmen durchaus nicht allgemein üblichen großzügigen Austausch von Forschungsergebnissen. An dieser Stelle soll festgehalten werden, daß das Koninklijke Shell-Laboratorium kurz nach Ende des zweiten Weltkrieges das von HERTWIG begründete dynamische Baugrunduntersuchungsverfahren aufgegriffen und weitgehend gefördert hat. Auch hier darf der Verfasser für die Erlaubnis, fremdes Gedankengut zu veröffentlichen, herzlich danken. Schließlich hat auch die Bundesanstalt für Straßenbau, deren Abteilung Baugrunduntersuchungen unter der Leitung von Herrn Oberregierungsbaurat SIEDEK steht, in dankenswerter Weise Material für dieses Werk beigesteuert. Obwohl bereits erhebliche Fortschritte auf dem Gebiete der dynamischen Untersuchung von Straßen erzielt worden sind, ist dieser Zweig der Grundbau-Dynamik noch nicht völlig abgeklärt; deshalb wurde seine Behandlung vorläufig zurückgestellt und einer späteren Auflage vorbehalten.

Für die unermüdliche Hilfe bei der Abfassung und Korrektur dieses Buches danke ich meinen Mitarbeitern, Fräulein M. MANTHEY, Dipl.-Ing. (ETH) R. ELMIGER, Dipl.-Ing. H. GREWE, Dipl.-Ing. H. NEUMEUER, Dipl.-Ing. B. PRANGE und Priv.-Doz. Dr.-Ing. H.-U. SMOLTCZYK.

Besonderer Dank sei auch dem Springer-Verlag für die musterhafte Drucklegung und für die Berücksichtigung besonderer Wünsche gesagt.

Berlin, im Januar 1960

H. Lorenz

Inhaltsverzeichnis

1 Einleitung

1.1 Anwendungsgebiete der Dynamik im Grundbau

Während der Bauingenieur durch seinen Ausbildungsgang und durch seine praktische Tätigkeit über ausgezeichnete Kenntnisse auf dem Gebiete der Statik verfügt, fehlen ihm in der Regel die entsprechenden Kenntnisse auf dem Gebiete der Dynamik, so daß es ihm schwer fällt, sich in die Probleme dynamischer Aufgaben einzuarbeiten. Das wesentliche Kennzeichen dynamischer Aufgaben besteht darin, daß der Zeitablauf der Beanspruchungen in Betracht gezogen werden muß. Diese Tatsache wirkt sich in der Betrachtungsweise und in der Art der Berechnung dynamisch beanspruchter Bauwerke erschwerend aus, zumal zur Lösung der dynamischen Probleme Grundgesetze aus der Mechanik herangezogen worden, die in der Statik bedeutungslos und daher nicht allgemein bekannt sind. Die verhältnismäßig geringen Kenntnisse des Bauingenieurs auf dem Gebiete der Dynamik stehen aber im Mißverhältnis zu den ihm in der Praxis gestellten Aufgaben, da insbesondere im Industriebau Zahl und Schwierigkeit dynamischer Aufgaben nicht kleiner sind als solche statischer Art. Somit erscheint es angebracht, dem Bauingenieur die Grundkenntnisse der dynamischen Probleme zu vermitteln, wobei aber im Gegensatz zu den vielen guten Lehrbüchern über Dynamik Betrachtungsweise, Formelzeichen und Beispiele aus dem Gebiete des Bauingenieurwesens gewählt sind. Die Anpassung an die Bedürfnisse des Bauingenieurs geht aber nicht so weit, daß grundsätzlich dynamische Vorgänge auf statische zurückgeführt werden. Dieser in Einzelfällen mögliche Weg der Vereinfachung erscheint allgemein nicht gangbar und führt bei schwierigeren Aufgaben meist zu Fehlern.

Der Entwurf und die Berechnung von Maschinenfundamenten stellen das umfangreichste Anwendungsgebiet der Grundbau-Dynamik dar; hier treten fast alle Probleme auf, die im folgenden angeschnitten werden und einer Lösung bedürfen. Bei Maschinenfundamenten haben wir es sowohl mit starren Blöcken bzw. Scheiben auf der federnden Stützung des Baugrundes zu tun als auch mit aufgelösten Rahmenwerken, bei denen die Probleme der Stabwerksdynamik eine Rolle spielen.

Wenn auch dieses Gebiet dem Bauingenieur am häufigsten in der Praxis begegnet, so ist es doch nicht das einzige Anwendungsgebiet der Grundbau-Dynamik. Auf diese Tatsache sollen einige Beispiele aus dem Gebiete der Schwingungsverdichtung und der Schwingrammung hinweisen. Leider läßt der verfügbare Raum dieses Buches es nicht zu, alle anderen nicht minder wichtigen Gebiete zu streifen. So wäre es z. B. sicher wünschenswert, auf die Probleme der dynamisch erregten Pfahlgründungen einzugehen, die Grundzüge der erdbebensicheren Bauweisen zu behandeln und die Möglichkeiten des Erschütterungsschutzes von Bauwerken in der Nachbarschaft von Erschütterungsquellen aufzuzeigen. Wir sind uns auch darüber im klaren, daß eine Reihe von Beispielen ausgeführter Gründungen mit den zugehörigen Schwingungsberechnungen eine notwendige Ergänzung der vorliegenden theoretischen Ausführungen darstellen würde.

1.2 Häufig benutzte Begriffe und Formelzeichen

Formelzeichen	Begriff	Dimension
A	Arbeit während einer Schwingungsperiode	kgcm
$a_{1,2}$	Abstände der Pendelpunkte vom Schwerpunkt	cm
C	Dynamische Bettungsziffer	kg/cm³
c	Federkonstante	kg/cm
c_M	Rückstellmoment infolge Verdrehung = 1	kgcm
$\bar{c}$	Resultierende Federkonstante	kg/cm
D	Dimensionslose Dämpfungskonstante	1
E	Elastizitätsmodul	kg/cm²
e	Hilfsgröße zur Schwingungsberechnung von Stabwerken	1
F	Grundfläche	cm²
f	Hilfsgröße zur Schwingungsberechnung von Stabwerken	1
f	Anzahl der Freiheitsgrade eines Schwingungssystems	1
G	Gewicht	kg
G	Schubmodul	kg/cm²
g	Erdbeschleunigung	cm/s²
H	Horizontalkraft	kg
h	Höhe	cm
$J_{x,y,z}$	Flächenträgheitsmoment um x-, y- oder z-Achse	cm⁴
i	Trägheitsradius	cm
K	Kraft	kg
$\tilde{K}$	Periodische Kraft, insbesondere Scheitelwert der Erregerkraft	kg
k	Dämpfungskonstante	kgs/cm
$\tilde{k}$	Augenblickswert der Erregerkraft	kg
L	Leistung während einer Schwingungsperiode	kgcm/s
l	Länge	cm
M	Einzelmasse	kgs²/cm
$\overset{\times}{M}$	Auf Stabmasse bezogene Punktmasse	1
$M_{r\,1,2}$	Von Stelle 1 auf Stelle 2 reduzierte Punktmasse	kgs²/cm
$\tilde{M}$	Scheitelwert des Erregermomentes	kgcm
m, m_1	Masse des schwingenden Systems	kgs²/cm
m_0	Exzentermasse	kgs²/cm
$\tilde{m}$	Augenblickswert des Erregermomentes	kgcm
m	POISSONsche Querdehnungszahl	1
N	Schwebungsfrequenz	1/s
N	Nenner wichtiger Formeln, insbesondere Wert der Nennerdeterminante	

Formelzeichen	Begriff	Dimension
n	Frequenz pro Sekunde	1/s
n_e	Eigenfrequenz pro Sekunde	1/s
n_m	Betriebsfrequenz pro Sekunde	1/s
n_0	Anzahl der Nullstellen eines Schwingungssystems	1
$\tilde{P}$	Trägheitskraft	kg
$\tilde{p}$	Quotient aus Trägheitskraft durch Erregerkraft	1
R	Reibungskraft	kg
R	Rückstellkraft der Federung	kg
r	Radius der Exzentermassen	cm
S	dynamische Schubziffer	kg/cm^3
s	Schwerpunktsabstand von der Grundfläche	cm
T	Periode der Schwingung	s
t	Zeitkoordinate	s
u	Längsverschiebung	cm
V	Vergrößerungsfunktion bei konstanter Erregung	1
V'	Vergrößerungsfunktion bei quadratischer Erregung	1
W	Widerstandsmoment	cm^3
X, Y, Z	Scheitelwerte der Amplituden in X-, Y- oder Z-Richtung	cm
x, y, z	Augenblickswerte der Amplituden in x-, y- oder z-Richtung	cm
α, β, γ	Drehwinkel	1
α, β, γ	Verhältniswerte zur Beschreibung der Systemgrößen eines Stabwerkes	1
δ	Statische Durchbiegung	cm
ε	Richtungswinkel der Erregerkraft gegen das Lot	1
η	Frequenzverhältnis, bezogen auf die Eigenfrequenz	1
ϑ	Logarithmisches Dekrement	1
Θ	Massenträgheitsmoment	$kgcms^2$
$\varkappa$	$=\frac{m_0 r}{m}$ Erregermoment durch Masse	cm
$\tilde{\varkappa}$	Hebelarm des Erregermomentes $=\frac{\tilde{M}}{\tilde{K}}$	cm
$\varkappa$	Hilfsgröße in der Stabwerksdynamik	$kg^{1/4} \cdot s^{1/2} \cdot cm^{-3/2}$
Λ	Anlaufbeschleunigung	$1/s^2$
λ	Kurbeltriebverhältnis	1
λ	Wellenlänge	cm
λ	Eigenwert homogener Systeme	1
μ	Abstimmungsgröße: Massenverhältnis	1
μ	Massenbelegung	kgs^2/cm^2
ν	Abstimmungsgröße: Federungsverhältnis	1
ν	Ordnungszahl der Oberschwingung	1
ϱ	Dichte	kgs^2/cm^4
σ	Normalspannung	kg/cm^2
σ_{St}	Statische Normalspannung	kg/cm^2
σ_D	Dynamische Normalspannung	kg/cm^2
τ	Schubspannung	kg/cm^2
φ	Phasenwinkel	1
Ψ	Maximalwert der Verdrehung	1
ψ	Augenblickswert der Verdrehung	1
ω	Kreisfrequenz	1/s
ω_e	Eigenkreisfrequenz	1/s
ω_m	Betriebskreisfrequenz	1/s
ω_λ	Gedämpfte Eigenkreisfrequenz	1/s
$\bar{\omega}$	Zugeordnete Kreisfrequenz	1/s
$\bar{\bar{\omega}}$	Reduzierte Eigenkreisfrequenz	1/s

1.3 Behandelte Systeme, Aufgaben und Probleme

Den Regelfall einer dem Bauingenieur gestellten dynamischen Entwurfs- und Berechnungsaufgabe stellt das Maschinenfundament dar. Handelt es sich dabei um ein Blockfundament und fällt die Richtung der Erregerkraft mit der lotrechten Schwerlinie von Maschine und Fundament zusammen, so ist der einfachste Fall gegeben, dessen Problem nur in der Mitwirkung des Baugrundes am schwingenden System zu suchen ist. Die Wirkung des Baugrundes ist allerdings komplexer Art, weshalb ihr zwei Abschnitte in diesem Buch gewidmet werden mußten, um den im allgemeinen nicht linearen Charakter der Baugrundfederung, die Massenwirkung und den Energieverbrauch des Baugrundes zu erläutern.

Wirkt die Erregerkraft aber außerhalb der lotrechten Schwerlinie des Fundamentes, so werden mehrere, unter Umständen alle Freiheitsgrade des auf den Baugrund gestützten Blockfundamentes angeregt, und die Bewegungen in den Hauptrichtungen werden in der Regel gekoppelt sein. Deshalb wurde der Behandlung der Körper- und Scheibenschwingungen (s. S. 51ff.) besonderes Augenmerk geschenkt.

Sieht der Entwurf des Maschinenfundamentes aus wirtschaftlichen Überlegungen eine aufgelöste Konstruktion vor, so wird die Berechnung noch weiter kompliziert, weil dann Eigenschwingungen einzelner Bauteile auftreten können und im allgemeinen gekoppelte Mehrmassensysteme entstehen. Daß hierdurch aber nicht nur Berechnungsschwierigkeiten, sondern auch Möglichkeiten der Energieverlagerung auf unwichtigere Bauglieder entstehen, wird S. 80ff. geschildert.

Eine Schwingungsberechnung beginnt stets mit der Ermittlung der Eigenschwingungszahlen, weil ein wesentliches Kennzeichen eines guten Entwurfes die Resonanzfreiheit sein muß. Die Bestimmung der Eigenfrequenzen ist aber nicht das Endziel. Dieses besteht vielmehr in der Berechnung der Schwingungsausschläge und Biegemomente an gewissen ausgezeichneten Stellen der Konstruktion und nicht zuletzt in der Beurteilung der auf den Baugrund abgeleiteten Kräfte, weil diese die störenden Wirkungen auf die Nachbarschaft auslösen.

Das Studium homogener Systeme, worunter hier Stabwerke mit verteilter Masse, endlicher Steifigkeit und Werkstoffdämpfung verstanden werden sollen, ist nicht nur für aufgelöste Maschinenfundamente bedeutungsvoll, sondern soll den Bauingenieur auch in die Lage versetzen, andere Konstruktionen dynamisch zu erfassen.

Schließlich werden auf S. 210ff. noch dynamische Probleme des Grundbaues behandelt, die mit der Schwingungsberechnung von Ingenieurbauwerken nur mittelbar zusammenhängen, nämlich die dynamische und seismische Baugrunduntersuchung, deren Aufgabe in der Bestimmung der wichtigsten Baugrundeigenschaften besteht, sowie Verfahren zur dynamischen Baugrundverbesserung, um auch dann einwandfreie Gründungen zu ermöglichen, wenn der Baugrund so ungünstige Eigenschaften besitzt, daß eine technisch einwandfreie Gründung anders wirtschaftlich nicht empfehlenswert wäre.

1.4 Grundbegriffe

1.41 Darstellung eines Schwingungsvorganges

Der einfachste Schwingungsvorgang ist die Bewegung eines gefederten Massenpunktes in Wirkungsrichtung der Feder. Die periodische Bewegung des Massenpunktes kann als Projektion eines rotierenden Vektors aufgefaßt werden (Abb. 1.1).

$\beta(t)$: Winkel des rotierenden Vektors.

$\omega = \frac{d\beta}{dt}$ Winkelgeschwindigkeit oder Kreisfrequenz,

$n = \frac{\omega}{2\pi}$ Frequenz.

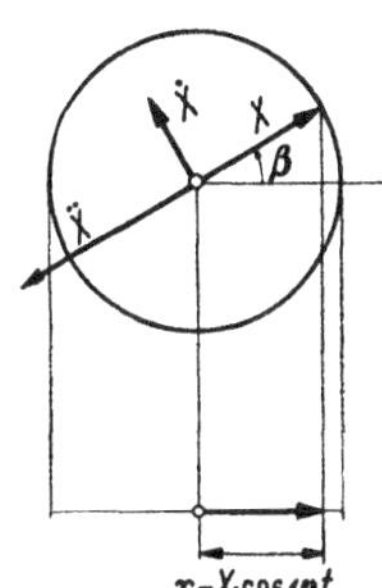

Abb. 1.1. Lotrechte Projektion des rotierenden Vektors $\mathfrak{X}$, des Geschwindigkeitsvektors $\dot{\mathfrak{X}}$ und des Beschleunigungsvektors $\ddot{\mathfrak{X}}$

Die Projektion des rotierenden Vektors auf die Horizontale ergibt als Bewegung $x = X \cos \omega t$,

Schwingungsgeschwindigkeit $\dot{x} = -X \omega \sin \omega t$,

Beschleunigung $\ddot{x} = -X \omega^2 \cos \omega t$.

Man erkennt daraus, daß der Geschwindigkeitsvektor dem Bewegungsvektor um 90°, der Beschleunigungsvektor dem Bewegungsvektor um 180° voreilt. Um ein vollständiges Bild des Schwingungsprozesses zu gewinnen, muß die Bewegung aus den Projektionsbildern der Vertikalen und Horizontalen additiv zusammengesetzt werden:

$$x = X_1 \sin \omega t + X_2 \cos \omega t . \tag{1.1}$$

Diese Gleichung stellt die totale Lösung der Bewegungsgleichung des ungedämpft schwingenden Massenpunktes (S. 11) dar. Weitere Darstellungsarten eines einfachen Schwingungsvorganges:

1.411 Darstellung als Sinus-Linie, Zusammensetzen harmonischer Schwingungen

Abb. 1.2 stellt zwei mit derselben Winkelgeschwindigkeit rotierende Vektoren dar, die einen Phasenwinkel φ gegeneinander besitzen. Die

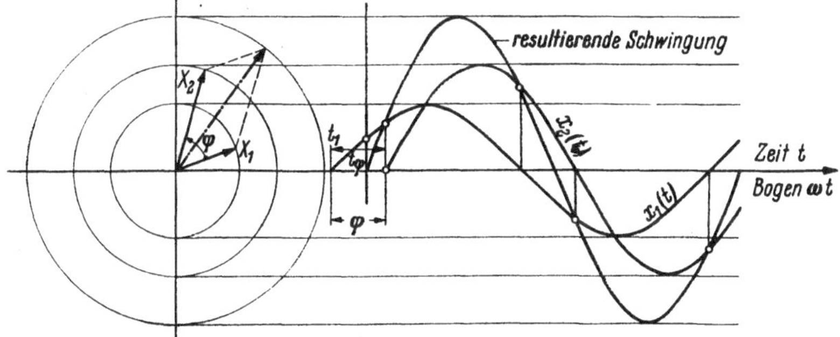

Abb. 1.2. Zusammensetzen zweier Schwingungen, Darstellung als Sinuslinie

Bewegungen sind als Sinuslinien dargestellt; auf der Abszissenachse ist die Zeit bzw. der Drehwinkel im Bogenmaß, auf der Ordinatenachse die Auslenkung des Massenpunktes aufgetragen. Die eine Sinuslinie beginnt beim Zeitpunkt t_1, die andere erst um die Zeit t_φ später, wobei $t_\varphi = \widehat{\varphi}/\omega$ die Zeit darstellt, die der mit der Winkelgeschwindigkeit ω rotierende Vektor zum Zurücklegen des Bogens $\widehat{\varphi}$ benötigt. Die beiden Vektoren können zusammengesetzt werden durch zeichnerische Addition oder Subtraktion der Auslenkungen nach Abb. 1.2; man erhält dann die resultierende Schwingungslinie.

1.412 Darstellung durch Vektoren

Der resultierende Vektor $\overline{\mathfrak{X}} = \mathfrak{X}_1 + \mathfrak{X}_2$. Geometrisch stellt diese Gleichung die große Diagonale im Parallelogramm der Vektoren $\mathfrak{X}_1$ und $\mathfrak{X}_2$ dar (Abb. 1.3). Ihr Absolutwert $|\overline{\mathfrak{X}}|$ wird nach dem Cosinussatz aus der Gleichung

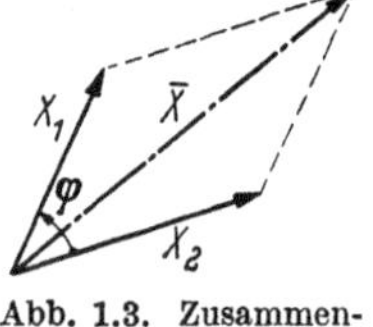

Abb. 1.3. Zusammensetzen zweier Schwingungen als Vektorsumme

$$|\overline{\mathfrak{X}}^2| = |\mathfrak{X}_1^2| + |\mathfrak{X}_2^2| + 2\,|\mathfrak{X}_1\,\mathfrak{X}_2|\cos\varphi .$$

gefunden.

1.413 Komplexe Darstellung

Einfache Schwingungsaufgaben werden zweckmäßig in der Weise behandelt, daß die schwingenden Vektoren in einer komplexen Zahlenebene dargestellt werden, wobei die Abszissenachse die reelle und die Ordinatenachse die imaginäre Schwingung bedeutet. Sind die Endpunkte der schwingenden Vektoren zu einem bestimmten Zeitpunkt durch ihre Koordinaten a_1, $i\,b_1$ und a_2, $i\,b_2$ gegeben, so findet man gemäß Abb. 1,4 den Endpunkt des resultierenden Vektors nach der Beziehung

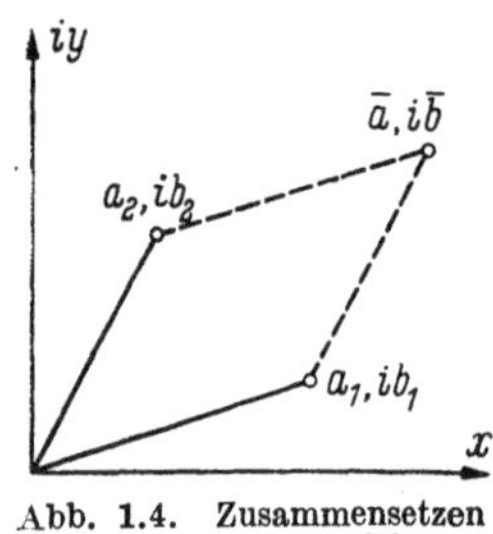

Abb. 1.4. Zusammensetzen in der komplexen Ebene

$$(a_1 + i\,b_1) + (a_2 + i\,b_2) = (a_1 + a_2) + i\,(b_1 + b_2).$$

Die Darstellung in der komplexen Zahlenebene unter Beachtung des Grundsatzes der getrennten Zusammenfassung der reellen und imaginären Glieder führt also sehr schnell zu einer Lösung, indem die Abszisse des Endpunktes des resultierenden Vektors als Summe der Abszissen der Teilvektoren und seine Ordinate durch Addition der Ordinaten der Teilvektoren gefunden werden.

Beispiel:

$$x_1 = 5 \cdot \cos 25t,$$

$$x_2 = 10 \cdot \cos(25t + 1).$$

Die beiden Schwingungen haben gegeneinander eine Phasenverschiebung vom Bogenmaß 1 bzw. vom Winkel $\varphi \approx 57°$.

Zeitpunkt der Zusammensetzung der Vektoren beliebig, z. B. nach Durchlaufen des Bogens $25\,t = \frac{\pi}{6} = 30°$, $t = \pi/150$ s.

Koordinaten der Endpunkte der Teilvektoren:

$$a_1 = 5 \cdot \cos 30° = 4{,}33,$$
$$b_1 = 5 \cdot \sin 30° = 2{,}5,$$
$$a_2 = 10 \cdot \cos (30 + 57°) = 0{,}52,$$
$$b_2 = 10 \cdot \sin (30 + 57°) = 9{,}99.$$

Koordinaten des Endpunktes des resultierenden Vektors:

$$a = a_1 + a_2 = 4{,}85,$$
$$b = b_1 + b_2 = 12{,}49.$$

Der Absolutbetrag des Vektors ergibt sich zu

$$x = \sqrt{4{,}85^2 + 12{,}49^2} = 13{,}40.$$

Der Phasenwinkel des resultierenden Vektors gegen die Ruhelage ist $\operatorname{tg} \varphi_r = \frac{b}{a} = \frac{12{,}49}{4{,}85} = 2{,}58$: $\varphi_r = 68{,}8°$.

Auch Schwingungen ungleicher Frequenz bzw. ungleicher Winkelgeschwindigkeit ω können hiernach zusammengesetzt werden. Abb. 1.5 zeigt die Lage des resultierenden Vektors zweier Schwingungen verschiedener Maximalamplitude und verschiedener Winkelgeschwindigkeit. Für $\omega_1 > \omega_2$ stellt Abb. 1.6 das nach der Zeit entwickelte Schwingungsbild des zusammengesetzten Vektors dar.

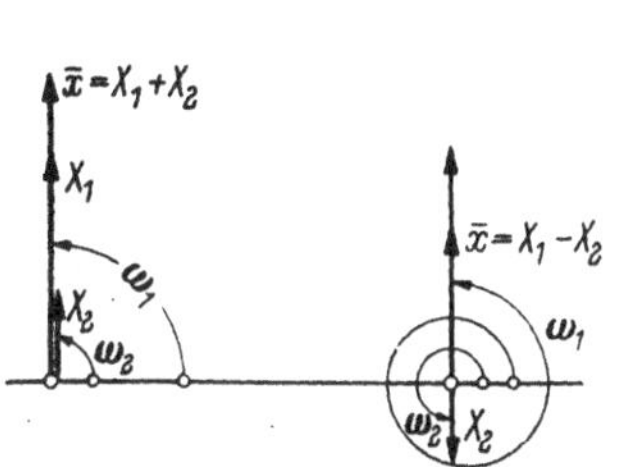

Abb. 1.5. Zusammensetzen zweier Schwingungen ungleicher Frequenz

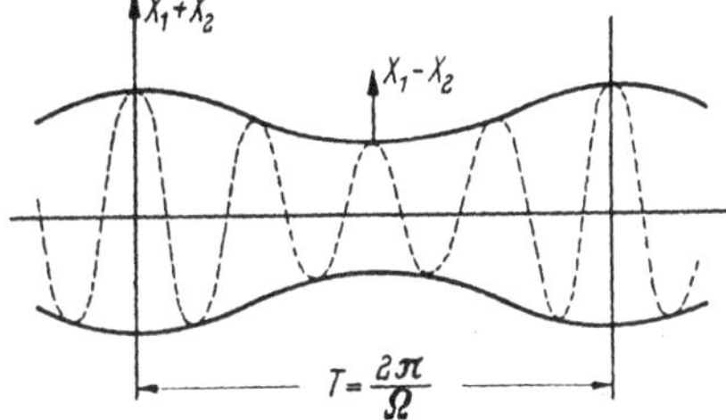

Abb. 1.6. Schwebungen

Solche Schwingungen, bei denen die Amplitude periodisch an- und abschwillt, bezeichnet man als *Schwebungen*, die Schwebungsfrequenz

$$N = n_1 - n_2, \tag{1.2}$$

die Schwebungs-Winkelgeschwindigkeit

$$\Omega = \omega_1 - \omega_2$$

und die Schwebungsdauer wegen $t_1 = \frac{2\pi}{\omega_1}$; $t_2 = \frac{2\pi}{\omega_2}$

$$T = \frac{t_1 \cdot t_2}{t_2 - t_1}. \tag{1.3}$$

1.42 Arten der Erregung

Schwingungsfähige Systeme, aus deren Fülle wir hier nur diejenigen behandeln werden, die in der Praxis des Bauingenieurs insbesondere im Grundbau eine Rolle spielen, können durch einmalige Impulse, d. i. durch Stoß, oder periodisch erregt werden. Während durch Stoßerregung das System zu Schwingungen in seinen Eigenfrequenzen angeregt wird, verursachen periodische Erregungen sog. erzwungene Schwingungen, d. h. Schwingungen mit der Frequenz der Erregung. Dabei wird in der Regel eine konstante Erregerfrequenz vorausgesetzt, wobei sich ihre Konstanz auf einen Zeitraum erstreckt, der hinreicht, erzwungene Schwingungen auszubilden und aufrecht zu erhalten. Veränderliche Erregerfrequenz führt zu Bewegungen, die aus Eigenschwingungen und erzwungenen Schwingungen zusammengesetzt sind und bei den Anlauf- und Ablauferscheinungen von Maschinen eine wichtige Rolle spielen.

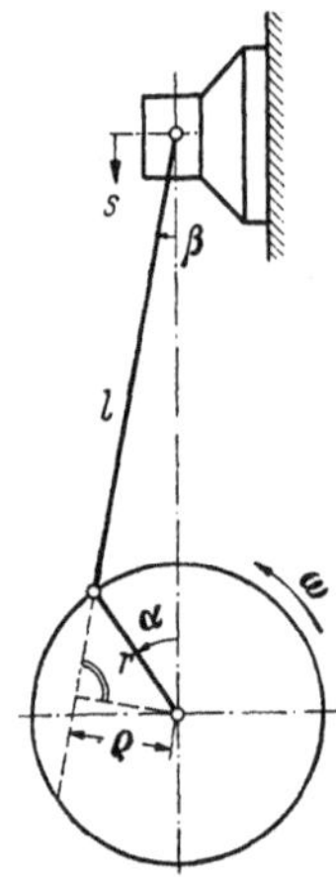

Abb. 1.7. Schematische Darstellung des Kurbeltriebes eines Einzylindermotors nach KLOTTER [14]

Periodische Erregerkräfte oder Errergemomente folgen der Beziehung $\tilde{k} = \tilde{K} \cos \omega t$ bzw. $\tilde{m} = \tilde{M} \cos \omega t$, womit zum Ausdruck kommt, daß diese Kräfte oder Momente bei jeder Periode $T = \frac{2\pi}{\omega}$ den Maximalwert $\tilde{K}$ bzw. $\tilde{M}$ erreichen und einer Cosinusfunktion folgen. Wichtig ist vor allem, ob dieser Maximalwert von der Erregerfrequenz ω abhängig ist oder nicht. Im letzteren Fall $\tilde{K} = \tilde{M} = \text{const}$ spricht man von konstanter Erregung. Diese Erregungsart kommt in der Praxis nur selten vor, nämlich nur dann, wenn masselose, beispielsweise magnetische Kräfte wirken. Stammt die Erregung aber, wie in den meisten Fällen der Praxis, aus umlaufenden oder hin- und herlaufenden Massen, so wirken Erregerkräfte von der Form $\tilde{K} = m_0 r \omega^2$. Weil diese Kräfte oder auch Momente mit dem Quadrat der Erregerfrequenz ω wachsen, wird diese Erregungsart künftig als *quadratische Erregung* bezeichnet.

Bei umlaufenden Massen stellt $\tilde{K} = m_0 r \omega^2$ die Fliehkraft der exzentrischen Masse m_0 dar und r ist die Exzentrizität, also der Abstand des Schwerpunktes der Masse m_0 von der Drehachse. Bei translatorischer Bewegung einer Masse m_0 dagegen stellt $\tilde{K}$ die Massenkraft dar. Zum besseren Verständnis diene das folgende Beispiel eines Einzylindermotors. Abb. 1.7 zeigt schematisch den Kolben, die Pleuelstange und den Kurbeltrieb. Für die Kolbenverschiebung s gilt mit $\lambda = \frac{r}{l}$

$$s = r\,(1 - \cos\alpha) + \frac{1}{\lambda}\left(1 - \sqrt{1 - \lambda^2 \sin^2\alpha}\right). \tag{1.4}$$

Die Geschwindigkeit der Kolbenbewegung erhält man wegen $\omega = \frac{d\alpha}{dt}$

aus

$$\frac{ds}{dt} = r\,\omega\left(\sin\alpha + \frac{\lambda\sin\alpha\cos\alpha}{\sqrt{1-\lambda^2\sin^2\alpha}}\right) \tag{1.5}$$

und ihre Beschleunigung aus

$$\frac{d^2s}{dt^2} = r\,\omega^2\cos\alpha\left[1 + \frac{\lambda\cos\alpha}{\sqrt{1-\lambda^2\sin^2\alpha}}\left(\frac{1}{1-\lambda^2\sin^2\alpha} - \operatorname{tg}^2\alpha\right)\right] = r\,\omega^2\Phi(\lambda,\alpha). \tag{1.6}$$

Somit ist die Massenkraft, also die Erregerkraft bei Translation

$$\tilde{K}_t = m_0\frac{d^2s}{dt^2} = m_0\,r\,\omega^2\,\Phi(\lambda,\alpha). \tag{1.7}$$

m_0 ist dabei streng genommen die Kolbenmasse. Man kann aber näherungsweise in m_{0t} alle verschieblichen Massen vereinigt denken, während die umlaufenden Massen m_{0r} die Fliehkraft $\tilde{K}_r = m_{0r}\,r_r\,\omega^2$ hervorrufen, so daß die Erregerkraft der Gleichung

$$\tilde{K} = \tilde{K}_t + \tilde{K}_r = (m_{0t}\,r_t\,\Phi(\alpha,\lambda) + m_{0r}\,r_r)\,\omega^2 \tag{1.8}$$

folgt. Die Funktion

$$\Phi(\alpha,\lambda) = \cos\alpha\left[1 + \frac{\lambda\cos\alpha}{\sqrt{1-\lambda^2\sin^2\alpha}}\left(\frac{1}{1-\lambda^2\sin^2\alpha} - \operatorname{tg}^2\alpha\right)\right]$$

ist zwar periodisch, aber wie Abb. 1.8 zeigt, keine reine Cosinusfunktion; sie läßt sich jedoch nach FOURIER in eine Summe von Cosinuskurven zerlegen. Die Koeffizienten dieser FOURIER-Reihe sind

$$a_\nu = \frac{1}{\pi}\int_0^{2\pi}\Phi(\alpha,\lambda)\cos\nu\alpha\,d\alpha, \tag{1.9}$$

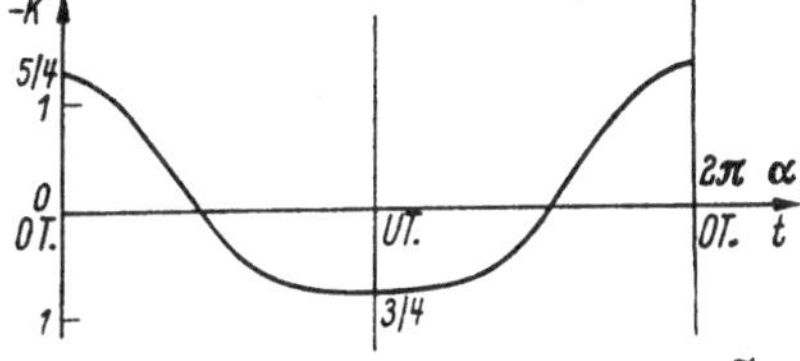

Abb. 1.8. Darstellung der Erregerkraft $\tilde{K}$ in Abhängigkeit vom Drehwinkel α nach KLOTTER [14]

worin ν die Ordnungszahl der Harmonischen ν-ten Grades, also ganzzahlige Vielfache von α bedeutet. Beispielsweise erhält man für $\lambda = 1/4$ die Reihe

$$\Phi\left(\alpha,\frac{1}{4}\right) = (\cos\alpha + 0{,}254\cos 2\alpha - 0{,}0041\cos 4\alpha + 0{,}00007\cos 6\alpha + \cdots)$$

woraus zu ersehen ist, daß die Koeffizienten der höheren Harmonischen schnell abnehmen und im allgemeinen drei Glieder hinreichen, um die Funktion $\Phi(\alpha,\lambda)$ zu ersetzen.

Statt die FOURIER-Reihe und Gl. (1.9) zur Bestimmung ihrer Koeffizienten zu benutzen, kann man auch die Schablonen von TEREBESI [*110*], ZIPPERER [*111*] und anderen zur harmonischen Analyse verwenden, wobei 12 Ordinatenwerte der Funktion $\Phi(\alpha,\lambda)$ mit den Abszissen $\frac{\alpha}{24}$ von $\alpha = 0$ bis $\alpha = \pi$ verwendet werden. Dieses Verfahren ist vor allem dann anzuwenden, wenn $\Phi(\alpha,\lambda)$ nicht als Funktion, sondern als Diagramm gegeben ist.

Tabelle 1.1. *Erregerkräfte aus nebeneinander stehenden Zylindern beim V-Motor (nach K. Klotter [14])*

	$\beta = 45°$		$\beta = 60°$	
Ordnung	Vektordiagramm	$C = \lvert\mathfrak{C}\rvert$	Vektordiagramm	$C = \lvert\mathfrak{C}\rvert$
$\frac{1}{2}$	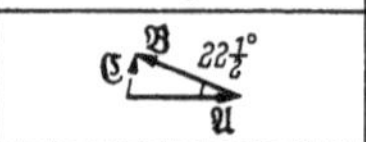 $\mathfrak{A}$, $\mathfrak{B}$, $\mathfrak{C}$; $22\frac{1}{2}°$	0,390	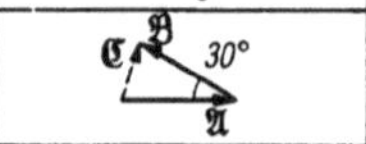 $\mathfrak{A}$, $\mathfrak{B}$, $\mathfrak{C}$; 30°	0,517
1	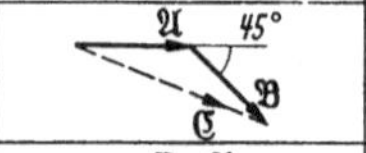 $\mathfrak{A}$, $\mathfrak{B}$, $\mathfrak{C}$; 45°	1,848	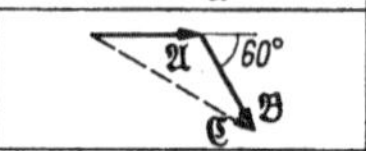 $\mathfrak{A}$, $\mathfrak{B}$, $\mathfrak{C}$; 60°	1,732
$1\frac{1}{2}$	 $\mathfrak{A}$, $\mathfrak{B}$, $\mathfrak{C}$; $67\frac{1}{2}°$	1,111	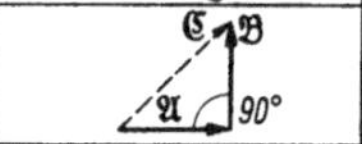 $\mathfrak{A}$, $\mathfrak{B}$, $\mathfrak{C}$; 90°	1,414
2	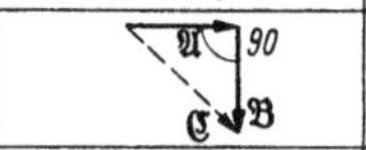 $\mathfrak{A}$, $\mathfrak{B}$, $\mathfrak{C}$; 90	1,414	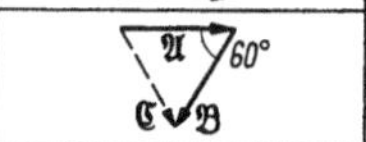 $\mathfrak{A}$, $\mathfrak{B}$, $\mathfrak{C}$; 60°	1,000
$2\frac{1}{2}$	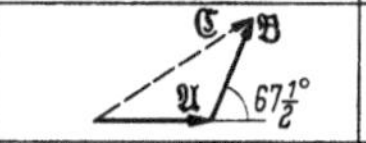 $\mathfrak{A}$, $\mathfrak{B}$, $\mathfrak{C}$; $67\frac{1}{2}°$	1,663	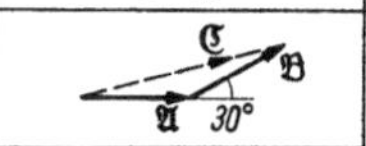 $\mathfrak{A}$, $\mathfrak{B}$, $\mathfrak{C}$; 30°	1,932
3	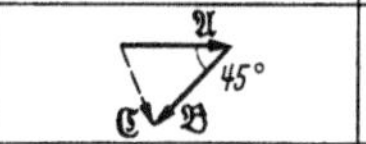 $\mathfrak{A}$, $\mathfrak{B}$, $\mathfrak{C}$; 45°	0,765	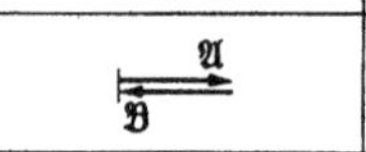 $\mathfrak{A}$, $\mathfrak{B}$	0,000
$3\frac{1}{2}$	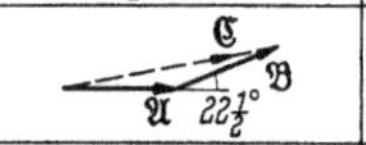 $\mathfrak{A}$, $\mathfrak{B}$, $\mathfrak{C}$; $22\frac{1}{2}°$	1,961	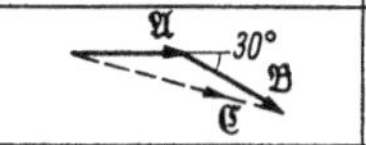 $\mathfrak{A}$, $\mathfrak{B}$, $\mathfrak{C}$; 30°	1,932
4	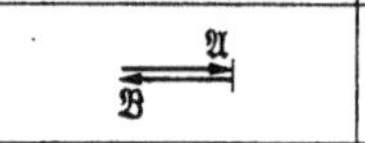 $\mathfrak{A}$, $\mathfrak{B}$	0,000	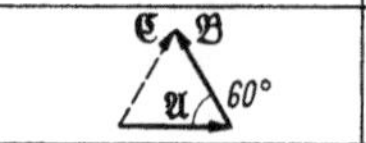 $\mathfrak{A}$, $\mathfrak{B}$, $\mathfrak{C}$; 60°	1,000
$4\frac{1}{2}$	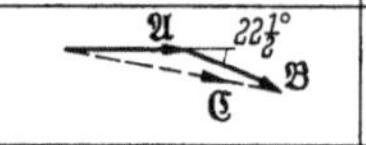 $\mathfrak{A}$, $\mathfrak{B}$, $\mathfrak{C}$; $22\frac{1}{2}°$	1,961	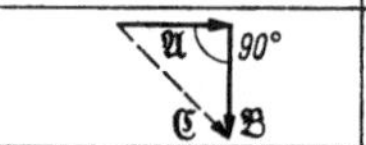 $\mathfrak{A}$, $\mathfrak{B}$, $\mathfrak{C}$; 90°	1,414
5	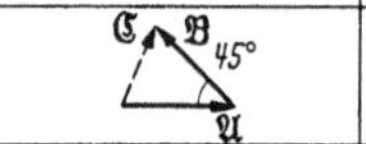 $\mathfrak{A}$, $\mathfrak{B}$, $\mathfrak{C}$; 45°	0,765	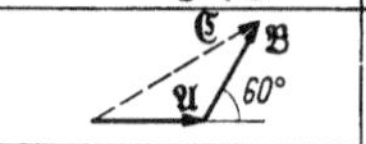 $\mathfrak{A}$, $\mathfrak{B}$, $\mathfrak{C}$; 60°	1,732
$5\frac{1}{2}$	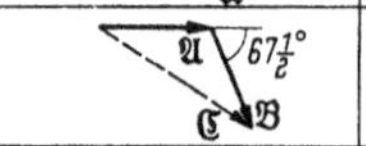 $\mathfrak{A}$, $\mathfrak{B}$, $\mathfrak{C}$; $67\frac{1}{2}°$	1,663	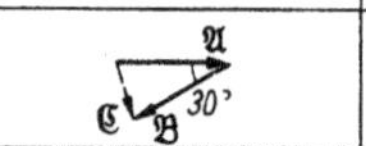 $\mathfrak{A}$, $\mathfrak{B}$, $\mathfrak{C}$; 30°	0,517
6	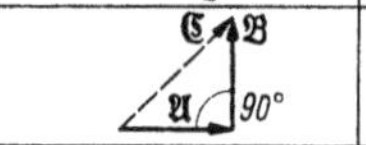 $\mathfrak{A}$, $\mathfrak{B}$, $\mathfrak{C}$; 90°	1,414	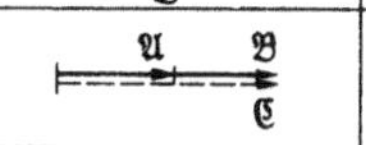 $\mathfrak{A}$, $\mathfrak{B}$, $\mathfrak{C}$	2,000
$6\frac{1}{2}$	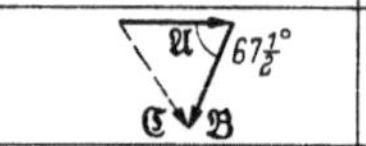 $\mathfrak{A}$, $\mathfrak{B}$, $\mathfrak{C}$; $67\frac{1}{2}°$	1,111	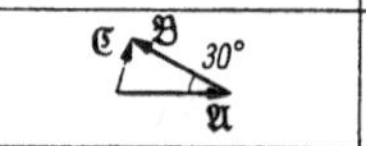 $\mathfrak{A}$, $\mathfrak{B}$, $\mathfrak{C}$; 30°	0,517
7	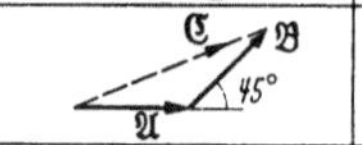 $\mathfrak{A}$, $\mathfrak{B}$, $\mathfrak{C}$; 45°	1,848	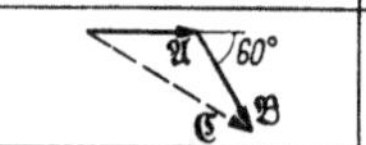 $\mathfrak{A}$, $\mathfrak{B}$, $\mathfrak{C}$; 60°	1,732
$7\frac{1}{2}$	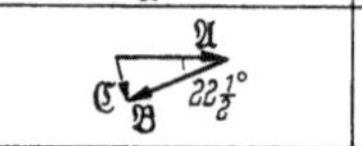 $\mathfrak{A}$, $\mathfrak{B}$, $\mathfrak{C}$; $22\frac{1}{2}°$	0,390	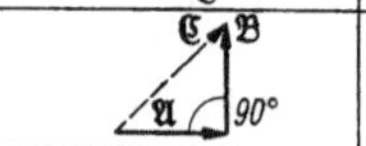 $\mathfrak{A}$, $\mathfrak{B}$, $\mathfrak{C}$; 90°	1,414
8	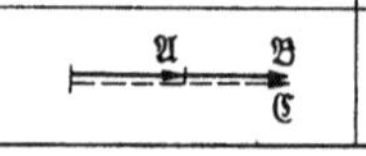 $\mathfrak{A}$, $\mathfrak{B}$, $\mathfrak{C}$	2,000	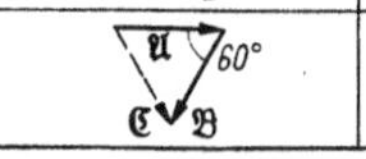 $\mathfrak{A}$, $\mathfrak{B}$, $\mathfrak{C}$; 60°	1,000

Die Angabe der Erregerfunktion ist Aufgabe des Maschineningenieurs. Der Bauingenieur, für den dieses Werk bestimmt ist, wird nur ausnahmsweise diese Aufgabe lösen müssen. Wir verweisen deshalb auf DUBBEL

[112] und KLOTTER [14], dessen Werk die Tab. 1.1 entnommen wurde, um zu zeigen, welche Erregerkräfte und Momente erster und höherer Ordnung von Motoren verschiedenen Typs und verschiedener Zylinderzahl auf ihre Fundamente wirken.

2 Schwingungssysteme mit konzentrierten Massen

2.1 Einfache harmonische Schwingungen

Über einfache harmonische Schwingungen besteht eine so reichhaltige Literatur, aus deren Fülle nur einige neuere Werke [13], [14], [49] genannt werden können. Wir beschränken uns auf eine kurze Wiedergabe der für unsere Zwecke wichtigsten Ergebnisse, auf Umwandlung der Formeln in die hier benutzte Schreibweise und gelegentlich auf ihre Erweiterung im Hinblick auf die Bedürfnisse der Dynamik im Grundbau.

Ein Kriterium für einfache harmonische Schwingungssysteme ist die Richtungsgleichheit der Vektoren der Erregung, der Rückstellung und der Bewegung. Dabei ist nicht nur gleichgültig, in welche Richtung diese Vektoren fallen, sondern auch, ob es sich um Kräfte oder Momente handelt. Um Kräfte handelt es sich beispielsweise bei der harmonischen Bewegung einer Punktmasse, während bei Körperschwingungen als Erregung und Rückstellung Momente wirken. Wir nennen solche Systeme harmonisch, wenn sie eine der Bewegung (Längen- oder Winkeländerung) proportionale Rückstellung und eine der Bewegungsgeschwindigkeit proportionale Dämpfung aufweisen. Ferner müssen Masse und Massenträgheitsmoment konstante Größen sein.

2.11 Freie Schwingungen

2.111 Ungedämpfte freie Schwingungen

Harmonische ungedämpfte Systeme folgen der Bewegungsgleichung

$$m\,\ddot{x} + c\,x = 0 \quad \text{oder} \quad \Theta\,\ddot{\psi} + c_M\,\psi = 0, \tag{2.1}$$

wobei

m die schwingende Masse,
Θ das Massenträgheitsmoment des schwingenden Körpers,
c die Federkonstante,
c_M das Rückstellmoment für die Verdrehung $\psi = 1$,
x die Auslenkung,
ψ die Verdrehung

bedeuten.

Die totale Lösung der Gl. (2.1) lautet

$$x = X_1 \sin\omega\,t + X_2 \cos\omega\,t \quad \text{bzw.} \quad \psi = \Psi_1 \sin\omega\,t + \Psi_2 \cos\omega\,t. \tag{2.2}$$

Um die Eigenfrequenz zu erhalten, begnügen wir uns mit der partikulären Lösung

$$x = X \cos\omega\,t \quad \text{bzw.} \quad \psi = \Psi \cos\omega\,t, \tag{2.3}$$

woraus mit

$$\dot{x} = -\omega X \sin \omega t \quad \text{bzw.} \quad \dot{\psi} = -\omega \Psi \sin \omega t$$

$$\ddot{x} = -\omega^2 X \cos \omega t \qquad \ddot{\psi} = -\omega^2 \Psi \cos \omega t$$

$$\omega_e^2 = \frac{c}{m} \quad \text{bzw.} \quad \omega_e^2 = \frac{c_M}{\Theta} \tag{2.4}$$

erhalten wird. Führt man statt der Federkonstanten die Einsenkung δ der Feder unter dem Gewicht $m\,g$ ein, setzt man also $\delta = \frac{mg}{c}$, außerdem $n_e = \frac{\omega_e}{2\pi}$, so wird aus Gl. (2.4)

$$n_e = \frac{1}{2\pi}\sqrt{\frac{m\,g}{\delta\,m}} \approx \frac{5}{\sqrt{\delta}}, \tag{2.5}$$

eine häufig verwendete Formel, die aber ihre Herkunft nicht so deutlich erkennen läßt wie Gl. (2.4) und deshalb öfter zu Unrecht angesetzt wird.

Wird die Rückstellung durch mehrere Federn mit verschiedenen Konstanten c_i bewirkt, so haben wir bei der Ermittlung einer stell-

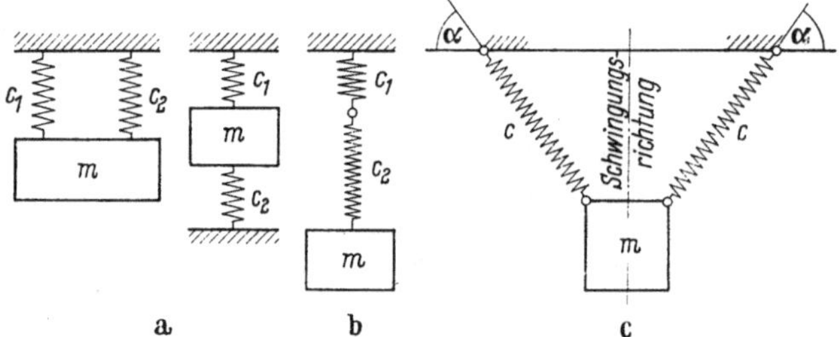

Abb. 2.1 a—c. Anordnungen der Federn. a) Nebeneinanderschaltung der Federn. b) Hintereinanderschaltung der Federn. c) Symmetrisch angeordnete Schrägfedern

vertretenden einfachen Federung $\bar{c}$ gemäß Abb. 2.1 die Schaltung zu beachten: nebeneinander geschaltete Federn nach Abb. 2.1a ergeben eine härtere Ersatzfeder $\bar{c} = \sum c_i$, hintereinander geschaltete nach Abb. 2.1b eine weichere Ersatzfeder $\frac{1}{\bar{c}} = \sum \frac{1}{c_i}$, symmetrisch zur Bewegungsrichtung schrägstehende Federn (Abb. 2.1c) endlich können mittels $\bar{c} = \sum c_i \sin^2 \alpha$ ebenfalls zusammengefaßt werden, wenn die Winkeländerung $\Delta\alpha$ als kleine Größe vernachlässigt wird.

2.112 Gedämpfte freie Schwingungen

Aus der Bewegungsgleichung

$$m\,\ddot{x} + k\,\dot{x} + c\,x = 0 \quad \text{bzw.} \quad \Theta\,\ddot{\psi} + k_M\,\dot{\psi} + c_M\,\psi = 0$$

findet man mit dem Lösungsansatz $x = X\,e^{\lambda t}$ bzw. $\psi = \Psi\,e^{\lambda t}$ sowie den Ableitungen

$$\dot{x} = \lambda X e^{\lambda t} \quad \text{bzw.} \quad \dot{\psi} = \lambda \Psi e^{\lambda t}$$

$$\ddot{x} = \lambda^2 X e^{\lambda t} \qquad \ddot{\psi} = \lambda^2 \Psi e^{\lambda t}$$

die quadratische Gleichung

$$m\lambda^2 + k\lambda + c = 0 \quad \text{bzw.} \quad \Theta\lambda^2 + k_M\lambda + c_M = 0,$$

woraus

$$\lambda_{1,2} = -\frac{k}{2m} \pm \sqrt{\frac{k^2}{4m^2} - \frac{c}{m}} = -\frac{k_M}{2\Theta} \pm \sqrt{\frac{k_M^2}{4\Theta^2} - \frac{c_M}{\Theta}} \tag{2.6}$$

folgt. $\lambda_{1,2}$ in Gl. (2.6) ist stets negativ und reell, wenn $\frac{k^2}{4m^2} > \frac{c}{m}$, führt also auf $x = X e^{-|\lambda| t}$, somit auf eine exponentiell abnehmende, nicht periodische Bewegung. Ist dagegen $\frac{c}{m} > \frac{k^2}{4m^2}$, so wird $\lambda_{1,2} = -\frac{k}{2m} \pm i\sqrt{\frac{c}{m} - \frac{k^2}{4m^2}}$ komplex, und wir erhalten mit $\omega_\lambda = \sqrt{\frac{c}{m} - \frac{k^2}{4m^2}}$

$$x = e^{-\frac{k}{2m}t}\left[X_1 e^{+i\omega_\lambda t} + X_2 e^{-i\omega_\lambda t}\right] = e^{-\frac{k}{2m}t}\left[A_1 \cos\omega_\lambda t + A_2 \sin\omega_\lambda t\right]. \tag{2.7}$$

Dies entspricht nach Abb. 2.2 einer zwischen $\pm e^{-\frac{kt}{2m}}$ abklingenden Schwingung mit der Periode $T = \frac{2\pi}{\omega_\lambda}$. Ist $\lambda_1 = \lambda_2$, verschwindet also der Wurzelwert in Gl. (2.6), so bezeichnet man den dazu führenden Dämpfungswert $k_K = 2\sqrt{cm}$ als *kritische* Dämpfung, und man erhält mittels $D = \frac{k}{k_K}$ eine dimensionslose Dämpfungskonstante derart, daß $D \geqq 1$ *aperiodische*, jeden Schwingungsverlauf unterdrückende Dämpfung angibt.

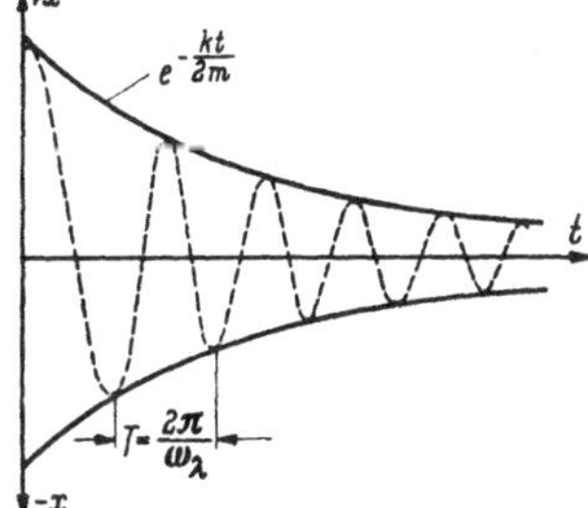

Abb. 2.2. Freie, gedämpfte Schwingungen $x = x(t)$

Bildet man das Verhältnis zweier aufeinanderfolgender Ausschläge in Abb. 2.2, so wird $\frac{x_n}{x_{n+1}} = e^{\frac{\pi k}{\omega_\lambda m}}$. Den Exponenten nennt man das *logarithmische Dekrement* und findet dafür

$$\vartheta = \frac{2\pi k}{\sqrt{4cm - k^2}} = \frac{2\pi D}{\sqrt{1 - D^2}}. \tag{2.8}$$

Es ist noch zu beachten, daß die vorstehende Definition des Dekrementes ϑ nicht allgemein üblich ist. Manche Autoren setzen den Quotienten zweier aufeinanderfolgender Halbamplituden an und erhalten

$$\vartheta_{1/2} = \frac{\pi k}{\sqrt{4cm - k^2}} = \frac{\pi D}{\sqrt{1 - D^2}}. \tag{2.8a}$$

2.12 Erzwungene Schwingungen

In der Einleitung wurden die bei dynamischer Beanspruchung des Baugrundes hauptsächlich vorkommenden Erregerarten beschrieben und festgestellt, daß nur *konstante* und *quadratische* Erregung zu betrachten ist, soweit periodische Anregung in Frage kommt. Wegen der häufigen Anwendung dieser Begriffe wiederholen wir:

Unter konstanter Erregung verstehen wir eine periodische Kraft oder ein periodisches Moment von der Art $\tilde{k} = \tilde{K}\cos\omega t$ oder $\tilde{m} = \tilde{M}\cos\omega t$, wobei $\tilde{K}$ und $\tilde{M}$ Konstante sind. Quadratische Erregung liegt vor, wenn $\tilde{k} = m_0\, r\, \omega^2 \cos\omega t$, also $\tilde{K} = m_0\, r\, \omega^2$ oder $\tilde{M} = m_0\, r\, \tilde{\varkappa}\, \omega^2$ mit dem Quadrat der Erregerfrequenz ω wächst. Da diese Erregungsart meist von Fliehkräften herrührt, setzen wir $\varkappa = \frac{m_0\, r}{m}$, worin m_0 die exzentrische Masse, auch Unwucht genannt, r ihren Abstand von der Drehachse und m die schwingende Masse bedeuten.

2.121 Erzwungene Schwingungen ohne Dämpfung

Die Bewegungsgleichung lautet

$$m + c\,\ddot{x}\,x = \tilde{K}\cos\omega t \qquad \Theta\,\ddot{\psi} + c_M\,\psi = \tilde{M}\cos\omega t .$$

Die totale Lösung dieser Gleichung setzt sich aus der Gl. (2.2) der freien ungedämpften und der erzwungenen Schwingung

$$(c - m\,\omega^2)\,x = \tilde{K}\cos\omega t \quad \text{bzw.} \quad (c_M - \Theta\,\omega^2)\,\psi = \tilde{M}\cos\omega t \tag{2.9}$$

zusammen. Aus Gl. (2.9) folgt für konstante Erregung durch Einführen der Amplitude $(X)_{\omega=0} = X_{St} = \frac{\tilde{K}}{c}$ sowie Gl. (2.4) und $\eta = \frac{\omega}{\omega_e}$ die Vergrößerungsfunktion

$$V = \frac{X}{X_{St}} = \frac{1}{1-\eta^2}. \tag{2.10}$$

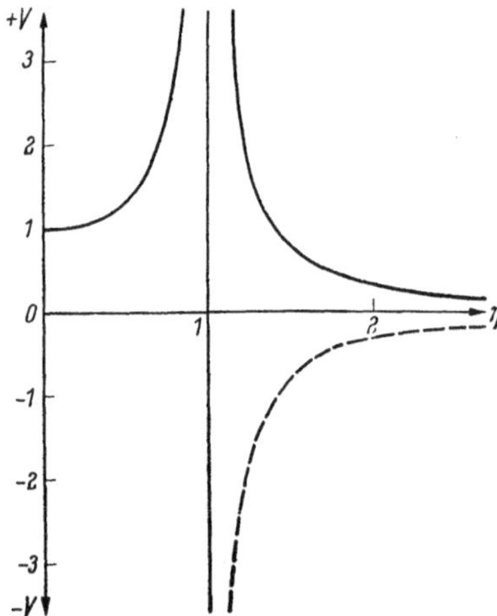

Abb. 2.3. Vergrößerungsfunktion $V(\eta)$ für konstante Erregung ohne Dämpfung

Die Funktion V gibt die Vergrößerung der Amplitude $X(\eta)$ gegenüber der Amplitude $(X)_{\eta=0}$ an, wobei η den auf die Eigenfrequenz ω bezogenen dimensionslosen Frequenzwert darstellt. Abb. 2.3 zeigt den Verlauf von V über η, und zwar gestrichelt mit den richtigen Vorzeichen, ausgezogen in der üblichen Darstellung der Absolutwerte $|V|$.

Aus Gl. (2.9) folgt ferner

$$X = \frac{\tilde{K}}{c - m\,\omega^2} \quad \text{bzw.} \quad \Psi = \frac{\tilde{M}}{c_M - \Theta\,\omega^2}, \tag{2.9a}$$

woraus zu ersehen ist, daß bei quadratischer Erregung $\tilde{K} = \varkappa\,\omega^2$ $(X)_{\omega=0}$ zu Null wird. Zur Aufstellung der Vergrößerungsfunktion V' benutzen wir daher den Wert $(X)_{\omega \to \infty} = \frac{m_0 r}{m} = \varkappa$ und finden aus (Gl. 2.9a)

$$V' = \frac{X}{(X)_{\omega \to \infty}} = -\frac{\eta^2}{1-\eta^2}. \tag{2.10a}$$

Den Verlauf von V' zeigt Abb. 2.4 in derselben Darstellungsweise wie Abb. 2.3. Beide Vergrößerungsfunktionen haben bei $\eta = 1$ eine Polstelle, und der hierbei auftretende Vorzeichenwechsel hat die physikalische Bedeutung, daß für $\eta < 1$ X und $\tilde{K}$ gleichphasig, für $\eta > 1$ im Gegentakt schwingen.

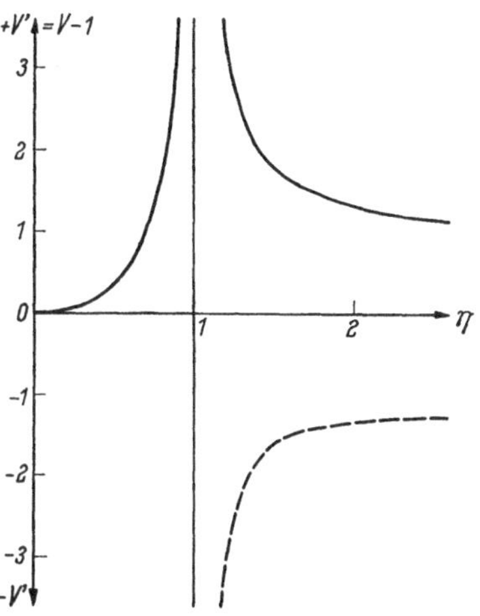

Abb. 2.4. Vergrößerungsfunktion $V'(\eta)$ für quadratische Erregung ohne Dämpfung

2.122 Erzwungene gedämpfte Schwingungen

Um eine partikuläre Lösung der Bewegungsgleichung

$$m\ddot{x} + k\dot{x} + cx = \tilde{K}\cos\omega t$$

bzw.

$$\Theta\ddot{\psi} + k_M\dot{\psi} + c_M\psi = \tilde{M}\cos\omega t$$

zu finden, benutzt man zweckmäßig den Lösungsansatz

$$x = X\cos(\omega t - \varphi) \qquad \text{oder} \qquad x = X e^{i(\omega t - \varphi)}$$

$$\psi = \Psi\cos(\omega t - \varphi) \qquad\qquad \psi = X e^{i(\omega t - \varphi)}.$$

Der trigonometrische Ansatz führt für $t = 0$ auf

$$(c - m\omega^2)\cos\varphi + k\omega\sin\varphi = \frac{\tilde{K}}{X}$$

$$(c_M - \Theta\omega^2)\cos\varphi + k_M\omega\sin\varphi = \frac{\tilde{M}}{\Psi}, \tag{2.11}$$

der komplexe auf

$$(c - m\omega^2) + i k\omega = \frac{\tilde{K}}{X}$$

$$(c_M - \Theta\omega^2) + i k_M\omega = \frac{\tilde{M}}{\Psi}. \tag{2.12}$$

Beide führen auf die Beziehungen

$$X = \frac{\tilde{K}}{\sqrt{(c - m\omega^2)^2 + k^2\omega^2}} \qquad \Psi = \frac{\tilde{M}}{\sqrt{(c_M - \Theta\omega^2)^2 + k_M^2\omega^2}} \tag{2.13}$$

$$\operatorname{tg}\varphi = \frac{k\omega}{c - m\omega^2} = \frac{k_M\omega}{c_M - \Theta\omega^2}. \tag{2.14}$$

Aus Gl. (2.13) bilden wir wieder die Vergrößerungsfunktionen für konstante Erregung mittels

$$V = \frac{X}{X_{st}} = \frac{\Psi}{\Psi_{st}} = \frac{1}{\sqrt{(1-\eta^2)^2 + 4D^2\eta^2}}, \tag{2.15}$$

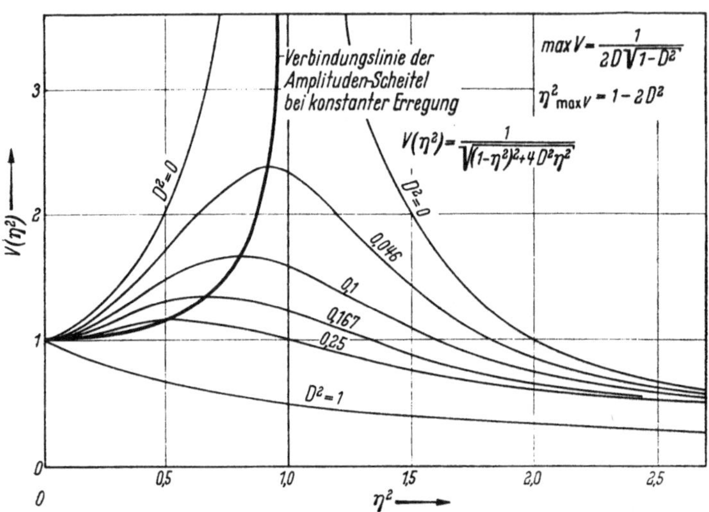

Abb. 2.5. Vergrößerungsfunktion $V(\eta)$ für konstante Erregung mit Dämpfung

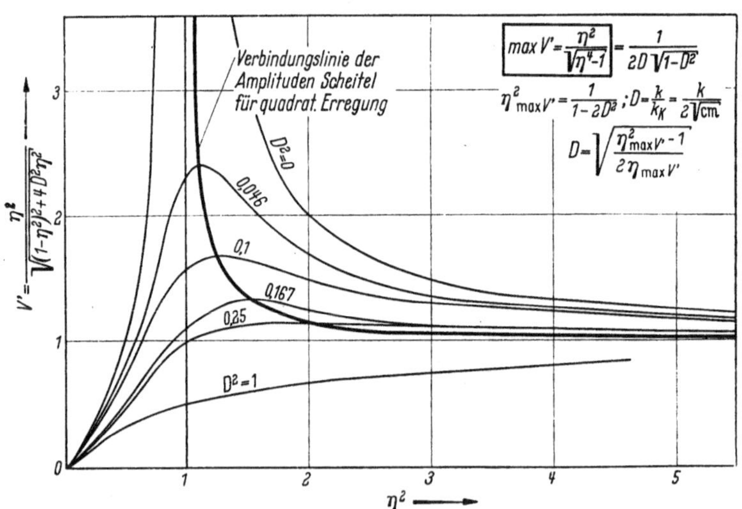

Abb. 2.6. Vergrößerungsfunktion $V'(\eta)$ für quadratische Erregung mit Dämpfung

für quadratische Erregung mittels

$$V' = \frac{X}{X_\infty} = \frac{\Psi}{\Psi_\infty} = \frac{\eta^2}{\sqrt{(1-\eta^2)^2 + 4D^2\eta^2}}. \tag{2.16}$$

wobei wir gemäß 2.112 von $D = \frac{k}{k_K} = \frac{k}{2\sqrt{cm}} = \frac{k_M}{2\sqrt{c_M \Theta}}$ Gebrauch gemacht haben.

Die Abb. 2.5 und 2.6 zeigen den Verlauf von V und V' über η^2 mit dem Parameter D und dem geometrischen Ort der Scheitelwerte max V bzw. max V'. Diese folgen aus der Zusammenstellung:

Erregung	Scheitelordinate	Scheitelabszisse	$(V)_{\eta=1}$
konstant	$\max V = \frac{1}{2D\sqrt{1-D^2}}$	$\max \eta^2 = 1 - 2D^2$	$\frac{1}{2D}$
quadratisch	$\max V' = \frac{1}{2D\sqrt{1-D^2}}$	$\max \eta^2 = \frac{1}{1-2D^2}$	$\frac{1}{2D}$

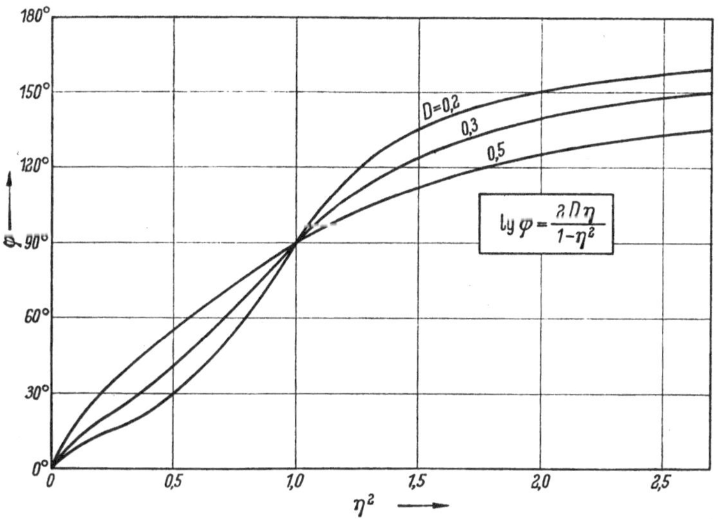

Abb. 2.7. Einfluß der Dämpfung auf die Phasenverschiebung

Aus Gl. (2.14) ergibt sich die Abhängigkeit des Phasenwinkels φ von dem Frequenzverhältnis η entsprechend Abb. 2.7 zu

$$\operatorname{tg}\varphi = \frac{2D\eta}{1-\eta^2}. \qquad (2.14\text{a})$$

Gl. (2.11) vermittelt uns noch ein aufschlußreiches Bild über die wir-

Abb. 2.8. Vektordiagramm der wirkenden Kräfte

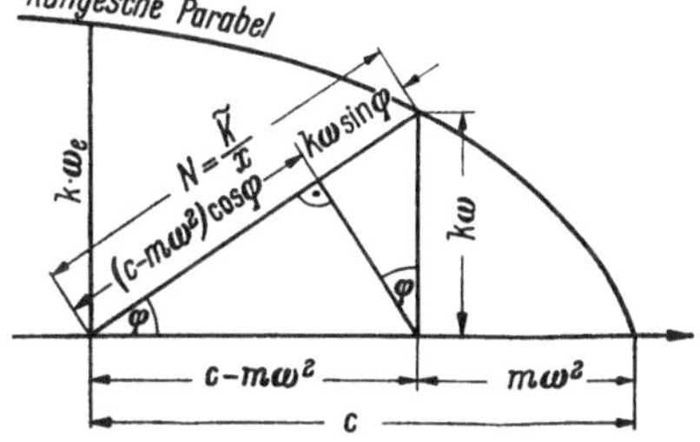

Abb. 2.9. Darstellung der Gl. (2.11) mit Rungescher Parabel

kenden Kräfte und ihre Richtung. Man erkennt aus Abb. 2.8, daß die Massen- oder Trägheitskraft $m\,\omega^2 X$ der Rückstellkraft $c\,X$ entgegenwirkt, die Dämpfungskraft $k\,\omega\,X$ zu beiden senkrecht steht und die Erregerkraft mit der Rückstellkraft den Phasenwinkel φ einschließt. Der Endpunkt

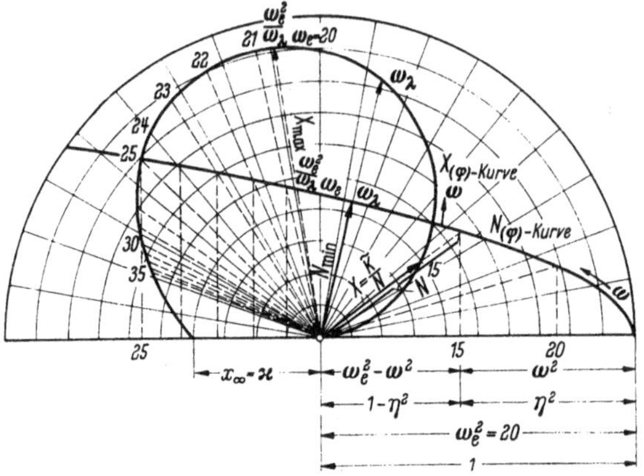

Abb. 2.10. Darstellung der Funktionen $X(\varphi)$ und $N(\varphi)$ für quadratische Erregung

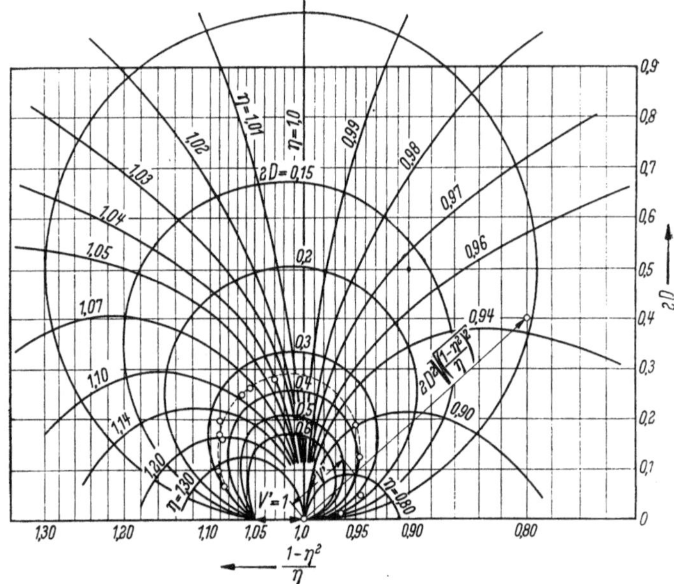

Abb. 2.11. Darstellung der Vergrößerungsfunktion V' in Abhängigkeit von φ

des Vektors $N = \frac{K}{X}$ in Gl. (2.11) beschreibt die RUNGEsche Parabel [*113*], deren Gleichung in Parameterdarstellung

$$x = c - m\,\omega^2 = 1 - \eta^2$$
$$y = k\,\omega \qquad = 2D\eta$$

lautet. Diese Parabel ist in Abb. 2.9 gezeichnet, während Abb. 2.10 einer älteren Veröffentlichung des Verfassers [22] entnommen wurde, um zu zeigen, daß der Minimalwert des Nenners in Gl. (2.13) durch den die RUNGEsche Parabel tangierenden Innenkreis gefunden werden kann, der bei konstanter Erregung bereits die Resonanzfrequenz ω_e abzulesen gestattet. Abb. 2.10 zeigt auch noch den Verlauf von $X(\varphi)$ für quadratische Erregung. Auf eine ähnliche Darstellung führt Gl. (2.16) mit den dimensionslosen Größen η und D, wovon man sich in Abb. 2.11 überzeugen kann.

2.13 Auswertung

2.131 Auswertung von Schwingweg-Amplitudenkurven

Die Praxis stellt oft die Aufgabe, die Konstanten des Schwingungssystems aus einer gemessenen Amplitudenkurve zu bestimmen. Diesen Vorgang wollen wir Auswertung nennen und beachten, daß im Gegensatz zur bisher geschilderten Darstellung der Kurven aus exakt abgeleiteten Gleichungen nun bei der Auswertung systematische Abweichungen und Beobachtungsfehler eine Rolle spielen. Systematische Abweichungen von der theoretischen Kurvenform zeigen dabei an, daß das Schwingungssystem, dessen Amplituden-Frequenzkurve ausgewertet wird, den Annahmen der angesetzten Bewegungsgleichung nicht voll entspricht; mit diesem Problem beschäftigen sich mehrere folgende Abschnitte.

Ein Blick auf die Gln. (2.13) und (2.14) zeigt, daß aus den Meßgrößen X und ω $\left(\text{oder } n = \frac{\omega}{2\pi}\right)$ die Systemgrößen c, m und k sowie die Erregerkraft $\tilde{K}$, also vier Größen, zu bestimmen sind. Man könnte daraus auf den Gedanken verfallen, vier Gleichungen (2.13) mit vier gemessenen Wertepaaren X_i und ω_i zur Berechnung der gesuchten Größen anzusetzen, würde aber damit sehr ungenaue Ergebnisse erzielen. Wesentlich besser wäre es, die Meßpunkte mittels Gl. (2.13) nach der Methode der kleinsten Quadrate auszugleichen, jedoch erfordert dies einen zu großen Zeitaufwand.

Wir wollen einen grundsätzlich anderen Weg beschreiten und ausgezeichnete Kurveneigenschaften oder Kurvenpunkte zur Auswertung verwenden, wir müssen diese Aufgabe aber für die beiden Erregerarten getrennt durchführen. Im übrigen können wir von den Vergrößerungsfunktionen keinen unmittelbaren Gebrauch machen, weil aus den Messungen nur X und ω, nicht aber V und η zur Verfügung stehen.

2.131.1 Auswertung bei konstanter Erregung. Für niedrige Frequenzen ω nähert sich die Amplitude X dem statischen Wert $X_{St} = \frac{\tilde{K}}{c}$. Dieser Wert ist durch Extrapolieren der Meßwerte auf den Nullpunkt leicht zu bestimmen.

Schneidet man, wie Abb. 2.12 zeigt, die durch die Meßwerte gezeichnete Amplitudenkurve mit waagerechten Geraden in der Höhe εX_{St}, so gelten für die Schnittpunktsabszissen ω_1 und ω_2 die Beziehungen

$$\omega_1\,\omega_2 = \omega_e^2\sqrt{1-\left(\frac{1}{\varepsilon}\right)^2} \quad \text{und} \quad \frac{\omega_1^2+\omega_2^2}{2} = (1-2D^2)\,\omega_e^2. \tag{2.17}$$

Haben wir aus $\omega_e^2 = \dfrac{\omega_1\,\omega_2}{\sqrt{1-\left(\frac{1}{\varepsilon}\right)^2}}$ die Eigenfrequenz ω_e gefunden, so können wir die Dämpfungskonstante entweder aus

$$D^2 = \frac{1}{2} - \frac{\omega_1^2+\omega_2^2}{4\,\omega_1\,\omega_2\sqrt{\varepsilon X_{St}}}$$

oder besser aus der Abszisse ω_{St} des Schnittpunktes in der Höhe X_{St}, das ist die Breite der Resonanzkurve in der Höhe X_{St}, zu

$$2D^2 = 1 - \frac{\omega_{St}^2}{2\,\omega_e^2} \tag{2.18}$$

errechnen.

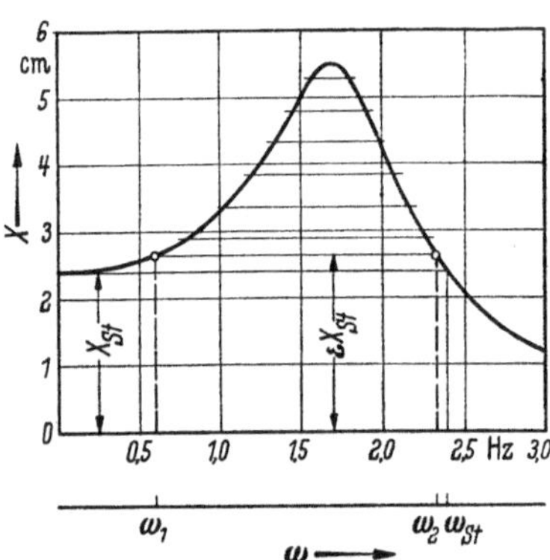

Abb. 2.12. Auswertung einer Weg-Amplitudenkurve mit konstanter Erregung

Wesentlich schwieriger ist es, die Konstanten c, m und k getrennt zu erhalten, weil der Typ der Amplitudenkurve von $\omega_e^2 = \dfrac{c}{m}$ und D bestimmt wird. Ist die Erregerkraft $\tilde{K}$ bekannt, so gelingt es leicht, aus $X_{St} = \dfrac{\tilde{K}}{c}$ die Federkonstante c und damit m und k zu errechnen, andernfalls kann nur ω_e und D ermittelt werden.

Der Vorteil dieses Auswertungsverfahrens besteht in der großen Genauigkeit der Ergebnisse, die durch beliebig viele Schnitte nach einfacher Mittelbildung gefunden werden. Andererseits wird auch schon mit einer Schnittgeraden schnell ein brauchbares Ergebnis erzielt.

2.131.2 Auswertung bei quadratischer Erregung. Der Asymptotenwert von X für $\omega \to \infty$ ist $(X)_{\omega\to\infty} = \varkappa = \dfrac{m_0\,r}{m}$.

Ein Auswerteverfahren, das auch mit schneidenden Geraden arbeitet, hat Hertwig [17] angegeben: Zunächst bringt man Gerade aus dem Koordinatenursprung mit der Amplitudenkurve zum Schnitt und findet aus den Schnittpunktsabszissen nach Abb. 2.13

$$\omega_1\,\omega_2 = \omega_e^2. \tag{2.19}$$

Dann bringt man horizontale Gerade zum Schnitt mit dem Ergebnis

$$\frac{\omega_3^2+\omega_4^2}{\omega_3^2\,\omega_4^2}\,\omega_e^2 = 2 - 4D^2. \tag{2.20}$$

Auch hier führen zahlreiche Schnitte über eine Mittelbildung zu sehr genauer Bestimmung der Größen ω_e und D, während man durch Anlegen der Ursprungstangente leicht ω_e finden und D aus der Abszisse ω_A des

Schnittpunktes der Kurve mit der Endasymptote nach

$$D = \frac{1}{2}\sqrt{2 - \left(\frac{\omega_e}{\omega_A}\right)^2} \tag{2.21}$$

bestimmen kann.

Aus demselben Grunde, wie S. 20 beschrieben, bereitet auch hier die Ermittlung der Systemkonstanten c, m und k aus ω_e und D Schwierigkeiten, es sei denn, man kennt die Erregergröße $m_0\,r$, wie dies bei Ver-

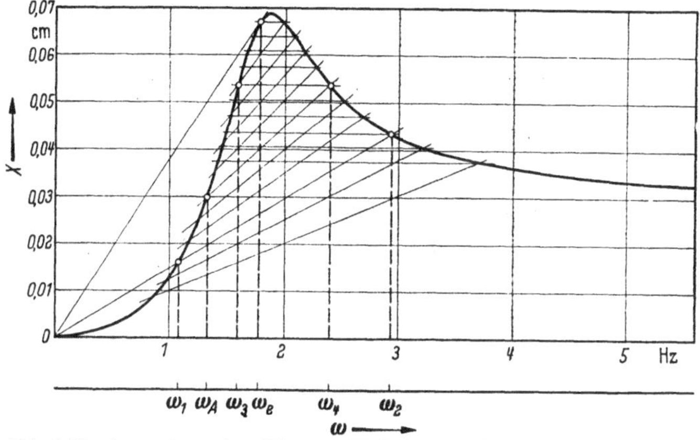

Abb. 2.13. Auswertung einer Weg-Amplitudenkurve mit quadratischer Erregung

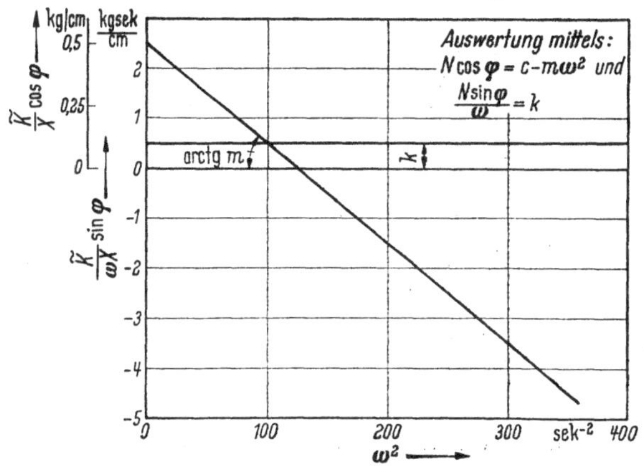

Abb. 2.14. Auswertung mittels $N \cdot \cos\varphi = c - m\,\omega^2$ und $\frac{N \cdot \sin\varphi}{\omega} = k$

suchen mit Schwingern stets der Fall ist. Dann kann man aus der Endasymptote $\varkappa = \frac{m_0\,r}{m}$ leicht m, daraus c und schließlich k berechnen.

Wenn außer dem Wertepaar X und ω auch noch der Phasenwinkel φ gemessen wird und $m_0\,r$ bekannt ist, kann entsprechend Abb. 2.7

$$\frac{m_0\,r\,\omega^2}{X}\cos\varphi = c - m\,\omega^2 \quad \text{und} \quad \frac{m_0\,r\,\omega}{X}\sin\varphi = k \tag{2.22}$$

als Funktion von ω^2 aufgetragen werden, wonach durch die Meßpunkte, wie in Abb. 2.14 gezeigt, Gerade gelegt werden, die gut ausgemittelte

Werte für c, m und k liefern. Dieses vom Verfasser vor Jahren [22] veröffentlichte Verfahren gewinnt neuerdings [37] erhöhte Bedeutung (vgl. S. 192).

2.132 Amplituden der Schwingungsgeschwindigkeit

2.132.1 Konstante Erregung. Während wir bisher die Abhängigkeit der Bewegungsamplituden X von der Frequenz ω untersuchten, sollen jetzt die Geschwindigkeitsamplituden $\dot{X} = \omega X$ betrachtet und hierfür die Bezeichnung $\dot{X}$ beibehalten werden, um keine Verwechslung mit der Vergrößerungsfunktion V aufkommen zu lassen.

Aus Gl. (2.13) wird

$$\dot{X} = \frac{\tilde{K}\,\omega^2}{\sqrt{(c - m\,\omega^2)^2 + k^2\,\omega^2}} = \frac{\tilde{K}/c}{\sqrt{\left(\frac{1}{\omega} - \frac{\omega}{\omega_e^2}\right)^2 + \frac{k^2}{c^2}}} = \frac{\tilde{K}}{\sqrt{c\,m}}\,\frac{1}{\sqrt{\left(\eta - \frac{1}{\eta}\right)^2 + 4D^2}}. \tag{2.23}$$

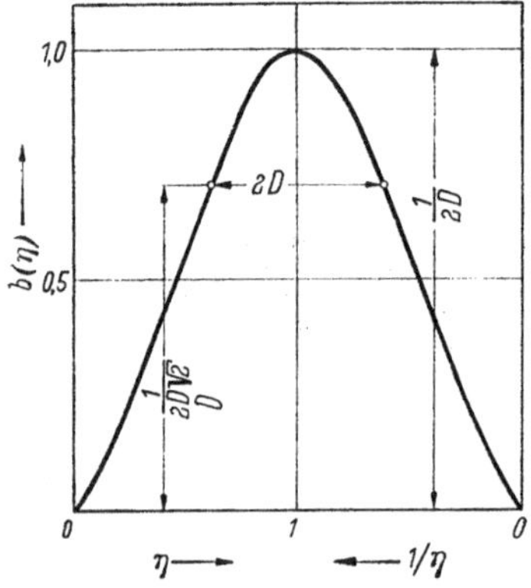

Abb. 2.15. Vergrößerungsfunktion der Geschwindigkeit $b(\eta)$ nach K. W. WAGNER [49]

Der Faktor $\frac{\tilde{K}}{\sqrt{c\,m}} = \frac{\tilde{K}}{c}\sqrt{\frac{c}{m}} = X_{St}\,\omega_e$ hat die Dimension einer Geschwindigkeit $\left[\frac{\text{cm}}{\text{s}}\right]$, während dem dimensionslosen Faktor

$$b(\eta) = \frac{1}{\sqrt{\left(\frac{1}{\eta} - \eta^2\right)^2 + 4D^2}}$$

die Rolle einer Vergrößerungsfunktion zufällt. Die Phasenverschiebung ψ zwischen Schwingungsgeschwindigkeit und Erregung $\tilde{K}$ folgt der Gleichung

$$\operatorname{tg}\psi = \frac{1-\eta}{2D\,\eta} \tag{2.24}$$

und ist mit dem Phasenwinkel φ der Bewegungsamplitude durch

$$\frac{\operatorname{tg}\varphi}{\operatorname{tg}\psi} = 1 + \eta \tag{2.25}$$

verbunden. Nach K. W. WAGNER [49] läßt sich, wie Abb. 2.15 zeigt, D sowohl aus dem Scheitelwert $\max b(\eta) = \frac{1}{2D}$ als auch aus der Breite der Kurve $b(\eta)$ in der Höhe $\frac{1}{2D\sqrt{2}}$ berechnen. Der Scheitel liegt bei $\eta = 1$, und die Resonanzkurve der Funktion $b(\eta)$ wird symmetrisch, wenn als Abszisse links η, aber rechts $1/\eta$ aufgetragen wird.

Ähnliche die Auswertung erleichternde Eigenschaften hat auch die Kurve $\dot{X}(\omega)$ in Abb. 2.16. Der Scheitel liegt bei $\omega = \omega_e = \sqrt{\frac{c}{m}}$ und hat die Ordinate $\max \dot{X} = \frac{\tilde{K}}{k}$. Die Kurve beginnt im Koordinatenursprung und hat die Endasymptote $(\dot{X})_{\omega \to \infty} = 0$; ihre Breite in der Höhe $\frac{\tilde{K}}{k\sqrt{2}}$ ist $\frac{k}{m}$.

Diese Ausführungen sind wichtig, weil bei Schwingungsaufnahmen häufiger Geschwindigkeitsmesser als Bewegungsmesser verwendet werden und Abb. 2.16 erkennen läßt, daß die Auswertung solcher Meßergebnisse noch schneller die Konstanten c, m und k vermittelt als aus

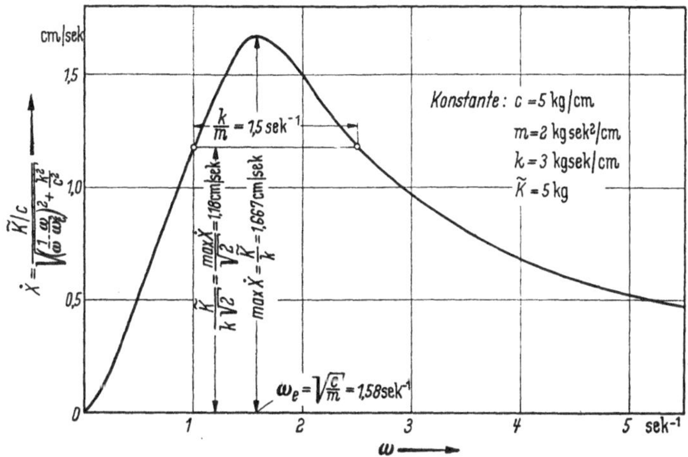

Abb. 2.16. Frequenzgang der Schwingungsgeschwindigkeit bei konstanter Erregung

Resonanzkurven der Bewegung; allerdings muß auch hier, wenn zur Auswertung ausgezeichnete Punkte der Kurve Verwendung finden, die Erregerkraft $\tilde{K}$ oder eine der Konstanten c, m und k bekannt sein.

2.132.2 Quadratische Erregung. Aus Gl. (2.13) erhalten wir

$$X = \omega X = \frac{m_0\, r\, \omega^3}{\sqrt{(c - m\,\omega^2)^2 + k^2\,\omega^2}} = \varkappa \sqrt{\frac{c}{m}} \frac{\eta^2}{\sqrt{\left(\eta - \frac{1}{\eta}\right)^2 + 4D^2}} \,. \quad (2.26)$$

Die dimensionslose Funktion

$$b'(\eta) = \frac{\eta^2}{\sqrt{\left(\eta - \frac{1}{\eta}\right)^2 + 4D^2}}$$

hat, wie Abb. 2.17 zeigt, zwei Extremwerte mit den Abszissen

$$\eta^2_{\substack{\max\\\min}} = 2(1 - 2D^2) \pm \sqrt{4(1 - 2D^2) - 3}\,. \quad (2.27)$$

Hieraus ergibt sich für die Kurve $\dot{X}(\omega)$:

1. Die Asymptote für $\omega \to \infty$ geht durch den Koordinatenursprung und hat die Neigung $\varkappa = \frac{m_0\, r}{m}$.

2. Die Eigenfrequenz ω_e ergibt sich aus den Abszissen der Extremwerte

$$\omega_e^2 = \frac{\omega_{\max} \cdot \omega_{\min}}{\sqrt{3}}. \tag{2.28}$$

3. Wegen $b'(\eta = 1) = \frac{1}{2D}$ ist $\dot{X}_{\omega=\omega_e} = \frac{\varkappa c}{k}$.

4. Aus den Abszissen der Extremwerte ergibt sich ferner

$$2D^2 = 1 - \frac{\omega_{\max}^2 + \omega_{\min}^2}{2\omega_e^2}. \tag{2.29}$$

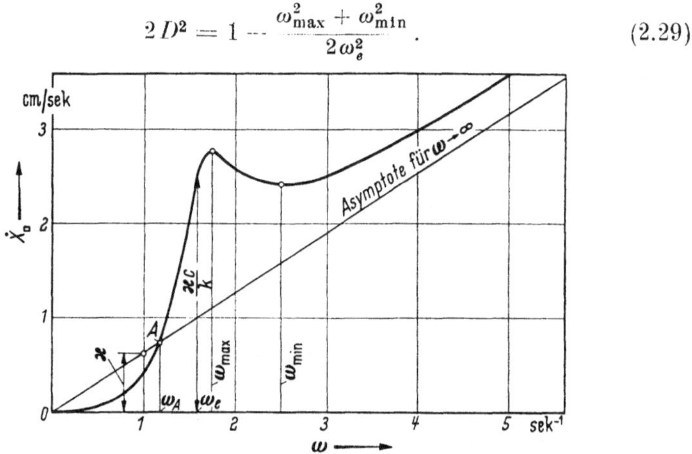

Abb. 2.17. Frequenzgang der Geschwindigkeit $\dot{X}$ bei quadratischer Erregung

5. Die Abszisse des Schnittpunktes A der Kurve $\dot{X}(\omega)$ mit ihrer Asymptote ist $\omega_A = \frac{\omega_e}{\sqrt{2 - 4D^2}}$; auch hieraus kann D berechnet werden.

Die Auswertung vermittelt hier zunächst auch nur die Konstanten ω_e und D; die Systemgrößen c, m und k können nur bestimmt werden, wenn einer dieser drei Werte bekannt ist.

2.133 Amplituden der Schwingungsbeschleunigung

Hierbei wollen wir uns auf den Fall der quadratischen Erregung beschränken. Mit $\ddot{X} = \omega^2 X$ erhalten wir aus Gl. (2.13)

$$\ddot{X} = \frac{m_0 r \omega^4}{\sqrt{(c - m\omega^2)^2 + k^2\omega^2}} = \frac{\varkappa c}{m} \frac{\eta^3}{\sqrt{\left(\frac{1}{\eta} - \eta\right)^2 + 4D^2}}. \tag{2.30}$$

Der Faktor $d'(\eta) = \frac{\eta^3}{\sqrt{\left(\frac{1}{\eta} - \eta\right)^2 + 4D^2}}$ hat bei Auftragung über η^2, wie in Abb. 2.18 gezeigt, eine Asymptote für $\eta \to \infty$ von der Neigung 1. $d'(\eta^2)$ hat drei Extremwerte, deren Berechnung mühsam ist und daher kein einfaches Auswertverfahren vermittelt. Wegen dieser Schwierigkeit wird man Beschleunigungsmessung möglichst vermeiden oder elektrische Integrationsgeräte einschalten, so daß aus unmittelbar gemessener Beschleunigung mittelbar die Geschwindigkeit abgelesen werden kann.

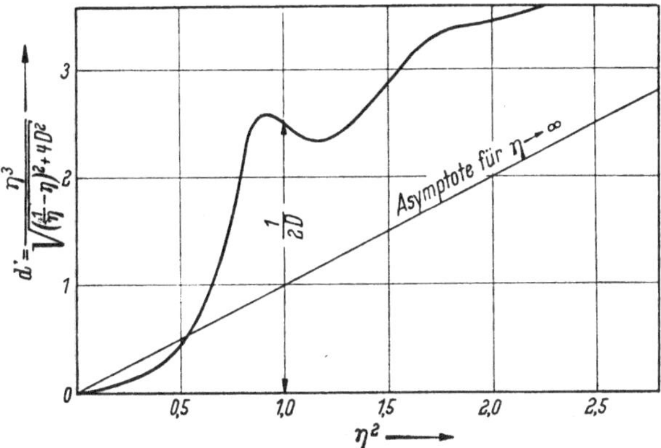

Abb. 2.18. Frequenzgang der Beschleunigung $\ddot{X} = \frac{\varkappa c}{m} d'(\eta^2)$

2.134 Leistungskurven

Schon in der Veröffentlichung aus dem Jahre 1933 [*17*] ist ein Verfahren zur Auswertung von Leistungskurven beschrieben, die man erhält, wenn die vom Schwingungserreger aufgenommene elektrische Leistung als Funktion der Drehzahl aufgezeichnet wird.

Die Arbeit der Erregerkraft $\tilde{K} = m_0 \, r \, \omega^2$ während einer Periode, die auf die Punktsmasse m wirkt, ist, wie S. 30 näher ausgeführt wird,

$$A = \tilde{K} X \pi \sin\varphi = m_0 \, r \, \omega^2 \pi X \sin\varphi,$$

die Leistung $L_S = \frac{A\,\omega}{2\pi} = \frac{m_0 \, r \, \omega^3 X \sin\varphi}{2}$.

Mit $\sin\varphi$ aus Gl. (2.11) $\sin\varphi = \frac{k\,\omega\,X}{\tilde{K}}$ wird

$$L_S = \frac{\omega^2 k X^2}{2} = \frac{m_0^2 r^2 k \omega^6}{2\left[(c - m\,\omega^2)^2 + k^2 \omega^2\right]} = \frac{\varkappa^2 c \sqrt{\frac{c}{m}}\, D\, \eta^6}{(1-\eta^2)^2 + 4D^2\eta^2} \left[\frac{\text{kg cm}}{\text{s}}\right]. \quad (2.31)$$

Die Funktion

$$\sqrt{L_S} = \frac{\varkappa \sqrt{c\,D} \sqrt[4]{\frac{c}{m}}\, \eta^3}{\sqrt{(1-\eta^2)^2 + 4D^2\eta^2}}$$

unterscheidet sich von $X(\eta)$ in Gl. (2.16), abgesehen von einem konstanten Faktor, nur durch die Potenz von η im Zähler. Es ist deshalb naheliegend, ein ähnliches Auswertungsverfahren anzuwenden. Wie in [*17*] näher bewiesen, liefern Schnitte dieser $\sqrt{L_S}$-Kurve mit Geraden unter dem Winkel γ aus dem Ursprung mit den Abszissen ω_1 und ω_2 der Schnittpunkte

$$\omega_e^2 = \omega_1\,\omega_2\sqrt{1-\left(\frac{\varkappa}{\gamma}\right)^2} \tag{2.32}$$

und

$$2D^2 = 1 - \frac{\omega_e^2}{2}\,\frac{\omega_1^2+\omega_2^2}{\omega_1^2\,\omega_2^2}\,. \tag{2.33}$$

Unter L_S wurde die reine Schwingungsleistung verstanden. Die von der Erregermaschine verbrauchte innere Leistung folgt der Parabel $L_i = a\,\omega^2$ und kann durch einen Leerlauf ($m_0\,r = 0$) leicht bestimmt werden; sie muß von den Meßwerten $L(\omega) = L_S + L_i$ abgezogen werden, um $L_S(\omega)$ zu erhalten.

2.135 Amplituden der Kraft

Die von einem Schwingungserreger auf seine Unterlage ausgeübte Kraft $\tilde{P}$ ergibt sich aus dem Vektordiagramm in Abb. 2.19 als Resultierende aus der Erregerkraft $\tilde{K}$ und der Trägheitskraft $m\,\omega^2\,X$, die den Winkel φ einschließen; also ist

$$\tilde{P}^2 = m_0^2\,r^2\,\omega^4 + 2m\,m_0\,r\,X\,\omega^4\cos\varphi + m^2\,X^2\,\omega^4 \tag{2.34}$$

und das Verhältnis

$$\tilde{p}^2 = \left(\frac{\tilde{P}}{\tilde{K}}\right)^2 = 1 + 2\,\frac{X}{\varkappa}\cos\varphi + \left(\frac{X}{\varkappa}\right)^2. \tag{2.35}$$

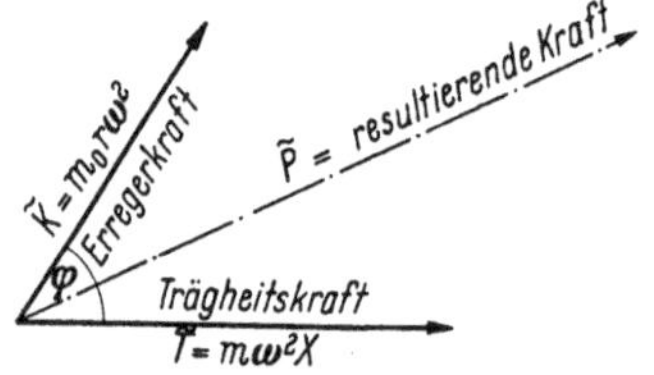

Abb. 2.19. Vektordiagramm der wirkenden Kräfte

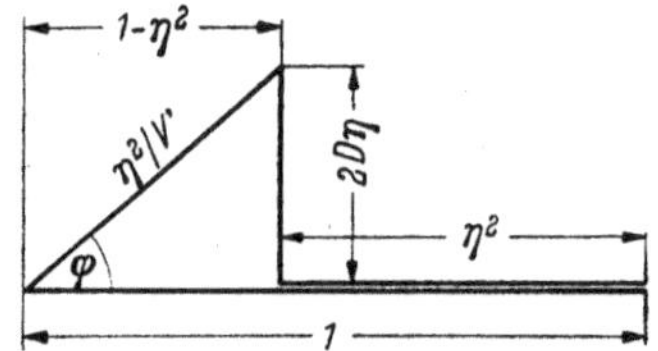

Abb. 2.20. Vektordiagramm entsprechend Abb. 2.8, aber in dimensionsloser Darstellung

Setzen wir entsprechend Abb. 2.20 $\cos\varphi = \frac{1-\eta^2}{\eta^2}\,V'$ und führen für V' den Ausdruck nach Gl. (2.16) ein, so erhalten wir

$$\tilde{p}^2 = 1 + \frac{2-\eta^2}{\left(\frac{1}{\eta}-\eta\right)^2 + 4D^2}\,. \tag{2.36}$$

Den Verlauf dieser Vergrößerungsfunktion $\tilde{p}$ der wirksamen Kraft über das Frequenzverhältnis η mit dem Parameter D zeigt Abb. 2.21. Alle Kurven durchlaufen einen gemeinsamen Punkt A mit den Koordinaten $\eta_A = \sqrt{2}$ und $\tilde{p}_A = 1$, dessen Bedeutung darin liegt, daß für $\eta \lesseqgtr \sqrt{2}$ $\tilde{p} \gtreqless 1$. Aus $\tilde{p}$ ergibt sich

$$\tilde{P} = \tilde{p}\,\tilde{K} = \tilde{p}\,m_0\,r\,\omega^2 = \varkappa\,\tilde{p}\,c\,\eta^2. \tag{2.37}$$

In Abb. 2.22 ist daraus

$$\frac{\tilde{P}}{\varkappa c} = \tilde{p}\,\eta^2 = \eta^2 \sqrt{1 + \frac{2 - \eta^2}{\left(\frac{1}{\eta} - \eta\right)^2 + 4D^2}} \tag{2.38}$$

für einige Parameter D dargestellt. Der allen Parametern gemeinsame Punkt A liegt hier auf der Ordinate 2. In diesem Punkt ergibt der Parameter $D^2 = 0{,}125$ eine waagerechte Tangente, so daß nur Maxima

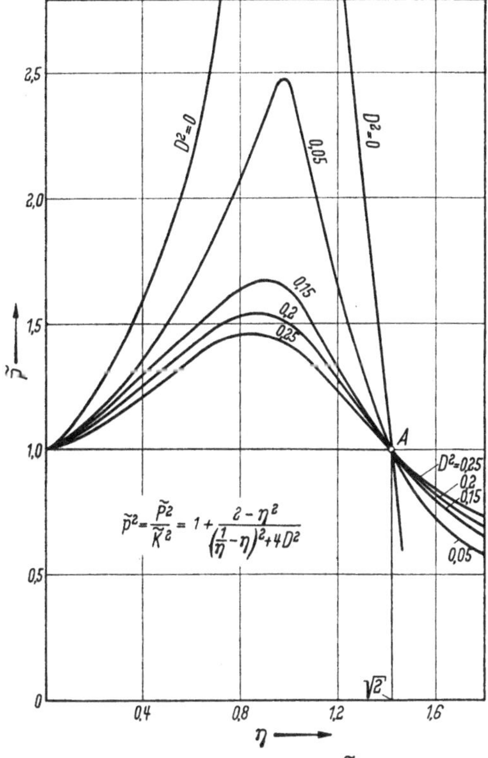

Abb. 2.21. Funktion des Kraftquotienten $\tilde{p}^2 = \frac{\tilde{P}^2}{\tilde{K}^2} = 1 + \frac{2 - \eta^2}{\left(\frac{1}{\eta} - \eta^2\right)^2 + 4D^2}$

für $\frac{\tilde{P}}{\varkappa c}$ unterhalb $\eta = \sqrt{2}$, also für Dämpfungskonstante $D < 0{,}353$, entstehen können.

Für $D = 0$ wird aus Gl. (2.38)

$$\frac{\tilde{P}}{c\varkappa} = \frac{\eta^2}{1-\eta^2} = (V')_{D=0}\,. \tag{2.39}$$

Zur Auswertung der Kraft-Frequenzkurven benutzen wir den gemeinsamen Punkt A mit den Koordinaten $\tilde{P}_A = 2\varkappa c = 2m_0 r\,\omega_e^2$ und $\omega_A = \omega_e\sqrt{2}$. Der geometrische Ort des Punktes A ist also $\tilde{P}_A = m_0 r\,\omega_A^2$,

d. i. eine quadratische Parabel mit dem in der Regel aus der Schwingmasseneinstellung bekannten Parameter $m_0 r$. Zur einfacheren Aus-

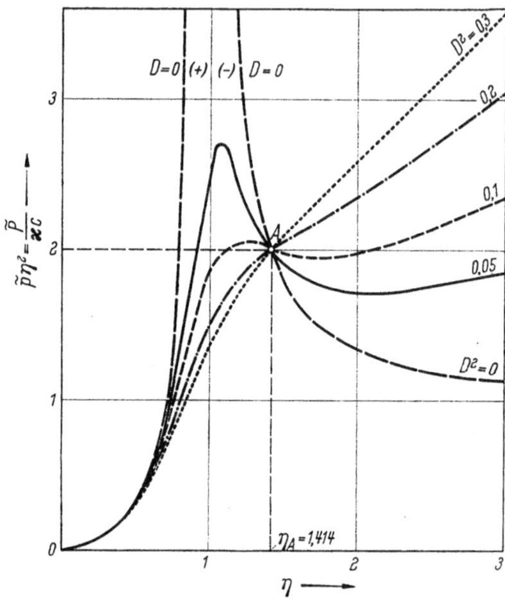

Abb. 2.22. Frequenzgang der Funktion $\frac{\tilde{P}}{\varkappa c} = \eta^2 \sqrt{1 + \frac{2-\eta^2}{\left(\frac{1}{\eta}-\eta\right)^2 + 4D^2}}$

wertung zeichnen wir entsprechend Abb. 2.23 die Meßwerte $\tilde{P}$ über einer ω^2-Teilung, bringen diese Kurve mit der Geraden $P = m_0 r \omega^2$ zum

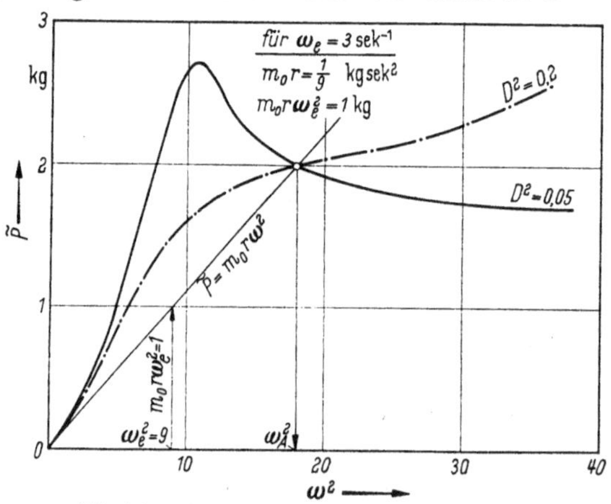

Abb. 2.23. Auswertung der Kraft-Frequenzkurven

Schnitt und lesen $\omega_A^2 = 2\omega_e^2$ ab. Nachdem der Punkt A gefunden wurde, entscheidet die Form der Kurve über die Größenordnung von D, denn

Kurven mit einem ausgeprägten Scheitel zeigen an, daß $D < 0{,}353$. Zur genaueren Ermittlung der Dämpfung D dienen die Kurvenordinaten $\tilde{P}_A = 2 m_0\, r\, \omega_e^2$ und $\tilde{P}_e$ an der Stelle $\omega = \omega_e$, d. i. aus Gl. (2.38)

$$\tilde{P}_e = m_0\, r\, \omega_e^2 \sqrt{1 + \frac{1}{4D^2}}\,; \quad \text{somit ist} \quad 4D^2 = \frac{P_A^2}{4\,\tilde{P}_e^2 - P_A^2}\,. \tag{2.40}$$

2.14 Dämpfung

In dem uns besonders interessierenden Fall, daß die Dämpfung des Schwingungssystems vom Baugrund herrührt, haben wir, wie S. 176 näher ausgeführt wird, zwischen der Dämpfung infolge bleibender Formänderung des Bodens und sog. *Systemdämpfung* infolge Abstrahlung in den Baugrund zu unterscheiden.

Wir wollen uns hier mit der erstgenannten Dämpfungsursache näher befassen, weil sie bei allen von uns betrachteten Systemen auftritt, also sowohl infolge plastischer Deformation des Baugrundes als auch infolge nichtelastischer, also nicht reversibler Formänderung bei Stabwerken aller Art und jeden Baustoffes. Bezüglich der Systemdämpfung wird auf S. 174 verwiesen. Wohl wegen der vereinfachten Integration der Bewegungsgleichung wird seit Jahrzehnten für den Dämpfungswiderstand der Ansatz $W_D = k\,\dot{x}$ gewählt, also eine der Schwingungsgeschwindigkeit $\dot{x}$ proportionale Dämpfungskraft angesetzt. Nach einer russischen Quelle [*6*] war es W. Voigt, der 1890 als erster eine physikalische Begründung für diesen Ansatz lieferte.

Neuere Messungen an teilweise elastischen Stoffen, wie Kork, Gummi u. dgl. [*11*], [*12*], [*50*], [*51*] haben gezeigt, daß der Leistungsverlust während einer Schwingungsperiode nicht $L = k\,\dot{x}\,x\,\omega = k\,x^2\,\omega^2 = A\,\omega^2$ wie aus $W_D = k\,\dot{x}$ folgt, sondern $L = \frac{k_0\,\dot{x}}{\omega} = k_0\,x^2\,\omega = B\,\omega$, also nicht dem Frequenzquadrat, sondern der Frequenz ω proportional ist. Daraus folgt nach K. W. Wagner [*49*]

$$k = \frac{k_0}{\omega} \qquad \text{und} \qquad D = \frac{k_0}{2c\eta}\,. \tag{2.41}$$

Somit ist $k\,\dot{x} = k_0\,x$, d. h. der Bewegungswiderstand ist ebenso frequenzunabhängig wie die Rückstellkraft $c\,x$. Hieraus setzt K. W. Wagner die Bewegungsgleichung

$$m\,\ddot{x} + (c + i\,k_0)\,x = \tilde{K} \cos \omega\, t\,, \tag{2.42}$$

erhält also eine komplexe Federkonstante

$$\bar{c} = c + i\,k_0 = c\left(1 + i\,\frac{k_0}{c}\right) \tag{2.43}$$

und einen komplexen Elastizitätsmodul

$$\bar{E} = E\left(1 + i\,\frac{k_0}{c}\right). \tag{2.44}$$

Offenbar in Unkenntnis dieser älteren deutschen Arbeiten hat Sorokin [*6*] 1951 alle bekanntgemachten Hypothesen über die Dämpfung infolge bleibender Verformung auf ihre Übereinstimmung mit Versuchsergebnissen und ihre Eignung zur weiteren analytischen Behandlung überprüft mit dem Ergebnis, daß Gl. (2.43) und (2.44) die besten Ergebnisse liefert.

Bevor wir den Einfluß des Ansatzes Gl. (2.43) auf die Gestalt der Resonanzkurven behandeln, geben wir noch einige wichtige Zusammenhänge zum Teil aus der Veröffentlichung von SOROKIN wieder. Die Hysteresisschleife in einem durch σ und x festgelegten Koordinatensystem folgt in Parameterdarstellung der Gleichung

$$\begin{aligned} \sigma &= \sigma_0 \cos(\omega t - \varepsilon) \\ x &= X \cos \omega t \end{aligned} \tag{2.45}$$

und ist eine Ellipse, wie Abb. 2.24 zeigt.

Den Erfahrungen aus Versuchen mit unvollkommen elastischen Baustoffen entspricht der Ansatz für die Gleichung der Hysteresisschleife

$$\sigma = E\,\varepsilon\left(1 + \frac{\vartheta}{\pi}\sqrt{\frac{\varepsilon_0^2}{\varepsilon^2} - 1}\right) = E\,\varepsilon\left(1 + i\,\frac{\vartheta}{\pi}\right), \tag{2.46}$$

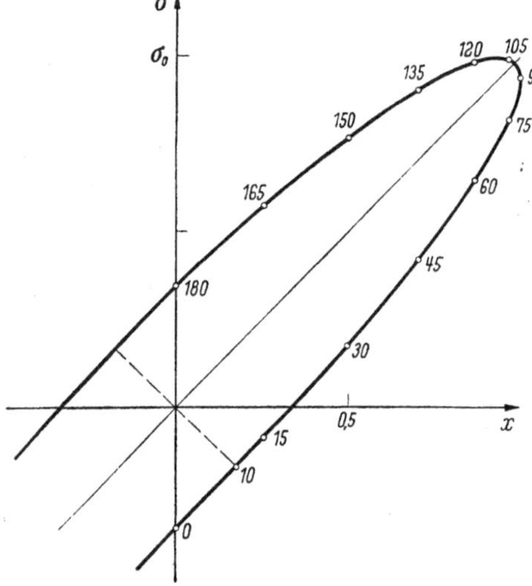

Abb. 2.24. Hysteresisschleife im σ-x-Diagramm

worin ε_0 die maximale Dehnung und ϑ das logarithmische Dekrement bedeuten. Integriert man Gl. (2.46), so erhält man für den Quotienten aus Arbeit der bleibenden Deformation zur Arbeit der elastischen Deformation den Wert

$$\frac{A_{pl}}{A_{el}} = 2\vartheta. \tag{2.47}$$

Wie man aus dem Vergleich von Gl. (2.46) mit Gl. (2.44) erkennt, ist $\frac{k_0}{c} = \frac{\vartheta}{\pi}$, daher

$$\frac{A_{pl}}{A_{el}} = 2\pi\frac{k_0}{c}. \tag{2.48}$$

Die Arbeit der elastischen Deformation ist $A_{el} = \frac{cX^2}{2}$, somit die Verlustarbeit

$$A_{pl} = \vartheta\, c\, X^2 = 2\pi\, k_0\, X^2. \tag{2.49}$$

Demgegenüber liefert der Ansatz $W_D = k\,\dot{x}$ aus

$$\begin{aligned} A_{pl} &= \int_0^{2\pi} \tilde{K} \cos\omega t\, \frac{d\,[X\cos(\omega t - \varphi)]}{d(\omega t)}\, d(\omega t) \\ &= \tilde{K} X\left[\cos\varphi \int_0^{2\pi} \sin\omega t \cos\omega t\, d(\omega t) - \sin\varphi \int_0^{2\pi} \cos^2\omega t\, d(\omega t)\right] \\ &= \tilde{K} X \pi \sin\varphi \quad \text{und wegen} \quad \sin\varphi = \frac{k\,\omega X}{\tilde{K}} \end{aligned}$$

$$A_{pl} = X^2 k\,\omega\,\pi, \tag{2.50}$$

also eine frequenzabhängige Verlustarbeit, was, wie gesagt, den Versuchsergebnissen widerspricht.

Der WAGNERsche Ansatz (2.43) für den Schwingungswiderstand $W_D = i\,k_0\,x$ ergibt bei quadratischer Erregung die Bewegungsgleichung $m\,\ddot{x} + (c + i\,k_0)\,x = m_0\,r\,\omega^2 \cos\omega\,t$ mit der partikulären Lösung

$$X = \frac{m_0\,r\,\omega^2}{\sqrt{(c - m\,\omega^2)^2 + k_0^2}} = \frac{\varkappa\,\eta^2}{\sqrt{(1-\eta^2)^2 + \frac{k_0^2}{c^2}}} = \frac{\varkappa\,\eta^2}{\sqrt{(1-\eta^2)^2 + \left(\frac{\vartheta}{\pi}\right)^2}}\,. \tag{2.51}$$

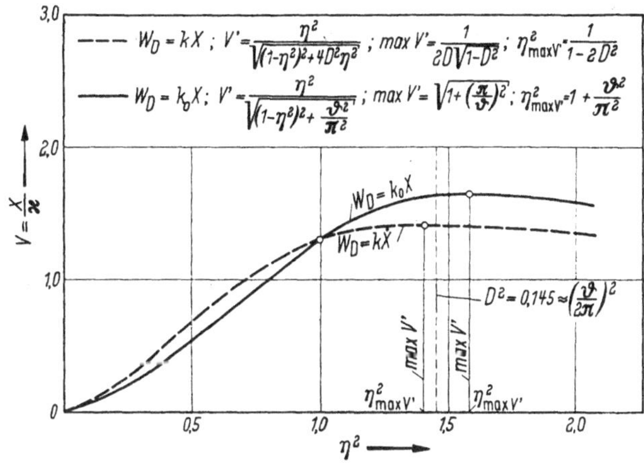

Abb. 2.25. Einfluß des Dämpfungsansatzes auf die Form der Resonanzkurven

Das Maximum dieser Kurve $X(\eta^2)$ liegt bei $\eta^2_{\max} = 1 + \frac{\vartheta^2}{\pi^2}$ und hat den Wert

$$\max\ X = \varkappa\sqrt{\left(\frac{\pi}{\vartheta}\right)^2 + 1}\,. \tag{2.52}$$

Wegen Gl. (2.7) ist $\frac{\vartheta}{\pi} \approx 2D$, somit besteht für $\eta = 1$ kein Unterschied in $X(\eta^2)$ zwischen den Ansätzen $W_D = k\,\dot{x}$ und $W_D = k_0\,x$; für $\eta < 1$ ist jedoch $X(\eta^2)$ mit $W_D = k\,\dot{x}$ größer als $X(\eta^2)$ mit $W_D = k_0\,x$, für $\eta > 1$ stets kleiner. Abb. 2.25 zeigt diese Unterschiede.

2.15 Einschwingvorgänge

Bei jeder Tiefabstimmung, also immer dann, wenn eine an- oder ablaufende Maschine einen Resonanzbereich durchfährt, tritt das Problem der Amplitudenvergrößerung beim Einschwingen auf. Seine theoretische Lösung ist schwierig und soll hier nur kurz gestreift werden, denn glücklicherweise können wir uns bei Aufgaben der Praxis hinlänglich fundierter Näherungslösungen bedienen.

Zunächst ist daran zu erinnern, daß wir auf S. 15 nur von einer partikulären Lösung der Bewegungsgleichung Gebrauch machten in der

Annahme, daß nach ausreichender Dauer einer stationären Erregerkraft die Eigenschwingung infolge der Dämpfung abgeklungen ist. Diese Voraussetzung gilt sicher nicht für die Einschwingzeit, vielmehr tritt hier Eigenschwingung und erzwungene Schwingung gleichzeitig auf, wie die dem Buch von KLOTTER [*14*] entnommene Abb. 2.26 für die Fälle a) $\omega > \omega_\lambda$ und b) $\omega < \omega_\lambda$ erkennen läßt.

Die Gleichung des Schwingungsausschlages $x(t)$ setzt sich in diesen Fällen aus Gl. (2.6) und Gl. (2.13) zusammen und lautet bei konstanter Erregung

$$x(t) = X_1 e^{-\frac{k t}{2m}} \cos(\omega_\lambda t - \alpha) + \frac{\tilde{K}}{c} \frac{1}{\sqrt{(1-\eta^2)^2 + 4D^2\eta^2}} \cos(\omega t - \varphi) \tag{2.53}$$

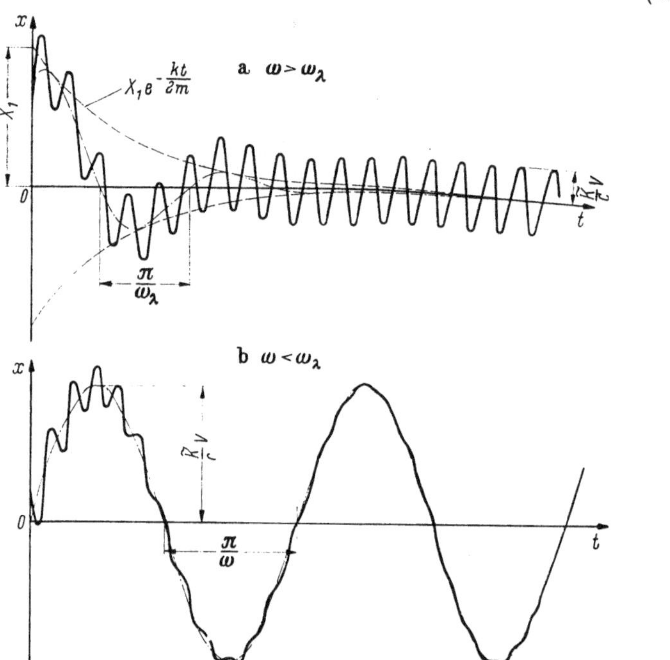

Abb. 2.26. Überlagerung der freien und erzwungenen Schwingung beim Einschwingvorgang nach KLOTTER [*14*]

und bei quadratischer Erregung

$$x(t) = X_1 e^{-\frac{k t}{2m}} \cos(\omega_\lambda t - \alpha) + \varkappa \frac{\eta^2}{\sqrt{(1-\eta^2)^2 + 4D^2\eta^2}} \cos(\omega t - \varphi). \tag{2.54}$$

Die strenge Behandlung des Einschwingvorganges hat nun zum Unterschied von unserer bisherigen Annahme die Tatsache zu berücksichtigen, daß sich die Erregerfrequenz ω gleichförmig oder ungleichförmig ändert. Auch mit dem einfacheren Ansatz gleichförmiger Änderung gemäß

$$\omega = \omega_0 + \Lambda t, \tag{2.55}$$

worin Λ die konstante Anlaufbeschleunigung $\Lambda = \frac{d\omega}{dt}$ [s^{-2}] bedeutet, ergeben sich beträchtliche mathematische Schwierigkeiten, die nach KLOTTER [*14*] für ungedämpfte Systeme mittels FRESNELscher Integrale, bei gedämpften nach LEWIS [*52*] aber nur durch Integration im Komplexen gemeistert werden können.

Der letztgenannten Quelle entstammen die Diagramme in Abb. 2.27 und 2.28, die wichtige allgemeingültige Ergebnisse für die Praxis abzulesen gestatten:

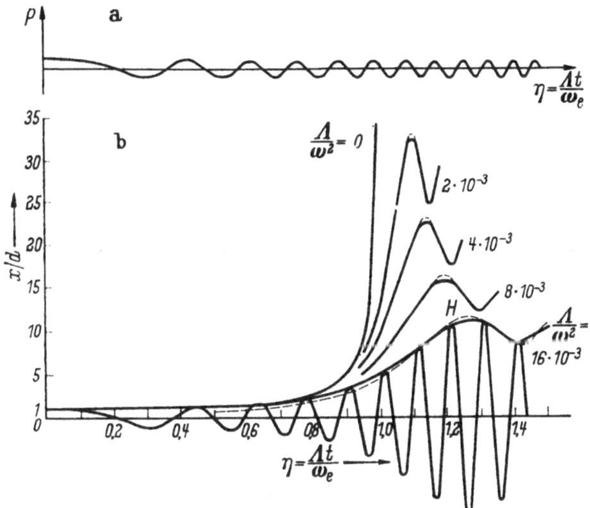

Abb. 2.27a und b. a) Erregerkraft $p(t) = k \sin\left(\frac{1}{2}\Lambda t^2 + \alpha\right)$ für $\frac{\Lambda}{\omega^2} = 16 \cdot 10^{-3}$ und $\alpha = \pi/2$; b) Erzwungene Ausschläge $x(t)$ zur Erregerkraft der Abb. 2.27a, zugehörige Hüllkurve H und Hüllkurven für Erregerbeschleunigungen $10^3 \cdot \frac{\Lambda}{\omega^2} = 8, 4, 2, 0$. (Nach F. M. LEWIS [*52*])

1. Die Momentanrichtung $\beta(t)$ des mit $\omega\, t$ rotierenden Amplitudenvektors $\mathfrak{X}(t)$ folgt aus Gl. (2.55) durch Integration über die Zeit

$$\beta(t) = \int \omega(t)\, dt = \omega_0\, t + \frac{\Lambda t^2}{2} + \varphi.$$

Dabei bedeutet $\omega_0\, t$ einen konstant mit t wachsenden Phasenwinkel, der mit der Anfangsstellung φ gemäß $\alpha = \omega_0\, t + \varphi$ zusammengefaßt werden kann. Die Amplituden beim Einschwingvorgang hängen zwar von α ab, doch kann eine alle Kurven $x(\alpha)$ einhüllende Kurve H in Abb. 2.27 gefunden werden, so daß dieser Phasenwinkel nicht weiter mitgeführt zu werden braucht.

2. Obwohl zunächst keine Dämpfung berücksichtigt wird, erreichen die Amplituden beim Einschwingen innerhalb des Resonanzbereiches endliche Werte, abgesehen von dem praktisch unmöglichen Fall $\Lambda = 0$. Der Maximalausschlag nimmt mit wachsender Anlaufbeschleunigung Λ ab, und die Frequenz, bei der dieser Maximalausschlag auftritt, steigt

mit Λ. Der Maximalwert der Vergrößerung $V = \frac{X}{X_{st}}$ folgt nach LEWIS der Gleichung

$$\max V = 1{,}25 \frac{\omega_e}{\sqrt{\Lambda}} . \tag{2.56}$$

3. Auch bei gedämpften Systemen nimmt nach LEWIS [52] gemäß Abb. 2.28 max V mit Λ ab und η_{max} zu. In diesem Falle liefert auch $\Lambda = 0$ endliche Werte, die sich nur unwesentlich vom Maximalwert von V nach Gl. (2.15) unterscheiden. Bei schwacher Dämpfung ist der Einfluß von Λ auf max V und auf η_{max} größer als bei starker Dämpfung.

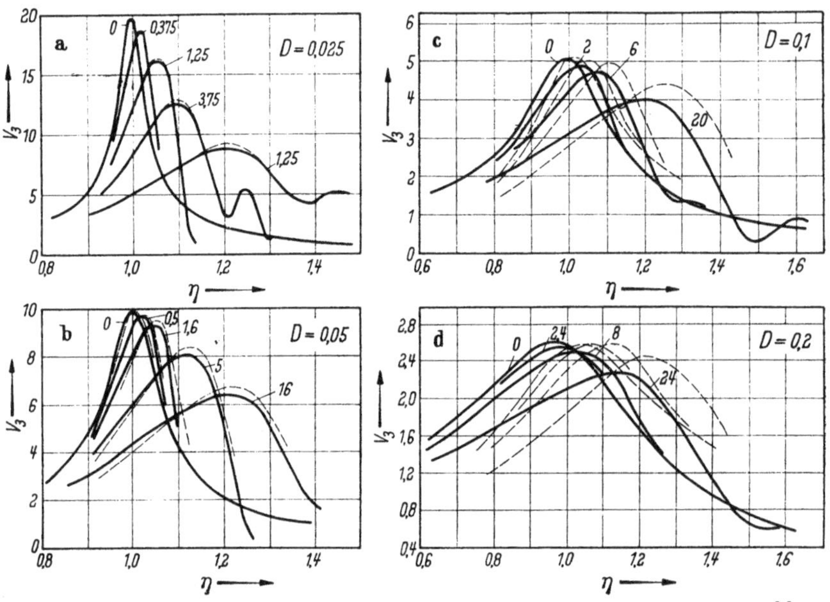

Abb. 2.28. Vergrößerungshüllkurven in der Nähe des Maximums (ausgezogen für positive Beschleunigung, gestrichelt für negative Beschleunigung) mit $10^3 \frac{\Lambda}{\omega^2}$ als Parameter und verschiedenn Dämpfungswerten D. a) $D = 0{,}025$, b) $D = 0{,}05$, c) $D = 0{,}1$, d) $D = 0{,}2$ nach F. M. LEWIS [52]

4. Die vorstehenden Sätze gelten qualitativ auch für das Ablaufen einer Maschine. Quantitativ ergeben sich einige Unterschiede, erkennbar durch die gestrichelten Linien in Abb. 2.28.

Einer Arbeit von ZELLER [53] entstammt die Näherungsgleichung

$$\max V = \frac{1}{2D\sqrt{1-D^2}} \left(1 - e^{-2\pi D\sqrt{r}}\right) , \tag{2.57}$$

worin $r = \frac{\omega_e^2}{\Lambda}$; sie gilt nur für gedämpfte Systeme, ist also mit Gl. (2.49) nicht zu vergleichen, führt aber fast zu demselben Ergebnis wie die exakte Untersuchung von LEWIS nach Abb. 2.28. Für die Frequenz, bei der das Amplitudenmaximum beim Einschwingvorgang auftritt, gilt nach ZELLER

$$\eta_{max} = 1 \pm \frac{1}{2\sqrt{r}} , \tag{2.58}$$

wobei das positive Vorzeichen für das Anlaufen, das negative für den Ablauf der Maschine gilt.

Die vorstehenden Betrachtungen bestätigen die Erfahrung der Praxis, wonach auch tief abgestimmte Fundamente beim kurzfristigen Durchfahren der Resonanz keine störenden Schwingungen zu erfahren brauchen, wenn die Anlaufbeschleunigung oder -verzögerung hinreichend groß ist. Vorhandene Dämpfung, insbesondere die auf S. 174 als von der Grundfläche des Fundamentes abhängige *Systemdämpfung*, wirkt sich hierbei stark amplitudenvermindernd aus. Besondere Beachtung ist auch der Verlagerung der Frequenz $\eta_{\max}$ durch die Anlaufbeschleunigung zu schenken.

Auch für Systeme mit zwei Freiheitsgraden sind ähnliche Untersuchungen von McCann und Benett [*54*] durchgeführt worden.

2.16 Stoßerregung

Fällt entsprechend Abb. 2.29 die Masse m auf die Masse M frei aus der Höhe h, so gilt nach dem Impulssatz

$$m\,\dot{x}_0 = m\,\dot{x}_1 + M\,\dot{X}_1. \tag{2.59}$$

Die Indizes 0 und 1 bezeichnen den betrachteten Zeitpunkt, und zwar gilt Index 0 für den Augenblick vor und Index 1 für den Augenblick nach dem Stoß. Die Amplituden x, X sowie die Geschwindigkeiten $\dot{x}$ und $\dot{X}$ beziehen sich auf die Massen m und M. Aus Gl. (2.59) folgt

$$\dot{x}_1 = \frac{m\,\dot{x}_0 - M\,\dot{X}_1}{m} = \dot{x}_0 - \frac{M}{m}\dot{X}_1. \tag{2.59a}$$

Definieren wir den Stoßkoeffizienten $\varkappa$ als den Quotienten der Relativgeschwindigkeiten nach und vor dem Stoß, also $\varkappa = \frac{\dot{X}_1 - \dot{x}_1}{\dot{x}_0}$, so erhalten wir

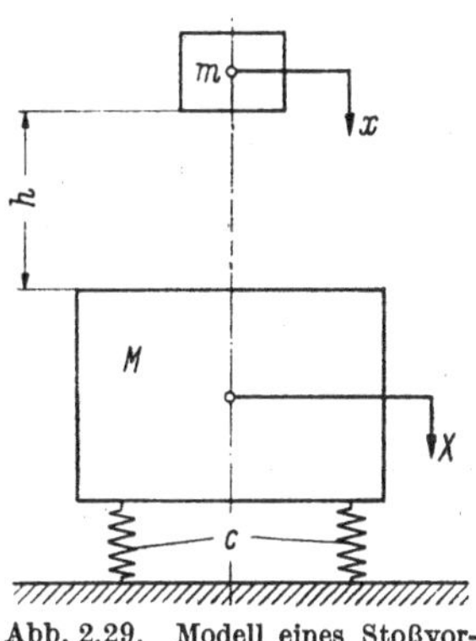

Abb. 2.29. Modell eines Stoßvorganges

$$\dot{x}_1 = \dot{X}_1 - \varkappa\,\dot{x}_0, \tag{2.60}$$

und es ergibt sich aus Gl. (2.59a) und Gl. (2.60) mit $\dot{x}_0 = \sqrt{2gh}$

$$\dot{X}_1 = \frac{1+\varkappa}{1+\frac{M}{m}}\sqrt{2g\,h}. \tag{2.61}$$

Aus der Energiegleichung

$$c\frac{X_1^2}{2} = \frac{M\dot{X}_1^2}{2}, \tag{2.62}$$

nämlich Arbeit der Kraft $c\,X_1$ auf dem Wege X_1 gleich der kinetischen Energie, folgt

$$X_1 = \frac{M}{c}\dot{X}_1 = \frac{M}{c}\sqrt{\frac{1+\varkappa}{1+\frac{M}{m}}}\sqrt{2g\,h}. \tag{2.63}$$

Das ist die Anfangsamplitude der Masse M unmittelbar nach dem Stoß, die folgenden klingen ab gemäß $X(t) = X_1 e^{-\frac{kt}{2M}}$.

Die von der Masse auf den Baugrund ausgeübte Kraft ist

$$K = cX \quad \text{oder} \quad K = CFX. \tag{2.64}$$

Diese einfache Betrachtungsweise des Stoßproblems ist näherungsweise nur dann berechtigt, wenn die Stoßfolge groß ist gegenüber der Periode $T = \frac{2\pi}{\omega_d}$ des gedämpften Systems. Andernfalls ist die erregende Kraft in eine FOURIER-Reihe mit wachsendem Faktor ν des Argumentes ωt zu zerlegen und diese in die Bewegungsgleichung als Störfunktion einzusetzen.

2.17 Analogien zwischen mechanischen und elektrischen Schwingungen

Die außerordentlich schnelle Entwicklung auf dem Gebiete der theoretischen Elektrotechnik läßt es oft wünschenswert erscheinen, dort erarbeitete Lösungen auf analoge mechanische Schwingungssysteme zu übertragen. Welchen Gebrauch der Bauingenieur von dieser Hilfe bei der Lösung ihm gestellter Aufgaben machen will und kann, hängt von dem Umfang seiner Kenntnisse auf dem Gebiet der Elektrotechnik ab. Dieser kurze Abschnitt soll deshalb nur eine Anregung darstellen, sich bei Gelegenheit der weitgehenden Analogie zwischen elektrischen und mechanischen (natürlich auch akustischen) Schwingungen zu erinnern, wobei ein Hinweis auf viel eingehendere Behandlung dieser Zusammenhänge geboten ist [*10*].

Dem bisher behandelten mechanischen Einmassen-Schwingungssystem entspricht der einfache elektrische Schwingungskreis, wovon man sich durch Gegenüberstellen der Differentialgleichungen

$$m\dot{v} + kv + c\int v\,dt = \tilde{K} \quad \text{für das mechanische System } (v \equiv \dot{x})$$

mit

$$L\dot{I} + RI + \frac{1}{C}\int I\,dt = U \quad \text{für den elektrischen Kreis}$$

leicht überzeugen kann und woraus sich die Analogien zeigen:

Elektrisch		Mechanisch	
Masse	m	Induktivität	L
Dämpfung	k	Widerstand	R
Federung	c	Kapazität	$1/C$
Erregerkraft	$\tilde{K}$	Spannung	U
Geschwindigkeit	v	Strom	I

Besondere Vorteile bei der Lösung mechanischer Schwingungsprobleme durch Benutzen der Analogie mit elektrischen Systemen können bei Koppelschwingungen entstehen, insbesondere auch wegen der zahlreichen graphischen Lösungsverfahren, deren sich die Elektrotechnik bedient. Ein Beispiel dieser Art hat der Verfasser schon 1934 [*22*] bekanntgegeben, während HÜBNER [*10*] diese Vorteile systematisch behandelt.

Abschließend sei noch erwähnt, daß sich die Analogie zwischen mechanischen und elektrischen Systemen nicht auf Anordnungen mit Einzelelementen, wie im vorstehenden Abschnitt in Gestalt von Masse, Federung, Dämpfung usf. behandelt, beschränkt, sondern auch auf homogene Gebilde, wie massebehaftete Stäbe und Stabwerke, erstreckt. Auch dieserhalb begnügen wir uns mit einem Hinweis auf HÜBNER [*10*].

2.2 Nichtharmonische Schwingungen

2.21 Gültigkeit der Schwingungsgleichung

Sämtliche Betrachtungen des Abschn. 2.1 fußten auf der Gültigkeit der Schwingungsgleichung $m\,\ddot{x} + k\,\dot{x} + c\,x = \tilde{K}\cos\omega\,t$, einer Differentialgleichung II. Ordnung mit konstanten Koeffizienten. Die Frage nach der Gültigkeit dieser Gleichung zerfällt in die Frage nach der Konstanz der Werte m, k, c und $\tilde{K}$ sowie in die Kritik der Geschwindigkeitsabhängigkeit des Dämpfungsgliedes $k\,\dot{x}$.

HÜBNER [*10*] weist auf die Tatsache hin, daß z. B. die Masse m eines Schubkurbelgetriebes nicht konstant ist, sondern vom Drehwinkel der Kurbel abhängt, ein Beispiel veränderlicher Masse, dem noch viele weitere hinzuzufügen wären.

Die eben genannte Quelle erwähnt auch, daß Flüssigkeitsdämpfer keine lineare Abhängigkeit von der Geschwindigkeit zeigen, für solche Dämpfer also k keine Konstante darstellt; noch weniger entspricht das Dämpfungsglied $k\,\dot{x}$ den wirklichen Verhältnissen beim Vorhandensein von Reibung, und zwar sowohl trockener wie halbflüssiger oder Luftreibung. O. FÖPPL [*11*] und F. E. ROWETT [*12*] haben auf Grund eingehender Versuche festgestellt, daß die Werkstoffdämpfung, also die durch den Inhalt der Hysteresisschleife gegebene Energie, die während einer Schwingungsperiode in Wärme umgesetzt wird, sicher nicht der Verformungsgeschwindigkeit proportional ist.

Die größten Bedenken richten sich aber gegen den Ansatz einer der Auslenkung x proportionalen Rückstellkraft $R = c\,x$, deren Berechtigung meist aus der Vorstellung von Spiralfedern hergeleitet wird, die diese Bedingung hinlänglich genau erfüllen. Aber schon Stahlfedern in Tellerform, erst recht Federn aus Materialien mit teilweise bleibender Verformung, vor allem aber der Baugrund als Feder unter dynamisch beanspruchten Fundamenten, folgen dem einfachen Gesetz auslenkungsproportionaler Rückstellkräfte nicht.

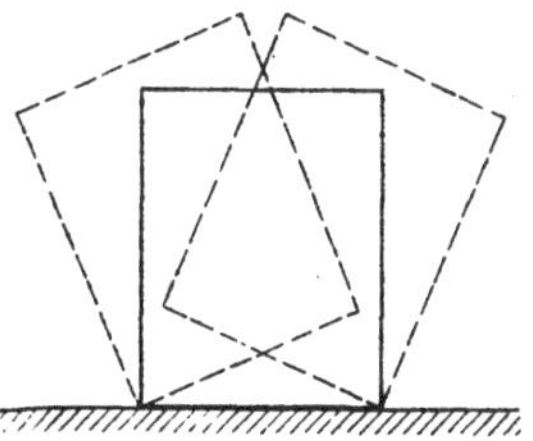

Abb. 2.30. Wackelschwinger

Das in Abb. 2.30 dargestellte sehr einfache Modell eines Prismas auf starrer Unterlage zeigt, daß eine Auslenkung aus der Ruhelage zu Schwingungen führt, deren Frequenz mit abnehmender Amplitude merkbar zunimmt. Dieser einfache *Wackelschwinger* kann als Typus für den Regelfall nichtharmonischer Schwingungen gelten, deren Häufigkeit ungleich größer ist als der Sonderfall harmonischer Schwingungen.

Auch das Fadenpendel, das bekannteste Schulbeispiel der Schwingung einer Punktmasse, stellt ja keine harmonische Schwingung dar, sondern läßt sich nur solange als harmonische Bewegung auffassen, als $x \approx \sin x$, also für Ausschläge von wenigen Graden.

2.22 Erfahrungen bei dynamischen Baugrunduntersuchungen

Die auf S. 213 geschilderte Apparatur zur Erzeugung von Transversalwellen im Baugrund wurde auch zum Studium der Bewegungen des Schwingungserregers selbst benutzt [*15*], der hierbei als Massenpunkt aufgefaßt werden kann und dessen Rückstellkraft aus der Federung des zu untersuchenden Baugrundes stammt. An dieser Stelle seien nur Ergebnisse dieser Versuche erwähnt, die über das Zutreffen der harmonischen Schwingungsgleichung $m\ddot{x} + k\dot{x} + cx = \tilde{K}\cos\omega t$ Auskunft geben können. Aus dieser Gleichung folgt gemäß S. 15, daß bei quadratischer Erregung $\tilde{K}(\omega) = m_0 r \omega^2$, um die es sich bei dem

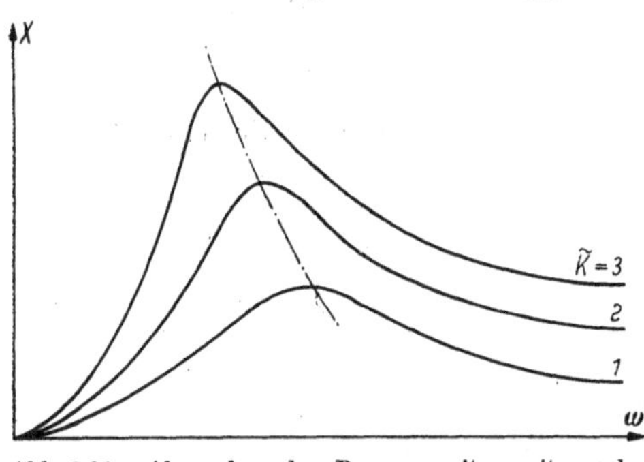

Abb. 2.31. Abwandern der Resonanzspitze mit wachsender Erregerkraft

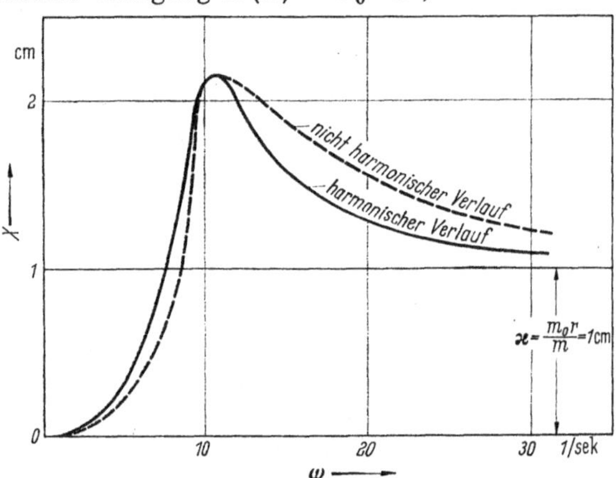

Abb. 2.32. Vergleich einer harmonischen mit einer nichtharmonischen Resonanzkurve

verwendeten Schwingungserreger einwandfrei handelt, der Scheitelwert der Amplitude $X_{\max}$ bei der Frequenz $\omega_{\max} = \omega_e\left(1 - \frac{k^2}{4cm}\right)$ auftritt und gemäß $X = \frac{\tilde{K}(\omega)}{m\sqrt{(\omega_e^2 - \omega^2)^2 + \frac{k^2}{m^2}\omega^2}}$ der Erregerkraft $\tilde{K}(\omega)$ direkt proportional sein muß, andererseits die Größe der Erregerkraft keinen Einfluß auf die Scheitelfrequenz ω_{max} haben darf. Demgegenüber ergaben alle Versuche gemäß Abb. 2.31 einen erheblichen Abfall der Scheitelfrequenz mit wachsender Erregerkraft und eine der Erregerkraft nicht proportionale Zunahme der Maximalamplitude X_{max}. Schließlich zeigen die Amplitudenkurven in Abb. 2.31 einen anderen Verlauf als den für harmonische Schwingungen mit quadratischer Erregung bekannten. Der ansteigende Ast ist nämlich steiler, der abfallende flacher, wie aus der Gegenüberstellung in Abb. 2.32 hervorgeht.

2.23 Berücksichtigung nichtlinearer Rückstellkräfte

Bei Schwingungen einer erregten Masse auf der Federung des Baugrundes scheint auf den ersten Blick für diesen die Berechtigung des Ansatzes $R = c\,x$ fraglich, weil der Baugrund sicher nicht dem Hookeschen Gesetz folgt, also keine lineare Abhängigkeit zwischen Rückstellkraft und Formänderung aufweist.

Über die Behandlung von Schwingungen, deren Rückstellkraft allgemein nach der Beziehung $R = f(x)$ verlaufen, finden sich in der neueren Literatur manche Hinweise, vor allem bei Den Hartog [*13*], Klotter [*14*] und Hübner [*10*].

Zur Untersuchung der *freien, ungedämpften* Schwingungen folgen wir Klotter und Hübner, indem wir zur Integration der Differentialgleichung

$$m\,\ddot{x} + f(x) = 0 \tag{2.65}$$

mittels

$$\ddot{x} = \dot{x}\frac{d\dot{x}}{dx} = \frac{1}{2}\,\frac{d(\dot{x}^2)}{dx}$$

für das erste Integral

$$\dot{x}^2\Big|_0^x = -\frac{2}{m}\int_X^x f(x)\,dx \qquad \text{oder} \qquad \dot{x} = \sqrt{\frac{2}{m}\int_x^X f(x)\,dx}$$

erhalten. Dabei wurden die Integrationsgrenzen so gewählt, daß die Zeitzählung am Umkehrpunkt beginnt, also für $t = 0$, $\dot{x} = 0$, $x = X$ ist und nach einer Viertelperiode $t = \frac{T}{4}$, $\dot{x} = \dot{x}_{max}$ und $x = 0$ gesetzt wird.

Die zweite Integration liefert dann

$$\frac{T}{4} = \int_X^0 \frac{dx}{\sqrt{\frac{2}{m}\int_x^X f(x)\,dx}}, \tag{2.66}$$

und man kann zweckmäßig analog zu harmonischen Schwingungen entsprechend $\omega = \frac{2\pi}{T}$ eine *zugeordnete Kreisfrequenz* $\bar{\omega} = \frac{2\pi}{T}$ definieren, die der Gleichung

$$\bar{\omega}(x) = \frac{\pi/2}{T/4} = \frac{\pi/2}{\int\limits_x^0 \frac{dx}{\sqrt{\frac{2}{m}\int\limits_x^X f(x)\,dx}}} \tag{2.67}$$

folgt und — im Gegensatz zur Eigenfrequenz $\omega_e = \sqrt{c/m}$ der harmonischen Schwingung — auch von der Amplitude x abhängt.

Zur Auswertung der Gl. (2.67) muß man zunächst wissen, nach welcher Funktion $f(x)$ die Rückstellkraft von der Amplitude x abhängt. Diese Funktion $R = f(x)$ ist vor allem eine Materialeigenschaft, aber wie der frühere Hinweis auf Tellerfedern aus Stahl zeigt, auch von der Verarbeitung des Materials abhängig. Schließlich wird diese Funktion noch vom System beeinflußt, wie das in Abb. 2.33 dargestellte System linearer Federn mit Spiel beweist. Die Funktion $f(x)$ ist dann zwar linear, aber unstetig, was ebenfalls zu nicht harmonischem Schwingungsverlauf führt. Die vorstehend genannten Quellen enthalten zahlreiche Beispiele dieser Art.

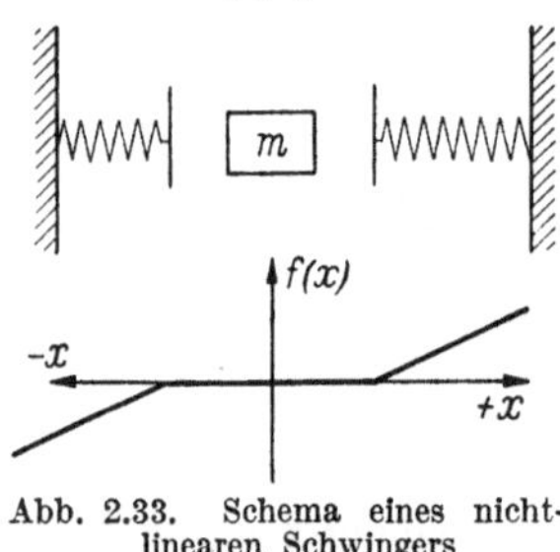

Abb. 2.33. Schema eines nichtlinearen Schwingers

Die Funktion $R = f(x)$ wird als Federkraftkennlinie oder *Federungscharakteristik* bezeichnet.

Abb. 2.34a zeigt Rückstellkräfte, die stärker (Kurve a) bzw. schwächer (Kurve b) als der Geraden entspricht, zunehmen. Solche Funktionen

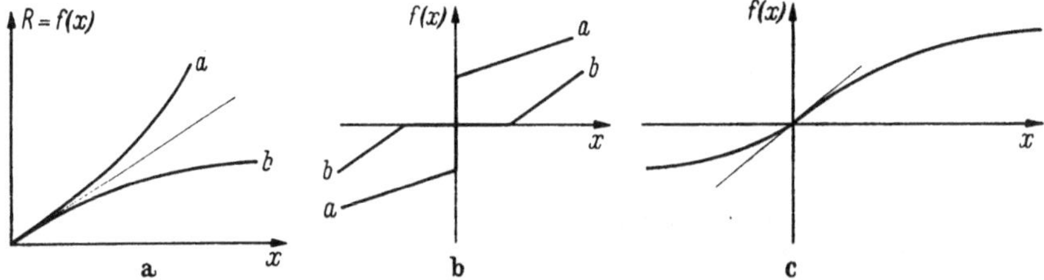

Abb. 2.34a—c. Charakteristiken. a) Über- und unterlineare Charakteristiken; b) Gebrochene Charakteristiken; c) Unsymmetrische Charakteristiken

werden daher über- bzw. unterlineare Kennlinien genannt. Der Verlauf aller Kurven in Abb. 2.34a ist aber stetig, während Abb. 2.34b Beispiele unstetiger Charakteristiken bringt. Endlich zeigt Abb. 2.34c noch Kennlinien für Materialien, die auf Zug und Druck verschieden reagieren, also nicht symmetrisch verlaufen.

Unser Augenmerk hat sich auf die Charakteristik der verschiedenen Bodenarten zu richten. Die Bodenmechanik kennt zwei Typen von Spannungs-Dehnungsdiagrammen, nämlich a) das Druck-Setzungsdiagramm nach Abb. 2.35 und b) das Belastungsdiagramm nach Abb. 2.36, wie es beispielsweise bei Probebelastungen gewonnen wird. Drehen wir die Diagramme so, daß die σ-Achse nach oben zeigt, also mit der Kraftachse der Kennlinie zusammenfällt, so erkennen wir, daß das Diagramm vom Typ a überlineare, dasjenige vom Typ b dagegen unterlineare Eigenschaften besitzt. In einem beschränkten Bereich, nämlich bis zum Punkt P, der Proportionalitätsgrenze, folgt Diagramm b übrigens auch dem Geradliniengesetz, so daß alle drei in Abb. 2.34a dargestellten Fälle beim Baugrund zutreffen können. Um zu entscheiden, welcher der Typen a und b näher zu untersuchen ist, muß kurz auf das Zustandekommen dieser Diagramme eingegangen werden.

Das Drucksetzungsdiagramm (Typ a) entsteht als Folge der durch die Belastung bindiger Böden bewirkten Porenwasserströmung. Der durch den Porenwasseraustritt bewirkten Zunahme der Lagerungs-

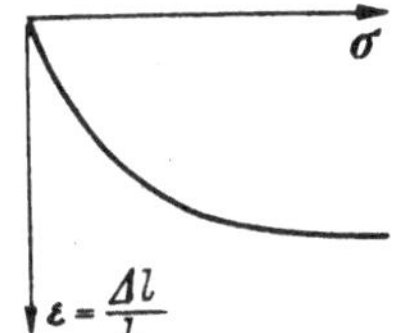

Abb. 2.35. Drucksetzungsdiagramm

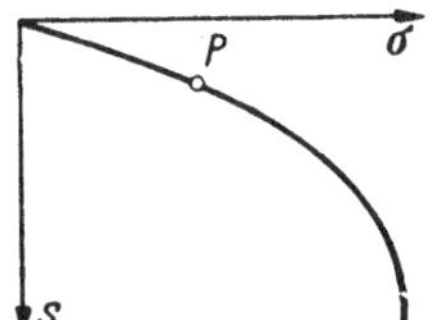

Abb. 2.36. Diagramm einer Probebelastung

dichte entspricht eine Zunahme der Steifezahl S nach dem Gesetz $S(\sigma) = \frac{d\sigma}{d\varepsilon} = A\,\sigma$. Die Steifezahl S wächst also linear mit der Spannung σ, der Boden wird um so härter, je höher er belastet ist. Diese Porenwasserströmung findet aber mit sehr geringer Geschwindigkeit statt. Um also für jede Belastungsstufe die entsprechende Verdichtung (Konsolidierung) zu erreichen, ist lange Zeit erforderlich, die Jahre und Jahrzehnte betragen kann. Gegenüber dynamischen Beanspruchungen, also Lastwechseln mit sehr hoher Frequenz, verglichen mit statischen Belastungsänderungen, ist der bindige Boden im allgemeinen immun, weil Porenwasserströmungen nicht entstehen, höchstens Oszillationen des Porenwassers auftreten können. Eine überlineare Kennlinie gemäß Typ a ist also bei dynamischer Beanspruchung des Baugrundes auch dann nicht zu erwarten, wenn der Baugrund aus bindigem Material besteht.

Völlig andere Vorgänge führen zu dem Diagramm vom Typ b. Bei relativ kleinen Spannungen wächst die Formänderung linear bis zur Proportionalitätsgrenze, die bodenmechanisch auch als die Spannung definiert wird, bei der die größte auftretende Schubspannung gerade gleich der vom Baugrund aufnehmbaren ist (Mohrsche Fließbedingung). Überschreitet die Spannung diesen Wert, so gelangt der Boden in einen plastischen Zustand, der sich im Diagramm durch stärkere Zunahme der Formänderung auswirkt. Als Kennlinie betrachtet, besagt das, daß ausgehend von einer endlichen Anfangstangente die Kurve unterlineare Charakteristik aufweist und eine waagerechte, endliche Asymptote besitzt, die der Bruchspannung oder Bruchlast entspricht. Nach diesem Diagramm wird der Boden also unter Belastung weicher.

Nach diesen bodenmechanischen Erkenntnissen haben wir für $R = f(x)$ eine unterlineare Kurve mit endlicher Anfangstangente zu suchen. Obwohl keine Parabel $f(x) = A\,x^n$ diese Bedingung erfüllt, vielmehr die Anfangstangente für $n < 1$ lotrecht, für $n > 1$ waagerecht verläuft, wollen wir kurz dem von HÜBNER [10] gezeigten Wege folgen.

Nach Integration von

$$\int\limits_x^X f(x)\,dx = A \int\limits_x^X X^n\,dx = \frac{A}{n+1}(X^{n+1} - x^{n+1})$$

$$= \frac{A}{n+1} X^{n+1}(1 - \xi^{n+1})$$

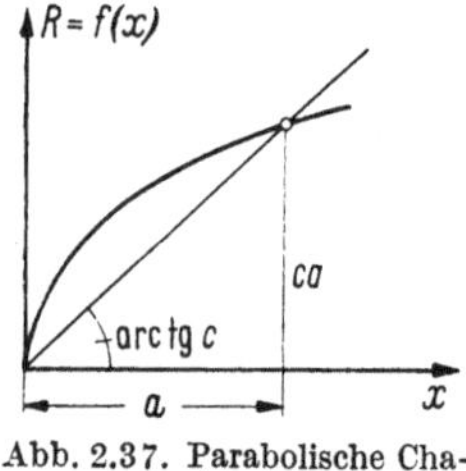

Abb. 2.37. Parabolische Charakteristik

ersetzen wir die Parabelkonstante A nach Abb. 2,37 durch $c\,a = A\,a^n$; $A = c\,a^{1-n}$ und erhalten mit $\xi = \frac{x}{X}$

$$\int\limits_x^X f(x)\,dx = \frac{c}{n+1} X^2 \left(\frac{X}{a}\right)^{n-1} (1 - \xi^{n+1})$$

und mit $dx = X\,d\xi$ aus Gl. (2.67)

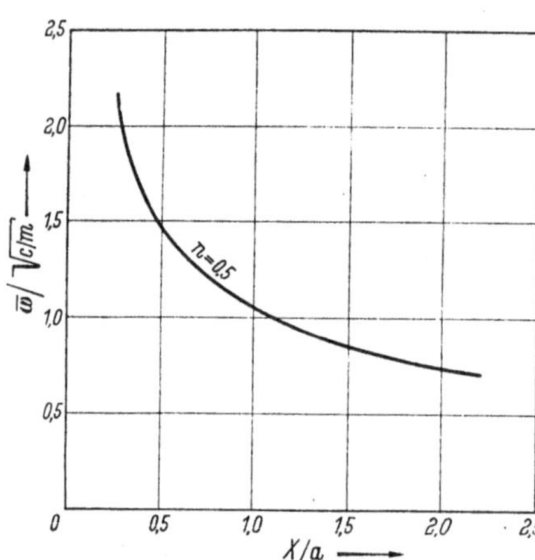

Abb. 2.38. Abnahme der Eigenfrequenz mit der Amplitude nach HÜBNER [10]

$$\overline{\omega} = \frac{\pi}{2} \sqrt{\frac{2c}{m(n+1)}\left(\frac{X}{a}\right)^{n-1}} \cdot$$

$$\cdot \int\limits_{\xi=1}^{0} \frac{d\xi}{\sqrt{1-\xi^{n+1}}} \cdot$$

Setzt man noch

$$\psi(n) = \sqrt{\frac{n+1}{2}} \int\limits_0^1 \frac{d\xi}{\sqrt{1-\xi^{n+1}}},$$

so wird

$$\overline{\omega} = \frac{\pi}{2\psi(n)} \sqrt{\frac{c}{m}} \sqrt{\left(\frac{X}{a}\right)^{n-1}}. \tag{2.68}$$

Die Werte $\psi(n)$ sind in der genannten Quelle [10] wie folgt errechnet:

n	$\psi(n)$
0	2
0,5	1,4896
1,0	$\pi/2$
1,5	1,6425
2,0	1,7140
3,0	1,8541

Für $n = 1$ ergibt Gl. (2.68) natürlich $\overline{\omega} = \omega_e = \sqrt{c/m}$.

In der Abb. 2.38 wurde $\frac{\overline{\omega}}{\omega_e}$ in Abhängigkeit von $\frac{X}{a}$ für $n = 0{,}5$ aufgetragen, weil unter allen Parabeln diejenige mit $n = 0{,}5$, also $R = c\sqrt{a\,x}$ noch am besten die bodenmechanischen Forderungen an den Kurvenverlauf erfüllt. Die zugeordnete Kreisfrequenz $\overline{\omega}$ nimmt danach stark ab mit wachsender Amplitude X, die Schwingung wird langsamer, je größer die Ausschläge werden.

2.24 Erzwungene, ungedämpfte, nicht lineare Schwingungen

können nach DEN HARTOG [13] zeichnerisch behandelt werden, wenn die Gleichung $m\ddot{x} + f(x) = \tilde{K}\cos\omega t$ mit dem Lösungsansatz $x = X\cos\omega t$ in $-m\omega^2 X\cos\omega t + f(X)\cos\omega t = \tilde{K}\cos\omega t$ und weiter in

$$\tilde{K} + m\omega^2 X = f(X) \qquad (2.69)$$

überführt werden kann. Die linke Seite der Gl. (2.69) stellt ein Büschel gerader Linien durch den Punkt A im Abstand $\tilde{K}$ auf der Ordinatenachse (Abb. 2.39) dar;

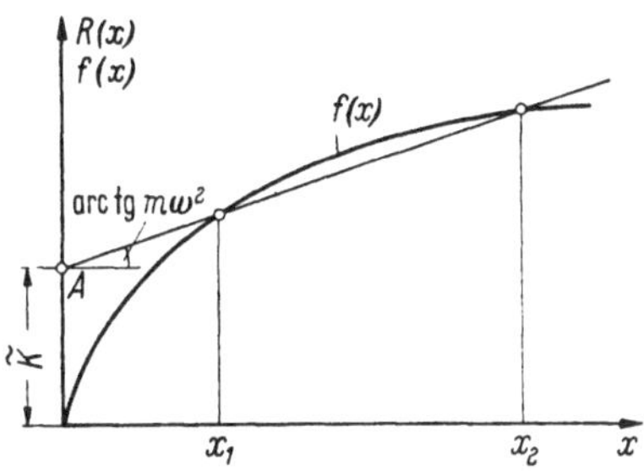

Abb. 2.39. Graphisches Lösungsverfahren nach DEN HARTOG [13]

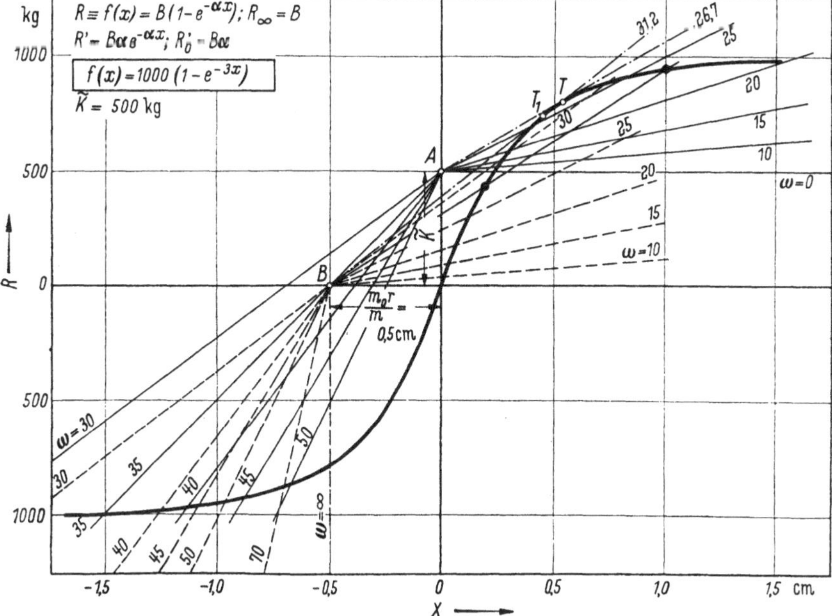

Abb. 2.40. Verfahren nach DEN HARTOG [13]. a) für konstante Erregerkraft: Strahlen $m\omega^2$ durch A; b) für quadratische Erregerkraft: Strahlen $m\omega^2$ durch B

der Neigungswinkel der Strahlen ist $m\omega^2$. Die rechte Seite ist die Gleichung der Kennlinie und die Gl. (2.69) wird durch den Schnitt beider Kurven erfüllt. Die Schnittpunktabszissen sind die gesuchten, den Schnittstrahlen $m\,\omega^2$ zugeordneten Amplituden X. Das Verfahren von DEN HARTOG liefert eine sehr einfache Konstruktion und ermöglicht, sofort die Amplituden-Frequenzkurve zu zeichnen. Abb. 2.40 zeigt die Anwendung des Verfahrens zur Bestimmung der Amplituden X bei gegebener Kennlinie $f(x) = B\,(1 - e^{-\alpha x})$, konstanter Erregerkraft $\tilde{K}$ und Masse m für jede beliebige Frequenz ω. Der waagerechte

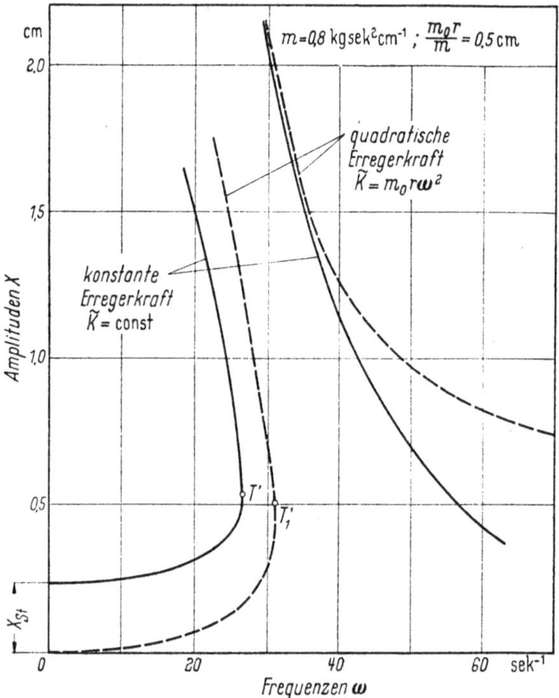

Abb. 2.41. Nach DEN HARTOG [13] ermittelte Amplitudenkurven

Strahl durch A für $\omega = 0$ liefert die statische Amplitude X_{St}. Mit wachsender Neigung $m\,\omega^2$ ergeben sich zwei Schnittpunkte, die näher aneinander heranrücken, bis sie für den Tangierungsstrahl $\omega = 26{,}7$ zusammenfallen. In Abb. 2.41 sind die hiernach gefundenen Schnittabszissen X in Abhängigkeit von der Frequenz ω aufgetragen. Dem Tangierungspunkt T in Abb. 2.40 entspricht der Punkt T' in Abb. 2.41, bei dem die Amplitudenkurve nach links umbiegt. Für größere Werte ω können Schnittpunkte mit der Kennlinie nur mehr im dritten Quadranten gefunden werden. Diese Schnitte liefern den abfallenden Ast der Amplitudenkurve in Abb. 2.41.

Das Verfahren von DEN HARTOG ist für Erregerkräfte entwickelt worden, deren Scheitelwert von der Frequenz ω unabhängig ist. Es läßt sich aber, wie schon vor Jahren vom Verfasser [15] gezeigt wurde, auch leicht für quadratische Erregung $\tilde{K}(\omega) = m_0\, r\, \omega^2$ anwenden. Das

Strahlenbüschel mit der Neigung $m\,\omega^2$ ist in diesem Falle von dem Punkte B im Abstand $\frac{m_0\,r}{m}$ auf der negativen Abszissenachse zu zeichnen, denn es ist dann der Ordinatenabschnitt jedes Strahles $\frac{m_0\,r}{m}\,m\,\omega^2 = m_0\,r\,\omega^2 = \tilde{K}(\omega)$. Die Abb. 2.40 und 2.41 zeigen die Konstruktion und die Auftragung der Amplitudenkurve auch für diesen häufig auftretenden Fall der Erregung und führen zu der Erkenntnis, daß die Amplitudenkurven infolge unterlinearer Kennlinie eine Kippung nach links erfahren, bezüglich der Extremwerte der Frequenz $\omega = 0$ und $\omega = \infty$ aber mit dem bekannten Ergebnis harmonischer Schwingungen übereinstimmen.

2.25 Erzwungene, gedämpfte Schwingung mit nichtlinearer Rückstellkraft

Das Verfahren von Den Hartog versagt für gedämpfte Schwingungen, wir müssen also die dem Baugrundverhalten entsprechende Funktion $R(x) \equiv f(x) = B\,(1 - e^{-\alpha x})$, die auch schon in der Abb. 2.40 als Kennlinie verwendet wurde, in die Gl. (2.67) einführen und integrieren. Zuerst ist zu bilden

$$\int_x^X f(x)\,dx = B \int_x^X (1 - e^{-\alpha x})\,dx$$

$$= B\,(X - x) + \frac{1}{\alpha}\,(e^{-\alpha X} - e^{-\alpha x}) \equiv F(x);$$

sodann ist das Integral

$$\int_0^X \frac{dx}{\sqrt{\frac{2}{m}\,F(x)}} \tag{2.70}$$

zu berechnen, was geschlossen nicht möglich ist. Aber auch die numerische Integration – etwa nach der Simpsonschen Regel – macht Schwierigkeiten, weil $F(x)$ an der Grenze $x = X$ zu Null, der Integrand also ∞ wird. Der nachstehende von Dipl.-Ing. Schrader gefundene Weg ist gangbar: Der Ausdruck (2.67) wird durch Einführen von $\alpha\,x = \xi$ und $\alpha\,X = \zeta$ in die Form

$$\overline{\omega} = \sqrt{\frac{\alpha\,B}{m}}\;\frac{\pi/\sqrt{2}}{\int\limits_0^\zeta \frac{d\xi}{\sqrt{F(\xi)}}}$$

gebracht, so daß das zu lösende Integral nunmehr

$$\int_0^\zeta \frac{d\xi}{\sqrt{(\zeta - \xi) + e^{-\zeta} - e^{-\xi}}}$$

lautet. Dieses Integral ist bis nahe an die Grenze $\xi = \zeta$ numerisch integrabel. Abb. 2.42 zeigt den schraffierten Reststreifen, für den der Ausdruck

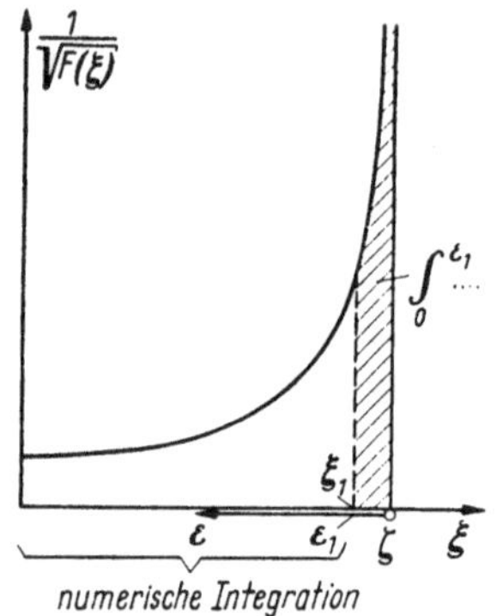

Abb. 2.42. Näherungsweise Integration nach SCHRADER

$$\int_0^{\zeta} \frac{d\varepsilon}{\sqrt{\varepsilon + e^{-\zeta}(1 - e^{\varepsilon})}}$$

gilt. Wir entwickeln e^{ε} in die Reihe $e^{\varepsilon} = 1 + \varepsilon + \frac{\varepsilon^2}{2} + \cdots$ und setzen als Näherung $1 - e^{\varepsilon} = -\left(\varepsilon + \frac{\varepsilon^2}{2}\right)$, so daß der Ausdruck unter dem Wurzelzeichen

$$\varepsilon + e^{-\zeta}(1 - e^{\varepsilon}) = (1 - e^{-\zeta})\,\varepsilon - \frac{e^{-\zeta}}{2}\,\varepsilon^2$$

oder mit den Abkürzungen $a = -\frac{1}{2} e^{-\zeta}$ und $2b = 1 - e^{-\zeta}$ $2b\,\varepsilon + a\,\varepsilon^2$ wird. Nun ist das Integral lösbar, und man findet

$$\int_0^{\varepsilon} \frac{d\varepsilon}{\sqrt{a\,\varepsilon^2 + 2b\,\varepsilon}} = \frac{1}{\sqrt{-a}} \operatorname{arc\,sin} \frac{a\,x + b}{b}$$

$$= \sqrt{2e^{\zeta}}\left[\operatorname{arc\,sin} \frac{1 - (1 + \varepsilon)\,e^{-\zeta}}{1 - e^{-\zeta}} - \frac{\pi}{2}\right]. \qquad (2.71)$$

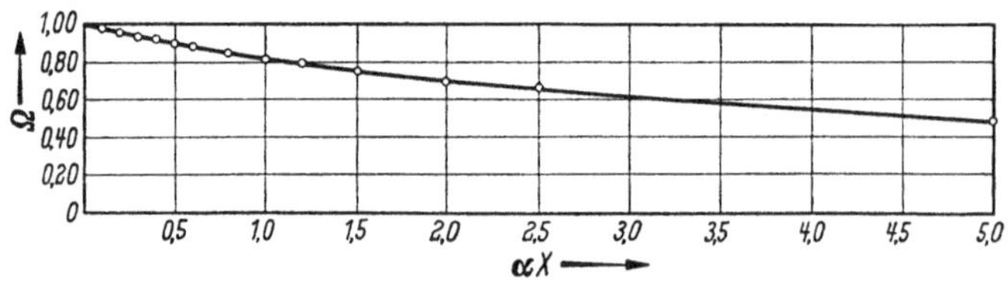

Abb. 2.43. Darstellung der Funktion Ω von $\alpha\,x$

In dem Diagramm Abb. 2.43 ist das Ergebnis der Integration dargestellt, wobei über $\alpha\,X$ entsprechend Gl. (2.67) der Wert

$$\Omega = \frac{\frac{\pi}{2}\sqrt{2}}{\int_0^{\zeta} \frac{d\xi}{\sqrt{F(\xi)}}}$$

aufgetragen wurde und der gesuchte Wert $\overline{\omega}(x)$ leicht aus $\overline{\omega}(x) = \sqrt{\frac{\alpha\,B}{m}}\,\Omega$ gefunden wird.

Die nächste Aufgabe besteht darin, aus gegebenen Systemgrößen m, k, $m_0\,r$ bzw $\tilde{K}$ sowie $\overline{\omega}(x)$ die Amplituden X für beliebige Frequenzen ω zu errechnen. Ist die Erregung $\tilde{K} = \text{const}$, so erweist sich der von HÜBNER [*10*] gezeigte Weg über die RUNGEsche Parabel als zweckmäßig, denn auch bei nichtlinearer Rückstellkraft gilt das in Abb. 2.44 dargestellte Diagramm, lediglich mit dem Unterschied gegenüber dem für lineare Federung auf S. 17 gezeigten Diagramm, daß an die Stelle des Festwertes ω_e^2 hier der mit X veränderliche Wert $\overline{\omega}^2(X)$ tritt. Zieht man durch die Amplituden-Frequenzkurve einen waagerechten Schnitt, so gehören zur Ordinate X zwei Schnittpunktsabszissen ω_1 und ω_2. Hiervon macht man Gebrauch, indem man zu einem

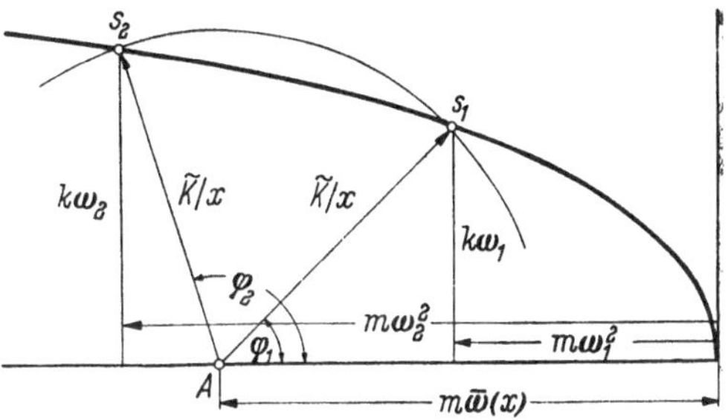

Abb. 2.44. Ermittlung der Amplituden nach HÜBNER [*10*]

frei gewählten X den Wert $\frac{\tilde{K}}{X}$ berechnet, den Zirkel im Punkte A einsetzt und die Schnittpunkte S_1 und S_2 mit der Parabel $y = k\,\omega \quad x = m\,\omega^2$ findet, deren Abszissen die zum gewählten X gehörenden Frequenzen ω_1 und ω_2 ergeben. Dieses Verfahren ist für quadratische Erregung $\tilde{K}_{(\omega)} = m_0\,r\omega^2$ nicht ohne weiteres anwendbar, weil der Wert $\frac{\tilde{K}(\omega)}{X}$ hier von ω abhängt. Nach Division durch ω^2 erhält man das in Abb. 2.45 dargestellte Diagramm, während Abb. 2.46 die beiden Beziehungen

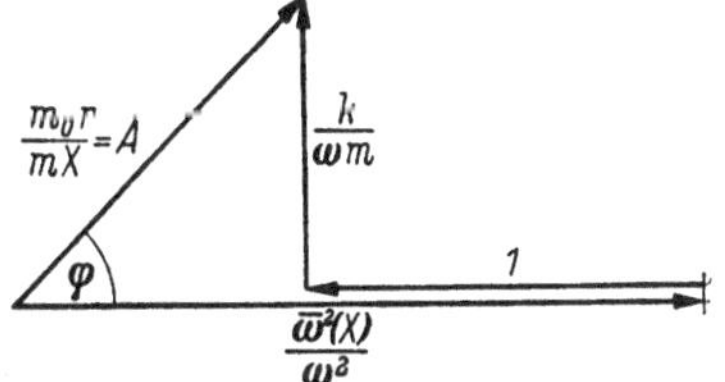

Abb. 2.45. Vektordiagramm

$$\omega_1\,\omega_2 = \frac{\overline{\omega}^2(x)}{\sqrt{1 - A^2}} \equiv a \tag{2.72}$$

und

$$\omega_1^2 + \omega_2^2 = \frac{2\,\overline{\omega}^2\,(x) - \frac{k^2}{m^2}}{1 - A^2} \equiv b \tag{2.73}$$

abzuleiten gestattet, worin $A = \frac{m_0\,r}{m\,X}$. Aus den beiden Gl. (2.72) und (2.73) ergibt sich dann

$$\omega_{1,2}^2 = \frac{b}{2} \pm \sqrt{\frac{b^2}{4} + a^2}\,, \tag{2.74}$$

also wieder die zur gewählten Amplitude X gehörenden Frequenzen.

Einen anderen Weg zum selben Ziel beschreibt NOVÁK [*16*]. Unter der Voraussetzung, daß sich die Rückstellkraft $R = f(x)$ als eine Exponentialreihe mit nur ungeraden Exponenten in der Form

$$f(x) = \alpha\,x - \beta\,x^3 + \gamma\,x^5 - \cdots \varkappa\,x^n \tag{2.75}$$

darstellen läßt, zerfällt die Lösung der Differentialgleichung

$$m\,\ddot{x} + k\,\dot{x} + f(x) = m_0\,r\,\omega^2 \cos\omega\,t$$

in eine Summe gleichartig aufgebauter *Harmonischer*, so daß das Ergebnis mit beliebiger Genauigkeit erhalten werden kann. Als erste Näherung findet man die Gleichung der Resonanzkurve $X(\omega)$ aus

$$\omega_{1,2}^2 = \frac{\left(\frac{f_1(x)}{X} - 2\lambda^2\right) \pm \sqrt{\left(\frac{f_1(x)}{X} - 2\lambda^2\right)^2 - \left(\frac{f_1(x)}{X}\right)^2 (1 - A^2)}}{1 - A^2}. \quad (2.76)$$

Hier bedeuten $f_1(x) = \alpha\,X - \frac{3}{4}\,\beta\,X^3 + \frac{5}{8}\,\gamma\,X^5 - \cdots\quad 2\lambda = \frac{k}{m}$ und $A = \frac{m_0\,r}{m\,X}$. Die *zugeordnete Eigenfrequenz* $\overline{\omega}(x)$ erscheint hiernach in der Form $\overline{\omega}^2(x) = \frac{f_1(X)}{X}$. Zur weiteren Darstellung und Auswertung von

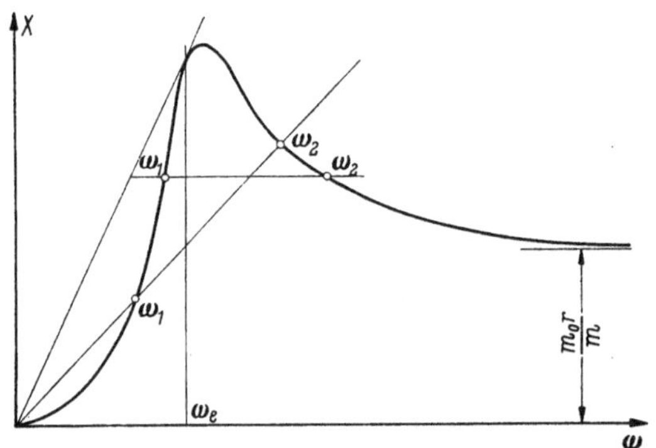

Abb. 2.46. Auswertungsverfahren für Resonanzkurven mit quadratischer Erregung

nichtlinearen Resonanzkurven benutzt Novák die Quelle [*17*] und zeigt, daß das dort für harmonische Schwingungen mit Fliehkrafterregung gefundene Ergebnis auch bei nichtlinearen Schwingungen gilt. In Abhandlung [*17*] wurde gemäß Abb. 2.46 gezeigt, daß Gerade aus dem Koordinatenursprung die Resonanzkurve bei Frequenzen ω_1 und ω_2 schneiden, die der Bedingung $\omega_1\,\omega_2 = \omega_e^2 = \frac{c}{m}$ genügen, während waagerechte Geraden Schnittfrequenzen liefern, die den Gleichungen

$$\omega_1\,\omega_2 = \frac{\omega_e^2}{\sqrt{1 - A^2}} \quad \text{und} \quad \omega_1^2 + \omega_2^2 = \frac{2\,\omega_e^2 - \frac{k^2}{m^2}}{1 - A^2}$$

folgen; diese beiden Gleichungen entsprechen völlig den vorstehend behandelten Gln. (2.72) und (2.73), wenn man nur ω_e statt $\overline{\omega}(x)$ setzt. Hiernach sind in Abb. 2.47 Resonanzkurven mit der Federcharakteristik $f(x) = B\,(1 - e^{-\varkappa x})$ und den Festwerten $\varkappa = 0{,}5$ cm; $m = 0{,}8$; $\omega_e = \sqrt{\frac{B\,\alpha}{m}} = \sqrt{\frac{3000}{0{,}8}} = 61{,}2$ und drei Dämpfungswerten $\lambda = \frac{k}{2m} = 0$,

5 und 10 gezeichnet worden, wobei die Mittelkurve die Funktion $\overline{\omega}(x)$ darstellt.

Zum Abschluß dieser Untersuchungen wollen wir noch kurz das Auswertungsverfahren, also die Bestimmung der Federcharakteristik aus aufgemessenen Amplitudenkurven, behandeln. Gegeben sind in diesem Falle mehrere Wertegruppen $X - \omega_1 - \omega_2$, die Erregerkraft $\tilde{K}$ und die schwingende Masse m. Arbeitet der Erreger mit konstanter Kraft $\tilde{K}$, so benutzt man die aus dem Vektordiagramm Abb. 2.45 zu entnehmende Beziehung

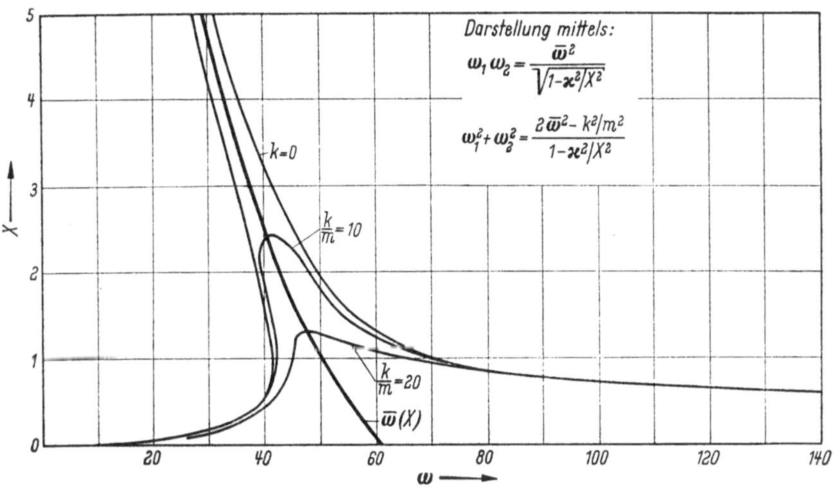

Abb. 2.47. Darstellung einer nichtlinearen Resonanzkurve von quadratischer Erregung mit der Federcharakteristik $f(x) = B\,(1 - e^{-\alpha X})$ und den Festwerten $\varkappa = \frac{m_0\,r}{m} = 0{,}5$ cm; $m = 0{,}8\,\frac{\text{kgs}^2}{\text{cm}}$; $\omega_e = \sqrt{\frac{B\,\alpha}{m}} = 61{,}2\ \text{s}^{-1}$

$$\left(\frac{\tilde{K}}{m\,X}\right)^2 = \frac{k^2}{m^2}\,\omega_1^2 + (\overline{\omega}^2 - \omega_1^2)^2 = \frac{k^2}{m^2}\,\omega_2^2 + (\overline{\omega}^2 - \omega_2^2)^2$$

in der Form

$$\overline{\omega}^2(x) = \sqrt{\left(\frac{\tilde{K}}{m\,X}\right)^2 + \omega_1^2\,\omega_2^2}$$

und

$$k^2 = \left(\frac{\tilde{K}}{m\,X}\right)^2 - \left(\frac{\overline{\omega}^2}{\omega_1} - \omega_1\right)^2. \tag{2.77}$$

Handelt es sich dagegen um quadratische Erregung $\tilde{K}(\omega) = m_0\,r\,\omega^2$, so lauten die entsprechenden Beziehungen

$$\overline{\omega}^2(x) = \omega_1\,\omega_2\sqrt{1 - A^2}$$

und

$$k = m\,\omega_1\sqrt{A^2 - \left(\frac{\omega_2}{\omega_1}\sqrt{1 - A^2} - 1\right)^2}. \tag{2.78}$$

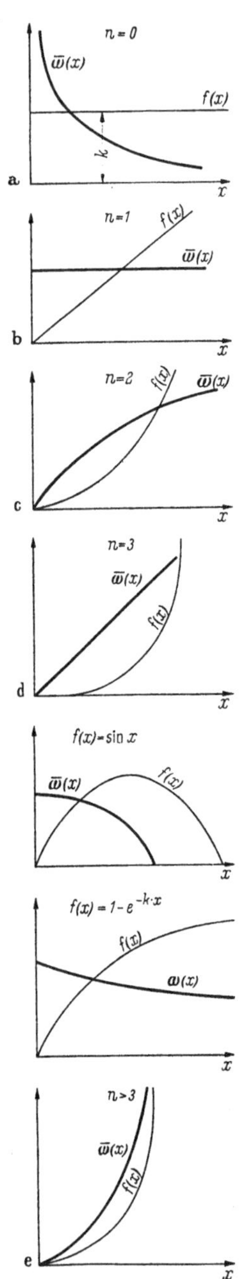

Abb. 2.48. Verlauf der Charakteristik $f(x)$ und der zugeordneten Eigenfrequenz $\overline{\omega}$ für verschiedene integrable Funktionen

Aus $\overline{\omega}(x)$ findet man die gesuchte Federcharakteristik näherungsweise mit

$$f(x) = m\,\overline{\omega}^2(x)\,X. \qquad (2.79)$$

Ein besseres Verfahren zur Ableitung der Federcharakteristik $f(x)$ aus der Funktion $\overline{\omega}(x)$ besteht darin:

a) Unter der Annahme, daß $f(x)$ eine Exponentialfunktion von der Form $f(x) = B\,(1 - e^{-\alpha x})$ ist, werden zunächst die Ordinaten der experimentell gefundenen Kurve $\overline{\omega}(x)$ durch die Anfangsordinate $\overline{\omega}(0)$ dividiert und eine beliebige Ordinate der so gefundenen Kurve $\frac{\overline{\omega}(x)}{\overline{\omega}(0)}$ mit der Kurve Abb. 2.44 verglichen; die Abszisse des Punktes gleicher Ordinate lautet αX_1, so daß man sofort α erhält. Aus $\overline{\omega}^2(0) = \frac{\alpha B}{m}$ ist dann auch B zu berechnen. Führt man diese Berechnung für mehrere Punkte durch, so zeigt sich, ob die Annahme einer e-Funktion für $f(x)$ berechtigt war, denn zutreffendenfalls müssen alle errechneten Werte α_i und B_i gleich groß sein.

b) Erweisen sich die gefundenen Werte als nicht konstant, so führt folgende Betrachtung zum Typ der Funktion $f(x)$. Abb. 2.48 zeigt für die bisher gemäß Gl. (2.67) integrierten Funktionen

$$f(x) = A\,x^n$$

$$f(x) = A\,\sin\frac{\pi}{2B}\,x$$

$$f(x) = B\,(1 - e^{-\alpha x})$$

den Verlauf von $f(x)$ und $\overline{\omega}(x)$ und läßt erkennen, daß $\overline{\omega}(x)$ mit wachsendem X steigt, wenn die Funktion $f(x)$ vom Parabeltyp und $n > 1$ ist. Für $n < 1$ und die beiden anderen Typen nimmt $\overline{\omega}(x)$ ab. Man entnimmt der Abb. 2.48 ferner, daß $\overline{\omega}(x)$ negativ (konvex) gekrümmt ist, wenn $f(x)$ vom Parabeltyp $n < 1$ und vom Sinustyp ist, daß dagegen die e-Funktion eine positive (konkave) Krümmung der Kurve $\overline{\omega}(x)$ erwirkt.

Nach dem Verfahren von Novák [*16*] beginnt die Auswertung mit der punktweisen Konstruktion der Kurve $\overline{\omega}(x)$ auf Grund der Gleichung

$$\overline{\omega}^2(x) = \omega_1\,\omega_2, \qquad (2.80)$$

d. h. daß ein beliebiger Ursprungsstrahl mit der gemessenen Resonanzkurve zum Schnitt gebracht und die Schnittpunktsabszissen ω_1 und ω_2 abgelesen werden. Die nach Gl. (2.80) berechneten Werte $\overline{\omega}(x)$ werden als Punkte auf dem Ursprungsstrahl vermerkt und die Kurve $\overline{\omega}(x)$ entsprechend Abb. 2.49 bis zur Abszissenachse extrapoliert. Hiernach wird die Resonanzkurve mit waagerechten Geraden geschnitten, die Schnittpunktsabszissen durch den $\overline{\omega}(x)$-Wert auf derselben Horizontalen dividiert und mit den Werten $x_1 = \frac{\omega_1}{\overline{\omega}}$ und $x_2 = \frac{\omega_2}{\overline{\omega}}$ in das Nomogramm Abb. 2.50 gegangen, das die Werte $1/A$ und $\frac{\lambda}{\overline{\omega}}$ abzulesen gestattet. Somit werden nomographisch für beliebig viele Horizontalschnitte durch die Resonanzkurve die Werte A und $\lambda = \frac{k}{2m}$ gefunden, und es kann geprüft werden, ob Konstanz des in A enthaltenen Wertes m bzw. des in λ enthaltenen Wertes k vorliegt. Zutreffendenfalls ist das Mittel zu bilden.

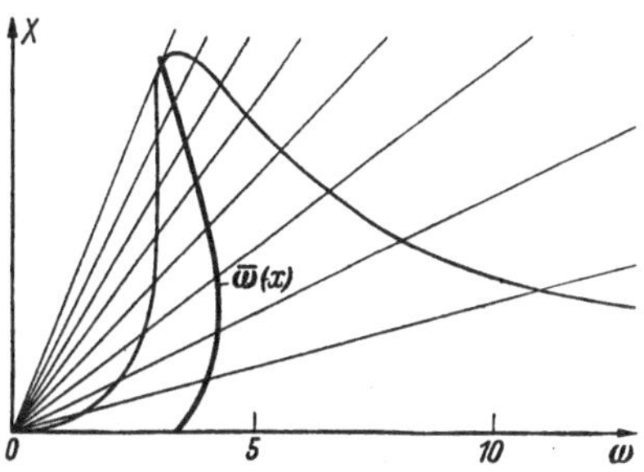

Abb. 2.49. Ermittlung der zugeordneten Eigenfrequenz aus einer gemessenen Resonanzkurve nach NOVÁK [16]

2.3 Elastisch gestützte schwingende Scheibe

Allgemeines. Eindimensionale Schwingungen, auch Schwingungen mit einem Freiheitsgrad genannt, treten nur auf, wenn Schwingungsrichtung und Richtung der Rückstell- und Dämpfungskraft zusammenfallen. Bei Drehschwingungen tritt bei diesem Kriterium an die Stelle der Richtung die Drehachse.

Bei Maschinenfundamenten ist das erwähnte Kriterium nur erfüllt, wenn die Schwingungsrichtung lotrecht ist, weil nur dann die Federungsrichtung des Baugrundes mit dieser Schwingungsrichtung zusammenfällt. Da aber der Baugrund nicht nur eine lotrechte Feder, sondern auch eine Schubfeder darstellt, also einer waagerechten Verschiebung durch Schubkräfte in der Sohlfuge entgegenwirkt, kann man feststellen, daß die im vorigen Abschnitt für Schwingungssysteme mit nur einem Freiheitsgrad gewonnenen Erkenntnisse bei Maschinenfundamenten nur anwendbar sind, wenn die Erregerkraft rein lotrecht wirkt und durch den Schwerpunkt von Maschine und Fundament geht. Diese Bedingung ist nur selten erfüllt, und es sollen deshalb in diesem Abschnitt elastisch gestützte Massen dynamisch untersucht werden, deren Rückstell- und Dämpfungskräfte beliebig gerichtet sein können.

Um diese Untersuchung nicht mehr zu komplizieren als unbedingt erforderlich, betrachten wir eine im Raum schwingende Masse nur in ihren Projektionsebenen, also als massebelegte, elastisch gestützte Scheibe. Während die schwingende Masse sechs im allgemeinen gekop-

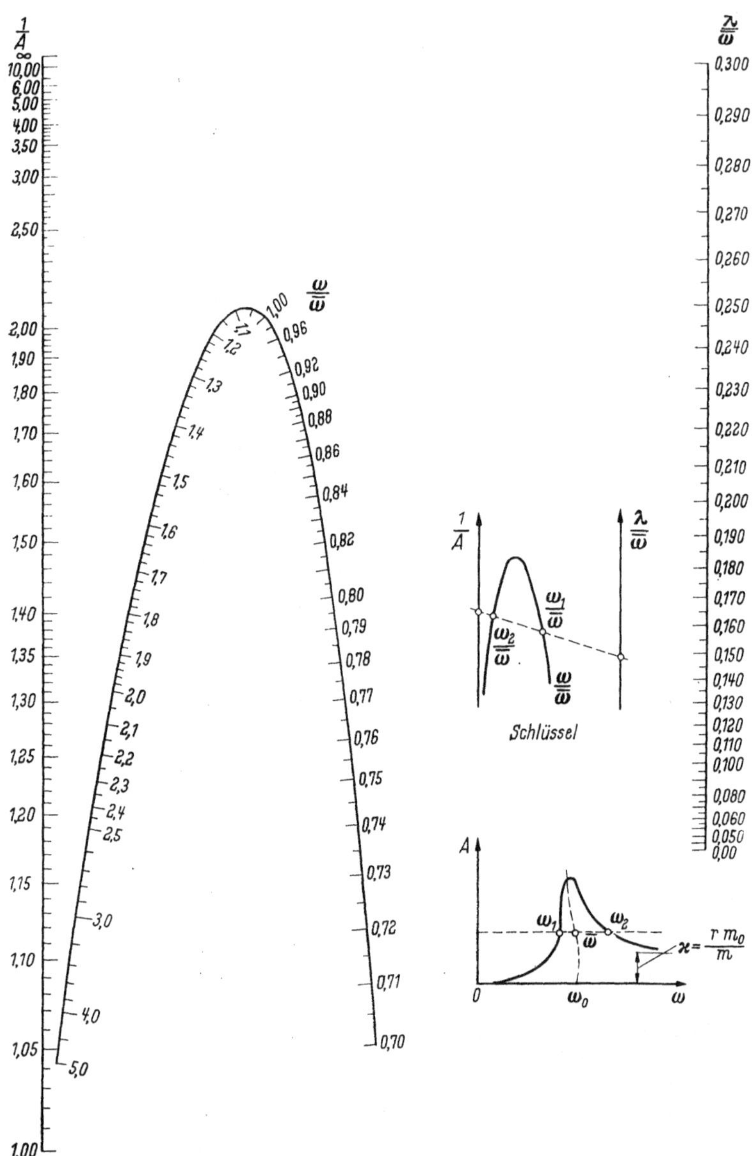

Abb. 2.50. Nomogramm zur Berechnung der Resonanzkurven bzw. ihrer Auswertung nach NOVÁK [16]

pelte Freiheitsgrade besitzt, führt unsere Vereinfachung auf 3×3 gekoppelte Freiheitsgrade, von denen je zwei identisch sind, also wieder auf sechs Freiheitsgrade mit nur je drei Kopplungen. Die gedachte Aufspaltung der Körperschwingung in drei Scheibenschwingungen ist bei der Untersuchung von Maschinenfundamenten meist berechtigt, weil die drei Hauptschnitte sehr verschiedene Abmessungen und Stützungen haben, so daß die vernachlässigten Kopplungen keinen großen Fehler ergeben, vornehmlich aber auch deshalb, weil meist nur in einer oder zwei Hauptebenen Erregerkräfte wirken.

Eine allgemeine Lösung dieser Aufgabe stammt von H. NEUBER [*20*], wir folgen ihr in den wesentlichen Zügen.

2.31 Freie Schwingungen der elastisch gestützten Scheibe

In Abb. 2.51 ist der allgemeinste Fall einer elastisch gestützten Scheibe aufgezeichnet. Ihre Bewegung wird durch das folgende System gekoppelter Differentialgleichungen beschrieben, wobei die Doppelindizes von links nach rechts Richtung der Wirkung und Richtung der Ursache angeben. Beispielsweise bedeutet $c_{x\psi}$ die Federkonstante in der x-Richtung infolge einer Verdrehung um den Winkel ψ

$$\begin{aligned} m\,\ddot{x} + k_x\,\dot{x} + c_{xx}\,x + c_{xz}\,z + c_{x\psi}\,\psi &= 0 \\ m\,\ddot{z} + k_z\,\dot{z} + c_{zx}\,x + c_{zz}\,z + c_{z\psi}\,\psi &= 0 \\ \Theta\,\ddot{\psi} + k_\psi\,\psi + c_{\psi x}\,x + c_{\psi z}\,z + c_{\psi\psi}\,\psi &= 0. \end{aligned} \tag{2.81}$$

Während die beiden ersten Gleichungen des Systems (2.81) die Summe von Kräften darstellen, hat die dritte Gleichung die Dimension eines Momentes. Das System stellt eine Federungskopplung dar, wobei als Koppelglieder die Federkonstanten c mit verschiedenen Indizes auftreten. Wären diese Koeffizienten gleich Null, so zerfiele das System in drei ungekoppelte Gleichungen, also in drei voneinander unabhängige Freiheitsgrade, was praktisch nur auftreten kann, wenn die Federn in x- und z-Richtung durch den Schwerpunkt des Schwingungssystems gehen. Dann liefern die beiden ersten Gleichungen für die Translation in x und z die ungekoppelten Eigenfrequenzen $\omega_x^2 = \frac{c_{xx}}{m}$ und $\omega_z^2 = \frac{c_{zz}}{m}$ und die dritte Gleichung $\omega_\psi^2 = \frac{c_{\psi\psi}}{\Theta}$ die Eigenfrequenz der Rotationsschwingung. Da aber die Horizontalfeder c_x in der Sohlfuge wirkt, also nicht durch den Schwerpunkt gehen kann, ist dieser einfache Sonderfall bei Maschinenfundamenten nicht möglich.

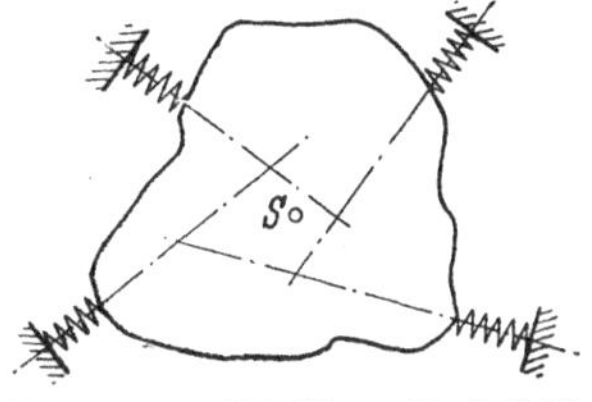

Abb. 2.51. Scheibe mit beliebig gerichteten Federn

Mit dem Lösungsansatz

$$\begin{aligned} x &= X\,e^{i\,\omega\,t} \\ z &= Z\,e^{i\,\omega\,t} \\ \psi &= \Psi\,e^{i\,\omega\,t} \end{aligned} \tag{2.82}$$

und den Abkürzungen

$$\left.\begin{aligned}\omega_{xx}^2 &= \frac{c_{xx}}{m}\\ \omega_{zz}^2 &= \frac{c_{zz}}{m}\\ \omega_{\psi\psi}^2 &= \frac{c_{\psi\psi}}{\Theta}\\ \omega_{xz}^2 = \omega_{zx}^2 &= \frac{c_{xz}}{m} = \frac{c_{zx}}{m}\end{aligned}\right\}[\mathrm{s}^{-2}] \qquad \left.\begin{aligned}\varrho_{z\psi} &= \frac{c_{z\psi}}{m}\\ \varrho_{x\psi} &= \frac{c_{x\psi}}{m}\end{aligned}\right\}[\mathrm{cm}\cdot\mathrm{s}^{-2}] \quad \left.\begin{aligned}\gamma_{z\psi} &= \frac{c_{z\psi}}{\Theta}\\ \gamma_{x\psi} &= \frac{c_{x\psi}}{\Theta}\end{aligned}\right\}[\mathrm{cm}^{-1}\cdot\mathrm{s}^{-2}]$$

und

$$\left.\begin{aligned}\lambda_x &= \frac{k_x}{m}\\ \lambda_z &= \frac{k_z}{m}\\ \lambda_\psi &= \frac{k_\psi}{\Theta}\end{aligned}\right\}[\mathrm{s}^{-1}]$$

geht das System (2.81) zum Zeitpunkt $t = 0$ über in

$$\begin{aligned}(\omega_{xx}^2 - \omega^2 + i\,\omega\,\lambda_x)\,X + \omega_{xz}^2\,Z + \varrho_{x\psi}\,\Psi &= 0\\ (\omega_{zz}^2 - \omega^2 + i\,\omega\,\lambda_z)\,Z + \omega_{zx}^2\,X + \varrho_{z\psi}\,\Psi &= 0\\ (\omega_{\psi\psi}^2 - \omega^2 + i\,\omega\,\lambda_\psi)\,\Psi + \gamma_{\psi x}\,X + \gamma_{\psi z}\,Z &= 0\end{aligned} \qquad (2.83)$$

und wir erhalten die Matrix

X	Z	Ψ
$\omega_{xx}^2 - \omega^2 + i\,\omega\,\lambda_x$	ω_{xz}^2	$\varrho_{x\psi}$
ω_{zx}^2	$\omega_{zz}^2 - \omega^2 + i\,\omega\,\lambda_z$	$\varrho_{z\psi}$
$\gamma_{\psi x}$	$\gamma_{\psi z}$	$\omega_{\psi\psi}^2 - \omega^2 + i\,\omega\,\lambda_\psi$

. (2.84)

Die Eigenfrequenzen erhalten wir demnach aus der Determinante

$$N \equiv \begin{vmatrix}\omega_{xx}^2 - \omega^2 + i\,\omega\,\lambda_x & \omega_{xz}^2 & \varrho_{x\psi}\\ \omega_{zx}^2 & \omega_{zz}^2 - \omega^2 + i\,\omega\,\lambda_z & \varrho_{z\psi}\\ \gamma_{\psi x} & \gamma_{\psi z} & \omega_{\psi\psi}^2 - \omega^2 + i\,\omega\,\lambda_\psi\end{vmatrix} = 0. \qquad (2.85)$$

Da in jeder der drei Unterdeterminanten komplexe Glieder auftreten, müssen jeweils die Real- und Imaginärteile der *Diagonalprodukte* gesondert bestimmt werden. In vereinfachter Schweibweise lautet Gl. (2.85)

$$N = \begin{vmatrix}a_1 + i\,\alpha & a_2 & a_3\\ b_1 & b_2 + i\,\beta & b_3\\ c_1 & c_2 & c_3 + i\,\gamma\end{vmatrix}. \qquad (2.85\,\mathrm{a})$$

Bezeichnen wir mit U_1 die Unterdeterminante $\begin{vmatrix}b_2 + i\,\beta & b_3\\ c_2 & c_3 + i\,\gamma\end{vmatrix}$, so errechnet sich ihr Realwert aus $U_1^R = b_2 c_3 - \beta\gamma - c_2 b_3$ und ihr Imaginär-Wert zu $U_1^J = b_2\gamma + c_3\beta$; also ist

$$U_1 = \sqrt{(U_1^R)^2 + (U_1^J)^2} = \sqrt{(b_2^2+\beta^2)(c_3^2+\gamma^2) + c_2^2 b_3^2 - 2c_2 b_3 (b_2 c_3 - \beta\gamma)}.$$

Die Berechnung der komplexen Determinante vereinfacht sich also erheblich durch die Rechenregel

$$\begin{vmatrix} a+i\alpha & b \\ c & d+i\delta \end{vmatrix} = \sqrt{(a^2+\alpha^2)(d^2+\delta^2) + b^2c^2 - 2bc(ad-\alpha\delta)}\,. \tag{2.86}$$

Der Wert der Gesamtdeterminante ist $N = (a_1 + i\alpha) U_1 - b_1 U_2 + c_1 U_3$. Das erste Glied von N lautet

$$(a_1 + i\alpha) U_1 = a_1 U_1 + i\alpha U_1 = U_1 \sqrt{a_1^2 - \alpha^2}\,,$$

die beiden anderen sind reell.

Die Unterdeterminanten U_2 und U_3 ergeben sich nach der Regel (2.86) vereinfacht wegen $\delta = 0$, zu

$$U_2 = \sqrt{a_2^2(c_3^2+\gamma^2) + c_2^2 a_3^2 - 2c_2 a_3 a_2 c_3}$$

und

$$U_3 = -\sqrt{a_3^2(b_2^2+\beta^2) + a_2^2 b_3^2 - 2a_2 b_3 a_3 b_2}.$$

Somit ist

$$\begin{aligned} N = &\sqrt{(a_1^2-\alpha^2)\left[(b_2^2+\beta^2)(c_3^2+\gamma^2) + c_2^2 b_3^2 - 2c_2 b_3(b_2 c_3 - \beta\gamma)\right]} - \\ &- b_1\sqrt{a_2^2(c_3^2+\gamma^2) + c_2^2 a_3^2 - 2c_2 a_3 a_2 c_3} \\ &- c_1\sqrt{a_3^2(b_2^2+\beta^2) + a_2^2 b_3^2 - 2a_2 b_3 a_3 b_2}\,. \end{aligned} \tag{2.87}$$

Gl. (2.87) vereinfacht sich noch dadurch, daß nach dem MAXWELLschen Vertauschungssatz $c_{xz} = c_{zx}$ also $\omega_{xz}^2 = \omega_{zx}^2$, ferner wegen $c_{x\varphi} = c_{\varphi x}$ und $c_{z\varphi} = c_{\varphi z}$, $\varrho_{x\varphi} = \frac{c_{x\varphi}}{m} = \gamma_{\varphi x}\frac{\Theta}{m} = \gamma_{\varphi x} i^2$ bzw. $\varrho_{z\varphi} = \gamma_{\varphi z} i^2$. Mit den Abkürzungen in Gl. (2.85a) wird $b_1 = a_2$; $a_3 = c_1 i^2$; $b_3 = c_2 i^2$, wobei $i = \sqrt{\frac{\Theta}{m}}$ den Halbmesser des Massenträgheitsmomentes Θ bedeutet.

Die Determinante N Gl. (2.84) bzw. ihr Wert Gl. (2.87) hat nur dann reelle Eigenwerte, also reelle Lösungen für ω aus $N = 0$, wenn λ_x, λ_z und λ_φ verschwinden, also keine Dämpfung vorhanden ist. Bei vorhandener Dämpfung findet man Kleinstwerte von N aus der Überlegung, daß $N = \sqrt{R^2 + J^2}$, worin R den Realwert und J den Imaginärwert der Determinante bedeuten. N ist also die Hypotenuse in einem rechtwinkligen Dreieck, und wir finden, da $N = 0$ aus $R = 0$ und $J = 0$ gleichzeitig, das heißt für gleiche Frequenz ω, nicht erfüllbar ist, die gedämpften Eigenfrequenzen aus min N.

2.311 Sonderfall: Symmetrie um die z-Achse

Man wird beim Entwurf eines Maschinenfundamentes stets anstreben, den Schwerpunkt des Systems Maschine + Fundament in die lotrechte Federachse zu verlegen. Beschränkt man die Untersuchung auf kleine

Ausschläge, so entfallen die Koppelglieder $c_{xz} = c_{zx}$ und $c_{z\psi} = c_{\psi z}$ und die Matrix (2.84) lautet

X	Z	Ψ
$\omega_{xx}^2 - \omega^2 + i\,\omega\,\lambda_x$	0	$\varrho_{x\psi}$
0	$\omega_{zz}^2 - \omega^2 + i\,\omega\,\lambda_z$	0
$\gamma_{\psi x}$	0	$\omega_{\psi\psi}^2 - \omega^2 + i\,\omega\,\lambda_\psi$

Zeile 2 und Spalte 2 sind damit isoliert, und wir erhalten

$$N = \begin{vmatrix} \omega_{xx}^2 - \omega^2 + i\,\omega\,\lambda_x & \varrho_{x\psi} \\ \gamma_{\psi x} & \omega_{\psi\psi}^2 - \omega^2 + i\,\omega\,\lambda_\psi \end{vmatrix} \tag{2.88}$$

und

$$\omega_{zz}^2 - \omega^2 + i\,\omega\,\lambda_\psi. \tag{2.88a}$$

Der Ausdruck Gl. (2.88) hat den Realwert

$$R = (\omega_{xx}^2 - \omega^2)\,(\omega_{\psi\psi}^2 - \omega^2) - \lambda_\psi\,\lambda_x\,\omega^2 - \gamma_{x\psi}\,\varrho_{\psi x} \tag{2.89}$$

und den Imaginärwert

$$J = (\omega_{xx}^2 - \omega^2)\,\lambda_\psi\,\omega + (\omega_{\psi\psi}^2 - \omega^2)\,\lambda_x\,\omega\,.$$

Die Eigenfrequenzen gedämpfter Systeme werden, da $N = \sqrt{R^2 + J^2}$ niemals Null werden kann, durch die Minimalwerte min N bestimmt.

$$\frac{dN^2}{d\omega^2} = 0 = R\,\frac{dR}{d\omega^2} + J\,\frac{dJ}{d\omega^2}\,.$$

Schreiben wir Gl. (2.89) abgekürzt

$$R = \omega^4 - a\,\omega^2 + b$$

und

$$J = \alpha\,\omega - \beta\,\omega^3,$$

wobei wir setzen

$$a = \omega_{xx}^2 + \omega_{\psi\psi}^2 + \lambda_x\,\lambda_\psi,$$

$$b = \omega_{xx}^2\,\omega_{\psi\psi}^2 - \varrho_{x\psi}\,\gamma_{\psi x}$$

$$\alpha = \omega_{xx}^2\,\lambda_\psi + \omega_{\psi\psi}^2\,\lambda_x$$

und

$$\beta = \lambda_x + \lambda_\psi,$$

so ist

$$R\,\frac{dR}{d\omega^2} = 2\omega^6 - 3a\,\omega^4 + (a^2 + 2b)\,\omega^4 - a\,b$$

und

$$J\,\frac{dJ}{d\omega^2} = \frac{3}{2}\beta^2\,\omega^4 - 2\alpha\,\beta\,\omega^2 + \frac{\alpha^2}{2}\,.$$

Aus $R\,\dfrac{dR}{d\omega^2} + J\,\dfrac{dJ}{d\omega^2} = 0$ entsteht dann die kubische Gleichung in ω^2:

$$\omega^6 + A\,\omega^4 + B\,\omega^2 + C = 0, \tag{2.90}$$

wobei

$$A = 3\left(\frac{\beta^2}{4} - \frac{a}{2}\right) \quad B = \frac{a^2}{2} + b - \alpha\,\beta \quad \text{und} \quad C = \frac{\alpha^4}{4} - \frac{a\,b}{2}\,.$$

Mittels $\omega^2 = x - \frac{A}{3}$ finden wir aus Gl. (2.90) die reduzierte kubische Gleichung

$$x^3 + p\,x + q = 0, \tag{2.90a}$$

worin für p und q zu setzen ist

$$p = b - \frac{a^2}{4} - \alpha\,\beta + \frac{3}{4}\,a\,\beta^2 - \frac{3}{16}\,\beta^4$$

$$q = \frac{\beta^6}{32} - \frac{\beta^2}{4}\,(3a\,\beta^2 - a^2 + b + \alpha\,\beta) + \frac{\alpha^2}{4} - \frac{a\,\alpha\,\beta}{2}\,.$$

Zur Lösung der Gl. (2.90a) bedient man sich mit guter Genauigkeit des Rechenschiebers, indem man nach ZURMÜHL [*18*] Gl. (2.90a) in die Form $x^2 + \frac{q}{x} = -p$ bringt und mit einem geschätzten Wert x die linke

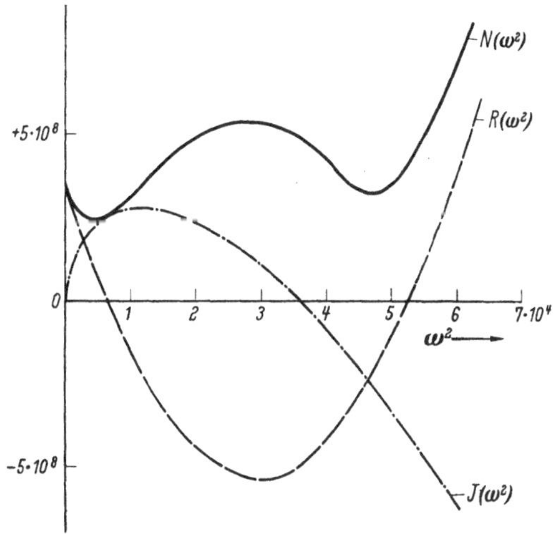

Abb. 2.52. Realteil R und Imaginärteil J der Funktion N

Gleichungsseite berechnet, mit $-p$ vergleicht und entsprechend x verbessert. Dieses Verfahren führt sehr schnell zum Ziel; es braucht übrigens nur für zwei Werte x_1 und x_2 durchgeführt zu werden, denn die 3. Wurzel liefert die Vieta-Formel: $-x_3 = x_1 + x_2$. Aus $x_{1,2,3}$ finden wir schließlich $\omega^2_{1,2,3}$, aus $\omega^2 = x - \frac{A}{3} = x + \frac{a}{2} - \frac{\beta^2}{4}$. Stets gehören ω_1^2 und ω_3^2 zu Minimalwerten von N und ω_2^2 ($\omega_1^2 < \omega_2^2 < \omega_3^2$) zum Maximum, so daß ω_1 und ω_3 die gedämpften Eigenfrequenzen des um die z-Achse symmetrischen Systems sind.

Abb. 2.52 zeigt für die Werte

$$\omega^2_{xx} = 1{,}15 \cdot 10^4\ \mathrm{s}^{-2}$$

$$\omega^2_{\psi\psi} = 4{,}56 \cdot 10^4\ \mathrm{s}^{-2}; \quad \varrho_{x\psi}\,\gamma_{\psi x} = 1{,}76 \cdot 10^8\ \mathrm{s}^{-4}$$

$$\lambda_x = 75\ \mathrm{s}^{-1}; \quad \lambda_\psi = 29\ \mathrm{s}^{-1}$$

den Verlauf von $R(\omega^2)$, $J(\omega^2)$ und $N = \sqrt{R^2 + J^2}$ und läßt die Extremstellen von $N(\omega^2)$ erkennen, die sich mit den Festwerten bzw. $a = 5{,}93 \cdot 10^4$; $b = 3{,}48 \cdot 10^8$; $\alpha = 3{,}75 \cdot 10^6$ und $\beta = 1{,}04 \cdot 10^2$, hieraus $p = 4{,}60 \cdot 10^8$, $q = -\,0{,}20 \cdot 10^{12}$ und $\frac{A}{3} = -\,2{,}70 \cdot 10^4$ zu

$$x_1 = 2{,}17 \cdot 10^4; \quad \omega_1^2 = (2{,}17 + 2{,}70) \cdot 10^4 = 4{,}87 \cdot 10^4\ \mathrm{s}^{-2}$$
$$x_2 = -\,0{,}05 \cdot 10^4; \quad \omega_2^2 = (-\,0{,}05 + 2{,}70) \cdot 10^4 = 2{,}65 \cdot 10^4\ \mathrm{s}^{-2}$$
$$x_3 = -\,2{,}12 \cdot 10^4; \quad \omega_3^2 = (-\,2{,}12 + 2{,}70) \cdot 10^4 = 0{,}55 \cdot 10^4\ \mathrm{s}^{-2}$$

ergeben.

Die Gl. (2.88a) beschreibt eine eindimensionale, freie, gedämpfte Schwingung und führt gemäß S. 13 auf die ungedämpfte Eigenfrequenz $\omega_{zz}^2 = \frac{c_{zz}}{m}$ bzw. die gedämpfte Eigenfrequenz $\omega_{\lambda z}^2 = \omega_{zz}^2 - \frac{k_z}{4m^2}$.

2.312 Sonderfall: Ungedämpfte Schwingungen

Sind $k_x = k_z = k_\psi = 0$, so entfallen die Imaginärglieder, und wir erhalten aus Gl. (2.85)

$$N = \begin{vmatrix} \omega_{xx}^2 - \omega^2 & \omega_{xz}^2 & \varrho_{x\psi} \\ \omega_{zx}^2 & \omega_{zz}^2 - \omega^2 & \varrho_{z\psi} \\ \gamma_{\psi x} & \gamma_{\psi z} & \omega_{\psi\psi}^2 - \omega^2 \end{vmatrix}. \tag{2.91}$$

Die Eigenwerte aus $N = 0$ sind dann aus der in ω^2 kubischen Gleichung

$$\begin{aligned} &\omega^6 - (\omega_x^2 + \omega_z^2 + \omega_\psi^2)\,\omega^4 + \\ &+ (\omega_x^2\,\omega_z^2 + \omega_x^2\,\omega_\psi^2 + \omega_z^2\,\omega_\psi^2 - 4\omega_{xz}^2 - \gamma_{\psi x}\,i^2 - \gamma_{\psi z}\,i^2)\,\omega^2 - \\ &- \omega_x^2\,\omega_z^2\,\omega_\psi^2 + \omega_{xz}^4\,\omega_\psi^2 + \omega_x^2\,\gamma_{\psi z}^2\,i^2 + \omega_z^2\,\gamma^2\,i^2 - \\ &- (\varrho_{x\psi}\,\gamma_{\psi z} + \varrho_{z\psi}\,\gamma_{\psi x})\,\omega_{xz}^2 = 0 \end{aligned} \tag{2.92}$$

zu berechnen. Im allgemeinen erhält man hieraus drei reelle Werte $\omega_{1,2,3}$, für die jeweils $N = 0$ wird; $\omega_{1,2,3}$ sind also die Eigenfrequenzen des ungedämpften Systems.

2.313 Sonderfall: Symmetrie um die z-Achse, außerdem Dämpfung $k_x = k_z = k_\psi = 0$

Gemäß Abschn. 2.211 werden $\omega_{xz} = \omega_{zx} = 0$; $\varrho_{z\psi} = \gamma_{\psi z} = 0$, ferner kann ω_{zz}^2 abgespalten werden, und wir erhalten aus Gl. (2.92), wenn wir hier wegen Eindeutigkeit die zweiten Indizes weglassen,

$$\omega^4 - (\omega_x^2 + \omega_z^2)\,\omega^2 + (\omega_x^2\,\omega_\psi^2 - \varrho\,\gamma) = 0, \tag{2.93}$$

hieraus folgt mit $\varrho\,\gamma = \gamma^2\,i^2$

$$\begin{aligned} \omega_{1,2}^2 &= \frac{\omega_x^2 + \omega_\psi^2}{2} \pm \sqrt{\left(\frac{\omega_x^2 + \omega_\psi^2}{2}\right)^2 - \omega_x^2\,\omega_\psi^2 + \varrho\,\gamma} \\ &= \frac{\omega_x^2 + \omega_\psi^2}{2} \pm \sqrt{\left(\frac{\omega_x^2 - \omega_\psi^2}{2}\right)^2 + \varrho\,\gamma}\,. \end{aligned} \tag{2.94}$$

Zum besseren Verständnis der Gl. (2.94) bringen wir sie in die Form

$$2\omega_{1,2}^2 = \omega_x^2 + \omega_\psi^2 \pm \sqrt{(\omega_x^2 - \omega_\psi^2)^2 + 4\gamma^2 i^2}$$

und erhalten

$$2\frac{\omega_{1,2}^2}{\omega_x^2} = 1 + \frac{\omega_\psi^2}{\omega_x^2} \pm \sqrt{\left(1 - \frac{\omega_\psi^2}{\omega_x^2}\right)^2 + 4\frac{\gamma^2 i^2}{\omega_x^4}}$$

oder mit $\varphi_{1,2} = 2\frac{\omega_{1,2}^2}{\omega_x^2}$; $\alpha = \frac{\omega_\psi^2}{\omega_x^2}$ und $\beta = 4\frac{\gamma^2 i^2}{\omega_x^4}$

$$\varphi_{1,2} = 1 + \alpha \pm \sqrt{(1-\alpha)^2 + \beta} \,. \tag{2.94a}$$

Diese Gl. (2.94a) ist in Abb. 2.53 dargestellt, und man erkennt hieraus:

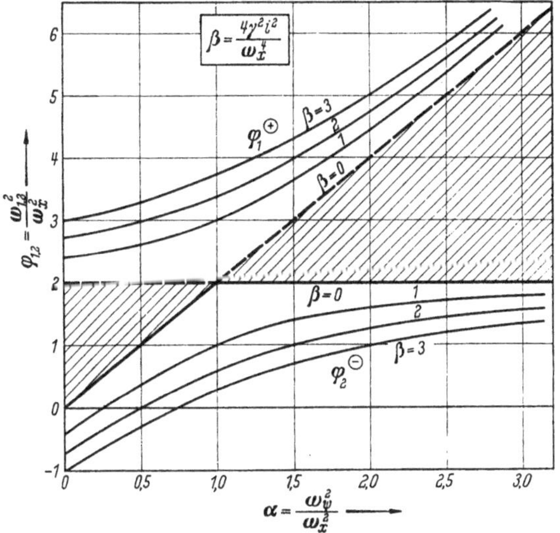

Abb. 2.53. Mögliche Bereiche der Funktion $\varphi_{1,2}(\alpha)$

1. $\varphi_1 = \varphi_2$ oder $\omega_1 = \omega_2$ ist nur möglich, wenn $\alpha = 1$ und $\beta = 0$, d. h. wenn $\omega_x = \omega_\psi$ und $\gamma = 0$.

2. φ_2 wird negativ, also ω_2 imaginär, wenn $4\alpha < \beta$, d. h. $\omega_x\,\omega_\psi < \gamma\, i$; das bedeutet aber $c_z\, i_F^2 < 0$, ist also nicht möglich.

3. In den beiden schraffierten Flächen können keine Werte φ liegen, woraus folgt

$$0 < \alpha < 1: \quad \varphi_1 > 2 \quad \varphi_2 < 2\alpha$$
$$\alpha > 1: \quad \varphi_1 > 2\alpha \quad \varphi_2 < 2$$

bzw. mit den Bezeichnungen der Gl. (2.94)

$$\omega_\psi > \omega_x: \quad \omega_1 > \omega_\psi \quad \omega_2 < \omega_x$$
$$\omega_\psi < \omega_x: \quad \omega_1 > \omega_x \quad \omega_2 < \omega_\psi$$
$$\omega_x = \omega_\psi: \quad \omega_{1,2}^2 = \omega_x^2 \pm \gamma\, i\,.$$

Dieses Ergebnis verdeutlicht Abb. 2.54. Der schraffierten Fläche in Abb. 2.53 entspricht der Bereich zwischen ω_x und ω_ψ, in dem keine Eigenfrequenz liegen kann. Die Koppelung $\gamma_{x\psi}$ bewirkt also, daß die Eigenfrequenzen ω_1 und ω_2 auseinander gezogen werden. Diese Feststellung ist für den Entwurf von Maschinenfundamenten, namentlich für ihre Abstimmung, von besonderer Bedeutung.

4. Ohne Koppelung ($\beta = 0$ oder $\gamma = 0$) ergibt Gl. (2.94a)

$$\omega_1 = \omega_x; \qquad \omega_2 = \omega_\psi .$$

Die Abstände der auf einer Lotrechten in Abb. 2.53 liegenden β-Werte von den beiden Geraden $\beta = 0$ sind gleich groß. $\varphi_1 - \varphi_{10} = \varphi_2 - \varphi_{20}$, worin φ_{10} und φ_{20} die Werte $\varphi_{1,2}$ für $\beta = 0$ bedeuten. Hieraus folgt, daß die Abstände von ω_1^2 bis ω_x^2 und von ω_2^2 bis ω_ψ^2 gleich groß sind, und zwar

$$\omega_1^2 - \omega_x^2 = \frac{\omega_\psi^2 - \omega_x^2}{2} + \sqrt{\left(\frac{\omega_\psi^2 - \omega_x^2}{2}\right)^2 + \gamma^2 i^2} ,$$

woraus sich eine sehr einfache Konstruktion dieser Abstände ergibt. Man trägt gemäß Abb. 2.55 den Wert

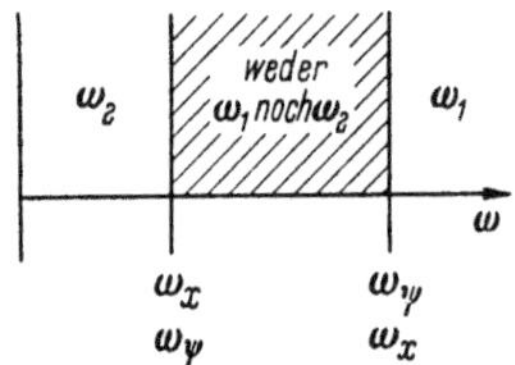

Abb. 2.54. Mögliche Bereiche von $\omega_{1,2}$

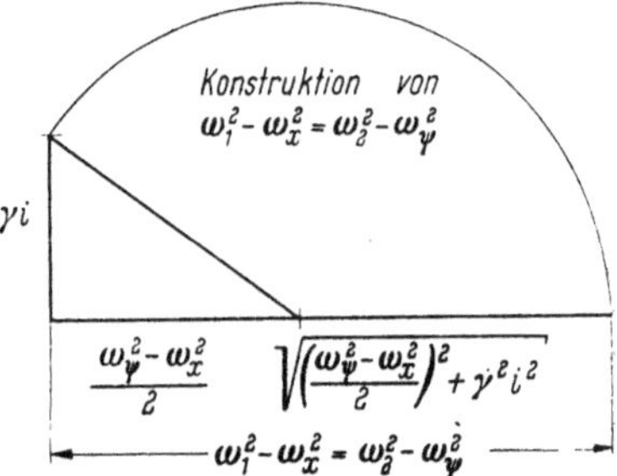

Abb. 2.55. Konstruktion von $\omega_1^2 - \omega_x^2 = \omega_2^2 - \omega_\psi^2$

$\frac{\omega_\psi^2 - \omega_x^2}{2}$ als die eine, γi als die andere Kathete eines rechtwinkligen Dreiecks auf, schlägt die Hypotenuse in die Richtung von $\frac{\omega_\psi^2 - \omega}{2}$ und liest als Summe sofort die Abstände $\omega_1^2 - \omega_x^2 = \omega_2^2 - \omega_\psi^2$ ab.

Eine weitere Erkenntnis gewinnt man nach RAUSCH [*19*], wenn man Gl. (2.94) in die Form

$$\omega_{1,2}^2 = \gamma \frac{\omega_x^2 + \omega_\psi^2}{2\gamma} \pm \gamma \sqrt{\left(\frac{\omega_x^2 - \omega_\psi^2}{2\gamma}\right)^2 + i^2}$$

bringt und $\frac{\omega_x^2 - \omega_\psi^2}{2\gamma} = a_0$ sowie $a_{1,2} = a_0 \pm \sqrt{a_0^2 + i^2}$ setzt; dann ergibt sich

$$\omega_{1,2}^2 = \gamma\, a_{1,2} + \omega_\psi^2 . \tag{2.94b}$$

Diese Umformung führt auf die Werte $a_{1,2}$, die Abstände der Pendelpunkte. Eine Scheibenschwingung ohne Dämpfung kann nämlich als Pendelschwingung aufgefaßt werden, derart, daß a_1 und a_2 die Abstände des Schwerpunktes der Scheibe von dem Momentandrehpunkt während der Eigenfrequenzen ω_1 bzw. ω_2 darstellen. Abb. 2.56 zeigt diesen Zusammenhang: wegen $a_1 a_2 = - i^2$ liegen die Punkte A_1 und A_2 auf einem

Kreis, dessen Mittelpunkt M vom Schwerpunkt S die Entfernung a_0 hat. Ferner zeigt Abb. 2.57, daß a_1 stets positiv, a_2 stets negativ sein muß, daß $\min a_1 = i$, $\max a_2 = -i$ und im Bereich zwischen 0 und $+i$ keine Werte $a_{1,2}$ möglich sind.

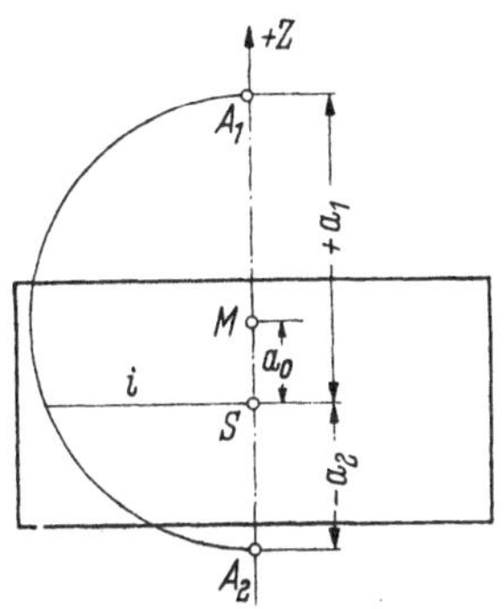

Abb. 2.56. Lage der Pendelpunkte A_1 und A_2 nach RAUSCH [19]

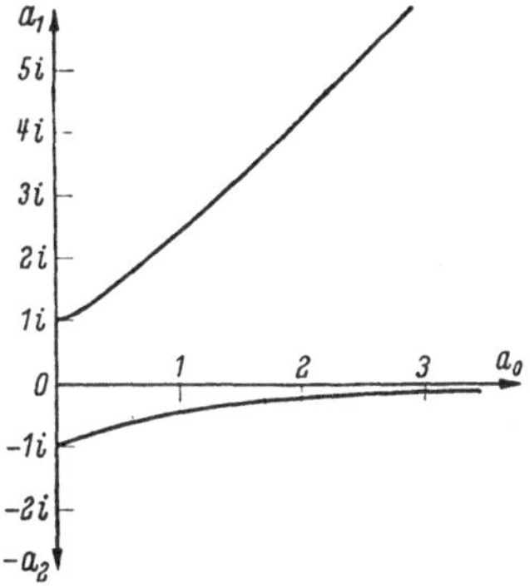

Abb. 2.57. Zusammenhang zwischen den Pendelabständen a_1 und a_2

2.32 Erzwungene Schwingungen der elastisch gestützten Scheibe

Im Falle einer erregenden Kraft erweitert sich das Gleichungssystem (2.81) durch die „Störfunktion" $\tilde{K}\cos\omega t$, die allgemein jeden Freiheitsgrad beanspruchen kann. Man erhält dann

$$\begin{aligned} m\ddot{x} + k_x\dot{x} + c_{xx}x + c_{xz}z + c_{x\psi}\psi &= \tilde{K}_x\cos\omega t \\ m\ddot{z} + k_z\dot{z} + c_{zx}x + c_{zz}z + c_{z\psi}\psi &= \tilde{K}_z\cos\omega t \\ \Theta\ddot{\psi} + k_\psi\dot{\psi} + c_{\psi x}x + c_{\psi z}z + c_{\psi\psi}\psi &= \tilde{K}_\psi\cos\omega t, \end{aligned} \qquad (2.95)$$

worin $\tilde{K}_x$ und $\tilde{K}_z$ Erregerkräfte, $\tilde{K}_\psi$ ein Erregermoment bedeuten, Größen, die je nach dem Maschinentyp von ω unabhängig (sog. konstante Erregung) oder von ω^2 abhängig (quadratische Erregung) sein können.

Zur Lösung der Gl. (2.95) eignet sich nach NEUBER [20] der Ansatz

$$\begin{aligned} x &= X\,e^{i(\omega t - \varphi_{xx})} \\ z &= Z\,e^{i(\omega t - \varphi_{zz})} \\ \psi &= \Psi\,e^{i(\omega t - \varphi_{\psi\psi})}, \end{aligned} \qquad (2.96)$$

wobei φ_{xx} (analog φ_{zz} und $\varphi_{\psi\psi}$) den Phasenwinkel zwischen Erregung $\tilde{K}_x$ und Amplitude x bedeutet. Führt man die Ableitungen von Gl. (2.96)

$$\dot{x} = i\,\omega\,X\,e^{i(\omega t - \varphi_{xx})} = i\,\omega\,x; \quad \dot{z} = i\,\omega\,Z\,e^{i(\omega t - \varphi_{zz})} = i\,\omega\,z;$$

$$\dot{\psi} = i\,\omega\,\Psi\,e^{i(\omega t - \varphi_{\psi\psi})} = i\,\omega\,\psi$$

$$\ddot{x} = -\omega^2 X\,e^{i(\omega t - \varphi_{xx})} = -\omega^2 x; \quad \ddot{z} = -\omega^2 Z\,e^{i(\omega t - \varphi_{zz})} = -\omega^2 z;$$

$$\ddot{\psi} = -\omega^2\,\Psi\,e^{i(\omega t - \varphi_{\psi\psi})} = -\omega^2\,\psi$$

in Gl. (2.95) ein, so erhält man mit den auf S. 54 benutzten Abkürzungen

$$\left.\begin{aligned}(\omega_{xx}^2 - \omega^2 + i\,\omega\,\lambda_x)\,x + \omega_{xz}^2\,z + \varrho_{x\psi}\,\psi &= \frac{\tilde{K}_x}{m}\,e^{i\,\omega t}\\ (\omega_{zz}^2 - \omega^2 + i\,\omega\,\lambda_z)\,z + \omega_{zx}^2\,x + \varrho_{z\psi}\,\psi &= \frac{\tilde{K}_z}{m}\,e^{i\,\omega t}\\ (\omega_{\psi\psi}^2 - \omega^2 + i\,\omega\,\lambda_\psi)\,\psi + \gamma_{\psi x}\,x + \gamma_{\psi z}\,z &= \frac{\tilde{K}_\psi}{\Theta}\,e^{i\,\omega t}\,.\end{aligned}\right\} \quad (2.95\,\mathrm{a})$$

Zur Berechnung der komplexen Maximalamplituden X, Z, Ψ findet man zunächst aus Gl. (2.96) für $t = 0$

$$x_0 = X\,e^{-i\,\varphi_{xx}}, \quad z_0 = Z\,e^{-i\,\varphi_{zz}}, \quad \psi_0 = \Psi\,e^{-i\,\varphi_{\psi\psi}}\,,$$

sowie

$$\dot{x}_0 = i\,\omega\,X\,e^{-i\,\varphi_{xx}}; \quad \dot{z}_0 = i\,\omega\,X\,e^{-i\,\varphi_{zz}}; \quad \dot{\psi}_0 = i\,\omega\,\Psi\,e^{-i\,\varphi_{\psi\psi}}$$

und

$$\ddot{x}_0 = -\,\omega^2\,X\,e^{-i\,\varphi_{xx}}; \quad \ddot{z}_0 = -\,\omega^2\,Z\,e^{-i\,\varphi_{zz}}; \quad \ddot{\psi}_0 = -\,\omega^2\,\Psi\,e^{-i\,\varphi_{\psi\psi}}\,,$$

so daß folgende Matrix entsteht

(2.97)

x_0	z_0	ψ_0	Erregung
$\omega_{xx}^2 - \omega^2 + i\,\omega\,\lambda_x$	ω_{xz}^2	$\varrho_{x\psi}$	$\frac{\tilde{K}_x}{m}$
ω_{zx}^2	$\omega_{zz}^2 - \omega^2 + i\,\omega\,\lambda_z$	$\varrho_{z\psi}$	$\frac{\tilde{K}_z}{m}$
$\gamma_{\psi x}$	$\gamma_{\psi z}$	$\omega_{\psi\psi}^2 - \omega^2 + i\,\omega\,\lambda_\psi$	$\frac{\tilde{K}_\psi}{\Theta}$

Hier sind $x_0 \equiv x(0)$ bzw. z_0 und ψ_0 aber noch nicht die Maximalamplituden X, Z und Ψ, sondern gemäß Abb. 2.58 die Augenblickswerte für $t = 0$, vielmehr findet man z. B. X aus $x_0 = X\,e^{-i\varphi_{xx}}$, also

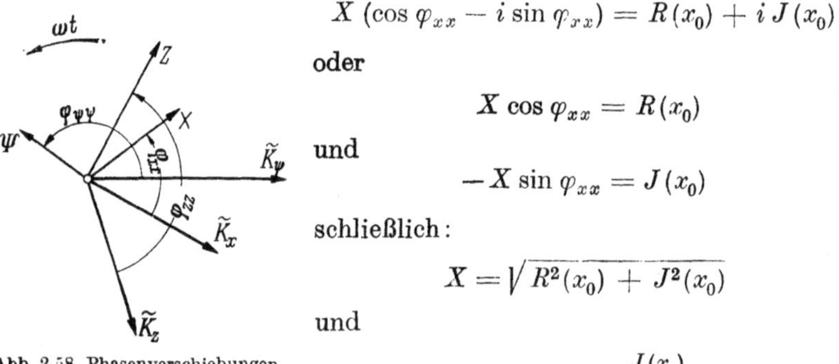

Abb. 2.58. Phasenverschiebungen der Amplituden X, Z und Ψ

$$X\,(\cos\varphi_{xx} - i\sin\varphi_{xx}) = R(x_0) + i\,J(x_0)$$

oder

$$X\cos\varphi_{xx} = R(x_0)$$

und

$$-X\sin\varphi_{xx} = J(x_0)$$

schließlich:

$$X = \sqrt{R^2(x_0) + J^2(x_0)}$$

und

$$\operatorname{tg}\varphi_{xx} = -\frac{J(x_0)}{R(x_0)}\,. \quad (2.98)$$

$R(x_0)$ und $J(x_0)$ bedeuten wieder den Real- und Imaginärwert von x_0.

2.321 Sonderfall: Symmetrie um die z-Achse

Wie bereits S. 56 gezeigt, lassen sich bei symmetrischer Anordnung des Systems um die z-Achse aus Gl. (2.97) die 2. Zeile und 2. Spalte absondern, so daß

x_0	ψ_0	Erregung
$\omega_{xx}^2 - \omega^2 + i\,\omega\,\lambda_x$	$\varrho_{x\psi}$	$\dfrac{\tilde{K}_x}{m}$
$\gamma_{\psi x}$	$\omega_{\psi\psi}^2 - \omega^2 + i\,\omega\,\lambda_\psi$	$\dfrac{\tilde{K}_\psi}{\Theta}$

und $\omega_{zz}^2 - \omega^2 + i\,\omega\,\lambda_z = \dfrac{\tilde{K}_z}{m\,z_0}$ erhalten wird.

Wegen $X = \sqrt{R^2(x_0) + J^2(x_0)}$ und $\Psi = \sqrt{R^2(\psi_0) + J^2(\psi_0)}$ ergibt sich mit der Rechenregel von S. 55 aus

$$X = \begin{vmatrix} \dfrac{\tilde{K}_x}{m} & \varrho_{x\psi} \\ \dfrac{\tilde{K}_\psi}{\Theta} & \omega_{\psi\psi}^2 - \omega^2 + i\,\omega\,\lambda_\psi \end{vmatrix} : N; \quad \Psi = \begin{vmatrix} \omega_{xx}^2 - \omega^2 + i\,\omega\,\lambda_x & \dfrac{\tilde{K}_x}{m} \\ \gamma_{\psi x} & \dfrac{\tilde{K}_\psi}{\Theta} \end{vmatrix} : N$$

$$X = \frac{\sqrt{\dfrac{\tilde{K}_x^2}{m^2}\left[(\omega_{\psi\psi}^2 - \omega^2)^2 + \lambda_\psi^2\,\omega^2\right] + \varrho_{x\psi}^2\,\dfrac{\tilde{K}_\psi^2}{\Theta^2} - 2\varrho_{x\psi}\,\dfrac{\tilde{K}_\psi}{\Theta}\,\dfrac{\tilde{K}_x}{m}\,(\omega_{\psi\psi}^2 - \omega^2)}}{\sqrt{\left[(\omega_{xx}^2 - \omega^2)^2 + \lambda_x^2\,\omega^2\right]\left[(\omega_{\psi\psi}^2 - \omega^2)^2 + \lambda_\psi^2\,\omega^2\right] + \varrho_{x\psi}^2\,\gamma_{\psi x}^2 - 2\varrho_{x\psi}\,\gamma_{\psi x}\left[(\omega_{xx}^2 - \omega^2)(\omega_{\psi\psi}^2 - \omega^2) - \lambda_x\,\lambda_\psi\,\omega^2\right]}}$$

$$\Psi = \frac{\sqrt{\dfrac{\tilde{K}_\psi^2}{\Theta^2}\left[(\omega_{xx}^2 - \omega^2)^2 + \lambda_x^2\,\omega^2\right] + \gamma_{\psi x}^2\,\dfrac{\tilde{K}_x^2}{m^2} - 2\,\gamma_{\psi x}\,\dfrac{\tilde{K}_x\,\tilde{K}_\psi}{m\,\Theta}\,(\omega_{xx}^2 - \omega^2)}}{\sqrt{\left[(\omega_{xx}^2 - \omega^2)^2 + \lambda_x^2\,\omega^2\right]\left[(\omega_{\psi\psi}^2 - \omega^2)^2 + \lambda_\psi^2\,\omega^2\right] + \varrho_{x\psi}^2\,\gamma_{\psi x}^2 - 2\varrho_{x\psi}\,\gamma_{\psi x}\left[(\omega_{xx}^2 - \omega^2)(\omega_{\psi\psi}^2 - \omega^2) - \lambda_x\,\lambda_\psi\,\omega^2\right]}} \tag{2.99}$$

ferner ist

$$Z = \frac{\dfrac{\tilde{K}_z}{m}}{\sqrt{(\omega_{zz}^2 - \omega^2)^2 + \lambda_z^2\,\omega^2}}$$

Die Phasenwinkel endlich ergeben sich nach Gl. (2.98) zu

$$\operatorname{tg}\varphi_{xx} = \frac{-\dfrac{\tilde{K}_x}{m}\,\lambda_\psi\,\omega}{\dfrac{\tilde{K}_x}{m}\,(\omega_{\psi\psi}^2 - \omega^2) - \varrho_{x\psi}\,\dfrac{\tilde{K}_\psi}{\Theta}}; \quad \operatorname{tg}\varphi_{\psi\psi} = \frac{-\dfrac{\tilde{K}_\psi}{\Theta}\,\lambda_x\,\omega}{\dfrac{\tilde{K}_\psi}{\Theta}\,(\omega_{xx}^2 - \omega^2) - \gamma_{\psi x}\,\dfrac{\tilde{K}_x}{m}} \tag{2.100}$$

und

$$\operatorname{tg}\varphi_{zz} = \frac{\lambda_z\,\omega}{\omega_z^2 - \omega^2}.$$

Zur Lösung der Gl. (2.95) können wir entsprechend S. 15 auch den Ansatz

$$x = X\cos(\omega\,t - \varphi_{xx})$$
$$\psi = \Psi\cos(\omega\,t - \varphi_{\psi\psi})$$

und die Ableitungen $\dot{x}$, $\ddot{x}$ bzw. $\dot{\psi}$ und $\ddot{\psi}$ benutzen, womit, insbesondere wenn nur zwei Erregerrichtungen (z. B. $\tilde{K}_x$ und $\tilde{K}_z$) vorhanden sind, ein einfaches, graphisches Verfahren möglich wird. Wir erhalten — bei Symmetrie um z — aus Gl. (2.95)

$$\left.\begin{aligned} &(\omega_{xx}^2 - \omega^2)\cos\varphi_{xx} + \lambda_x\,\omega\sin\varphi_{xx} + \frac{\Psi}{X}\varrho_{x\psi}\cos\varphi_{\psi\psi} = \frac{\tilde{K}_x}{m\,X} && \text{a}\\ &(\omega_{\psi\psi}^2 - \omega^2)\cos\varphi_{\psi\psi} + \lambda_\psi\,\omega\sin\varphi_{\psi\psi} + \frac{X}{\Psi}\gamma_{\psi x}\cos\varphi_{xx} = 0 && \text{b}\\ &\text{und}\\ &(\omega_{zz}^2 - \omega^2)\cos\varphi_{zz} + \lambda_z\,\omega\sin\varphi_{zz} = \frac{\tilde{K}_z}{m\,Z} && \text{c} \end{aligned}\right\} \qquad (2.101)$$

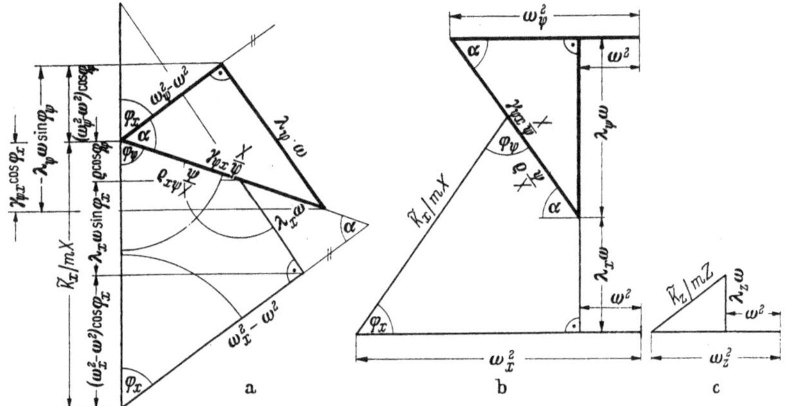

Abb. 2.59. Graphische Bestimmung der Amplituden X und Ψ eines gedämpften symmetrischen Systems

Die beiden ersten, durch ϱ und γ gekoppelten Gleichungen lassen sich, wie in Abb. 2.59 gezeigt, als Viereck und Dreieck darstellen, worauf schon mehrfach [*21*], [*22*] hingewiesen wurde. Der Beweis für die Übereinstimmung der Figuren Abb. 2.59a und 2.59b, bei welcher das Dreieck so gedreht wurde, daß $\lambda_\psi\,\omega$ in die Richtung von $\lambda_x\,\omega$ fällt, ist durch den Hilfswinkel $\alpha = 180 - (\varphi_{xx} + \varphi_{\psi\psi})$ gegeben. Abb. 2.59b gibt also die Gln. (2.101a) und (2.101b), Abb. 2.59c Gl. (2.101c) wieder.

Aus dem rechtwinkligen Dreieck in Abb. 2.59b ergibt sich dessen Hypotenuse zu

$$\left(\gamma_{\psi x}\frac{X}{\Psi}\right)^2 = (\omega_{\psi\psi}^2 - \omega^2)^2 + \lambda_\psi^2\,\omega^2,$$

woraus

$$\left(\frac{\Psi}{X}\right)^2 = \frac{\gamma_{\psi x}^2}{(\omega_{\psi\psi}^2 - \omega^2)^2 + \lambda_\psi^2\,\omega^2} = \frac{c_{\psi x}^2}{(c_{\psi\psi} - \Theta\,\omega^2)^2 + k_\psi^2\,\omega^2},$$

also

$$\frac{\Psi}{X} = \frac{\gamma_{\psi x}}{\sqrt{(\omega_{\psi\psi}^2 - \omega^2)^2 + \lambda_\psi^2\,\omega^2}}. \qquad (2.102)$$

Das ist aber nach S. 15 die Gleichung der Amplitude eines gedämpften Systems mit einem Freiheitsgrad mit der Erregung γ, so daß wir die Koppelung zwischen X und Ψ auch als Sekundärerregung der Rotationsschwingung auffassen können; Abb. 2.60 verweist anschaulich darauf.

Aus dem Amplitudenverhältnis $\frac{\Psi}{X}$ und $\operatorname{tg} \alpha = \frac{\lambda_\psi \omega}{\omega_{\psi\psi}^2 - \omega^2}$ finden wir die Amplitude X über $\frac{\tilde{K}_x}{m X}$

$$\left(\frac{\tilde{K}_x}{m X}\right)^2 = \left((\lambda_x \omega + \varrho_{\psi x} \frac{\Psi}{X} \sin \alpha\right)^2 + \left(\omega_{xx}^2 - \omega^2 - \varrho_{\psi x} \frac{\Psi}{X} \cos \alpha\right)^2 .$$

Wegen $\varrho_{\psi x} \frac{\Psi}{X} \sin \alpha = \frac{\varrho_{\psi x}}{\gamma_{x\psi}} \lambda_\psi \omega \frac{\Psi^2}{X^2} = i^2 \frac{\Psi^2}{X^2} \lambda_\psi \omega$ und

$$\varrho_{\psi x} \frac{\Psi}{X} \cos \alpha = \frac{\varrho_{\psi x}}{\gamma_{x\psi}} (\omega_{xx}^2 - \omega^2) \frac{\Psi^2}{X^2} = i^2 (\omega_{xx}^2 - \omega^2) \frac{\Psi^2}{X^2}$$

ergibt sich schließlich

$$X = \frac{\frac{\tilde{K}_x}{m}}{\sqrt{\left[\omega_{xx}^2 - \omega^2 - (\omega_{\psi\psi}^2 - \omega^2)\, i^2 \frac{\Psi^2}{X^2}\right]^2 + \left[\lambda_x + \lambda_\psi i^2 \frac{\Psi^2}{X^2}\right]^2 \omega^2}} \tag{2.103}$$

und

$$\Psi = \frac{X \gamma_{x\psi}}{\sqrt{(\omega_{\psi\psi}^2 - \omega^2)^2 + \lambda_\psi^2 \omega^2}} .$$

Diese Ausdrücke stimmen mit Gl. (2.99) überein, wenn dort $\tilde{K}_\psi = 0$ gesetzt wird. Abgesehen davon, daß die Amplitudenberechnung nach Gl. (2.102) und (2.103) einfacher und übersichtlicher ist als nach Gl. (2.99), zeigen die letzten Ableitungen einfache Wege zur graphischen Darstellung und Auswertung der Resonanzkurven $X(\omega)$ und $\Psi(\omega)$; vor allem ermöglichen sie, analog zur RUNGEschen Parabel auf S. 18 den geometrischen Ort des Endpunktes des Vektors $\overline{N}$ darzustellen und hieraus das gesamte Schwingungsbild besser zu überschauen.

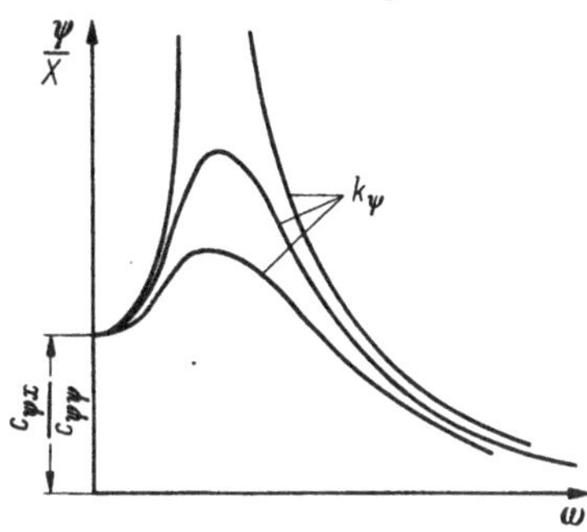

Abb. 2.60. Wirkung der Sekundärerregung $c_{\psi x}$

Für den Endpunkt des Vektors $\overline{N} = \frac{\tilde{K}_x}{m X}$ findet man aus Abb. 2.59 die Koordinaten

$$x_P = \omega_{xx}^2 - \omega^2 - (\omega_{\psi\psi}^2 - \omega^2)\, i^2 \frac{\Psi^2}{X^2}$$

und

$$y_P = \left(\lambda_x + \lambda_\psi i^2 \frac{\Psi^2}{X^2}\right) \omega ,$$

woraus für die vorstehend benutzten Konstanten die Kurve $\overline{N}(\omega)$ in Abb. 2.61 gezeichnet wurde. Es ist dabei zu beachten, daß N in Gl. (2.99) und $\overline{N} = \dfrac{\tilde{K}_x}{m\,X}$ nicht identisch sind, denn die Amplitude errechnet sich aus $\overline{N}$ durch $X = \dfrac{\tilde{K}_x}{m\,\overline{N}}$, während nach Gl. (2.99) für $\tilde{K}_\varphi = 0$

$$X = \frac{\tilde{K}_x}{m\,N} \sqrt{(\omega_{\varphi\varphi}^2 - \omega^2)^2 + \lambda_\varphi^2\,\omega^2}\,.$$

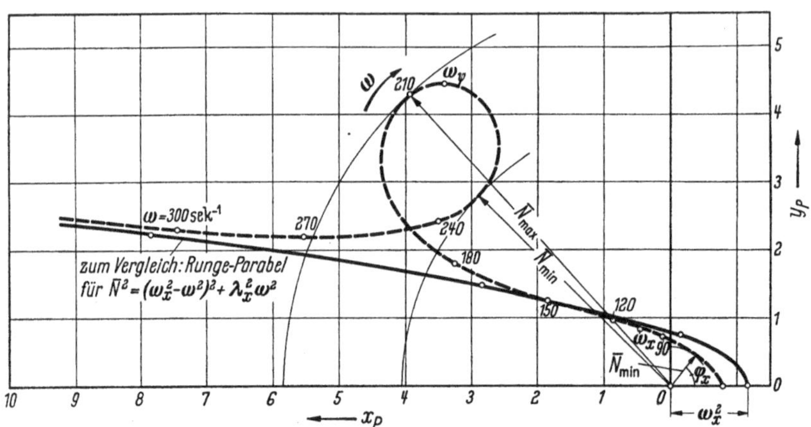

Abb. 2.61. Geometrischer Ort der Endpunkte des Vektors $\overline{N}$

Also ist das zweite Verfahren nach Gl. (2.103) bzw. Abb. 2.59 auch für die Berechnung der Amplituden einfacher. Nachdem X ermittelt wurde, ergibt sich Ψ aus dem bereits bekannten Quotienten $\dfrac{\Psi}{X}$.

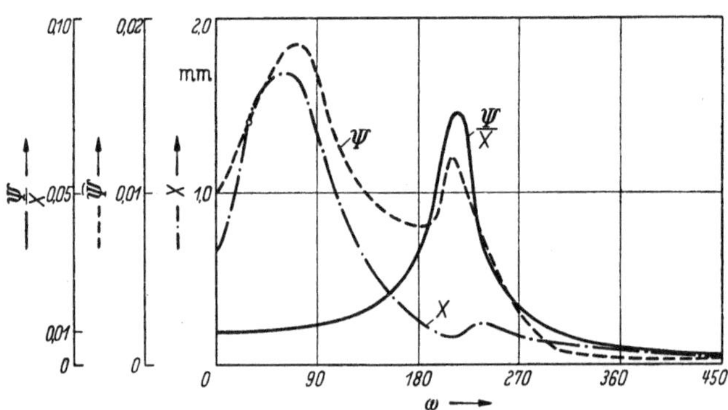

Abb. 2.62. Amplituden X, Ψ und $\dfrac{\Psi}{X}$ infolge konstanter Erregung

Abb. 2.61 zeigt eine überschlagene Kurve $\overline{N}(\varphi_{xx})$. Die Extremwerte von $\overline{N}$ (2 Minima und 1 Maximum) liegen, wie nach der vorstehenden Feststellung einleuchtet, bei anderen Frequenzen als die Extremwerte von N. Ist $\tilde{K}_x =$ konst. (konstante Erregung), so sind hieraus unmittelbar 2 Maxima und 1 Minimum der Amplitude X abzulesen. Diese extremen Amplituden liegen bei denselben Frequenzen und Phasenwinkeln wie N_{max} und N_{min} (vgl. Abb. 2.62). Dies trifft bei quadratischer Erregung nicht mehr zu, was auch die Resonanzkurven

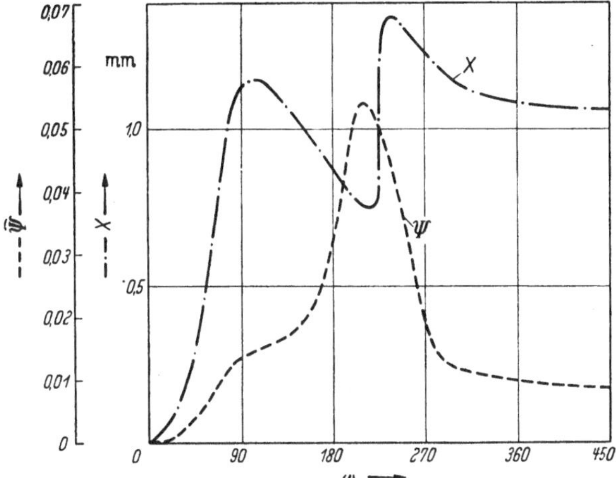

Abb. 2.63. Amplituden X und Ψ infolge quadratischer Erregung

Abb. 2.63 zeigen. Diesen Abbildungen ist auch zu entnehmen, daß die Amplitudenmaxima infolge quadratischer Erregung bei höheren Frequenzen liegen als infolge konstanter Erregung. Wichtiger ist aber,

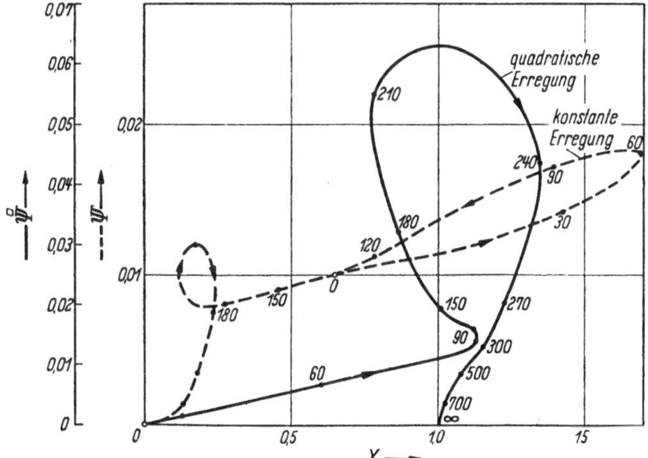

Abb. 2.64. Amplituden $\Psi(X)$ für konstante und quadratische Erregung

daß die unteren Maxima gedrückt, die höheren durch quadratische Erregung angehoben werden. Schließlich sind noch in Abb. 2.64a die Amplituden Ψ in Abhängigkeit von X und die Frequenzen als Parameter aufgetragen, und zwar sowohl für konstante als auch für quadratische Erregung. Die Pfeile geben die Richtung der steigenden Frequenz an.

2.322 Sonderfall: keine Dämpfung

Auf S. 58, Gl. (2.91) wurde bereits die Nennerdeterminante $N(\omega^2)$ angegeben, deren drei Nullstellen unendlich große Amplituden X, Z und Ψ der erzwungenen Schwingung ergeben. Die Zählerdeterminanten lauten, wenn $\lambda_x = \lambda_z = \lambda_\psi = 0$

$$D_x = \begin{vmatrix} \frac{\tilde{K}_x}{m} & \omega_{xz}^2 & \varrho_{x\psi} \\ \frac{\tilde{K}_z}{m} & \omega_{zz}^2 - \omega^2 & \varrho_{z\psi} \\ \frac{\tilde{K}_\psi}{\Theta} & \gamma_{z\psi} & \omega_{\psi\psi}^2 - \omega^2 \end{vmatrix} ; \quad D_z = \begin{vmatrix} \omega_{xx}^2 - \omega^2 & \frac{\tilde{K}_x}{m} & \varrho_{x\psi} \\ \omega_{zx}^2 & \frac{\tilde{K}_z}{m} & \varrho_{z\psi} \\ \gamma_{\psi x} & \frac{\tilde{K}_\psi}{\Theta} & \omega_{\psi\psi}^2 - \omega^2 \end{vmatrix}$$

und

$$D_\psi = \begin{vmatrix} \omega_{xx}^2 - \omega^2 & \omega_{xz}^2 & \frac{\tilde{K}_x}{m} \\ \omega_{zx}^2 & \omega_{zz}^2 - \omega^2 & \frac{\tilde{K}_z}{m} \\ \gamma_{\psi x} & \gamma_{\psi z} & \frac{\tilde{K}_\psi}{\Theta} \end{vmatrix} . \tag{2.104}$$

Betrachten wir zunächst den Fall, daß die Erregung nur in einer Richtung wirkt, z. B. $\tilde{K}_x \neq 0$; $\tilde{K}_z = \tilde{K}_\psi = 0$, so wird

$$D_x = \begin{vmatrix} \frac{\tilde{K}_x}{m} & \omega_{xz}^2 & \varrho_{x\psi} \\ 0 & \omega_{zz}^2 - \omega^2 & \varrho_{z\psi} \\ 0 & \gamma_{\psi z} & \omega_{\psi\psi}^2 - \omega^2 \end{vmatrix} = \frac{\tilde{K}_x}{m} [(\omega_{zz}^2 - \omega^2)(\omega_{\psi\psi}^2 - \omega^2) - \varrho_{z\psi}\gamma_{\psi z}],$$

woraus zu ersehen ist, daß $X = \frac{D_x}{N}$ zwei Nullstellen hat, und zwar für $\omega_{01,2}^2 = \frac{\omega_{zz}^2 + \omega_{\psi\psi}^2}{2} \pm \sqrt{\left(\frac{\omega_{zz}^2 - \omega_{\psi\psi}^2}{2}\right)^2 + \varrho_{z\psi}\gamma_{\psi z}}$, die reell sind, sofern $\omega_{zz}^2\,\omega_{\psi\psi}^2 > \varrho_{zx}\gamma_{\psi z}$. Die Resonanzkurve für X entspricht dann dem Diagramm in Abb. 2.65, worin $\omega_{1,2,3}$ die Lösungen der Gl. (2.91) für $N = 0$ und $\omega_{\mathrm{I,II}}$ die Lösungen von $D_x = 0$ sind.

Aus Gl. (2.104) finden wir ferner

$$D_\psi = \begin{vmatrix} \frac{\tilde{K}_x}{m} & \omega_{xx}^2 - \omega^2 & \omega_{xz}^2 \\ 0 & \omega_{zx}^2 & \omega_{zz}^2 - \omega^2 \\ 0 & \gamma_{\psi x} & \gamma_{\psi z} \end{vmatrix} = \frac{\tilde{K}_x}{m} [\omega_{zx}^2\gamma_{\psi z} - \gamma_{\psi x}(\omega_{zz}^2 - \omega^2)] .$$

D_ψ hat eine Nullstelle für $\omega^2 = \omega_{zz}^2 - \omega_{zx}^2 \frac{\gamma_{\psi z}}{\gamma_{\psi x}}$, die reell ist, falls $\omega_{zz}^2 \geqslant \omega_{zx}^2 \frac{\gamma_{\psi z}}{\gamma_{\psi x}}$; Entsprechendes gilt für D_z, so daß wir folgende Regel erkennen:

Die Anzahl n der Nullstellen der Amplitudenkurve ohne Dämpfung ist, falls die Erregung nur in einer Richtung wirkt, $n = f - 1$ für die

Amplitude in Erregerrichtung, $n = f - 2$ in den anderen Richtungen, wobei f die Anzahl der Freiheitsgrade (im vorliegenden Fall $f = 3$) bedeutet. Die Amplitude in Erregerrichtung hat also stets eine Nullstelle mehr als die anderen Amplituden.

Wirkt die Erregung in zwei oder drei Richtungen, so treten Nullstellen der Amplituden nur für bestimmte Kombinationen der Konstanten auf; sie können aus $D_x = D_z = D_\psi = 0$ nach Gl. (2.104) berechnet werden.

2.323 Sonderfall: keine Dämpfung, außerdem Symmetrie um z-Achse

Die Eigenfrequenzen $\omega_{1,2}$ für diesen Sonderfall wurden bereits S. 58 behandelt und sind nach Gl. (2.94) zu berechnen. Die Amplituden ergeben sich aus Gl. (2.104) mit $\lambda_x = \lambda_z = \lambda_\psi = 0$ zu

$$X = \frac{\frac{\tilde{K}_x}{m}(\omega_\psi^2 - \omega^2) - \frac{\tilde{K}_\psi}{\Theta}\varrho}{N}$$

$$\Psi = \frac{\frac{\tilde{K}_\psi}{\Theta}(\omega_x^2 - \omega^2) - \frac{\tilde{K}_x}{m}\gamma}{N}$$

und

$$Z = \frac{\frac{\tilde{K}_z}{m}}{\omega_z^2 - \omega^2}. \quad (2.105)$$

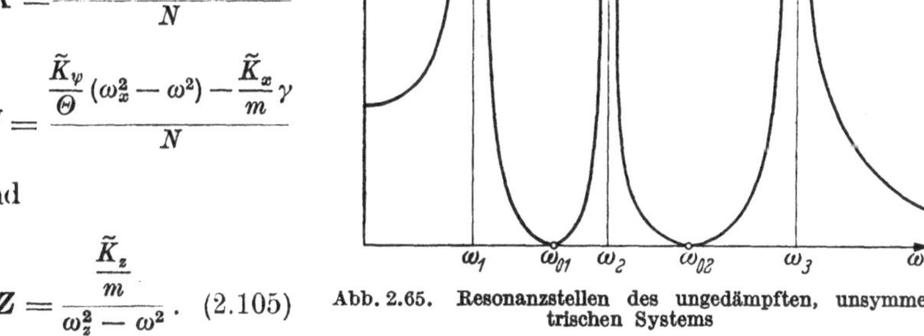

Abb. 2.65. Resonanzstellen des ungedämpften, unsymmetrischen Systems

Während $N = 0$ zu den bekannten Eigenfrequenzen ω_1 und ω_2 führt, finden wir Nullstellen der Amplituden X und Ψ aus

$$\frac{\tilde{K}_x}{m}(\omega_\psi^2 - \omega^2) = \frac{\tilde{K}_\psi}{\Theta}\varrho \quad \text{bzw.} \quad \omega_{x_0}^2 = \omega_\psi^2 - \frac{\tilde{K}_\psi}{\tilde{K}_x}\frac{m}{\Theta}\varrho = \omega_\psi^2 - \tilde{\varkappa}\gamma$$

und (2.106)

$$\frac{\tilde{K}_\psi}{\Theta}(\omega_x^2 - \omega^2) = \frac{\tilde{K}_x}{m}\gamma \quad \text{bzw.} \quad \omega_{\psi_0}^2 = \omega_x^2 - \frac{\tilde{K}_x}{\tilde{K}_\psi}\frac{\Theta}{m}\gamma = \omega_x^2 - \frac{\varrho}{\tilde{\varkappa}}.$$

Abb. 2.66 zeigt den Verlauf von $X(\omega^2)$ und $\Psi(\omega^2)$ für ein System mit den Festwerten

$$\omega_x^2 = 4\ \mathrm{s}^{-2} \qquad \frac{\tilde{K}_x}{m} = 1\ \mathrm{cm\ s}^{-2}$$

$$\omega_\psi^2 = 12\ \mathrm{s}^{-2} \qquad \tilde{\varkappa} = \frac{\tilde{K}_\psi}{\tilde{K}_x} = 0{,}47\ \mathrm{cm}$$

$$\varrho = 14{,}1\ \mathrm{cm\ s}^{-2} \qquad \frac{\tilde{K}_\psi}{\Theta} = 0{,}47\ \mathrm{s}^{-2}$$

$$\gamma = 1{,}41\ \mathrm{cm}^{-1}\ \mathrm{s}^{-2}$$

$$i^2 = \frac{\Theta}{m} = 10\ \mathrm{cm}^2,$$

woraus nach Gl. (2.94) $\omega_1^2 = 14\,\mathrm{s}^{-2}$; $\omega_2^2 = 2\,\mathrm{s}^{-2}$, und nach Gl. (2.106) $\omega_{x_0}^2 = 5{,}3\,\mathrm{s}^{-2}$, $\omega_{\psi_0}^2 = 1\,\mathrm{s}^{-2}$ wird.

Die Nullstelle der Amplitude X liegt also, wenn $\dfrac{\tilde{K}_\psi}{\tilde{K}_x} = \tilde{\varkappa} > 0$ bei einer kleineren Frequenz als ω_ψ, ebenso ist dann $\omega_{\psi_0} > \omega_x$. Bei starker Koppelung $c_{x\psi}$ bzw. ϱ und γ können sie auch vor der ersten Resonanzspitze liegen; in Abb. 2.66 ist das für ω_{ψ_0} der Fall. Es erscheint für eine gute Abstimmung wünschenswert, beide Nullstellen zusammenfallen zu lassen; dann muß $\omega_\psi^2 - \tilde{\varkappa}\gamma = \omega_x^2 - \dfrac{\varrho}{\tilde{\varkappa}}$ oder $\tilde{\varkappa}^2 - \dfrac{\omega_\psi^2 - \omega_x^2}{\gamma}\tilde{\varkappa} - \dfrac{\varrho}{\gamma} = 0$ sein. Diese Gleichung führt wegen $\dfrac{\varrho}{\gamma} = i^2$ auf

$$\tilde{\varkappa}_{1,2} = \frac{\omega_\psi^2 - \omega_x^2}{2\gamma} \pm \sqrt{\left(\frac{\omega_\psi^2 - \omega_x^2}{2\gamma}\right)^2 + i^2} = \tilde{\varkappa}_0 \pm \sqrt{\tilde{\varkappa}_0^2 + i^2}, \qquad (2.107)$$

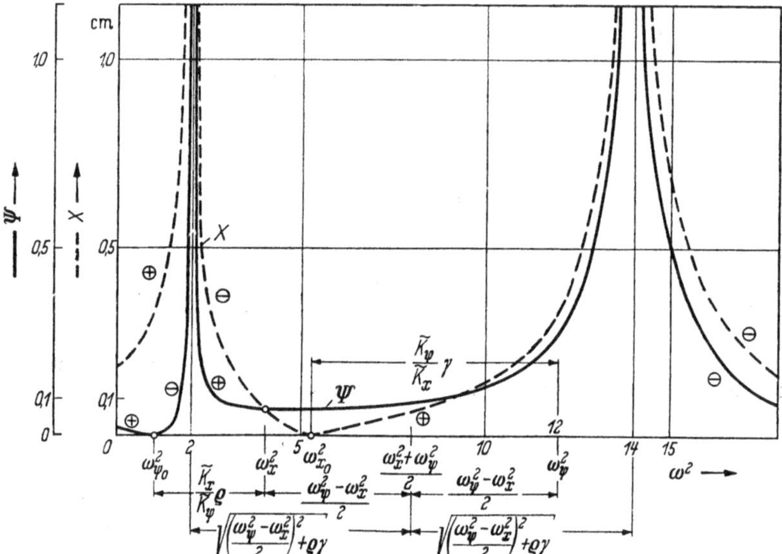

Abb. 2.66. Ungedämpftes, symmetrisches System. Verlauf der Amplituden $X(\omega^2)$ und $\Psi(\omega^2)$

ein Ausdruck, der uns, abgesehen vom Vorzeichen, auf S. 60 bereits begegnet ist.

In Gl. (2.94b) ist

$$a_{1,2} = \frac{\omega_x^2 - \omega_\psi^2}{2\gamma} \pm \sqrt{\left(\frac{\omega_x^2 - \omega_\psi^2}{2\gamma}\right)^2 + i^2};$$

also ergibt der Vergleich von Gl. (2.94b) mit Gl. (2.107)

$$\begin{aligned} \tilde{\varkappa}_1 &= -a_2 \\ \tilde{\varkappa}_2 &= -a_1. \end{aligned} \qquad (2.108)$$

$\tilde{\varkappa} = \frac{\tilde{K}_\psi}{\tilde{K}_x}$ stellt dabei den Hebelarm des Erregermomentes $\tilde{K}_\psi$, bezogen auf den Schwerpunkt S dar.

Die Nullstellen ω_{x_0} und ω_{ψ_0} fallen zusammen, wenn Gl. (2.108) erfüllt wird. Führt man Gl. (2.108) in Gl. (2.106) ein, so wird

$$\omega_{x_0}^2 = \omega_\psi^2 + a_{1,2}\,\gamma = \omega_{1,2}^2 \qquad \text{ebenso} \qquad \omega_{\psi_0}^2 = \omega_x^2 + \frac{\varrho}{a_{1,2}} = \omega_{1,2}^2;$$

das heißt, erzwingt man mit Gl. (2.108) die Übereinstimmung der Nullstellen für X und Ψ, so liegen die gemeinsamen Frequenzen ω_{x_0} bzw. ω_{ψ_0} an der Stelle $\omega_{1,2}$.

Für die Amplituden bei der Frequenz $\omega = \omega_{\psi_0} = \omega_{x_0} = \omega_{1,2}$ ergeben sich also zunächst aus $X = \Psi = \frac{0}{0}$ unbestimmte Ausdrücke, deren Wert aus

$$\frac{\dfrac{dD_x}{d\omega^2}}{\dfrac{dN}{d\omega^2}} \quad \text{und} \quad \frac{\dfrac{dD_\psi}{d\omega^2}}{\dfrac{dN}{d\omega^2}}$$

bestimmt werden muß. Es ist

$$\frac{dD_x}{d\omega^2} = -\frac{\tilde{K}_x}{m}; \qquad \frac{dN}{d\omega^2} = 2\,\omega^2 - (\omega_x^2 + \omega_\psi^2),$$

also

$$X_0 = -\frac{\dfrac{\tilde{K}_x}{m}}{2\,\omega_{x_0}^2 - (\omega_x^2 + \omega_\psi^2)}, \tag{2.109}$$

ferner

$$\frac{dD_\psi}{d\omega^2} = -\frac{\tilde{K}_\psi}{\Theta} \qquad \text{und} \qquad \Psi_0 = \frac{-\dfrac{\tilde{K}_\psi}{\Theta}}{2\,\omega_{\psi_0}^2 - (\omega_x^2 + \omega_\psi^2)} \tag{2.110}$$

Tab. 2.1 zeigt den Zusammenhang zwischen $a_{1,2}$, $\tilde{\varkappa}_{1,2}$, $\omega_{1,2}$ und $\omega_{x_0} = \omega_{\psi_0}$ bezüglich Absolutwert und Vorzeichen, wobei sowohl die Fälle $\omega_x \gtrless \omega_\psi$ als auch die Vorzeichenwahl in den Gln. (2.94b) und (2.107) berücksichtigt wurden.

Für das System, dessen Resonanzkurven $X(\omega^2)$ und $\Psi(\omega^2)$ Abb. 2.66 zeigt, errechnen sich die Abstände $a_{1,2}$ aus

$$a_0 = \frac{\omega_x^2 - \omega_\psi^2}{2\gamma} = -2{,}83 \text{ cm}$$

zu

$$a_{1,2} = -2{,}83 \pm \sqrt{2{,}83^2 + 10} = \begin{matrix} +1{,}41 \text{ cm} \\ -7{,}07 \text{ cm} \end{matrix}$$

Um eine der beiden Resonanzspitzen zu unterdrücken, muß $\tilde{\varkappa}_{1,2} = -a_{2,1}$ gewählt werden. Abb. 2.67 zeigt dieses Ergebnis für $\tilde{\varkappa} = \frac{\tilde{K}_\psi}{\tilde{K}_x} = 7{,}07$ cm.

Man erhält eine einwellige Resonanzkurve mit unendlich großen Amplituden bei $\omega_1^2 = 14\,\mathrm{s}^{-2}$; also ist infolge $\tilde{\varkappa}_1 = -a_2$ die erste Spitze

Tabelle 2.1

	a_0	$\tilde{\varkappa}_0$	Vorzeichen in Gl. (2.94b) und (2.107)	Vorzeichen und Absolutwert von a_1	a_2	$\tilde{\varkappa}_1$	$\tilde{\varkappa}_2$	ω_1	ω_2	$\omega_{x_0} = \omega_{\psi_0}$
$\omega_x > \omega_\psi$	+	−	+	+	—	− $\lvert\tilde{\varkappa}_1\rvert = \lvert a_2\rvert$	—	+	—	ω_2
			−	—	− $\lvert a_2\rvert < \lvert a_1\rvert$	—	+ $\lvert\tilde{\varkappa}_2\rvert = \lvert a_1\rvert$	—	+ $\omega_2 < \omega_1$	ω_1
$\omega_\psi > \omega_x$	−	+	+	+	—	+ $\lvert\tilde{\varkappa}_1\rvert = \lvert a_2\rvert$	—	+	—	ω_2
			−	—	− $\lvert a_2\rvert > \lvert a_1\rvert$	—	− $\lvert\tilde{\varkappa}_2\rvert = \lvert a_2\rvert$	—	+ $\omega_2 < \omega_1$	ω_1

bei $\omega_2^2 = 2\,\mathrm{s}^{-2}$ weggefallen. Ebenso kann die Spitze bei ω_1 unterdrückt werden, wenn $\tilde{\varkappa}_2 = -a_1 = -1{,}41$ cm. Offenbar wird die um die z-Achse symmetrische Scheibe durch $\tilde{\varkappa}_{1,2} = -a_{2,1}$ zu einem Schwingungssystem mit einem Freiheitsgrad.

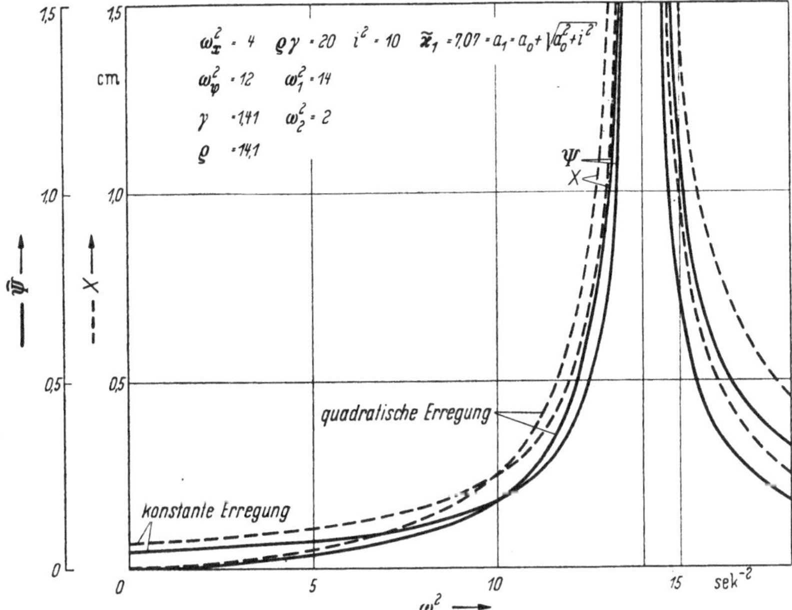

Abb. 2.67. Mittels geeigneter Abstimmung erzielte einwellige Resonanzkurve

2.324 Abstimmung

Der praktische Nutzen der vorstehenden Ausführungen liegt in der Möglichkeit, das Schwingungssystem so abzustimmen, daß im Betriebsbereiche der Erregerfrequenz möglichst kleine Amplituden entstehen. Wir beschränken uns bei den Abstimmungsmöglichkeiten auf den Entwurf des Fundamentes, also auf die Tätigkeit des Bauingenieurs, und nehmen die Daten der Maschine, deren Entwurf durch den Maschineningenieur natürlich auch Möglichkeiten optimaler Gestaltung enthält, als gegeben an. Diese Daten sind:

Gewicht und Massenverteilung der Maschine,
Größe und Richtung der Erregerkräfte bzw. Momente,
Ordinate der Sohlplatte,
Bereich der Betriebsfrequenz und
Phasenlage einzelner Erreger auf einem Fundament.

Für den Bauingenieur bieten sich dann folgende Abstimmungsmöglichkeiten:

Lage des Gesamtschwerpunktes,
Gesamtmasse und Gesamt-Massenträgheitsmoment,
Abmessung und Trägheitsmoment der Grundfläche,
Wahl der Federungen,
Abstand des Schwerpunktes vom Federungsangriffspunkt.

Das Ziel der Abstimmung ist

a) bei Hochabstimmung die Eigenfrequenzen $\omega_{1,2,3}$ so hoch über die Betriebsdrehzahl ω_m zu legen, daß die Amplituden X, Ψ und Z möglichst klein werden. Hierzu erweist sich Gl. (2.108) als nützlich, weil sie gestattet, die untere Resonanzspitze zu unterdrücken. Hochabstimmung ist stets anzustreben, weil dann auch beim An- und Ablauf der Maschine der Resonanzbereich vermieden wird. Besondere Vorteile der Hochabstimmung ergeben sich bei quadratischer Erregung, denn diese Amplitudenkurven beginnen beim Werte $\omega = 0$ mit $X_0 = \Psi_0 = Z_0 = 0$;

b) bei Tiefabstimmung die Forderung $\omega_{1,2,3} < \omega_m$ zu erfüllen, wobei ebenfalls von Gl. (2.108) Gebrauch gemacht werden kann;

c) eine gemischte Abstimmung vorzunehmen, z. B. $\omega_1 > \omega_m$; $\omega_{2,3} < \omega_m$.

Bevor wir zu Ratschlägen für eine zweckmäßige Abstimmung kommen, müssen einige Zusammenhänge der wichtigsten Abstimmungswerte behandelt werden.

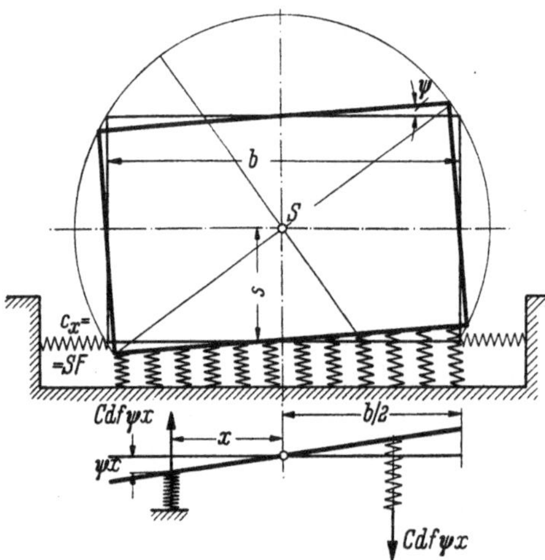

Abb. 2.68. Modell eines Maschinenfundamentes auf lotrechter und waagrechter Federung

Nach Gl. (2.82) ist

$$\omega_{\psi\psi}^2 = \frac{c_{\psi\psi}}{\Theta}; \quad \gamma_{x\psi} = \frac{c_{x\psi}}{\Theta}$$

$$\omega_{xx}^2 = \frac{c_{xx}}{m} \quad \varrho_{\psi x} = \frac{c_{\psi x}}{m}$$

$$\omega_{zz}^2 = \frac{c_{zz}}{m}.$$

Für ein Fundament nach Abb. 2.68 auf einer lotrechten Federung c_z und einer waagerechten Federung c_x ergibt sich sofort $\omega_x^2 = \frac{c_x}{m}$ und $\omega_z^2 = \frac{c_z}{m}$, während $c_{\psi\psi}$ aus dem Zusammenwirken von c_x und c_z errechnet werden muß. Wird das Fundament aus der Ruhelage um die Amplitude Ψ um den Schwerpunkt verdreht, so leistet die gleichmäßig unter Sohle wirkende Federung $c_z = CF$ an jedem Flächenelement $df = l\,dx$ das Rückstellmoment

$$dM_z = \Psi\, x\, df\, C\, x,$$

so daß

$$M_z = 2C\,l\,\Psi \int_0^{b/2} x^2\,dx = 2C\,l\,\Psi \frac{b^3}{24} = C\,\Psi\,F \frac{b^2}{12} = c_z \Psi \frac{b^2}{12}.$$

Für $\Psi = 1$ wird also $M_z^{\psi=1} = c_z \frac{b^2}{12} = c_z\, i_F^2$, wenn mit $i_F = \sqrt{\frac{J_y}{F}}$ der Halbmesser des Flächenträgheitsmomentes um die y-Achse der Grundfläche F verstanden wird.

Die Horizontalfeder c_x leistet gegenüber der Verdrehung Ψ den Widerstand $c_x \Psi s$, also um den Schwerpunkt das Rückstellmoment $M_x^{\psi=1} = c_x s^2$, so daß das gesamte Rückstellmoment

$$M^{\psi=1} = M_z^{\psi=1} + M_x^{\psi=1} = c_{\psi\psi} = c_z i_F^2 + c_z s^2. \tag{2.111}$$

Die Gültigkeit dieser Ableitung ist auf kleine Verdrehungen Ψ beschränkt, eine Näherung, die bei Maschinenfundamenten zulässig ist. Gl. (2.111) gibt den Zusammenhang zwischen c_x, c_z und c_ψ; wenn $c_z \geqslant c_x$ wird stets $c_\psi > c_x$. Wegen $\omega_\psi^2 = \frac{c_\psi}{\Theta}$; $\omega_x^2 = \frac{c_x}{m}$; $\omega_z^2 = \frac{c_z}{m}$ und $i^2 = \frac{\Theta}{m}$ wird

$$\omega_\psi^2 = \frac{c_x s^2 + c_z i_F^2}{\Theta} = \omega_x^2 \frac{s^2}{i^2} + \omega_z^2 \frac{i_F^2}{i^2} \tag{2.112}$$

und $\frac{\omega_\psi^2}{\omega_x^2} = \frac{\omega_z^2}{\omega_x^2}\frac{i_F^2}{i^2} + \frac{s^2}{i^2}$; wenn $c_z > c_x$ also $\omega_z > \omega_x$, kann der Fall $\frac{\omega_\psi}{\omega_x} \leqslant 1$ nur bei $i_F^2 + s^2 \leqslant i^2$ auftreten.

Nun ist bei Symmetrie um die z-Achse $i_F^2 = \frac{b^2}{12}$ und entsprechend Abb. 2.69

$$i^2 = i_y^2 + i_r^2 = \frac{b^2}{12} + \frac{h^2}{12} + \left(s - \frac{h}{2}\right)^2$$

$$i^2 = \frac{b^2}{12} + \frac{h^2}{3} + s^2 - h s.$$

Aus $i_F^2 + s^2 \leqslant i^2$ wird damit $i_F^2 + s^2 \leqslant h\left(\frac{h}{3} - s\right)$, was wegen $s > \frac{h}{2}$ nicht möglich ist. Also wird für $c_z > c_x$ stets $\omega_\psi > \omega_x$ und damit nach Tab. 2.1 $a_0 < 0$; $a_1 > 0$; $a_2 < 0$; $|a_2| > |a_1|$.

Wegen $\gamma_{x\psi} = \frac{c_{x\psi}}{\Theta} = \frac{c_x s}{\Theta} = \frac{\omega_x^2 s}{i^2}$ wird

$$a_0 = \frac{\omega_x^2 - \omega_\psi^2}{2\gamma} = \frac{\omega_x^2 - \omega_z^2 \frac{i_F^2}{i^2} - \omega_x^2 \frac{s^2}{i^2}}{2\frac{\omega_x^2 s}{i^2}} = \frac{i^2 - \frac{\omega_z^2}{\omega_x^2} i_F - s^2}{2s} = \frac{i^2}{2s} - \frac{\omega_z^2}{\omega_x^2}\frac{i_F}{2s} - \frac{s}{2}$$

und mit $i^2 = \frac{b^2 + h^2}{12} + \left(s - \frac{h}{2}\right)^2$ ferner $i_F^2 = \frac{b^2}{12}$ und $\alpha = \frac{c_z}{c_x}$

$$a_0 = \frac{b^2}{24s}(1 - \alpha) + \frac{h^2}{6s} - \frac{h}{2}.$$

Aus $\frac{a_0}{h}$ findet man gemäß Gl. (2.108) $\frac{\tilde{\varkappa}_1}{h} = -\frac{a_2}{h} = -\frac{a_0}{h} + \sqrt{\frac{a_0^2}{h^2} + \frac{i^2}{h^2}}$.

An Stelle von $\frac{\tilde{\varkappa}_1}{h}$ ist in Abb. 2.69 zweckmäßigerweise $\frac{\tilde{\tilde{\varkappa}}}{h} = \frac{\tilde{\varkappa}_1}{h} + \frac{s}{h} - 1$ als Funktion von $\frac{b}{h}$ mit den Parametern $\frac{s}{h}$ und $\alpha = \frac{c_z}{c_x}$ aufgetragen, um anschaulich darzustellen, welche Fundamentabmessungen beim Entwurf gewählt werden müssen, um $\tilde{\tilde{\varkappa}}$ gleich dem Abstand zwischen der Erregerkraft und Fundamentoberkante zu machen und damit zu erreichen, daß die untere Resonanzspitze verschwindet. Befindet sich beispielsweise die Achse der Maschine im Abstand $\bar{\bar{\varkappa}} = 0{,}2\,h$ oberhalb der Fundamentoberfläche und liegt der Gesamtschwerpunkt in $s = \frac{h}{2}$, so erreichen wir das gewünschte Ergebnis bei $\alpha = 1$ mit einem Verhältnis $\frac{b}{h} = 1{,}25$; bei $\alpha = 4$ mit $\frac{b}{h} = 0{,}6$.

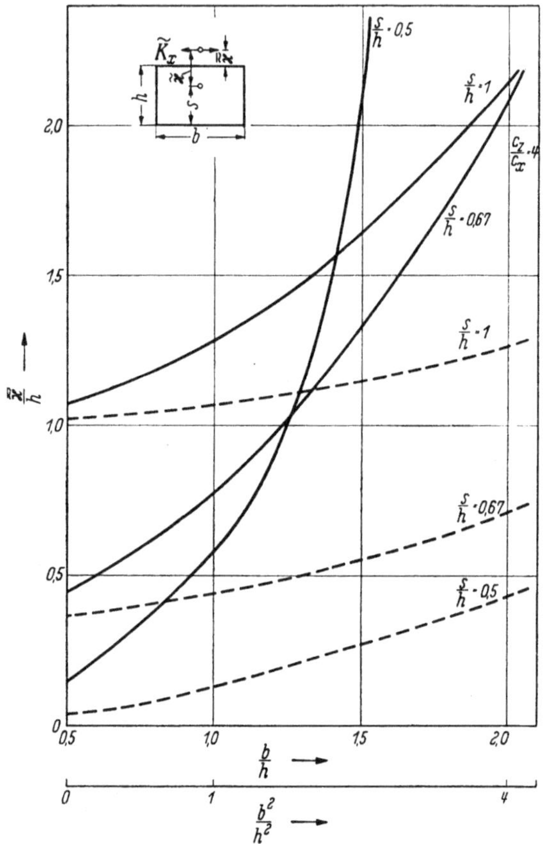

Abb. 2.69 · Erforderlicher Angriffspunkt von $\tilde{K}_x$, um den Effekt gemäß Abb. 2.67 zu erzielen

Da die erregende Horizontalkraft meist dicht über Fundamentoberkante wirkt, wurde für ein Blockfundament untersucht, unter welchen Bedingungen $\bar{\bar{\varkappa}} = 0$ wird. Abb. 2.70 zeigt das Ergebnis, das vielleicht aus der etwa sgeänderten Darstellung Abb. 2.71 noch deutlicher wird:

Eine gute Hochabstimmung wird erreicht, wenn ω_1 keine Resonanzspitze gibt, $\omega_z > \omega_1$ und schließlich ω_1 weit über ω_2 liegt. Die erste Bedingung ist mit $\bar{\bar{\varkappa}} = 0$ erfüllt und konstruktiv leicht erreichbar.

$\omega_1 \gg \omega_2$ wird gemäß Abb. 2.71 für die Seitenverhältnisse $0{,}7 < \frac{b}{h} < 2$ mit $0{,}3 < \frac{s}{h} < 0{,}5$ bewirkt. Endlich zeigen die Kurven für $\frac{\omega_z^2}{\omega_x^2}$, daß der anzustrebende Wert $\omega_z > \omega_1$ bei den untersuchten Seitenverhältnissen $\frac{b}{h}$ im Bereiche $0{,}25 < \frac{s}{h} < 0{,}42$ unterschritten wird. Wir finden somit folgende Abstimmungsregel:

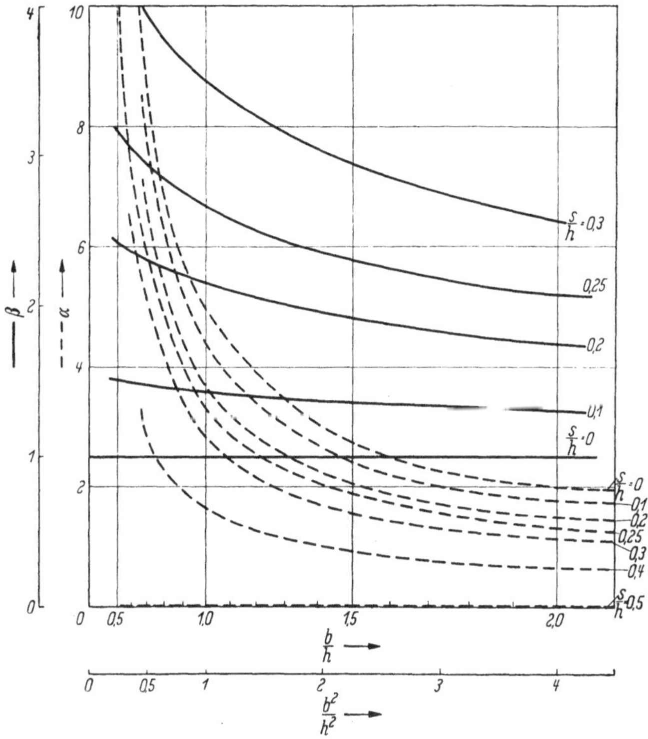

Abb. 2.70. Diagramm für $\tilde{\varkappa} = \tilde{\varkappa}_1 + s - h = 0$ für $\frac{b}{h}$, $\frac{s}{h}$; $\alpha = \frac{c_z}{c_x}$; $\beta = \frac{\omega_1^2}{\omega_2^2}$

Bei federnder Stützung unmittelbar unter Fundamentsohle empfiehlt sich für ideale Hochabstimmung eine tiefe Schwerpunktslage. Hohe Fundamentformen $\frac{b}{h} < 1$ bieten dabei den Vorteil, daß relativ große Schwerpunktsabstände $0{,}3 < \frac{s}{h} < 0{,}4$ zulässig sind. Bei flachen Fundamenten $\left(\frac{b}{h} > 1\right)$ rücken ω_1 und ω_2 bedenklich nahe $\left(\frac{\omega_1}{\omega_2} \leqslant 2\right)$, so daß die Betriebsdrehzahl ω_m hierbei unter ω_2 liegen sollte. Diese Formen bieten aber den sehr beachtenswerten, auf S. 176 behandelten Vorteil großer Systemdämpfung. Abb. 2.72 zeigt alle für Hochabstimmung wichtigen Größen nochmals in größerem Maßstabe, wobei der durch die Abstimmung anzustrebende Bereich schraffiert wurde.

Den Diagrammen in Abb. 2.71 und 2.72 liegt ein Blockfundament von kubischer Form zugrunde; weder Gewicht noch Massenträgheitsmoment der Erregermaschine fanden dabei Berücksichtigung. Es tritt somit die Frage auf, wie die Regel für Hochabstimmung bezüglich Schwerpunktlage erfüllt werden kann, wenn der Schwerpunkt infolge des Maschinengewichtes über Blockmitte liegt und das Trägheitsmoment entsprechend anwächst. Zunächst wird man für den ersten Entwurf gemäß Abb. 2.73 das Maschinengewicht G_m gleichmäßig auf die Blockbreite b verteilen und erhält eine reduzierte Höhe $h_m = \frac{G_m}{G_f} h$. Dann können für diese rohe Näherung wieder die Diagramme Abb. 2.71 und 2.72 benutzt werden, wenn statt h der Wert $h + h_m$ gesetzt wird. Um nun den Schwerpunktabstand gegenüber $s = \frac{h + h_m}{2}$ zu verkleinern, bieten sich folgende Möglichkeiten an:

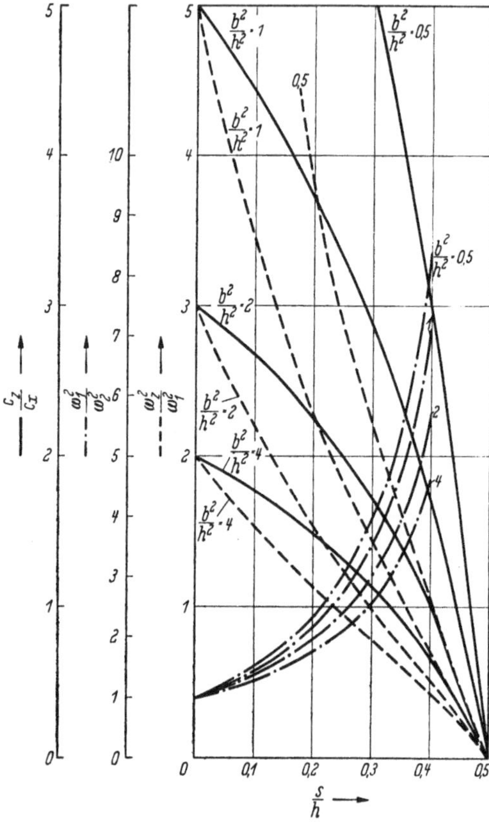

Abb. 2.71. $\frac{c_z}{c_x}$ und $\frac{\omega_1^2}{\omega_2^2}$ in Abhängigkeit von $\frac{b}{h}$ und $\frac{s}{h}$ für $\bar{\bar{\varkappa}} = 0$

a) Hohlfundamente. Der minimale Schwerpunktsabstand für ein Hohlfundament nach Abb. 2.74 ist

$$\min \frac{s}{h} = 2 \frac{1 + \frac{h_m}{h}}{\sqrt{2 + 2\frac{h}{h_m}}} - \frac{h_m}{h} \tag{2.113}$$

mit der Nebenbedingung

$$\frac{h_f}{h_m} = \sqrt{2 + \frac{2h}{h_m}} - 1 . \tag{2.114}$$

Bei hoher Fundamentform $\left(\frac{b}{h} \leqslant 1\right)$ gelingt es zwar leicht, die erforderliche tiefe Schwerpunktlage zu erreichen, aber dann wird das Massenträgheitsmoment meist größer, als der Gl. (2.108) entspricht. Breite Fundamentformen sind insofern günstiger, jedoch ist hierbei der günstige Abstimmungsbereich in Abb. 2.71 recht schmal.

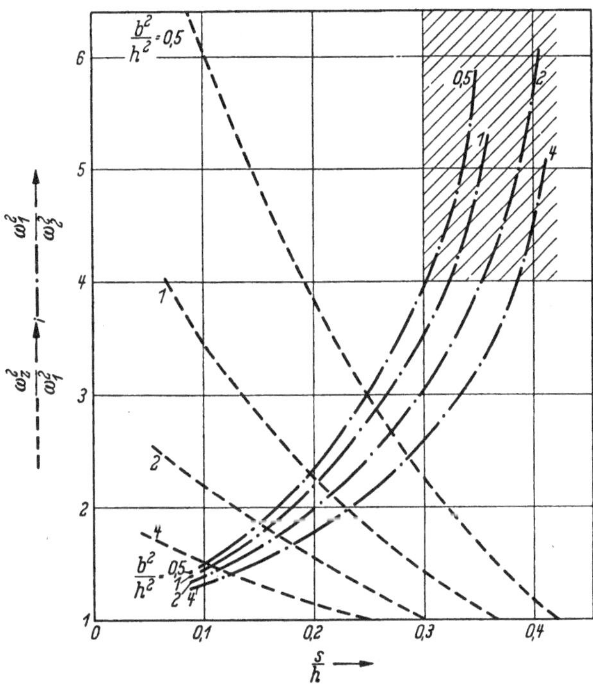

Abb. 2.72. Darstellung des durch die Abstimmung anzustrebenden (schraffierten) Bereiches

b) Abgetreppte Fundamente. Fundamente mit vorspringender Grundplatte gemäß Abb. 2.75 ermöglichen ebenfalls eine tiefe Schwerpunktlage

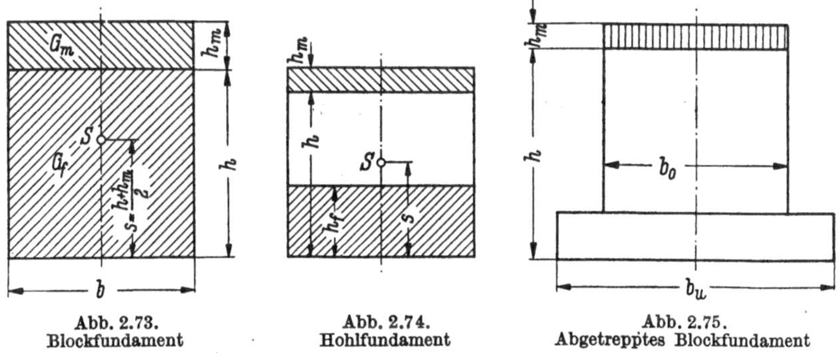

Abb. 2.73. Blockfundament

Abb. 2.74. Hohlfundament

Abb. 2.75. Abgetrepptes Blockfundament

mit dem Vorteil gegenüber a), daß das Massenträgheitsmoment insbesondere bei flacher Fundamentform nicht allzusehr anzuwachsen braucht. Bei gegebener Höhe h wird man das Breitenverhältnis $\frac{b_0}{b_u}$ des oberen Blockes gegen die Grundplatte derart bestimmen, daß die der Abb. 2.71 zugrunde gelegte Bedingung erfüllt wird.

Es hat keinen Zweck, bei diesen vorläufigen Entwurfsberechnungen allzu genau vorzugehen, denn die Bedingung $\bar{\bar{\varkappa}} = 0$ entspricht der tatsächlichen Bedingung Gl. (2.108) nur roh; vielmehr soll $\tilde{\varkappa}$ nicht vom Schwerpunkt zur Fundamentoberkante, sondern bis zur Maschinenachse reichen.

2.4 Mehrmassensysteme

Schwingungssysteme, welche aus mehreren Massen und dazwischengeschalteten Federn bestehen, zeigen trotz äußerer Verschiedenheit nahe Verwandtschaft mit den S. 51 behandelten Einmassensystemen. Dies geht bereits aus der Ähnlichkeit der Ausgangsgleichungen hervor und wird beim Studium der erzwungenen Schwingungen besonders deutlich. Wir können uns deshalb kürzer fassen und uns auf die verbleibenden Unterschiede zwischen beiden Systemgruppen beschränken.

2.41 Freie Schwingungen

Systeme nach der Art der Abb. 2.76 folgen den Bewegungsgleichungen

$$m_1 \ddot{x}_1 + k_1 \dot{x}_1 + c_1 (x_1 - x_2) = 0 \tag{2.115}$$

$$m_2 \ddot{x}_2 + k_2 \dot{x}_2 + (c_1 + c_2) x_2 - c_1 x_1 = 0 .$$

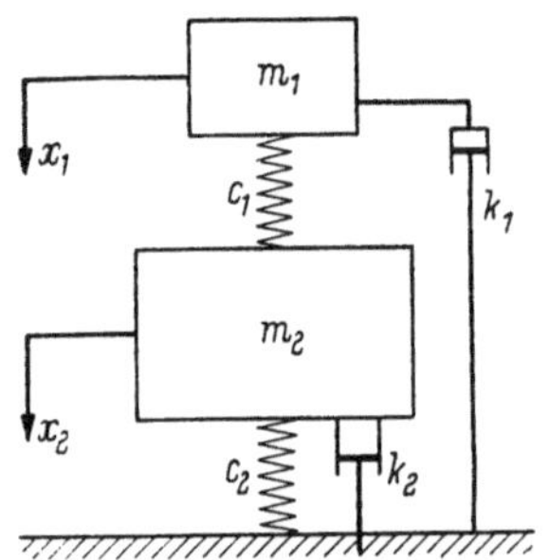

Abb. 2.76. Zweimassensytem mit Dämpfung gegen Erdscheibe

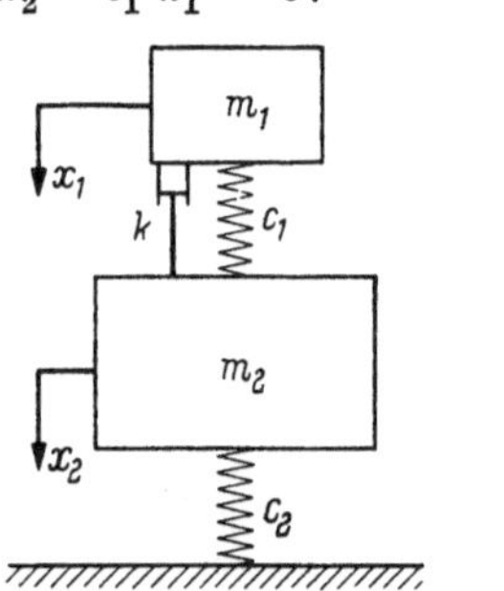

Abb. 2.77. Zweimassensystem mit Dämpfung zwischen m_1 und m_2

Lösungsansätze der auf S. 15 benutzten Art liefern die Gleichungen

$$(c_1 - m_1 \omega^2) \cos \varphi_1 + k_1 \omega \sin \varphi_1 - \frac{x_2}{x_1} c_1 \cos \varphi_2 = 0 \tag{2.116a}$$

$$(c_1 + c_2 - m_2 \omega^2) \cos \varphi_2 + k_2 \omega \sin \varphi_2 - \frac{x_1}{x_2} c_1 \cos \varphi_1 = 0$$

oder

$$c_1 - m_1 \omega^2 + i \omega k_1 - (c_1 + i \omega k_2) \frac{x_2}{x_1} = 0 \tag{2.116b}$$

$$c_1 + c_2 - m_2 \omega^2 + i \omega k_2 - (c_1 + i \omega k_1) \frac{x_1}{x_2} = 0 .$$

Diesen Gleichungen liegt die Voraussetzung zugrunde, daß die Dämpfungen k_1 und k_2 gegen die Erdscheibe wirken. Sie verändern sich im Falle der Abb. 2.77 (Dämpfer zwischen m_1 und m_2) in

$$(c_1 - m_1\,\omega^2)\cos\varphi_1 + k\,i\,\omega\left(\sin\varphi_1 - \frac{x_2}{x_1}\sin\varphi_2\right) - \frac{x_2}{x_1}c_1\cos\varphi_2 = 0 \tag{2.117a}$$

$$(c_1 + c_2 - m_2\,\omega^2)\cos\varphi_2 + k\,i\,\omega\left(\sin\varphi_2 - \frac{x_1}{x_2}\sin\varphi_1\right) - \frac{x_1}{x_2}c_1\cos\varphi_1 = 0$$

oder

$$c_1 - m_1\,\omega^2 + i\,\omega\,k - (c_1 + i\,\omega\,k)\frac{x_2}{x_1} = 0 \tag{2.117b}$$

$$c_1 + c_2 - m_2\,\omega^2 + i\,\omega\,k - (c_1 + i\,\omega\,k)\frac{x_1}{x_2} = 0\,.$$

2.411 Freie ungedämpfte Schwingungen

Setzen wir in Gl. (2.116) und (2.117) $k = 0$, so erhalten wir

$$\left.\begin{aligned} c_1 - m_1\,\omega^2 - c_1\frac{x_2}{x_1} &= 0 \\ c_1 + c_2 - m_2\,\omega^2 - c_1\frac{x_1}{x_2} &= 0 \end{aligned}\right\}\quad \frac{x_1}{x_2} = 1 + \frac{c_2}{c_1} - \frac{m_2}{c_1}\,\omega^2 = \frac{c_1}{c_1 - m_1\,\omega^2}\,,$$

somit

$$\omega^4 - \frac{(c_1 + c_2)\,m_1 + c_1\,m_2}{m_1\,m_2}\,\omega^2 + \frac{c_1\,c_2}{m_1\,m_2} = 0\,. \tag{2.118}$$

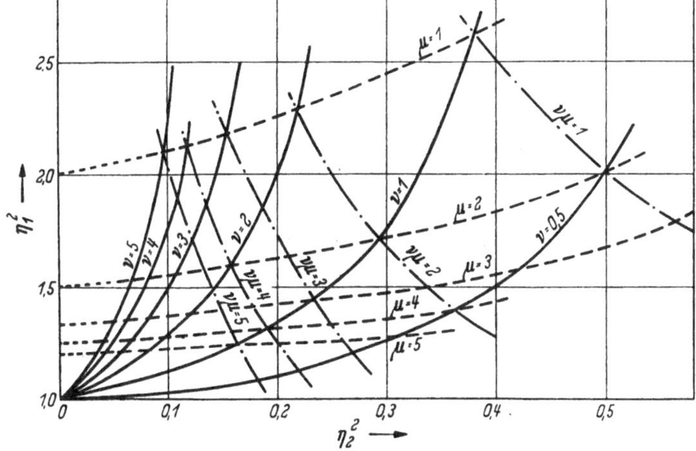

Abb. 2.78. Diagramm der Funktion $\eta_{1,2}^2 = \frac{1 + \nu(1 + \mu)}{2\nu\,\mu} \pm \sqrt{\left[\frac{1 + \nu(1 + \mu)}{2\nu\,\mu}\right]^2 - \frac{1}{\nu\,\mu}}$

Die Eigenfrequenzen sind hiernach

$$\omega_{1,2}^2 = \frac{1}{2 m_1\,m_2}\Big[(c_1 + c_2)\,m_1 + c_1\,m_2 \pm \pm\sqrt{[(c_1 + c_2)\,m_1 + c_1\,m_2]^2 - 4 c_1\,c_2\,m_1\,m_2}\Big]\,. \tag{2.119}$$

Daß die Eigenfrequenzen wesentlich vom Verhältnis der Federungen und Massen abhängen, kann man gemäß [22] aus Gl. (2.119) erkennen, wenn eingeführt wird

$$\nu = \frac{c_1}{c_2}\,; \quad \mu = \frac{m_2}{m_1}\,; \quad \omega_{\mathrm{I}}^2 = \frac{c_1}{m_1}\,; \quad \omega_{\mathrm{II}}^2 = \frac{c_2}{m_2} = \frac{c_1}{\mu\,\nu\,m_1} = \frac{\omega_{\mathrm{I}}^2}{\mu\,\nu} \text{ und } \eta = \frac{\omega}{\omega_{\mathrm{I}}}.$$

Damit wird

$$\eta_{1,2}^2 = \frac{1+\nu\,(1+\mu)}{2\mu\,\nu} \pm \sqrt{\left[\frac{1+\nu\,(1+\mu)}{2\mu\,\nu}\right]^2 - \frac{1}{\mu\,\nu}}. \tag{2.119a}$$

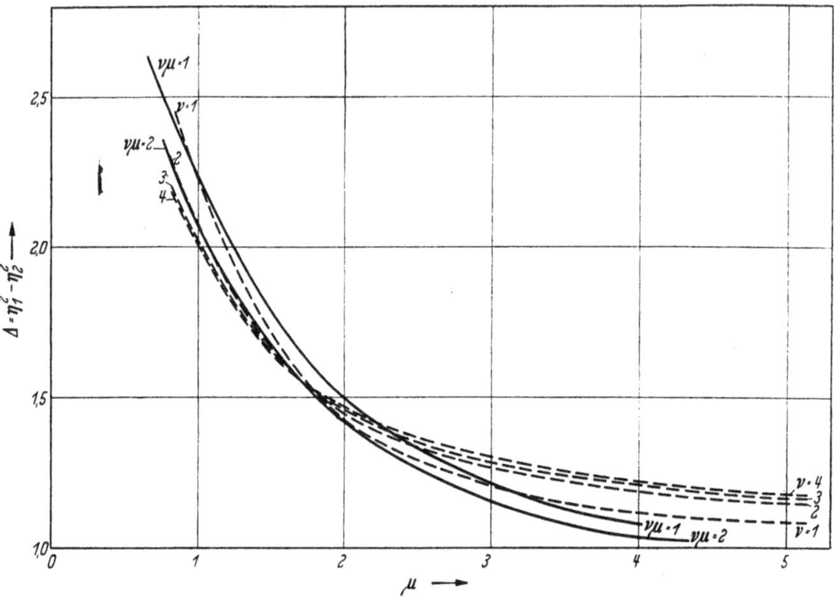

Abb. 2.79. Diagramm der Funktion $\varDelta \equiv \eta_1^2 - \eta_2^2 = 2\sqrt{\left[\frac{1+\nu\,(1+\mu)}{2\nu\,\mu}\right]^2 - \frac{1}{\nu\,\mu}}$

Diese Funktion $\eta_{1,2}^2 = f(\mu, \nu)$ ist in Abb. 2.78 dargestellt; sie gestattet, die Werte η_1^2 und η_2^2 für Wertepaare μ und ν sofort abzulesen und mittels $\omega_{1,2}^2 = \eta_{1,2}^2 \frac{c_1}{m_1}$ die Eigenfrequenzen zu finden.

Abb. 2.79 zeigt die Differenz $\varDelta = \eta_1^2 - \eta_2^2$ in Abhängigkeit von μ und ν.

2.42 Erzwungene Schwingungen

2.421 Ungedämpftes System

2.421.1 Konstante Erregung, angreifend an Masse m_2. Analog zu S. 69 lautet die Matrix,

X_1	X_2	Erreg.		X_1	X_2	Erreg.
$c_1 - m_1\,\omega^2$	$-c_1$	0	oder	$1-\eta^2$	-1	0
$-c_1$	$c_1 + c_2 - m_2\,\omega^2$	$\tilde{K}_2$		-1	$\frac{\nu+1}{\nu} - \mu\,\eta^2$	$\frac{\tilde{K}_2}{c_1}$

Die Nullstellen der Nennerdeterminante

$$N \equiv \begin{vmatrix} c_1 - m_1\,\omega^2 & -c_1 \\ -c_1 & c_1 + c_2 - m_2\,\omega^2 \end{vmatrix} = 0$$

folgen den Gln. (2.119) bzw. (2.119a).

Die Amplituden ergeben sich zu

$$X_1 = \frac{\tilde{K}_2\, c_1}{N} \qquad X_2 = \tilde{K}_2 \frac{c_1 - m_1\,\omega^2}{N}. \tag{2.120}$$

Dividiert man Gl. (2.120) durch die statische Amplitude (für $\omega = 0$) $X_{St} = \frac{\tilde{K}_2}{c_2}$, so erhält man die Vergrößerung

$$V_1 = \frac{\tilde{K}_2\, c_1}{N\, X_{St}} = \frac{c_1\, c_2}{N} \quad \text{und} \quad V_2 = \frac{\tilde{K}_2}{X_{St}} \frac{c_1 - m_1\,\omega^2}{N} = c_2 \frac{c_1 - m_1\,\omega^2}{N}. \tag{2.121}$$

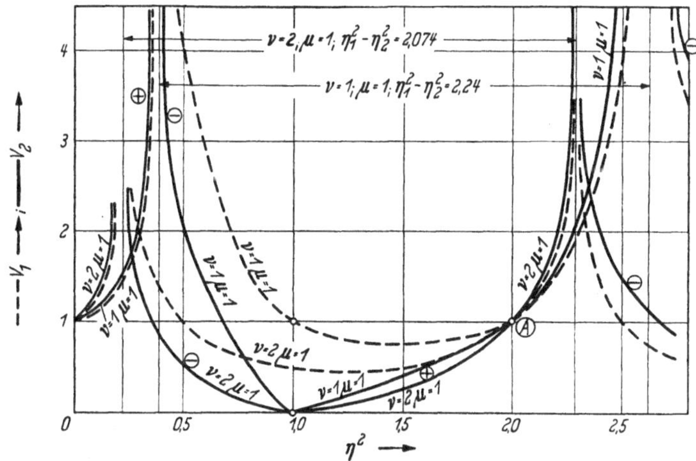

Abb. 2.80. Vergrößerungsfunktionen (konstante Erregung) $V_1(\eta^2)$ und $V_2(\eta^2)$ für $\nu = 1$, $\mu = 1$; $\eta_1^2 = 2{,}62$; $\eta_2^2 = 0{,}38$ und $\nu = 2$; $\mu = 1$; $\eta_1^2 = 2{,}282$; $\eta_2^2 = 0{,}208$

Mit den auch im vorangehenden Abschnitt benutzten dimensionslosen Größen $\nu = \frac{c_1}{c_2}$, $\mu = \frac{m_2}{m_1}$, $\eta^2 = \frac{\omega^2}{c_1} m_1$ gehen die Gln. (2.121) über in

$$V_1 = \frac{1}{(1-\eta^2)\,[1 + \nu\,(1 - \mu\,\eta^2)] - \nu}$$

$$V_2 = \frac{1-\eta^2}{(1-\eta^2)\,[1 + \nu\,(1 - \mu\,\eta^2)] - \nu}. \tag{2.121a}$$

In Abb. 2.80 sind für verschiedene Werte ν und μ die Vergrößerungsfunktionen $V_1(\eta^2)$ und $V_2(\eta^2)$ dargestellt. Alle Kurven V_2 haben eine Nullstelle bei $\eta = 1$, also bei $\omega^2 = \omega_I^2 = \frac{c_1}{m_1}$, während V_1 keine Nullstelle, aber ein Minimum hat, dessen Lage aus

$$N = N_{\max} \quad \text{zu} \quad \min \eta^2 = \frac{1 + \nu\,(1 + \mu)}{2\mu\,\nu} \tag{2.122}$$

gefunden wird. Das Auftreten einer Amplitudennullstelle bei ungedämpften Zweimassensystemen ist längs bekannt [13] und in der Technik oft erfolgreich ausgenutzt worden; es sei nur auf den FRAHMschen Schlingertank und Tilgung von Drehschwingungen verwiesen. Bevor wir auf die Nutzanwendung beim Entwurf von Maschinenfundamenten eingehen, müssen einige allgemeine Beziehungen erläutert werden:

a) Die Nullstellen treten beim Zweimassensystem mit konstanten Erregungen $\tilde{K}_1$ und $\tilde{K}_2$, die an den Massen m_1 bzw. m_2 angreifen, bei den Frequenzen

$$\omega_{0,1}^2 = \frac{c_1}{m_1}\,\frac{\tilde{K}_1 + \tilde{K}_2}{\mu\,\tilde{K}_1} + \frac{c_2}{m_2}$$

und (2.123)

$$\omega_{0,2}^2 = \frac{c_1}{m_1}\,\frac{\tilde{K}_1 + \tilde{K}_2}{\tilde{K}_2}$$

auf.

b) Mehrmassensysteme, wobei nur eine Masse konstant erregt wird, haben mehrere Nullstellen, und zwar gilt für die erregte Masse $a = f - 1$, für die nicht erregten Massen $a = f - 2$. a bedeutet die Anzahl der Nullstellen und f die Anzahl der Freiheitsgrade. Beispielsweise hat also ein Dreimassensystem wegen $f = 3$ zwei Nullstellen der erregten und je eine Nullstelle der nicht erregten Massen.

c) Die Vergrößerungskurven haben einen gemeinsamen Punkt A mit der Ordinate $V = 1$, dessen Abszisse nur von μ abhängt: $\eta_A^2 = 1 + \frac{1}{\mu}$. Da alle V_2-Kurven ferner die Nullstelle $\eta = 1$ besitzen, läßt sich die für die Abstimmung des Systems wichtige Frage, ob eine Frequenzschwankung in der Höhe der Nullstelle zu starkem Amplitudenanstieg führt, durch Aufstellen der Beziehung für V_2 an der Stelle $\eta^2 = 1 + \frac{1}{2\mu}$, also der Mitte zwischen der Nullstelle und dem Punkte A beantworten. Aus Gl. (2.121a) findet man für $\eta^2 = 1 + \frac{1}{2\mu}$

$$V_2 = \frac{1}{1 + \nu\left(\mu + \frac{1}{2}\right)}. \tag{2.124}$$

Der Amplitudenanstieg im Bereich der Nullstelle ist also um so schwächer, je größer ν und μ werden, wobei ν einen etwas stärkeren Einfluß hat als μ.

d) Die Kurve V_2 hat an der Nullstelle keinen Knick, wenn die Vorzeichen der Vergrößerungsfunktion berücksichtigt werden. In der Abb. 2.80 sind nur die Absolutwerte dargestellt und an den Ästen die richtigen Vorzeichen vermerkt. Die Tangente von V_2 im Punkte $\eta^2 = 1$ beträgt $\operatorname{tg}\alpha = -\frac{1}{\nu}$.

Aus diesen Erkenntnissen folgt die Abstimmungsregel: Ungedämpfte Zweimassensysteme mit konstanter Erregung können so abgestimmt werden, daß die Amplitude der erregten Masse Null wird. Hierzu ist $\eta = 1$ zu setzen, also $\frac{c_1}{m_1}$ der nicht erregten Masse gleich der Betriebsdrehzahl zu machen. Um bei Schwankungen der Erregerfrequenz die Amplitude in kleinen Grenzen zu halten, ist vor allem ν, aber auch μ möglichst groß zu wählen. Im übrigen darf die Betriebsdrehzahl bis $\sqrt{\frac{2c_1}{m_1}}$ steigen oder bis

$$\sqrt{\frac{c_1}{m_1}}\sqrt{\frac{2+\mu\nu+\nu}{2\mu\nu}-\sqrt{\left(\frac{2+\mu\nu+\nu}{2\mu\nu}\right)^2-\frac{2}{\mu\nu}}}$$

fallen, ohne daß die Amplitude den statischen Wert $\frac{\tilde{K}_2}{c_2}$ übersteigt.

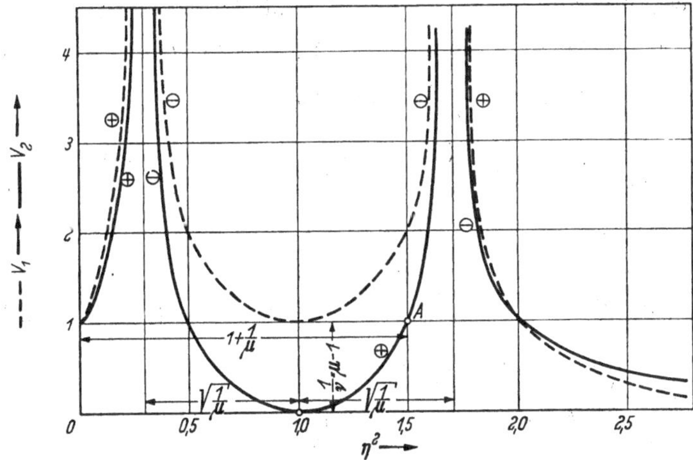

Abb. 2.81. Ergebnis der Abstimmung: $\eta^2_{\min} = 1$; $\nu = \frac{1}{\mu - 1}$; $\nu = 1$; $\mu = 2$; $\eta_1^2 = 1 \pm \sqrt{\frac{1}{\mu}} = \genfrac{}{}{0pt}{}{1{,}707}{0{,}293}$
$\eta_A^2 = 1 + \frac{1}{\mu} = 1{,}5$; $\min V_1 = \frac{1}{\nu} = \mu - 1 = 1$

Beim Dreimassensystem hat die erregte Masse zwei Nullstellen. Wird beispielsweise die Masse m_2 konstant erregt und setzt man für $\frac{c_1}{c_2} = \nu_1$, $\frac{c_2}{c_3} = \nu_2$, $\frac{m_2}{m_1} = \mu_1$ und $\frac{m_3}{m_2} = \mu_2$, so liegen die Nullstellen bei $\eta_{01}^2 = 1$ und $\eta_{02}^2 = \frac{1 + 1/\nu_2}{\nu_1 \mu_1 \mu_2}$. Die Amplitude V_1 der nicht unmittelbar erregten Masse m_1 hat außer für $\eta = \infty$ keine Nullstelle, wohl aber ein Minimum bei $\min \eta^2 = \frac{1 + \nu(1 + \mu)}{2\mu\nu}$. Es liegt nahe zu versuchen, das Minimum von V_1 an die Stelle zu legen, wo $V_2 = 0$ wird. Aus $\min \eta^2 = 1$ folgt $\nu = \frac{1}{\mu - 1}$, ferner $\eta_{1,2}^2 = 1 \pm \sqrt{\frac{1}{\mu}}$ und schließlicb $\min V_1 = \frac{1}{\nu} = \mu - 1$. Abb. 2.81 zeigt die Resonanzkurven von V_1 und V_2 für diesen Fall, wobei $\nu = 1$ und $\mu = 2$ gewählt wurde. In der Abb. 2.81 sind auch allgemein für min $\eta^2 = 1$ die Resonanzstellen η_1 und η_2, der Wert für min V_1 und die Abszisse des Punktes A sowie die Vorzeichen der Amplituden angegeben.

2.421.2 Quadratische Erregung, angreifend an Masse m_2. Folgt die Erregerkraft einer Funktion $\tilde{K} = m_0\, r\, \omega^2$, so lauten die Gleichungen der Amplituden

$$X_1 = \frac{m_0\, r\, \omega^2\, c_1}{(c_1 - m_1\,\omega^2)\,(c_1 + c_2 - m_2\omega^2) - c_1^2}$$

und (2.125)

$$X_2 = \frac{m_0\, r\, \omega^2\,(c_1 - m_1\,\omega^2)}{(c_1 - m_1\,\omega^2)\,(c_1 + c_2 - m_2\,\omega^2) - c_1^2}\,.$$

Da hiernach die Amplitude für $\omega = 0$ zu Null wird, empfiehlt es sich, die Vergrößerungsfunktion auf die Amplitude X_2 für $\omega = \infty$ zu beziehen. Dies führt zunächst auf den unbestimmten Ausdruck $\frac{\infty}{\infty}$, dessen Wert sich zu $X_{2,\infty} = -\frac{m_0\, r}{m_2}$ ergibt. Also wird

$$V_2' = \frac{X_2}{X_{2,\infty}} = \frac{m_2\,\omega^2\,(c_1 - m_1\,\omega^2)}{(c_1 - m_1\,\omega^2)\,(c_1 + c_2 - m_2\,\omega^2) - c_1^2} = \frac{\mu\,\eta^2\,(1 - \eta^2)}{(1 - \eta^2)\left(1 + \frac{1}{\nu} - \mu\,\eta^2\right) - 1}$$

und (2.126)

$$V_1' = \frac{X_1}{X_{2,\infty}} = \frac{m_2\,\omega^2\, c_1}{(c_1 - m_1\,\omega^2)\,(c_1 + c_2 - m_2\,\omega^2) - c_1^2} = \frac{\mu\,\eta^2}{(1 - \eta^2)\left(1 + \frac{1}{\nu} - \mu\,\eta^2\right) - 1}\,.$$

Die Nenner der Gln. (2.126) unterscheiden sich von den Nennern der Gln. (2.121a) nur durch den Faktor ν; also sind die ∞-Stellen der Amplituden von der Art der Erregung unabhängig. Ebenso bleibt die Nullstelle von V_2' bei $\eta = 1$ (eine zweite Nullstelle liegt im Koordinatenursprung). Schließlich bleibt noch bei quadratischer gegenüber konstanter Erregung bestehen, daß V_1' keine Nullstelle, wohl aber ein Minimum hat

Abb. 2.82 zeigt die Unterschiede gegenüber Abb. 2.80:

a) Die Kurven beginnen für $\eta = 0$ mit Null und enden für $\eta = \infty$ bei Null (V_1') bzw. bei 1 (V_2').

b) Dem Punkte A in Abb. 2.80 entspricht ein Punkt A' mit der Abszisse $\eta^2 = \frac{1}{\nu + 1}$ und der Ordinate 1, durch den alle V_2'-Kurven für dasselbe μ aber beliebiges ν laufen.

c) Die Amplituden in der Umgebung von $\eta = 1$ sind bei quadratischer Erregung schwieriger zu beeinflussen als bei konstanter, weil eine Änderung der Abstimmungsgrößen μ und ν sich unterschiedlich auf die Äste $\eta < 1$ und $\eta > 1$ auswirkt. Abb. 2.82 zeigt, daß eine Verdoppelung von ν den Ast $\eta < 1$ herabdrückt, aber den Ast $\eta > 1$ anhebt. Man wird also bei der Abstimmung berücksichtigen müssen, ob Schwankungen der Erregerfrequenz häufiger nach unten oder nach oben auftreten.

Das Minimum von V_1' liegt bei $\min \eta^2 = \sqrt{\frac{1}{\nu\mu}}$. Bei quadratischer Erregung fallen also die Frequenzen, bei denen die Nullstelle von V_2' und das Minimum von V_1' auftreten, zusammen, wenn $\nu\mu = 1$ gewählt wird. Abb. 2.78 zeigt, daß mit abnehmendem $\nu\mu$ die Eigenfrequenzen η_1^2 und η_2^2 ansteigen, ebenso wachsen nach Abb. 2.79 die Differenzen $\Delta = \eta_1^2 - \eta_2^2$.

2.421.3 Konstante Erregung, angreifend an Masse m_1. Bisher haben wir die Erregung an der Masse m_2 angreifen lassen, und wir wollen nun noch kurz prüfen, was sich an den gewonnenen Ergebnissen ändert, wenn Masse m_1 erregt wird. Die statische Auslenkung von m_1 ist dann $X_{1\,St} = \frac{\tilde{K}_1}{c_1}(\nu + 1)$ und wir erhalten aus den Amplituden $X_1 = \frac{\tilde{K}_1}{c_1 N}\left(\frac{\nu+1}{\nu} - \mu\eta^2\right)$ und $X_2 = \frac{\tilde{K}_1}{c_1 N}$ die Vergrößerungen

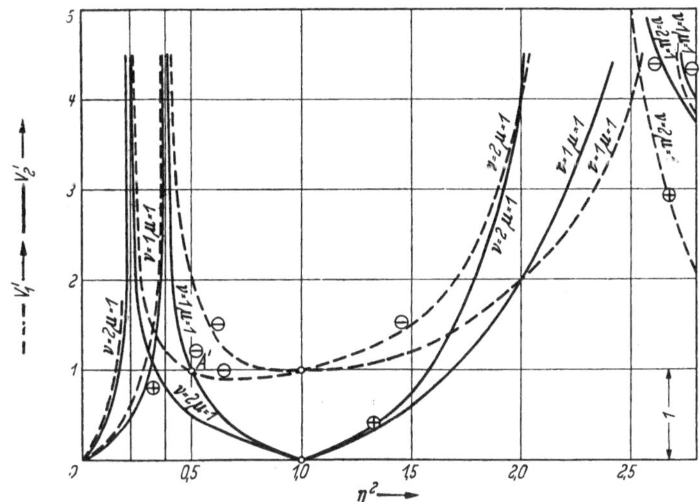

Abb. 2.82. Vergrößerungsfunktionen (quadratische Erregung) $V_1'(\eta^2)$ und $V_2'(\eta^2)$ für $\nu = 1$; $\mu = 1$; $\eta_1^2 = 2{,}62$; $\eta_2^2 = 0{,}38$ und $\nu = 2$; $\mu = 1$; $\eta_1^2 = 2{,}282$; $\eta_2^2 = 0{,}208$

$$V_1 = \frac{X_1}{X_{1\,St}} = \frac{1 - \frac{\nu\mu}{1+\nu}\eta^2}{(1-\eta^2)\,[1 + \nu(1 - \mu\eta^2)] - \nu}$$

und

$$V_2 = \frac{\frac{\nu}{\nu+1}}{(1-\eta^2)\,[1 + \nu(1 - \mu\eta^2)] - \nu}$$

Die Nullstelle von V_1, also der erregten Masse, liegt jetzt bei $\eta_{01}^2 = \frac{1+\nu}{\nu\mu}$, während die Frequenz, bei welcher V_2 den Minimalwert erreicht, unverändert bei $\min \eta^2 = \frac{1 + \nu(1+\mu)}{2\mu\nu}$ liegt. Das Minimum von V_2 liegt bei derselben Frequenz wie die Nullstelle von V_1, wenn $\nu = \frac{1}{\mu - 1}$; also bleibt auch diese Bedingung unverändert. Hiermit wird aber aus $\eta_{02}^2 = \frac{1+\nu}{\nu\mu}$ der Wert 1, so daß sich dadurch, daß m_1 statt m_2 erregt wird, in Abb. 2.81 nur die Ordinate des Minimums der nicht erregten Masse ändert, nämlich von $\frac{1}{\nu} = \mu - 1$ auf $\frac{\nu}{\nu+1} = \frac{1}{\mu}$ ermäßigt.

2.421.4 Quadratische Erregung, angreifend an Masse m_1. Die Amplitude der erregten Masse für $\omega = \infty$ lautet $(X_1)_{\omega=\infty} = -\frac{m_0 r}{m_1}$. Damit ergeben sich die Vergrößerungsfunktionen zu

$$V_1' = \frac{\nu\eta^2\left(\frac{\nu+1}{\nu} - \mu\eta^2\right)}{(1-\eta^2)\,[1+\nu\,(1-\mu\eta^2)] - \nu}$$

und

$$V_2' = \frac{\nu\eta^2}{(1-\eta^2)\,[1+\nu\,(1-\mu\eta^2)] - \nu}.$$

Die Nullstelle der erregten Masse liegt wie bei konstanter Erregung bei $\eta_{01}^2 = \frac{1+\nu}{\nu\mu}$, das Minimum von V_2' bei $\min\eta^2 = \frac{1}{4}\left(1 + \sqrt{1 + \frac{8}{\mu\nu}}\right)$; $\eta_{01}^2 = \min\eta^2$ führt endlich auf die Bedingung $\nu = \sqrt{1 + \frac{2}{\mu - 2}} - 1$, woraus positive Werte von ν nur für $\mu > 2$ gefunden werden.

Abschließend sei noch darauf hingewiesen, daß nach [*22*], [*23*] dieselben Ergebnisse auch mit der sog. Knotenpunktmethode erhalten werden, die auf der experimentell leicht nachweisbaren Tatsache beruht, daß die zwischen den Massen wirkenden Federn Knotenpunkte, also Stellen aufweisen, die in Ruhe bleiben. Diese Erscheinung tritt nur bei den Resonanzfrequenzen des Systems auf. Aus dieser Tatsache folgt, daß das Schwingungssystem bei Resonanz in Teilsysteme gleicher Frequenz zerlegt werden kann, und zwar bei jeder beliebigen Zahl von Freiheitsgraden. Weiter wird durch diese Betrachtungsweise die physikalische Bedeutung der Eigenfrequenzen besonders deutlich, die allerdings auch aus den Vorzeichen der Amplituden in den Abb. 2.80 bis 2.81 zu erkennen ist:

Beim Durchgang durch die untere Eigenfrequenz wechselt das Vorzeichen beider Amplituden von + nach −; die Schwingungen sind also phasengleich, und man spricht deshalb von einer *Gleichtaktschwingung*. Beim Durchgang durch die obere Eigenfrequenz wechseln beide Amplituden zwar auch das Vorzeichen, dieses ist aber vor und nach dem Durchgang verschieden; es handelt sich also um eine *Gegentaktschwingung*. Eine weitere bemerkenswerte Frequenz ist ferner $\omega = \omega_1$ (bzw. $\eta = 1$), nämlich Stillstand der erregten Masse.

Bei der Gegentaktschwingung bleibt ein Punkt der Feder c_1 in Ruhe. Der Abstand dieses Punktes folgt beim Zweimassensystem der Beziehung $l_1 = \frac{m_2}{m_1 + m_2}\, l$, wenn l die gesamte Länge der Feder c_1 bedeutet. Das obere Teilsystem, das durch einen Knotenpunkt abgetrennt wird, hat die Eigenfrequenz $\omega^2 = \frac{c_1}{\alpha\, m_1}$, worin $\alpha = \frac{l_1}{l}$ das Teilverhältnis angibt. Wegen $\alpha = \frac{m_2}{m_1 + m_2}$ findet man $\omega^2 = c_1 \frac{m_1 + m_2}{m_1\, m_2}$ oder $\eta^2 = \frac{m_1 + m_2}{m_1} = \frac{1+\mu}{\mu}$.

Die Frequenzen $\eta_{1,2}^2$ gemäß Gl. (2.119a) findet man nach [22] mittels der Knotenpunktmethode nur aus dem Dreimassensystem, indem Masse m_3 als Erdscheibe betrachtet und $m_3 = \infty$ gesetzt wird.

Die Knotenpunktmethode wurde hauptsächlich deshalb erwähnt, weil aus ihr Näherungsberechnungen an Stelle von Gl. (2.119) hergeleitet werden, die in der Praxis häufig angewendet werden, obwohl die exakte Methode kaum größeren Rechenaufwand erfordert. Die Näherung vereinfacht das System nach Abb. 2.76 (aber ohne Dämpfung) in die Systeme der Abb. 2.83, die im Prinzip die Gleichtaktschwingung Abb. 2.83b und Gegentaktschwingung Abb. 2.83a darstellen. Im Falle Abb. 2.83b wird $c_1 = \infty$, im Falle Abb. 2.83a $c_2 = 0$, in beiden Fällen also $\nu = \infty$ gesetzt. Mit $\nu = \infty$ erhält man für System Abb. 283a aus Gl. (2.119a) $\eta_a^2 = \frac{1+\mu}{\mu}$, also dasselbe wie mit dem Knotenpunktverfahren.

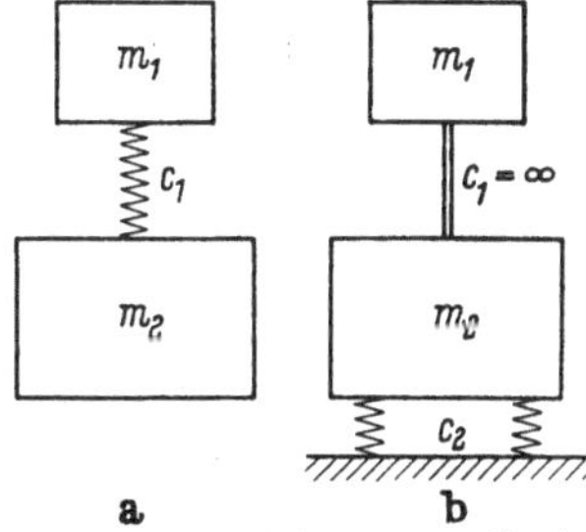

Abb. 2.83. Modell zur angenäherten Berechnung der Eigenfrequenzen

System Gl. (2.83b) ist ein Einmassenschwinger, weil m_1 und m_2 fest verbunden sind; also ist $\omega_b^2 = \frac{c_2}{m_1 + m_2}$ und $\eta_b^2 = \frac{1\,\nu}{(1+\mu)}$.

Die Näherungsformeln ergeben um so bessere Übereinstimmung mit Gl. (2.119a), je größer ν ist; der entstehende Fehler hängt aber auch von μ ab. Da Abb. 2.78 die exakten Werte sofort abzulesen gestattet, besteht also kein Bedürfnis für ein Näherungsverfahren von fragwürdiger Genauigkeit.

2.422 Gedämpfte Systeme

2.422.1 Konstante Erregung, angreifend an Masse m_2. Die Analogie zwischen Mehrmassensystemen mit gleichgerichteten Schwingungen und Einmassensystemen mit mehreren Freiheitsgraden, auf die bereits hingewiesen wurde, berechtigt uns, auch für Systeme mit Dämpfung das Aufstellen der Bewegungsgleichung und die Lösungsansätze zu überspringen und das Gleichungssystem für die Amplituden in Matrizenform anzuschreiben, und zwar für das System nach Abb. 2.77, wobei die Dämpfung zwischen m_1 und m_2 wirkt und die Größe $k(\dot{x}_1 - \dot{x}_2)$ besitzt.

Außer den bereits bekannten Größen führen wir ein $\lambda = \frac{k}{m_2}$; $\mu\,\lambda = \frac{k}{m_1}$; $\frac{\lambda}{\omega_{\mathrm{I}}} = \varepsilon$.

X_1	X_2	$\tilde{K}$
$\omega_{\mathrm{I}}^2 - \omega^2 + i\,\omega\,\lambda\,\mu$	$-\,\omega_{\mathrm{I}}^2 - i\,\omega\,\lambda\,\mu$	0
$-\frac{\omega_{\mathrm{I}}^2}{\mu} - i\,\omega\,\lambda$	$\frac{\omega_{\mathrm{I}}^2}{\mu} + \omega_{\mathrm{II}}^2 - \omega^2 + i\,\lambda\,\omega$	$\frac{\tilde{K}_2}{m_2}$

bzw. (2.127)

X_1	X_2	$\tilde{K}$
$1 - \eta^2 + i\,\mu\,\varepsilon\,\eta$	$-1 - i\,\mu\,\varepsilon\,\eta$	0
$-\frac{1}{\mu} - i\,\varepsilon\,\eta$	$\frac{1}{\mu} + \frac{1}{\nu\,\mu} - \eta^2 + i\,\varepsilon\,\eta$	$\frac{\tilde{K}_2}{\mu\,c_1}$

Indem wir Gl. (2.127) durch die statische Amplitude $X_{St} = \frac{\tilde{K}_2}{c_2}$ dividieren, erhalten wir die Matrix der Vergrößerungswerte V_1 und V_2.

V_1	V_2	
$\nu(1 - \eta^2) + i\,\mu\,\nu\,\varepsilon\,\eta$	$-\nu - i\,\nu\,\mu\,\varepsilon\,\eta$	0
$-\nu - i\,\nu\,\mu\,\varepsilon\,\eta$	$1 + \nu - \mu\,\nu\,\eta^2 + i\,\nu\,\mu\,\varepsilon\,\eta$	1

(2.128)

Zur Berechnung des Nenners bilden wir seinen Realteil

$$\Re_\Delta = \nu(1 - \eta^2)\,(1 + \nu - \nu\,\mu\,\eta^2) - \nu^2$$

sowie seinen Imaginärteil

$$\Im_\Delta = \mu\,\nu\,\varepsilon\,\eta\,[1 - \nu\,(1 + \mu)\,\eta^2],$$

so daß mit $N = \sqrt{\Re_\Delta^2 + \Im_\Delta^2}$ gefunden wird

$$V_1 = \frac{\sqrt{1 + \mu^2\,\varepsilon^2\,\eta^2}}{\sqrt{\{(1 - \eta^2)\,[1 + \nu - \nu\,\mu\,\eta^2] - \nu\}^2 + \mu^2\,\varepsilon^2\,\eta^2\,[1 - \nu\,(1 + \mu)\,\eta^2]^2}} \tag{2.129a}$$

(2.129)

$$V_2 = \frac{\sqrt{(1 - \eta^2)^2 + \mu^2\,\varepsilon^2\,\eta^2}}{\sqrt{\{(1 - \eta^2)\,[1 + \nu - \nu\,\mu\,\eta^2] - \nu\}^2 + \mu^2\,\varepsilon^2\,\eta^2\,[1 - \nu\,(1 + \mu)\,\eta^2]^2}}\,. \tag{2.129b}$$

Bei vorhandener Dämpfung tritt somit keine Nullstelle für V_2 auf, so daß die bei fehlender Dämpfung zweckmäßige Abstimmungsregel hier nicht anwendbar ist. Den Hartog [*13*] hat jedoch das Vorhandensein der beiden Punkte P und Q in Abb. 2.84, die von allen Kurven $V_2(\eta^2)$ mit beliebigen Dämpfungswerten ε durchlaufen werden, benutzt, um eine andere Abstimmungsregel festzulegen: Die Koordinaten dieser Punkte sind nur von ν und μ abhängig. Wird beispielsweise P durch Veränderung von ν oder μ angehoben, so sinkt Q ab und umgekehrt. Um die Amplituden V_2 im ganzen Frequenzbereich klein zu halten, ist also die optimale Abstimmung dadurch bestimmt, daß P und Q auf gleicher Höhe liegen. Die optimale Dämpfung findet man dann aus der Bedingung, daß V_2 in P und Q eine horizontale Tangente hat.

Zunächst ist aus dem Aufbau der Gl. (2.129b) das Vorhandensein der von ε unabhängigen Punkte P und Q zu beweisen:

$$V_2 = \sqrt{\frac{A + \varepsilon^2 B}{C + \varepsilon^2 D}},$$

woraus zu ersehen ist, daß ε ohne Einfluß auf V_2 ist, wenn $\frac{B}{D} = \frac{A}{C}$; dann ergeben z. B. $\varepsilon = 1$ und $\varepsilon = 0$ denselben Wert V_2

$$\frac{A + B}{C + D} = \frac{A}{C}$$

Gemeinsame Punkte der V_2-Kurve, unabhängig vom Dämpfungswert ε, folgen also aus der Bedingung

$$\frac{A}{C} = \frac{B}{D}$$

oder

$$\left\{\frac{1 - \eta^2}{(1 - \eta^2)\,[1 + \nu - \nu\,\mu\,\eta^2] - \nu}\right\}^2 = \left\{\frac{\mu^2\,\eta^2}{\mu^2\,\eta^2\,[1 - \nu\,(1 + \mu)\,\eta^2]}\right\}^2. \qquad (2.130)$$

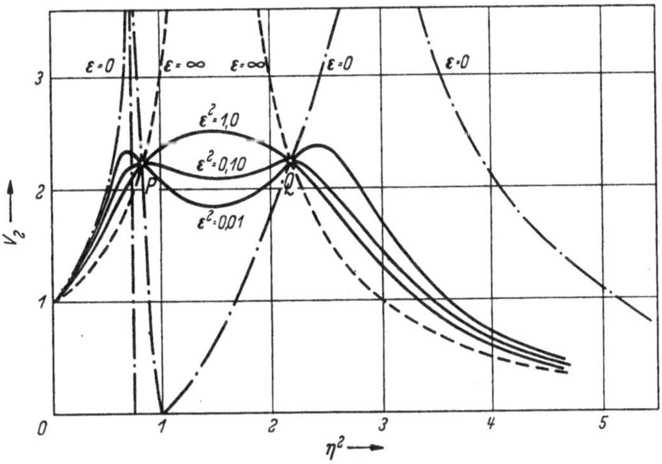

Abb. 2.84. Einfluß des Dämpfungsbeiwertes ε bei optimaler Abstimmung: $\mu = 2$; $\nu =$ [illegible]
$\eta^2_{P,Q} = 1{,}5\,(1 \pm \sqrt{0{,}2}) = \left\langle \begin{matrix} 2{,}171 \\ 0{,}829 \end{matrix}\right.$ $\qquad V_{2\,P,Q} = \sqrt{5} = 2{,}23$

Wenn das Quadratzeichen auf beiden Seiten wegfallen soll, muß das Doppelvorzeichen $\pm$ eingeführt werden. Wir erhalten dann mit dem Plus-Zeichen

$$(1 - \eta^2)\,[1 - \nu\,(1 + \mu)\,\eta^2] = +\,(1 - \eta^2)\,[1 + \nu - \nu\,\mu\,\eta^2] - \nu$$

somit $\eta = 0$, während mit dem Minus-Zeichen aus

$$(1 - \eta^2)\,[1 - \nu\,(1 + \mu)\,\eta^2] = -\,(1 - \eta^2)\,[1 + \nu - \nu\,\mu\,\eta^2] + \nu$$

die in η^2 quadratische Gleichung

$$\eta^4 - 2\eta^2\,\frac{1 + \mu + 1/\nu}{1 + 2\mu} + 2\,\frac{1/\nu}{1 + 2\mu} = 0 \qquad (2.131)$$

folgt.

Da zur Bestimmung der gemeinsamen Punkte P und Q V_2 von ε unabhängig sein muß, kann V_2 auch für den Sonderfall $\varepsilon = \infty$ berechnet werden, was eine starre Koppelung zwischen m_1 und m_2, also einen ungedämpften Schwinger mit nur einer Masse $m_1 + m_2$ bedeutet. Seine Eigenfrequenz ist

$$\omega_e^2 = \frac{c_2}{m_1 + m_2} = \frac{c_1}{m_1} \frac{1}{\nu(1+\mu)} = \frac{\omega_I^2}{\nu(1+\mu)};$$

$$\frac{\omega^2}{\omega_e^2} = \frac{\omega^2}{\omega_I^2} \nu(1+\mu) = \eta^2 \nu(1+\mu).$$

Danach ist $(V_2)_{\varepsilon=\infty} = \frac{1}{1 - \eta^2 \nu(1+\mu)}$, woraus wir die Abszissen der Punkte mit gleicher Ordinate $(V_2)_{\varepsilon=\infty}$ suchen. Wegen der verschiedenen Vorzeichen der Kurvenäste für $\eta^2 \nu(1+\mu) \gtrless 1$ haben wir dann zu schreiben

$$\frac{1}{1 - \eta_1^2 \nu(1+\mu)} = -\frac{1}{1 - \eta_2^2 \nu(1+\mu)}; \text{ das ergibt } \eta_1^2 + \eta_2^2 = \frac{2}{\nu(1+\mu)}. \tag{2.132}$$

Da das Mittelglied der Gl. (2.131) die Summe ihrer Wurzeln, also ebenfalls $\eta_1^2 + \eta_2^2$ angibt, finden wir

$$2\frac{1 + \mu + 1/\nu}{1 + 2\mu} = \frac{2}{\nu(1+\mu)} \quad \text{und hieraus} \quad \nu = \frac{\mu}{(1+\mu)^2}. \tag{2.133}$$

Diese Gleichung sagt aus, in welcher Beziehung ν und μ stehen müssen, mit anderen Worten, wie das System abgestimmt sein muß, damit die gemeinsamen Punkte P und Q auf gleicher Höhe liegen, d. h. gleiche Ordinate V_2 haben. Die weitere Frage nach dem Ordinatenwert dieser Punkte kann beantwortet werden, wenn wir die V_2-Kurve für $\varepsilon = 0$, die ebenfalls die Punkte P und Q durchlaufen muß, mit V_2 für $\varepsilon = \infty$ zum Schnitt bringen.

Aus $(V_2)_{\varepsilon=0} = -(V_2)_{\varepsilon=\infty}$ folgt mit $\nu = \frac{\mu}{(1+\mu)^2}$

$$\frac{1 - \eta^2}{(1 - \eta^2)\left[1 + \frac{\mu(1 - \mu\eta^2)}{(1+\mu)^2}\right] - \frac{\mu}{(1+\mu)^2}} = \frac{-1}{1 - \frac{\mu}{1+\mu}\eta^2}$$

und hieraus

$$\eta_{P,Q}^2 = \frac{1+\mu}{\mu}\left[1 \pm \sqrt{\frac{1}{1+2\mu}}\right]. \tag{2.134}$$

Hieraus folgt

$$V_{2_P} = V_{2_Q} = \pm\sqrt{1 + 2\mu}. \tag{2.135}$$

Nun liegen die Koordinaten von P und Q fest, und unsere Aufgabe besteht noch darin, den optimalen Dämpfungswert ε zu finden, der bereits durch die horizontale Tangente von V_2 in P und Q gekennzeichnet wurde.

Aus $\frac{dV_2^2}{d\eta^2} = \frac{d}{d\eta^2} \frac{A + \varepsilon^2 B}{C + \varepsilon^2 D} = 0$ folgt die in ε^2 quadratische Gleichung

$$\varepsilon^4 + \frac{B'C + A'D - C'B - AD'}{B'D - BD'} \varepsilon^2 + \frac{A'C - AC'}{B'D - BD'} = 0. \tag{2.136}$$

Die Lösung $\varepsilon_{1,2}^2$ allgemein anzuschreiben, wäre mühevoll und unübersichtlich, man wird sich daher meist mit einer Näherungslösung zufrieden geben, die man aus $(V_2^2)_{\eta_m^2} = (V_2^2)_{\eta_{P,Q}^2} = 1 + 2\mu$ erhält. Wir suchen hiernach in Abb. 2.84 diejenige Kurve ε, die in der Mitte zwischen P und Q die Ordinate von P und Q hat. Mit den für Abb. 2.84 benutzten Werten $\nu = \frac{2}{9}$ und $\mu = 2$ – daraus $\eta_{P,Q}^2 = 1{,}5\left(1 \pm \sqrt{0{,}2}\right)$; $\eta_m^2 = \frac{\eta_P^2 + \eta_Q^2}{2} = 1{,}5$; sowie $(V_2^2)_{P,Q} = 5$ – finden wir aus Gl. (2.129b) $\varepsilon^2 = 0{,}165$, das ist näherungsweise der Dämpfungswert, bei dem die Vergrößerungskurve V_2 bei keiner Frequenz η den Ordinatenwert von P oder Q übersteigt.

2.422.2 Quadratische Erregung, angreifend an Masse m_2. Analog zu den Ausführungen auf S. 15 beziehen wir die Vergrößerungsfunktion V_2' bei quadratischer Erregung auf $(X_2)_{\omega=\infty} = -\frac{m_0 r}{m_2}$ und erhalten

$$V_2' = \nu \mu \eta^2 \sqrt{\frac{(1-\eta^2)^2 + \mu^2 \varepsilon^2 \eta^2}{\{(1-\eta^2)[1+\nu-\nu\mu\eta^2]-\nu\}^2 + \mu^2\varepsilon^2\eta^2[1-\nu(1+\mu)\eta^2]^2}}. \tag{2.137}$$

Gl. (2.137) stimmt so weit mit Gl. (2.119b) überein, daß das Verhältnis $\frac{A}{C} = \frac{B}{D}$ und damit Gl. (2.131) auch hier gültig bleibt.

Der Sonderfall $\varepsilon = \infty$ (starre Koppelung zwischen m_1 und m_2) führt bei quadratischer Erregung, wenn auch hier die Amplituden auf $(X_2)_{\omega=\infty} = -\frac{m_0 r}{m_2}$ bezogen werden, auf

$$(V_2')_{\varepsilon=\infty} = \frac{\mu \nu \eta^2}{1-\nu(1+\mu)\eta^2}. \tag{2.138}$$

Man beachte, daß $(V_2')_{\varepsilon=\infty}$ für $\eta \to \infty$ hiernach den Wert $-0{,}5$ annimmt, was sich aus der Bezugsamplitude $(X_2)_{\omega=\infty} = -\frac{m_0 r}{m_2}$ erklärt.

Suchen wir wieder Punkte der Kurve $(V_2')_{\varepsilon=\infty}$ mit gleicher Absolutordinate, so ergibt Gl. (2.138)

$$\frac{\mu\nu\eta_1^2}{1-\nu(1+\mu)\eta_1^2} = -\frac{\mu\nu\eta_2^2}{1-\nu(1+\mu)\eta_2^2},$$

woraus

$$\frac{\eta_1^2+\eta_2^2}{\eta_1^2\eta_2^2} = 2\nu(1+\mu) \tag{2.139}$$

gefunden wird.

Die Verknüpfung der Gln. (2.131) und (2.139) erlaubt nun das Abstimmungsgesetz zu errechnen, und wir finden so

$$\nu = \frac{1}{1+\mu}, \tag{2.140}$$

also einen einfacheren Ausdruck, als Gl. (2.133) für konstante Erregung ergab.

Die Abszissen der gemeinsamen Punkte P und Q finden wir z. B. aus der Lösung der Gl. (2.131), in die wir das Abstimmungsgesetz eingeführt haben.

$$\eta^2_{P,Q} = \frac{2}{2-\nu} \pm \sqrt{\left(\frac{2}{2-\nu}\right)^2 - \frac{2}{2-\nu}} = \frac{2}{2-\nu}\left(1 \pm \sqrt{\frac{\nu}{2}}\right). \quad (2.141)$$

Die in Abb. 2.85 gewählte Abstimmung $\mu = 1$; $\nu = 0{,}5$ ergibt dann

$$\eta^2_{P,Q} = \frac{4}{3} \pm \frac{2}{3} = \begin{cases} 2 \\ 2/3 \end{cases}.$$

Die Ordinate der Punkte P und Q ergibt sich aus Gl. (2.138) zu

$$V'_{P,Q} = \frac{\mu\,\nu\,\eta_P^2}{1-\nu(1+\mu)\,\eta_P} = \frac{(1-\nu)\,\eta_P^2}{1-\eta_P^2} = \frac{(\nu-1)\,(1+\sqrt{\nu/2})}{\nu/2+\sqrt{\nu/2}}. \quad (2.142)$$

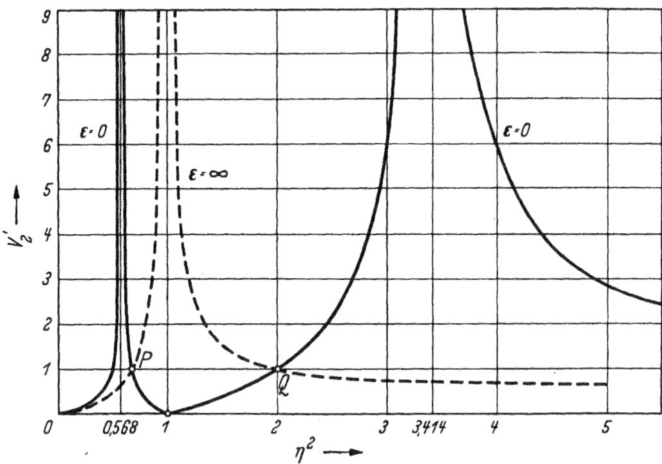

Abb. 2.85. Quadratische Erregung; Abstimmung $\nu = \frac{1}{1+\mu}$; gewählt $\nu = 0{,}5$, $\mu = 1$

$$(V_2')_{\varepsilon=0} = \frac{\nu\,\mu\,\eta^2\,(1-\eta^2)}{(1-\eta^2)\,[1+\nu-\nu\,\mu\,\eta^2]-\nu} = \frac{0{,}5\,\eta^2\,(1-\eta^2)}{(1-\eta^2)\,[1{,}5-0{,}5\,\eta^2]-0{,}5}$$

$$(V_2')_{\varepsilon=\infty} = \frac{\mu\,\nu\,\eta^2}{1-\nu\,(1+\mu)\,\eta^2} = \frac{0{,}5\,\eta^2}{1-\eta^2};\ \eta^2_{P,Q} = \begin{cases} 2{,}0 \\ 2/3 \end{cases};\ (V_2')_{P,Q} = \pm 1$$

Abb. 2.86 zeigt den Verlauf der Funktion V_2' in der Umgebung der Punkte P und Q für verschiedene Dämpfungsverhältnisse ε und läßt erkennen, daß die optimale Dämpfung, nämlich derjenige Wert ε, dessen zugehörige Kurve eine waagerechte Tangente in P und Q besitzt, zwischen $\varepsilon^2 = 0{,}7$ und $\varepsilon^2 = 0{,}1$ liegen muß. In roher Näherung findet man diesen optimalen Wert aus der Bedingung $(V_2')_{\eta^2=0{,}6} = 1$ und daraus $\varepsilon^2_{\text{opt}} = 0{,}32$.

2.422.3 Konstante Erregung, angreifend an Masse m_1. Die auf die statische Auslenkung der Masse m_1 bezogenen Vergrößerungsfunktionen lauten

$$V_1 = \frac{\nu}{1+\nu}\sqrt{\frac{\left(1+\frac{1}{\nu}-\mu\,\eta^2\right)^2+\mu^2\,\varepsilon^2\,\eta^2}{\{(1-\eta^2)\,[1+\nu\,(1-\mu\,\eta^2)]-\nu\}^2+\mu^2\,\varepsilon^2\,\eta^2\,[1-\nu\,(1+\mu)\,\eta^2]^2}}$$

und (2.143)

$$V_2 = \frac{\nu}{1+\nu}\sqrt{\frac{1+\mu^2\,\varepsilon^2\,\eta^2}{\{(1-\eta^2)\,[1+\nu\,(1-\mu\,\eta^2)]-\nu\}^2+\mu^2\,\varepsilon^2\,\eta^2[1-\nu\,(1+\mu)\,\eta^2]^2}}\,.$$

Die Bedingung für das Auftreten der allen Kurven $V_1(\varepsilon)$ gemeinsamen Punkte P und Q nimmt die Form

$$\eta^4 - 2\,\frac{(1+\mu)\,(1+\nu)}{\nu\,\mu\,(2+\mu)}\,\eta^2 + \frac{2+1/\nu}{\nu\,\mu\,(2+\mu)} = 0 \qquad (2.144)$$

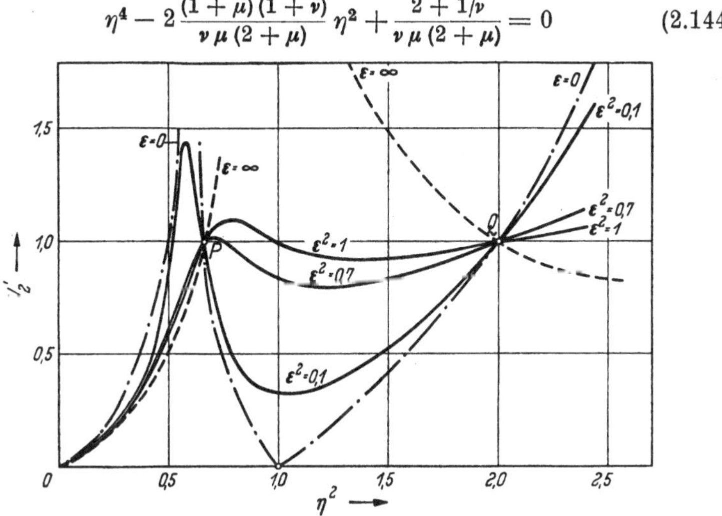

Abb. 2.86. Quadratische Erregung V_2' für $\varepsilon^2 = 0$, 0,1, 0,7, 1 und ∞; $\nu = 0{,}5$; $\mu = 1$

an. Versucht man hier wieder $(V_1)_{\varepsilon=\infty} = \frac{\nu}{1+\nu}\,\frac{1}{1-\nu\,(1+\mu)\,\eta^2}$ derart einzuführen, daß die Gleichung für gleich große Absolutordinaten $\eta_1^2+\eta_2^2 = \frac{2}{\nu\,(1+\mu)}$ mit dem Mittelglied der Gl. (2.144) gleichgesetzt wird, so findet man $\frac{(1+\nu)\,(1+\mu)}{\nu\,\mu\,(2+\mu)} = \frac{1}{\nu(1+\mu)}$ und daraus $\nu = \frac{\mu(2+\mu)}{(1+\mu)^2} - 1$, woraus zu ersehen ist, daß für $\mu > 0$ kein positiver Wert für ν existiert. Also ist die Forderung, durch geeignete Abstimmung des Systems die Punkte P und Q auf gleiche Ordinate zu legen, bei Erregung der Masse m_1 nicht erfüllbar.

Statt dessen suchen wir einen gemeinsamen Punkt der Äste gleichen Vorzeichens der Kurven $(V_1)_{\varepsilon=0}$ und $(V_1)_{\varepsilon=\infty}$ und finden aus

$$\frac{1-\frac{\mu\,\nu}{1+\nu}\,\eta^2}{(1-\eta^2)\,[1+\nu\,(1-\mu\,\eta^2)]-\nu} = \frac{\frac{\nu}{1+\nu}}{1-\nu\,(1+\mu)\,\eta^2}$$

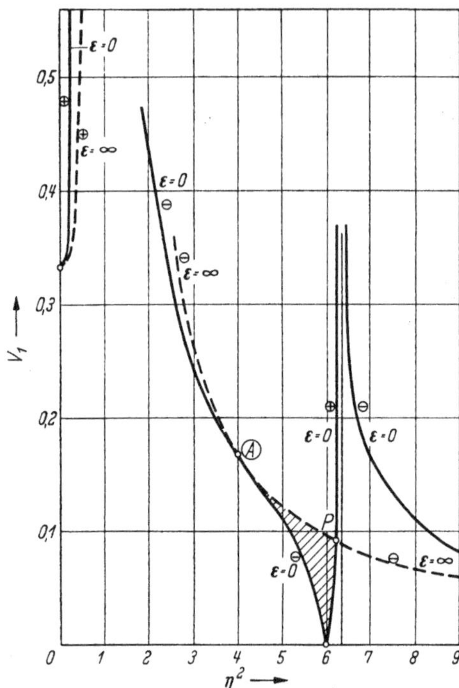

Abb. 2.87. Konstante Erregung der Masse m_1. Funktionen $(V_1)_{\varepsilon=0} = \dfrac{1 - \dfrac{\nu\mu}{1+\nu}\eta^2}{(1-\eta^2)[1+\nu(1-\mu\eta^2)] - \nu}$ und $(V_1)_{\varepsilon=\infty} = \dfrac{\nu}{\dfrac{1+\nu}{1-\nu(1+\mu)\eta^2}}$ für $\nu = \mu = 0{,}5$; Koordinaten der Punktes A: $\eta_A^2 = \dfrac{1}{\mu\nu} = 4$; $V_{1A} = -\dfrac{\nu\mu}{1+\nu} = -0{,}167$

die Abszisse $\eta_A^2 = \dfrac{1}{\mu\nu}$ des gemeinsamen Punktes A, dessen Ordinate $V_{1_A} = -\dfrac{\nu\mu}{1+\nu}$ und der, wie Abb. 2.87 veranschaulicht, ein Berührungspunkt der Äste mit negativem Vorzeichen ist. Da für alle Werte μ und ν $\eta_A^2 < \eta_{01}^2 < \eta_P^2$ und alle Kurven $V_1(\varepsilon)$ im Bereich $\eta_A^2 < \eta^2 < \eta_P^2$ zwischen $(V_1)_{\varepsilon=0}$ und $(V_1)_{\varepsilon=\infty}$ liegen, empfiehlt sich der in Abb. 2.87 schraffierte Bereich zur Abstimmung, d. h. es ist ratsam, das System so abzustimmen, daß die auf ω_I bezogene Erregerfrequenz zwischen η_A und η_P liegt. Über die Wahl der optimalen Dämpfung sowie über das Verhalten der nicht erregten Masse ist auf S. 99 weiteres ausgeführt, was hier sinngemäß gilt.

2.422.4 Quadratische Erregung, angreifend an Masse m_1. Die Vergrößerungsfunktionen lauten mit

$$N_D^2 = \{(1-\eta^2)[1+\nu(1-\mu\eta^2)] - \nu\}^2 + \mu^2\varepsilon^2\eta^2[1-\nu(1+\mu)\eta^2]^2$$

$$V_1' = \nu\eta^2 \sqrt{\frac{\left(1+\frac{1}{\nu}-\mu\eta^2\right)^2 + \varepsilon^2\mu^2\eta^2}{N_D^2}}$$

und (2.145)

$$V_2' = \nu\eta^2 \sqrt{\frac{1+\varepsilon^2\mu^2\eta^2}{N_D^2}}\;;$$

sie stimmen soweit mit Gl. (2.143) überein, daß Gl. (2.144) erhalten bleibt. Hieraus und aus $(V_1')_{\varepsilon=\infty} = \dfrac{\nu\eta^2}{1-\nu(1+\mu)\eta^2}$ sowie $\dfrac{\eta_1^2+\eta_2^2}{\eta_1^2\eta_2^2} = 2\nu(1+\mu)$ finden wir $\nu = 0$, so daß auch bei quadratischer Erregung die Punkte P und Q nicht auf gleiche Ordinate gebracht werden können. Hier führt aber ein anderer Weg zum Ziel, optimale Abstimmungsverhältnisse zu erreichen. Bringen wir die Kurven V_1' für die Grenzwerte $\varepsilon = 0$ und $\varepsilon = \infty$ zum Schnitt, lösen also die Gleichung $(V_1')_{\varepsilon=0} = (V_1')_{\varepsilon=\infty}$, so erhalten wir aus

$$\frac{\left(\frac{\nu+1}{\nu} - \mu\,\eta^2\right)\nu\,\eta^2}{(1-\eta^2)\,[1+\nu\,(1-\mu\,\eta^2)]-\nu} = \frac{\nu\,\eta^2}{1-\nu\,(1+\mu)\,\eta^2}$$

die Abszisse η_A^2 des gemeinsamen Punktes A : $\eta_A^2 = \frac{1}{\nu\,\mu}$ und seine Ordinate $(V_1')_A = -1$. Abb. 2.88 zeigt in Übereinstimmung mit dem vorigen Abschnitt, daß dieser Punkt A kein Schnittpunkt, sondern ein Berührungspunkt der Kurven $(V_1')_0$ und $(V_1')_\infty$ ist und daß im Punkte A alle Kurven $V_1'(\varepsilon)$ gleiche Richtung haben. Das gesamte Kurvenbild ist

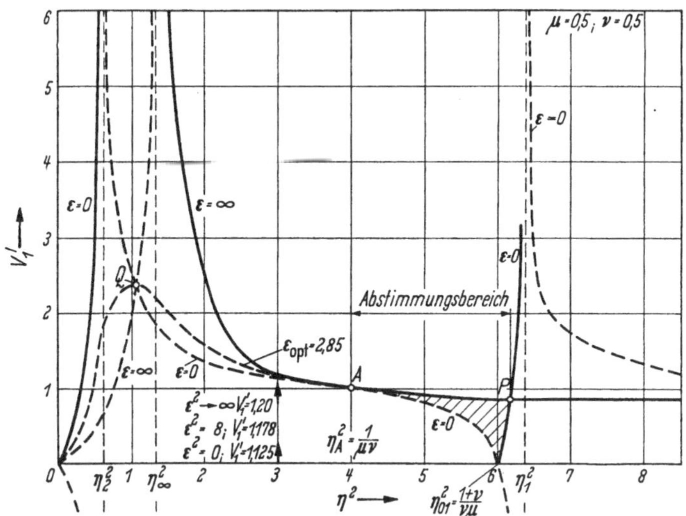

Abb. 2.88. Quadratische Erregung an m_1, Darstellung der Funktion $V_1'(\varepsilon)$ für $\mu = \nu = 0{,}5$

also durch drei gemeinsame Punkte Q, A und P gekennzeichnet, ferner noch durch die gemeinsame Asymptote für $\eta = \infty$. Daher liegen alle Kurven $V_1'(\varepsilon)$ im Bereich zwischen A und P innerhalb des durch die Grenzkurven $(V_1')_0$ und (V_{1_∞}') begrenzten, in Abb. 2.88 schraffierten Raumes, der sich für die optimale Abstimmung deshalb anbietet, weil in diesem Bereich $V_1' < 1$. Da stets $\eta_P^2 > \eta_{01}^2 > \eta_A^2$ kann man der einfacheren Rechnung wegen den optimalen Abstimmungsbereich auch auf den Raum zwischen $\eta_A^2 = \frac{1}{\mu\,\nu}$ und $\eta_{01}^2 = \frac{1+\nu}{\nu\,\mu}$ beschränken; die Länge des Bereiches ist dann $\eta_{01}^2 - \eta_A^2 = \frac{1}{\mu}$.

Legt man demnach die Erregerfrequenz zwischen η_A^2 und η_{01}^2, also $(1+\nu)\frac{c_2}{m_2} > \omega_m^2 > \frac{c_2}{m_2}$, so hat man eine bedingte Tiefabstimmung erzielt, nämlich die Eigenfrequenz des voll gedämpften und die untere Eigenfrequenz des ungedämpften Systems unter die Betriebsfrequenz gelegt und muß je nach der vorhandenen Dämpfung ε einen dieser

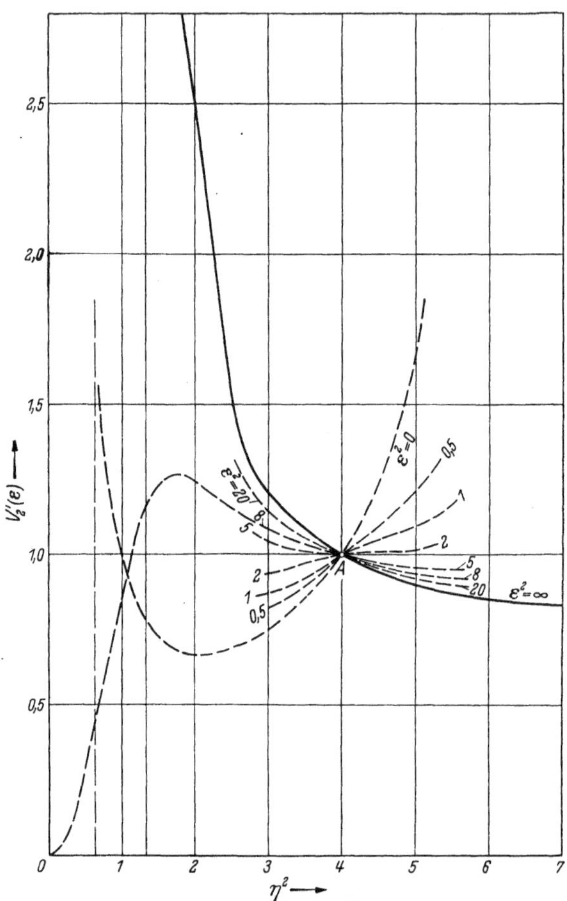

Abb. 2.89. Verlauf der Funktion $V_2'(\varepsilon)$ bei quadratischer Erregung der Masse m_1 für verschiedene Dämpfungswerte ε, insbesondere für $\varepsilon_{\text{opt}}^2 = 8$; $\nu = \mu = 0{,}5$

Resonanzscheitel beim An- und Ablauf der Maschine durchfahren. Eine eingehende Untersuchung ergab, daß auch hier ein optimaler Dämpfungswert ε_{opt} vorhanden ist, der gemäß Abb. 2.88 eine waagerechte Tangente der Vergrößerungsfunktion V_1' im Punkte Q ergibt, so daß dann $(V_1')_Q$ die maximale Vergrößerung im gesamten Frequenzbereich von $\eta = 0$ bis $\eta = \eta_P$ darstellt.

Die optimale Dämpfung ε_{opt} ergibt sich aus $\left(\frac{dV_1'(\varepsilon)}{d\eta^2}\right)_{\eta^2=\eta_Q^2} = 0$ mit den Abkürzungen

$$Z = z_1 + \varepsilon^2 z_2 \qquad Z' = z_1' + \varepsilon^2 z_1'$$

$$N = n_1 + \varepsilon^2 n_2 \qquad N' = n_1' + \varepsilon^2 n_2'$$

$$z_1 = \left(1 + \frac{1}{\nu} - \mu\, \eta_Q^2\right)^2 \qquad z_1' = -2\left(1 + \frac{1}{\nu} - \mu\, \eta_Q^2\right)\mu = -2\mu\sqrt{z_1}$$

$$z_2 = \mu^2\, \eta_Q^2 \qquad z_2' = \mu^2$$

$$n_1 = [1 - (1 + \nu + \nu\,\mu)\, \eta_Q^2 + \nu\,\mu\,\eta_Q^2]^2; \quad n_1' = 2\sqrt{n_1}\,(2\nu\,\mu\,\eta_Q^2 - 1 - \nu - \nu\,\mu)$$

$$n_2 = \mu^2\, \eta_Q^2\, [1 - \nu\,(1 + \mu)\, \eta_Q^2\,]^2; \qquad n_2' = \mu^2 \sqrt{\frac{\eta_2^2}{n_Q^2}}\,[1 - 3\nu\,(1 + \mu)\, \eta_Q^2]$$

und

$$\eta_Q^2 = \frac{(1+\nu)\,(1+\mu) - \sqrt{\nu^2\,(1+\mu)^2 + 2\nu + 1}}{\nu\,\mu\,(2+\mu)}$$

zu

$$\frac{\eta_Q^2}{2} N' Z - \frac{\eta_Q^2}{2} Z' N = N Z. \tag{2.146}$$

Dies ist nach Einsetzen der gewählten Abstimmungswerte μ und ν eine reine quadratische Gleichung für $\varepsilon_{\text{opt}}^2$. In Abb. 2.88 ist $\nu = \mu = 0{,}5$ gewählt, woraus $\eta_Q^2 = 1{,}04$ und $\varepsilon_{\text{opt}}^2 = 2{,}85$ folgt.

Auch die Vergrößerungsfunktion V_2' der Masse m_2 geht für alle Werte ε durch den Punkt A, jedoch für $\eta^2 > \eta_A^2$ im allgemeinen mit ansteigender Tendenz. Im Bereich $\eta_A^2 < \eta^2 < \eta_{01}^2$ wird man also mit großen Ausschlägen von m_2 rechnen müssen, wenn nur schwache Dämpfung herrscht. Abb. 2.89 zeigt den Verlauf von $V_2'(\varepsilon)$ in der Umgebung des Punktes A und läßt erkennen, daß V_2' für $\varepsilon^2 > 5$ auch oberhalb von η_A^2 den Wert 1 nicht mehr übersteigt. Die im Hinblick auf Masse m_1 vorhin gefundene optimale Dämpfung ε_{opt} erweist sich also auch für die Masse m_2 als empfehlenswert, derart, daß für das gewählte Beispiel $\nu = \mu = 0{,}5$ weder m_1 noch m_2 bei irgendeiner Frequenz den Vergrößerungswert $(V_1')_Q = 2{,}3$ überschreiten; das Maximum von V_2' liegt sogar nur bei 1,27.

2.422.5 Abstimmung von 2-Massensystemen. Der besseren Übersicht halber sind in Tab. 2.2 noch einmal alle wichtigen Ergebnisse und Formeln zur Behandlung von Zweimassensystemen zusammengestellt, soweit sie der zweckmäßigen Abstimmung dienen. Im Falle *ungedämpfter* Schwingungen besteht gemäß 2.421 (S. 82) die Abstimmung in der Aufgabe, bei der Betriebsfrequenz die Amplituden der erregten Masse völlig zu unterdrücken, ferner die Amplitude der nicht erregten Masse möglich klein zu halten. Während die erste Aufgabe durch geeignete Wahl des Quotienten $\frac{c_1}{m_1}$ gelöst wird, also keine Bedingung für die Beziehung der Größen μ und ν liefert, erfordert die zweite Aufgabe eine solche, und zwar bei konstanter Erregung $\nu = \frac{1}{\mu - 1}$, bei quadratischer Erregung

Tabelle 2.2

		Masse m_2 erregt
ungedämpft	konst. Erreg.	$V_1 = \frac{1}{(1-\eta^2)\,[1+\nu\,(1-\mu\,\eta^2]-\nu}$ $\qquad V_2 = \frac{1-\eta^2}{N}$ $\eta_{02}^2 = 1;\quad \min\eta_1^2 = \frac{1+\nu\,(1+\mu)}{2\nu\,\mu};$ $\eta_{02}^2 = \min\eta_1^2:\quad \nu = \frac{1}{\mu-1}$
	quadr. Erreg.	$V_1' = \frac{\mu\,\eta^2}{N}$ $\qquad V_2' = \frac{\mu\,\eta^2\,(1-\eta^2)}{N}$ $\eta_{02}^2 = 1;\quad \min\eta_1^2 = \sqrt{\frac{1}{\nu\,\mu}};\quad \eta_{02}^2 = \min\eta_1^2:\quad \nu\,\mu = 1$
gedämpft	konst. Erreg.	$V_1 = \sqrt{\frac{1+\mu^2\,\varepsilon^2\,\eta^2}{\{(1-\eta^2)\,[1+\nu\,(1-\mu\,\eta^2)]-\nu\}^2+\mu^2\,\varepsilon^2\,\eta^2\,[1-\nu\,(1+\mu)\,\eta^2]^2}}$ $= \sqrt{\frac{1+\mu^2\,\varepsilon^2\,\eta^2}{N_D^2}}$ $V_2 = \sqrt{\frac{(1-\eta^2)^2+\mu^2\,\varepsilon^2\,\eta^2}{N_D^2}};$ $\eta_{P,Q}^2 = \frac{1+\mu+1/\nu}{1+2\mu} \pm \sqrt{\left(\frac{1+\mu+1/\nu}{1+2\mu}\right)^2 - \frac{1/\nu}{1+2\mu}}$ $V_{2_{P=Q}}:\quad \nu = \frac{\mu}{(1+\mu)^2}$
	quadr. Erreg.	$V_1' = \nu\,\mu\,\eta^2\sqrt{\frac{\eta^4+\mu^2\,\varepsilon^2\,\eta^2}{N_D^2}};\quad V_2' = \nu\,\mu\,\eta^2\sqrt{\frac{(1-\eta^2)^2+\eta^2\,\varepsilon^2\,\eta^2}{N_D^2}}$ $V'_{1_{P=Q}}:\quad \nu = \frac{1}{1+\mu}$

$\nu\,\mu = 1$. Der soeben benutzte Index der Bedingung $\frac{c_1}{m_1} = \omega_m^2$ gilt nur für das Zweimassensystem, dessen Masse m_2 erregt wird. Bei Erregung der Masse m_1 wird aus $\eta_{01}^2 = \frac{1+\nu}{\nu\,\mu}$ die Bedingung $\omega_m^2 = \frac{c_2}{m_2}\,(1+\nu)$.

Gedämpfte Systeme, deren Masse m_2 erregt wird, werden gemäß S. 89 und S. 93 optimal dadurch abgestimmt, daß die charakteristischen Punkte P und Q auf gleiche Höhe gebracht werden. Das ist der Fall, wenn bei konstanter Erregung $\nu = \frac{\mu}{(1+\mu)^2}$, und bei quadratischer Erregung $\nu = \frac{1}{1+\mu}$. Abb. 2.90 zeigt diese Abstimmungsregeln

Tabelle 2.2

Masse m_1 erregt

$$V_1 = \frac{1 - \frac{\nu\mu}{1+\nu}\eta^2}{N} \qquad V_2 = \frac{\frac{\nu}{\nu+1}}{N} \qquad (V_1)_{\varepsilon=0} = \frac{\nu}{1+\nu}\,\frac{1}{1-\nu(1+\mu)\eta^2}$$

$$\eta_{01}^2 = \frac{1+\nu}{\nu\mu}; \quad \min\eta_2^2 = \frac{1+\nu(1+\mu)}{2\mu\nu}; \; \eta_{01}^2 = \min\eta_2^2: \quad \nu = \frac{1}{\mu-1}$$

$$V_1' = \frac{\left(\frac{\nu+1}{\nu} - \mu\,\eta^2\right)\eta^2\nu}{N} \qquad V_2' = \frac{\nu\eta^2}{N}; \quad (X_1)_{\omega=\infty} = -\frac{m_0 r}{m_1}$$

$$\eta_{01}^2 = \frac{1-\nu}{\nu\mu}, \min\eta_2^2 = \frac{1}{4}\left(1+\sqrt{1+\frac{8}{\nu\mu}}\right), \eta_{01}^2 = \min\eta_2^2 : \nu = \sqrt{1+\frac{2}{\mu-2}} - 1$$

$$V_1 = \frac{\nu}{1+\nu}\sqrt{\frac{(1+1/\nu-\mu\eta^2)^2+\varepsilon^2\mu^2\eta^2}{N_D^2}}; \quad V_2 = \frac{\nu}{1+\nu}\sqrt{\frac{1+\varepsilon^2\mu^2\eta^2}{N_D^2}}$$

$$\eta_{P,Q}^2 = \frac{1}{\nu\mu(2+\mu)}\left[(\nu+1)(\mu+1) \pm \sqrt{\nu^2(1+\mu)^2+2\nu+1}\right]$$

$$V_1' = \nu\eta^2\sqrt{\frac{(1+1/\nu-\mu\eta^2)^2+\varepsilon^2\mu^2\eta^2}{N_D^2}}; \quad V_2' = \nu\eta^2\sqrt{\frac{1+\varepsilon^2\mu^2\eta^2}{N_D^2}}$$

als Beziehung zwischen ν und μ und läßt erkennen, daß für große Werte μ alle vier Beziehungen auf nahezu gleiches ν führen. Bemerkenswert ist der Scheitelpunkt der Kurve für konstante Erregung eines gedämpften Systems bei $\mu = 1$; $\max\nu = 0{,}25$, während die übrigen Kurven reinen Hyperbelcharakter haben.

Systeme mit einer an Masse m_1 angreifenden Erregung werden dagegen nach S. 94 und S. 96 auf den Bereich $\eta_A^2 < \eta^2 < \eta_{01}^2$, d. h. $\frac{1}{\mu\nu} < \eta^2 < \frac{1+\nu}{\mu\nu}$ abgestimmt, also $\frac{c_2}{m_2} < \omega_m^2$ $\frac{c_2}{m_2}(1+\nu) > \omega_m^2$ gewählt, was einen um so größeren Abstimmungsbereich ergibt, je größer ν ist.

Allen Abstimmungsregeln gemeinsam ist also, $\nu = \frac{c_1}{c_2}$ möglichst groß zu wählen. Da bei Maschinenfundamenten c_2 meist die Federung des Baugrundes bedeutet, kann bei festgelagerten Böden oft die Einschaltung weicher Federn zweckmäßig sein. Dies geschieht durch Stahlfedersysteme; neuerdings wird vielfach auf Schwingmetall, d. i. Gummi, der an Stahlschienen anvulkanisiert ist, übergegangen.

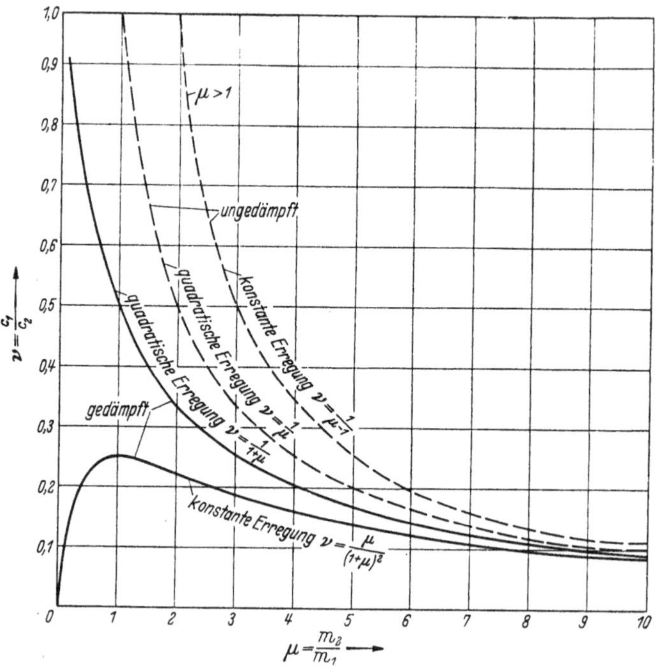

Abb. 2.90. Beziehung zwischen den optimalen Abstimmungswerten μ und ν bei konstanter und quadratischer Erregung

3 Homogene Systeme, Stabwerksdynamik

Die Eigenschwingungen elastischer Stabwerke können exakt oder nach Näherungsverfahren ermittelt werden. Im folgenden werden beide Möglichkeiten eingehend behandelt. Es wird aber gezeigt werden, daß die exakte Berechnungsmethode auch in den meisten praktischen Fällen schneller zum Ziele führt, vor allem aber den Vorteil bietet, nicht nur die Grundschwingungen, sondern auch alle Oberschwingungen in einem Rechnungsgang zu erfassen und schließlich Nomogramme aufzustellen gestattet, die beim Entwurf dynamisch beanspruchter Stabwerke den Einfluß der einzelnen Systemgrößen auf die Eigenfrequenz sofort erkennen lassen.

3.1 Das exakte Berechnungsverfahren der ungedämpften, freien Schwingungen

Zunächst haben wir bei der Berechnung der Eigenschwingungen von Stabwerken zu unterscheiden zwischen Längsschwingungen, Querschwingungen und Torsionsschwingungen. Da die Torsionsbeanspruchung keine zusätzlichen Biegemomente oder Längskräfte verursacht, besteht keine Koppelung, und die Drehschwingungen können also getrennt behandelt werden. Für die Längs- und Querschwingungen trifft dieses nicht zu. Durch eine Längsbeanspruchung werden nämlich auch Biegungsmomente wachgerufen, ebenso durch Biegebeanspruchung Längskräfte; es besteht also zwischen Längs- und Querschwingung Kopplung (meist Kraftkopplung), die eine gemeinsame Berücksichtigung erfordert. Zunächst werden diese beiden Schwingungsarten getrennt behandelt und hierauf wird die Koppelwirkung berücksichtigt.

3.11 Längsschwingungen

Die Längsschwingung eines endlichen Stabes oder Seiles wird nach Szabó [*115*] durch die partielle Differentialgleichung $\frac{\partial^2 u}{\partial t^2} = \frac{E\,g}{\gamma}\,\frac{\partial^2 u}{\partial x^2}$ oder nach Einführen der Wellengeschwindigkeit $v = \sqrt{\frac{E\,g}{\gamma}}$

$$\frac{\partial^2 u}{\partial t^2} = v^2\,\frac{\partial^2 u}{\partial x^2}$$

beschrieben. Die Lösung dieser Gleichung lautet

$$u\,(x, t) = A\,\sin\left(\frac{\omega\,x}{v} + \varphi_1\right)\sin\,(\omega\,t + \varphi_2)\,. \tag{3.1}$$

Zur Bestimmung der Integrationskonstanten dienen die Randbedingungen, die in der Regel im ein- bzw. zweiseitigen Festhalten des Stabes bestehen. Für den beiderseitig festgehaltenen Stab lauten die Randbedingungen

$$\left.\begin{matrix} x = 0 \\ x = l \end{matrix}\right\} u = 0\,, \qquad \begin{matrix} 0 = A\,\sin\varphi_1\,\sin\,(\omega\,t + \varphi_2)\,; & \varphi_1 = 0 \\ 0 = A\,\sin\frac{\omega\,l}{v}\,\sin\,(\omega\,t + \varphi_2)\,; & \sin\frac{\omega\,l}{v} = 0 \end{matrix}$$

und führen damit auf die Frequenzengleichung

$$\omega_\nu = \frac{\nu\,\pi\,v}{l} = \frac{\nu\,\pi}{l}\sqrt{\frac{E\,g}{\gamma}} \tag{3.2}$$

und die Amplitude

$$u(x, t) = \sum_{\nu=1}^{\infty} A_\nu\,\sin\frac{\nu\,\pi\,x}{l}\,\sin\left(\frac{\nu\,\pi\,v}{l} + \varphi_2\right).$$

Wegen $v = \lambda\,n = \lambda\frac{\omega}{2\pi} = \frac{\omega\,l}{\nu\,\pi}$ ergibt sich die Wellenlänge $\lambda = \frac{2l}{\nu}$.

Für den einseitig festgehaltenen Stab lauten die entsprechenden Werte

$$x = 0; \quad u = 0; \quad \varphi_1 = 0$$

$$x = l; \quad \frac{\partial u}{\partial x} = \frac{\sigma_x}{E} = 0; \quad \left(\frac{\partial u}{\partial x}\right)_{x=l} = \frac{\omega}{v} A \cos\frac{\omega l}{v} \sin(\omega t + \varphi_2) = 0;$$

$$\cos\frac{\omega l}{v} = 0; \quad \frac{\omega l}{v} = \frac{\nu \pi}{2}$$

$$\omega_\nu = \frac{\nu \pi}{2 l}\sqrt{\frac{E g}{\gamma}}; \qquad \lambda = \frac{4l}{\nu}.$$

Schließlich ist bei Längsschwingungen noch die Möglichkeit zu berücksichtigen, daß der Stab bei gleichzeitiger Wirkung der Stabmasse G_s/g zusätzlich mit einer Kopfmasse G_k/g belastet ist. In diesem etwas schwierigeren Fall wird für

$$x = 0; \qquad u = 0; \quad \varphi_1 = 0;$$

$$x = l; \qquad \left.\begin{array}{r} \dfrac{\partial u}{\partial x} = \dfrac{\sigma_x}{E} \\ \sigma_x F = P \end{array}\right\} \; EF\left(\frac{\partial u}{\partial x}\right)_{x=l} = P; \quad P = -\frac{G_K}{g}\left(\frac{\partial^2 u}{\partial t_2}\right)_{x=l}.$$

Es entsteht daraus die Differentialgleichung

$$\ddot{u} + g\frac{EF}{G_K} u' = 0 \quad \text{bzw. wegen} \quad g\frac{EF}{G_K} = \frac{\gamma v^2 F}{G_K}$$

$$\ddot{u} + \frac{\gamma v^2 F}{G_K} u' = 0$$

in welche wir die vorstehende Lösung:

$$u(x, t) = A \sin\frac{\omega x}{v} \sin(\omega t + \varphi_2)$$

mit ihren Ableitungen

$$u' \equiv \frac{\partial u}{\partial x} = A\frac{\omega}{v}\cos\frac{\omega x}{v}\sin(\omega t + \varphi_2)$$

$$\ddot{u} \equiv \frac{\partial^2 u}{\partial t^2} = -A\,\omega^2 \sin\frac{\omega x}{v}\sin(\omega t + \varphi_2)$$

einführen.

Sie lautet also:

$$-A\,\omega^2 \sin\frac{\omega l}{v}\sin(\omega t + \varphi_2) + \frac{\gamma v^2 F}{G_K} A\frac{\omega}{v}\cos\frac{\omega l}{v}\sin(\omega t + \varphi_2) = 0$$

und gekürzt

$$\frac{\omega G_K}{\gamma v F} = \operatorname{ctg}\frac{\omega l}{v}$$

oder nach Einführen des Stabgewichtes $G_S = \gamma\, l\, F$

$$\frac{\omega l}{v}\frac{G_K}{G_S} = \operatorname{ctg}\frac{\omega l}{v}. \tag{3.3}$$

Das Ergebnis ist eine transzendente Gleichung, in der auf beiden Seiten die Eigenfrequenz ω erscheint und deren Lösung nur auf graphischem

Wege möglich ist. Da aber diese Gleichung nur einen Parameter $\frac{G_K}{G_S}$ aufweist, liefert das nebenstehende Schaubild (Abb. 3.1) für die meist vorkommenden Werte des Parameters G_K/G_S den ersten Eigenwert $\lambda_{Q\,\mathrm{I}} = \frac{\omega\, l}{v}$, woraus die Eigenfrequenz nach der Beziehung

$$\omega_\mathrm{I} = \lambda_{Q\,\mathrm{I}} \sqrt{\frac{EF}{\mu\, l^2}}$$

ermittelt werden kann.

Beispiel 1. Das Beispiel Abb. 3.2 stellt einen Rahmenstiel dar, dessen Kopfgewicht G_K aus der halben Riegelmasse herrührt. Das Näherungsverfahren für die niedrigste Longitudinalfrequenz $\bar{\omega}_\mathrm{I}$ benutzt nur die Federung des Stieles $c = \frac{EF}{l}$ und die Massen des halben Riegels und halben Stieles

$$m = \frac{\mu_1 l_1 + \mu_2 l_2}{2}.$$

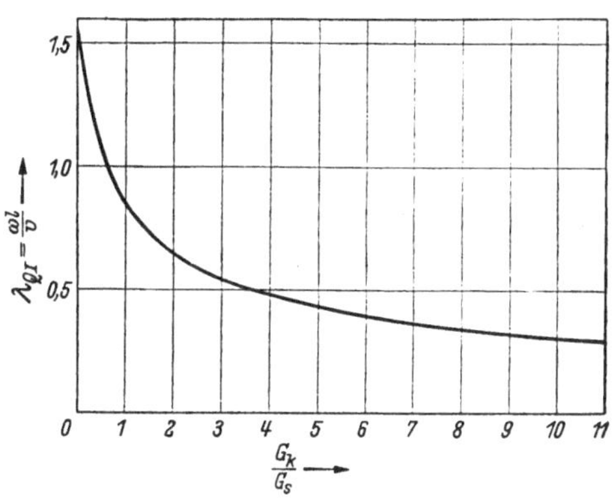

Abb. 3.1. Lösung der Gleichung $\frac{\omega\, l}{v} \frac{G_K}{G_S} = \operatorname{ctg} \frac{\omega\, l}{v}$; $\lambda_{Q\,I} = \frac{\omega\, l}{v} = f\left(\frac{G_K}{G_S}\right)$

Daraus erhält man als Näherung $\bar{\omega}^2 = \frac{c}{m} = \frac{2\,EF}{l_1\,(\mu_1 l_1 + \mu_2 l_2)}$, während das exakte Ergebnis

$$\omega_\mathrm{I} = \lambda_{Q\,\mathrm{I}} \sqrt{\frac{EF}{\mu_1\, l_1^2}}$$

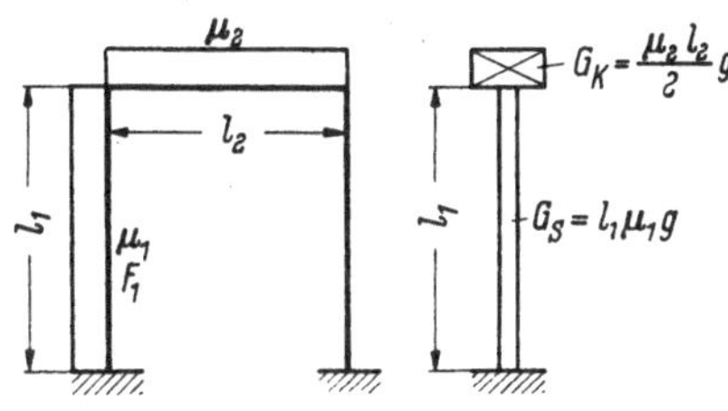

Abb. 3.2. Längsschwingung der Rahmenstiele

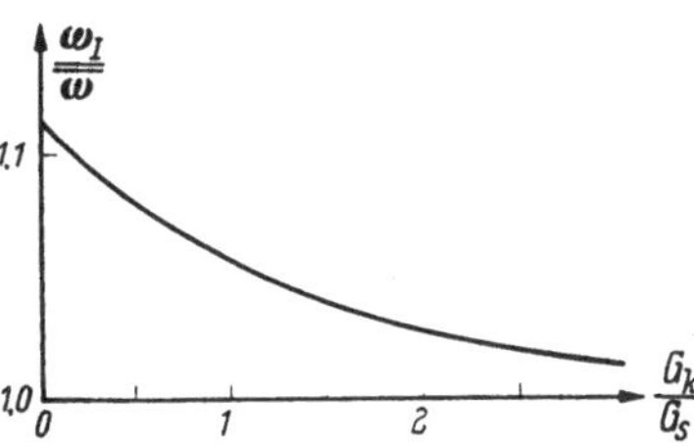

Abb. 3.3. Abweichung der Näherung $\bar{\omega}$ von dem exakten Wert ω_I

lautet. Die Güte der Näherung zeigt der Quotient

$$\frac{\omega_\mathrm{I}^2}{\bar{\omega}^2} = \lambda_{Q\,\mathrm{I}}^2 \frac{\mu_1 l_1 + \mu_2 l_2}{2\mu_1 l_1} = \frac{\lambda_{Q\,\mathrm{I}}^2}{2}\left(1 + \frac{\mu_2 l_2}{\mu_1 l_1}\right)$$

wegen $\frac{G_K}{G_S} = \frac{\mu_2 l_2}{2\mu_1 l_1}$ wird schließlich

$$\frac{\omega_\mathrm{I}}{\bar{\omega}} = \lambda_{Q\,\mathrm{I}} \sqrt{\frac{1}{2} + \frac{G_K}{G_S}}.$$

Man erkennt aus Abb. 3.3, daß das Näherungsverfahren stets kleinere Frequenzen ergibt als das exakte Verfahren, der Fehler aber —11% nicht übersteigt. Mit wachsendem Verhältnis Kopfmasse gegen Stabmasse geht der Fehler gegen Null.

An diesem einfachen Beispiel ist bereits zu ersehen, daß Näherungsverfahren auch mit übersehbaren und tragbaren Fehlern keine Berechtigung besitzen, wenn der Zeitaufwand für die exakte Lösung nicht wesentlich größer ist, weil die exakte Berechnung nicht nur die Grundschwingung, sondern gleichzeitig sämtliche höheren Eigenfrequenzen liefert.

3.12 Querschwingungen

3.121 Theoretische Grundlagen

Eine Aufgabe von besonderer Wichtigkeit ist die Ermittlung der Querschwingungen der Stabwerke. Auch hier geht die exakte Berechnung nach SZABÓ [*115*] von der partiellen Differentialgleichung

$$p - EJ\frac{\partial^4 z}{\partial x^4} + \frac{\gamma}{g}J\frac{\partial^4 z}{\partial x^2\,\partial t^2} - \frac{p}{g}\frac{\partial^2 z}{\partial t^2} = 0$$

aus, die sich in fast allen praktischen Fällen infolge Beschränkung auf kleine Schwingungsausschläge durch Wegfall des 3. Gliedes vereinfacht, so daß die wesentlich einfachere Differentialgleichung

$$EJ\frac{\partial^4 z}{\partial x^4} + \frac{p}{g}\frac{\partial^2 z}{\partial t^2} = p$$

entsteht. Sie zerfällt in eine inhomogene, den statischen Teil der Formänderung erfassende totale Differentialgleichung

$$EJ\frac{d^4 z}{dx^4} = p(x)$$

und eine homogene, partielle Differentialgleichung

$$EJ\frac{\partial^4 z}{\partial x^4} + \frac{p}{g}\frac{\partial^2 z}{\partial t^2} = 0,$$

die die Schwingungen des Stabes um die als statische Ruhelage zu betrachtende elastische Linie beschreibt. Mit dem Lösungsansatz $z = Z\cos\omega t$ entsteht die totale Differentialgleichung

$$\frac{d^4 z}{dx^4} = \frac{p\,\omega^2}{EJ\,g}Z$$

oder mit Einführen von $a^4 = \dfrac{EJ\,g}{p\,\omega^2}$

$$\frac{d^4 z}{d\left(\dfrac{x}{a}\right)^4} = Z, \tag{3.4}$$

deren Lösung lautet

$$Z(x) = C_1\sin\frac{x}{a} + C_2\cos\frac{x}{a} + C_3\,\mathfrak{Sin}\,\frac{x}{a} + C_4\,\mathfrak{Cof}\,\frac{x}{a}. \tag{3.5}$$

Zur Bestimmung der Integrationskonstanten stehen die Randbedingungen zur Verfügung.

3.122 Verfahren von Hohenemser-Prager

Wir wollen an dieser Stelle von einem sehr zweckmäßigen Vorschlag Gebrauch machen, der in dem noch öfter zu zitierenden Buch von Hohenemser-Prager [*1*] abgeleitet und ausreichend begründet ist. Er besteht darin, nicht nur die Randbedingungen, sondern bei komplizierteren Stabwerken auch die Übergangsbedingungen durch zwei typische Größen zu erfassen, die, aus einer Tafel abgelesen und sinngemäß in eine schematische Frequenzengleichung eingebaut, die endgültige Frequenzengleichung liefern.

Als Hilfsgrößen werden für jeden Stababschnitt $k-1 \div k$ gemäß Abb. 3.4 die Quotienten $e = \frac{z'' a}{z'}$ und $f = \frac{z''' a^3}{z}$ gewählt. e ist also der Krümmung z'' direkt und der Neigung z' indirekt proportional, während f der 3. Ableitung z''' direkt und der Verschiebung z indirekt proportional ist. Die Konstante $a = \sqrt[4]{\frac{EJ}{\mu\,\omega^2}}$ [cm] sorgt für Dimensionslosigkeit der Ausdrücke e und f. Von diesen Ausdrücken interessieren nur die Grenzen 0 und ∞, die leicht anzugeben sind: ein festes Endlager verhindert die Verschiebung z, läßt eine Verdrehung z' zu, während die Krümmung z'' wegen $M = 0$ zu Null wird. Also ist hier $e = \frac{0}{z'} = 0$ und $f = \frac{z'''}{0} = \infty$. Für ein eingespanntes Endlager gilt $z = 0$; $z' = 0$, also $e = \infty$ und $f = \infty$. In gleicher Weise sind Symmetriepunkte z. B. in Balkenmitte zu behandeln. In der Tab. 3.1 sind die wichtigsten Fälle zusammengestellt und neben den Randbedingungen aus der Art der Endlager auch die sog. Übergangsbedingungen erfaßt. Hierbei werden zunächst wieder die Hilfsgrößen e und f bestimmt. Der Unterschied zu den Randbedingungen besteht aber darin, daß nur eine Hilfsgröße 0 oder ∞ wird, die andere endlich und unbekannt bleibt und deshalb in eine Anschlußgleichung einzuführen ist, die in der letzten Spalte der Tab. 3.1 steht.

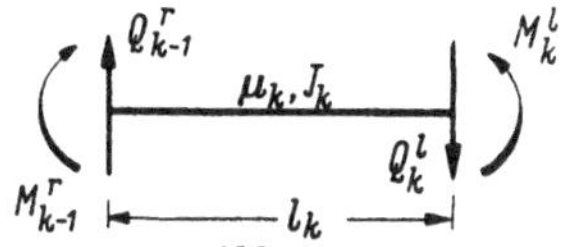

Abb. 3.4. Schnittlasten an den Balkenenden

Nunmehr stehen alle Werte zur Verfügung, um in die schematischen Frequenzgleichungen

$$\begin{aligned} & e^r_{k-1} f^r_{k-1} \{ e^l_k f^l_k \mathfrak{D}(\lambda_k) - e^l_k \mathfrak{A}(\lambda_k) + f^l_k \mathfrak{B}(\lambda_k) + \mathfrak{E}(\lambda_k)\} \\ & \quad + e^r_{k-1} \{ e^l_k f^l_k \mathfrak{A}(\lambda_k) - e^l_k \mathfrak{S}(\lambda_k) - f^l_k \mathfrak{C}(\lambda_k) + \mathfrak{A}(\lambda_k)\} \\ & \quad - f^r_{k-1} \{ e^l_k f^l_k \mathfrak{B}(\lambda_k) + e^l_k \mathfrak{C}(\lambda_k) - f^l_k \mathfrak{S}(\lambda_k) + \mathfrak{B}(\lambda_k)\} \\ & \quad + e^l_k f^l_k \mathfrak{E}(\lambda_k) - e^l_k \mathfrak{A}(\lambda_k) + f^l_k \mathfrak{B}(\lambda_k) + \mathfrak{D}(\lambda_k) = 0, \end{aligned} \tag{3.6a}$$

$$\begin{aligned} & e^l_k f^l_k \{ e^r_{k-1} f^r_{k-1} \mathfrak{D}(\lambda_k) + e^r_{k-1} \mathfrak{A}(\lambda_k) - f^r_{k-1} \mathfrak{B}(\lambda_k) + \mathfrak{E}(\lambda_k)\} \\ & - e^l_k \{ e^r_{k-1} f^r_{k-1} \mathfrak{A}(\lambda_k) + e^r_{k-1} \mathfrak{S}(\lambda_k) + f^r_{k-1} \mathfrak{C}(\lambda_k) + \mathfrak{A}(\lambda_k)\} \\ & + f^l_k \{ e^r_{k-1} f^r_{k-1} \mathfrak{B}(\lambda_k) - e^r_{k-1} \mathfrak{C}(\lambda_k) + f^r_{k-1} \mathfrak{S}(\lambda_k) + \mathfrak{B}(\lambda_k)\} \\ & \quad + e^r_{k-1} f^r_{k-1} \mathfrak{E}(\lambda_k) + e^r_{k-1} \mathfrak{A}(\lambda_k) - f^r_{k-1} \mathfrak{B}(\lambda_k) + \mathfrak{D}(\lambda_k) = 0. \end{aligned} \tag{3.6b}$$

eingeführt zu werden.

Tabelle *3.1*

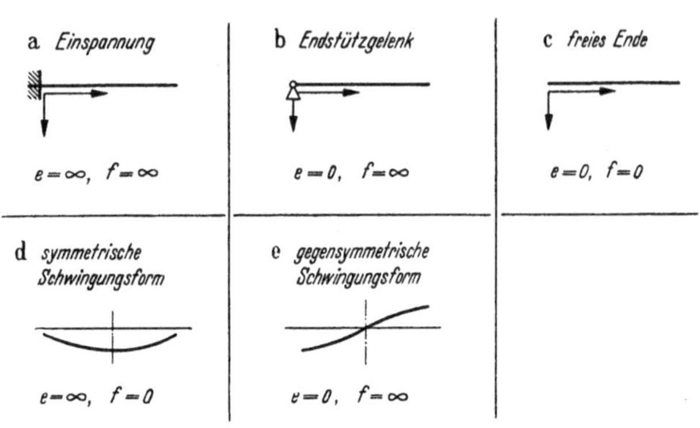

Anschlußart	Übergangsbedingungen	Anschlußgleichungen
a *Zwischenlager* (l, r)	$v_l = v_r = 0$ $v'_l = v'_r$ $\mathfrak{M}_l = \mathfrak{M}_r$	$f_l = f_r = \infty$ $(\varkappa J e)_l = (\varkappa J e)_r$
b *Gelenk* (l, r)	$\mathfrak{M}_l = \mathfrak{M}_r = 0$ $e_l = e_r = 0$ $Q_l = Q_r$	$e_l = e_r = 0$ $\left(\frac{\mu}{\varkappa} f\right)_l = \left(\frac{\mu}{\varkappa} f\right)_r$
c *unverschieblicher Rahmenknoten* (l, r, u)	$v_u = v_l = v_r = 0$ $v'_u = v'_l = v'_r$ $\mathfrak{M}_u + \mathfrak{M}_l = \mathfrak{M}_r$	$f_u = f_l = f_r = \infty$ $(\varkappa J e)_u + (\varkappa J e)_l = (\varkappa J e)_r$
d *unverschieblicher Rahmenknoten* (o, l, r, u)	$v_u = v_o = v_l = v_r = 0$ $v'_u = v'_o = v'_r = v'_l$ $\mathfrak{M}_u + \mathfrak{M}_l = \mathfrak{M}_0 + \mathfrak{M}_r$	$f_u = f_o = f_l = f_r = \infty$ $(\varkappa J e)_u + (\varkappa J e)_l = (\varkappa J e)_o + (\varkappa J e)_r$

Ermittlung der Hilfsgrößen e und f für Rand- und Übergangsbedingungen nach HOHENEMSER-PRAGER [*1*]

An einem Beispiel sei der weitere Weg erläutert: Für einen symmetrischen Kragträger auf zwei Stützen soll die Frequenzgleichung aufgestellt werden. Die Längen, Belastungen und Trägheitsmomente der einzelnen Trägerteile sind aus Abb. 3.5 zu erkennen. Es ist danach

$$l_1 = \frac{3}{2} l_2$$

$$\mu_1 = \frac{\mu_2}{2}$$

$$J_1 = \frac{J_2}{2}.$$

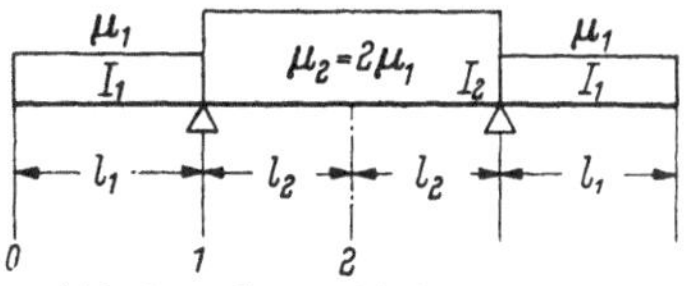

Abb. 3.5. Symmetrischer Kragträger

Daraus bilden wir die Hilfsgrößen

$$\varkappa = \sqrt[4]{\frac{\mu}{J}}; \qquad \frac{\varkappa_1}{\varkappa_2} = \sqrt[4]{\frac{\mu_1 J_2}{\mu_2 J_1}} = \sqrt[4]{\frac{1}{2}\cdot 2} = 1$$
$$\lambda = \frac{l}{a} = l \sqrt[4]{\frac{\mu\,\omega^2}{EJ}}; \qquad \frac{\lambda_1}{\lambda_2} = \frac{l_1}{l_2}\sqrt[4]{\frac{\mu_1 J_2}{\mu_2 J_1}} = \frac{l_1}{l_2}\sqrt[4]{1} = \frac{3}{2}. \tag{3.7}$$

Wegen Symmetrie beschränken wir uns auf die Trägerhälfte 0—1—2 und finden aus Tab. 3.1 für das Feld 0—1

freies Ende	$e_0^r = 0$;	Zwischenlager	$e_1^l = e_1^r$	Symmetriepunkt	$e_2 = \infty$
Punkt 0	$f_0^r = 0$;	Punkt 1	$f_1^l = f_1^r = \infty$	Punkt 2	$f_2^l = 0$.

Die oberen Indizes l und r weisen darauf hin, daß das linke bzw. rechte Feldende betrachtet wird.

In Gl. (3.6a) sind die Indizes für das Feld 0—1 $k - 1 = 0$, $k = 1$

In Gl. (3.6b) sind die Indizes für das Feld 1—2 $k - 1 = 1$, $k = 2$

zu setzen.

Wegen $e_0^r = e_{k-1}^r = 0$ und $f_0^r = f_{k-1}^r = 0$ fallen die drei ersten Zeilen von Gl. (3.6a) aus. Es bleibt von Gl. (3.6a)

$$e_1^l \infty\, \mathfrak{E}(\lambda_1) - e_1^l\, \mathfrak{A}(\lambda_1) + \infty\, \mathfrak{B}(\lambda_1) + \mathfrak{D}(\lambda_1) = 0. \tag{3.8a}$$

Aus Gl. (3.6b) fallen wegen $f_2^l = f_k^l = 0$ die erste und die dritte Zeile aus, und es bleibt von Gl. (3.6b)

$$\begin{aligned} &-\infty\{e_1^r \infty\, \mathfrak{A}(\lambda_2) + e_1^r \mathfrak{S}(\lambda_2) + \infty\, \mathfrak{C}(\lambda_2) + \mathfrak{A}(\lambda_2)\} + \\ &+ \infty\, e_1^r\, \mathfrak{E}(\lambda_2) + e_1^r\, \mathfrak{A}(\lambda_2) - \infty\, \mathfrak{B}(\lambda_2) + \mathfrak{D}(\lambda_2) = 0. \end{aligned} \tag{3.8b}$$

Maßgebend sind die Glieder mit dem Koeffizienten ∞. (Wenn der Wert ∞ mit höheren Exponenten erscheint, sind nur die Glieder mit dem höchsten Exponenten zu berücksichtigen.) Hiernach ergibt sich für das gewählte Beispiel

$$e_1^l\, \mathfrak{E}(\lambda_1) + \mathfrak{B}(\lambda_1) = 0 \tag{3.9a}$$

und

$$e_1^r\, \mathfrak{A}(\lambda_2) + \mathfrak{C}(\lambda_2) = 0. \tag{3.9b}$$

Die Anschlußgleichung lautet $\varkappa_1 J_1 e_1^l = \varkappa_2 J_2 e_1^r$ und es ergibt sich

$$\frac{e_1^l}{e_1^r} = \frac{-\dfrac{\mathfrak{B}(\lambda_1)}{\mathfrak{E}(\lambda_1)}}{-\dfrac{\mathfrak{C}(\lambda_2)}{\mathfrak{A}(\lambda_2)}} = \frac{\varkappa_2 J_2}{\varkappa_1 J_1},$$

was auf die endgültige Frequenzgleichung

$$\frac{\mathfrak{B}(\lambda_1)}{\mathfrak{E}(\lambda_1)} = \frac{\varkappa_2 J_2}{\varkappa_1 J_1} \frac{\mathfrak{C}(\lambda_2)}{\mathfrak{A}(\lambda_2)} \tag{3.10}$$

führt.

Die hyperbolischen Funktionen $\mathfrak{A}$, $\mathfrak{B}$, $\mathfrak{C}$, $\mathfrak{E}$ usf. sowie die Quotienten $\frac{\mathfrak{C}}{\mathfrak{A}}$, $\frac{\mathfrak{B}}{\mathfrak{D}}$ und $\frac{\mathfrak{S}}{\mathfrak{B}}$ sind in *[1]* tabelliert. Die Lösung der Gl. (3.10), die mit den Werten des Beispiels die Form $\frac{\mathfrak{B}(\lambda_1)}{\mathfrak{E}(\lambda_1)} = 2\frac{\mathfrak{C}(\lambda_2)}{\mathfrak{A}(\lambda_2)}$ annimmt, ist nur graphisch möglich; man zeichnet hierzu gemäß Abb. 3.6 die Funktion $\frac{\mathfrak{C}(\lambda_2)}{\mathfrak{A}(\lambda_2)}$ und formt, weil $\frac{\mathfrak{B}}{\mathfrak{E}}$ nicht tabelliert ist, um in $\frac{\mathfrak{C}(\lambda_2)}{\mathfrak{A}(\lambda_2)} = \frac{1}{2}\,\frac{\mathfrak{B}(3/2\lambda_2)}{\mathfrak{E}(3/2\lambda_2)}$. Aus den tabellierten Werten $\mathfrak{B}(\lambda_1)$ und $\mathfrak{E}(\lambda_1)$ findet man das Ergebnis als Schnittstellen I, II, ... zu

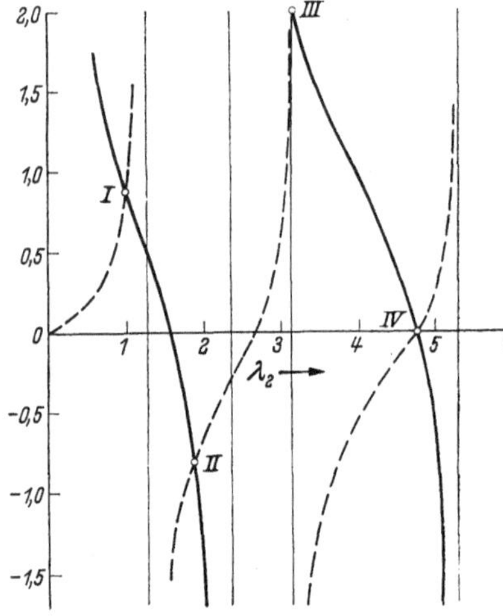

Abb. 3.6. Graphische Lösung der Frequenzgleichung $\frac{\mathfrak{B}}{\mathfrak{E}}(\lambda_1) = 2\frac{\mathfrak{C}}{\mathfrak{A}}(\lambda_2)$

$$\begin{aligned} \lambda_2^{\mathrm{I}} &= 1{,}00 \quad \text{bzw.} & \lambda_1^{\mathrm{I}} &= 1{,}50 \\ \lambda_2^{\mathrm{II}} &= 1{,}86 & \lambda_1^{\mathrm{II}} &= 2{,}79 \\ \lambda_2^{\mathrm{III}} &= 3{,}13 & \lambda_1^{\mathrm{III}} &= 4{,}69 \\ \lambda_2^{\mathrm{IV}} &= 4{,}17 & \lambda_1^{\mathrm{IV}} &= 6{,}26. \end{aligned}$$

Eine weitere Möglichkeit zur graphischen Lösung der transzendenten Frequenzgleichungen empfehlen HOHENEMSER und PRAGER durch Hinweis auf folgende Umformung der Gl. (3.10)

$$\alpha\frac{\mathfrak{B}(\lambda_1)}{\mathfrak{E}(\lambda_1)} = \frac{\mathfrak{C}(\lambda_2)}{\mathfrak{A}(\lambda_2)}; \quad \ln\alpha + \ln\frac{\mathfrak{B}(\lambda_1)}{\mathfrak{E}(\lambda_1)} = \ln\frac{\mathfrak{C}(\lambda_2)}{\mathfrak{A}(\lambda_2)}$$

$$\alpha = \frac{\varkappa_1 J_1}{\varkappa_2 J_2}; \quad \beta = \frac{\lambda_1}{\lambda_2}; \quad \ln\lambda_1 = \ln\beta + \ln\lambda_2.$$

Daraus wird mit $x = \ln\lambda_2$; $\xi = \ln\lambda_1$

$$\begin{gathered} y = \ln\frac{\mathfrak{C}(\lambda_2)}{\mathfrak{A}(\lambda_2)}; \qquad \eta = \ln\frac{\mathfrak{B}(\lambda_1)}{\mathfrak{E}(\lambda_1)} \\ \xi = x + \ln\beta \\ \eta = y - \ln\alpha. \end{gathered} \tag{3.11}$$

Durch Auftragen auf doppellogarithmischem Papier erhält man dann die gesuchten Schnitte gemäß Abb. 3.7. Auf diese Weise lassen sich für alle Stabwerke die Eigenfrequenzen exakt bestimmen.

Wir wenden nun das beschriebene Verfahren auf die exakte Berechnung der Eigenfrequenzen von Rahmen an, unterscheiden dabei gemäß Abb. 3.8 zwischen eingespannten und Zweigelenkrahmen und gemäß Abb. 3.9 zwischen symmetrischer und antimetrischer Schwingungsform.

Maßgebende Größen für die Schwingungsberechnung sind

a) Systemlängen
l_1 Länge des Stiels
$2l_2$ Länge des Riegels

b) Massenbelegung
μ_1 des Stiels
μ_2 des Riegels

c) Steifigkeit
$E_1 J_1$ für den Stiel
$E_2 J_2$ für den Riegel

daraus ergeben sich der Hilfswert

$$\varkappa = \sqrt[4]{\frac{\mu}{J}}$$

und die Verhältniswerte

$$\alpha = \frac{\varkappa_1 J_1}{\varkappa_2 J_2} = \frac{J_1}{J_2}\sqrt[4]{\frac{\mu_1 J_2}{\mu_2 J_1}}$$

$$\beta = \frac{\lambda_1}{\lambda_2} = \frac{\varkappa_1 l_1}{\varkappa_2 l_2} = \frac{l_1}{l_2}\sqrt[4]{\frac{\mu_1 J_2}{\mu_2 J_1}}$$

$$\gamma = \frac{\mu_2 l_2}{\mu_1 l_1}.$$

Die Auswertung der allgemeinen Frequenzgleichung geht für die vier Rahmen bzw. Schwingungstypen der Abb. 3.8 und 3.9 in folgenden Schritten vor sich: (Tab. 3.2, S. 112).

Bei diesen Berechnungen blieben die Längskräfte im Stiel und Riegel unberücksichtigt, ihr Einfluß wird später erfaßt. Bei der Rahmenschwingung wird also zunächst angenommen, daß die Eckpunkte auf gleicher Höhe bleiben. Die Frequenzgleichungen der Fälle 1,2 und 3,4 zeigen weitgehende Ähnlichkeit im Aufbau, in den Fällen 1 und 2 stimmen

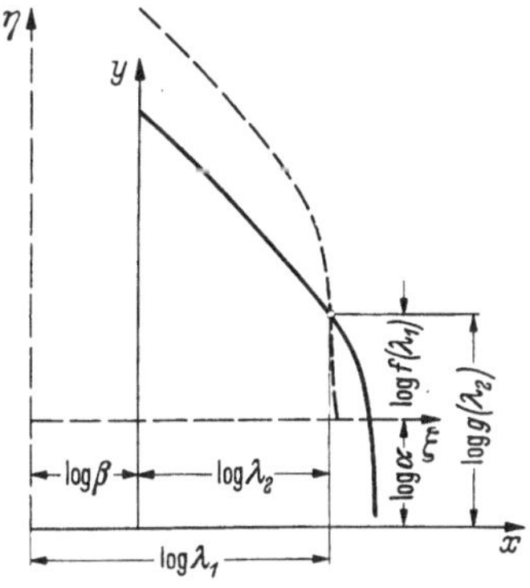

Abb. 3.7. Verfahren zur Lösung von Frequenzgleichungen nach HOHENEMSER-PRAGER [1]

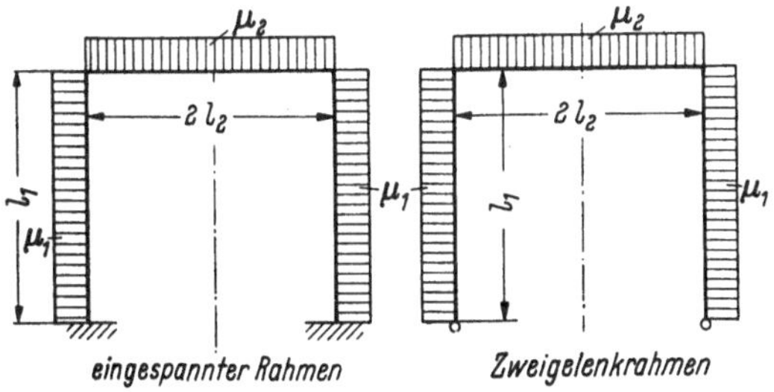

Abb. 3.8. Eingespannter Rahmen und Zweigelenkrahmen

die rechten Seiten sogar bis auf das Vorzeichen überein, weil die Schwingungsform des Riegels von der Stützungsart der Stiele unabhängig ist. Bei den Fällen 3 und 4 hat die Frequenzgleichung einen wesentlich ver-

Tabelle 3.2

	Symmetrische Schwingung		Antimetrische Schwingung	
	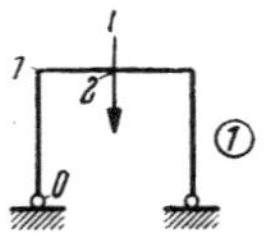 ①	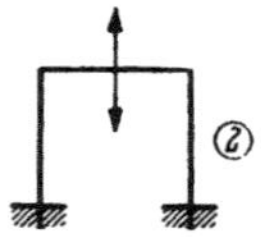 ②	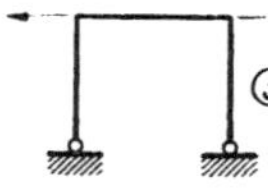 ③	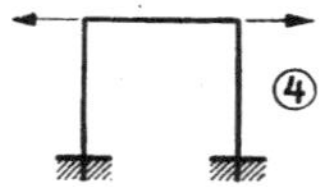 ④
Fußpunkt 0				
Randbedingungen	$e_0 = 0$	$e_0 = \infty$	$e_0 = 0$	$e_0 = \infty$
	$f_0 = \infty$	$f_0 = \infty$	$f_0 = \infty$	$f_0 = \infty$
Eckpunkt 1 (s. auch Übergangsbedingung)	$e_1^l;\ e_1^r$	$e_1^l;\ e_1^r$	$e_1^l;\ e_1^r$	$e_1^l;\ e_1^r$
	$f_1^l = f_1^r = \infty$	$f_1^l = f_1^r = \infty$	$f_1^r = \infty$	$f_1^r = \infty$
Riegelmitte Punkt 2	$e_2 = \infty$	$e_2 = \infty$	$e_2 = 0$	$e_2 = 0$
	$f_2 = 0$	$f_2 = 0$	$f_2 = \infty$	$f_2 = \infty$
Übergangsbedingung	$\varkappa_1 J_1 e_1^l = \varkappa_2 J_2 e_1^r$	$\varkappa_1 J_1 e_1^l = \varkappa_2 J_2 e_1^r$	$\varkappa_1 J_1 e_1^l = \varkappa_2 J_2 e_1^r$	$\varkappa_1 J_1 e_1^l = \varkappa_2 J_2 e_1^r$
Restglieder aus Grundgleichung, Abschn. 0—1	$-\mathfrak{B}(\lambda_1)\, e_1^l + \mathfrak{S}(\lambda_1) = 0$	$e_1^l\, \mathfrak{D}(\lambda_1) + \mathfrak{B}(\lambda_2) = 0$	$e_1^l f_1^l\, \mathfrak{B}(\lambda_1) + e_1^l\, \mathfrak{C}(\lambda_1) -$	$e_1^l f_1^l\, \mathfrak{D}(\lambda_1) - e_1^l\, \mathfrak{A}(\lambda_1) +$ $+ f_1^l\, \mathfrak{B}(\lambda_1) + \mathfrak{C}(\lambda_1) = 0$
Abschn. 1—2	$-\mathfrak{A}(\lambda_2)\, e_1^r - \mathfrak{C}(\lambda_2) = 0$	$-e_1^r\, \mathfrak{A}(\lambda_2) - \mathfrak{C}(\lambda_2) = 0$	$-f_1^l\, \mathfrak{S}(\lambda_1) + \mathfrak{B}(\lambda_1) = 0$	$e_1^r\, \mathfrak{B}(\lambda_2) + \mathfrak{S}(\lambda_2) = 0$
Frequenzgleichung	$\alpha \dfrac{\mathfrak{S}}{\mathfrak{B}}(\lambda_1) = -\dfrac{\mathfrak{C}}{\mathfrak{A}}(\lambda_2)$	$\alpha \dfrac{\mathfrak{B}}{\mathfrak{D}}(\lambda_1) = \dfrac{\mathfrak{C}}{\mathfrak{A}}(\lambda_2)$	$e_1^r\, \mathfrak{B}(\lambda_2) + \mathfrak{S}(\lambda_2) = 0$ $-\alpha \dfrac{\gamma \lambda_1\, \mathfrak{S}(\lambda_1) + \mathfrak{B}(\lambda_1)}{\gamma \lambda_1\, \mathfrak{B}(\lambda_1) - \mathfrak{C}(\lambda_1)} = \dfrac{\mathfrak{S}}{\mathfrak{B}}(\lambda_2)$	$\alpha \dfrac{\gamma \lambda_1\, \mathfrak{B}(\lambda_1) - \mathfrak{C}(\lambda_1)}{\gamma \lambda_1\, \mathfrak{D}(\lambda_1) + \mathfrak{A}(\lambda_1)} = \dfrac{\mathfrak{S}}{\mathfrak{B}}$

wickelteren Ausdruck der linken Seite, weil im Eckpunkt 1 zwar die Hilfsgrößen e_1^l und e_1^r durch die angegebene Übergangsbedingung eingeführt werden können, die Hilfsgröße $f_1^l = \infty$ wird, f_1^r aber keinen Grenzwert annimmt, sondern aus der zusätzlichen Gleichung $f_1^r = -\gamma \lambda_1$ gewonnen werden muß.

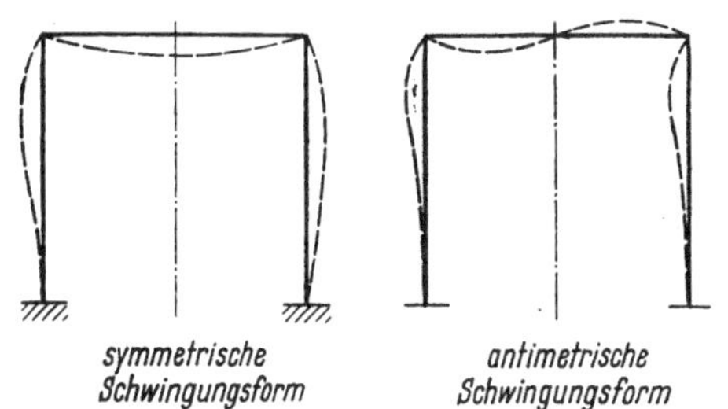

Abb. 3.9. Symmetrische und antimetrische Schwingungsform

3.123 Nomogramme der Frequenzen

Die Möglichkeiten für die Lösung der transzendenten Frequenzgleichungen sind im vorigen Abschnitt erwähnt. Beide Verfahren fanden Anwendung, um Nomogramme für den Verlauf der Frequenzen, und zwar der Grundfrequenz, der 1. und 2. Oberschwingung, zu entwickeln, die in den Abb. 3.10a—h dargestellt sind. Bei Fall 1 bis 3 in Tabelle 3.2 weisen die Frequenzgleichungen die Parameter α und $\beta = \frac{\lambda_1}{\lambda_2}$ auf, denn man kann z. B. für Fall 1 auch schreiben

$$\alpha \frac{\mathfrak{S}(\lambda_1)}{\mathfrak{B}(\lambda_1)} = -\frac{\mathfrak{C}\left(\frac{\lambda_1}{\beta}\right)}{\mathfrak{A}\left(\frac{\lambda_1}{\beta}\right)}.$$

Als Abszisse wurde der Wert β gewählt, als Ordinate der Eigenwert λ, der durch Lösen der Frequenzgleichung gefunden wird und mittels der Beziehung

$$\omega_\nu = \lambda_\nu^2 \sqrt{\frac{E_1 J_1}{\mu_1 l_1^4}}$$

die Eigenfrequenzen ω_ν liefert. ν bedeutet hierbei wieder die Ordnungszahl der Schwingung, also $\nu = 1$ die Grundschwingungen, $\nu = 2 \ldots$ die Oberschwingungen.

Die Kurvenscharen in den Nomogrammen (Abb. 3.10a—h) zeigen einige bemerkenswerte Eigenschaften, die nun diskutiert werden sollen.

a) Die Scharen weisen Festpunkte F auf, durch die alle Kurven des Parameters α laufen; mit anderen Worten: es gibt Werte β, nämlich die Abszissen der Festpunkte, für welche der Parameter α auf das Ergebnis λ ohne Einfluß ist. Diese Werte β_F werden aus der Bedingung gefunden, daß die Funktionen $\Phi(\lambda_1) = \Phi'\left(\frac{\lambda_1}{\beta}\right)$ die Extremwerte 0 oder ∞ annehmen.

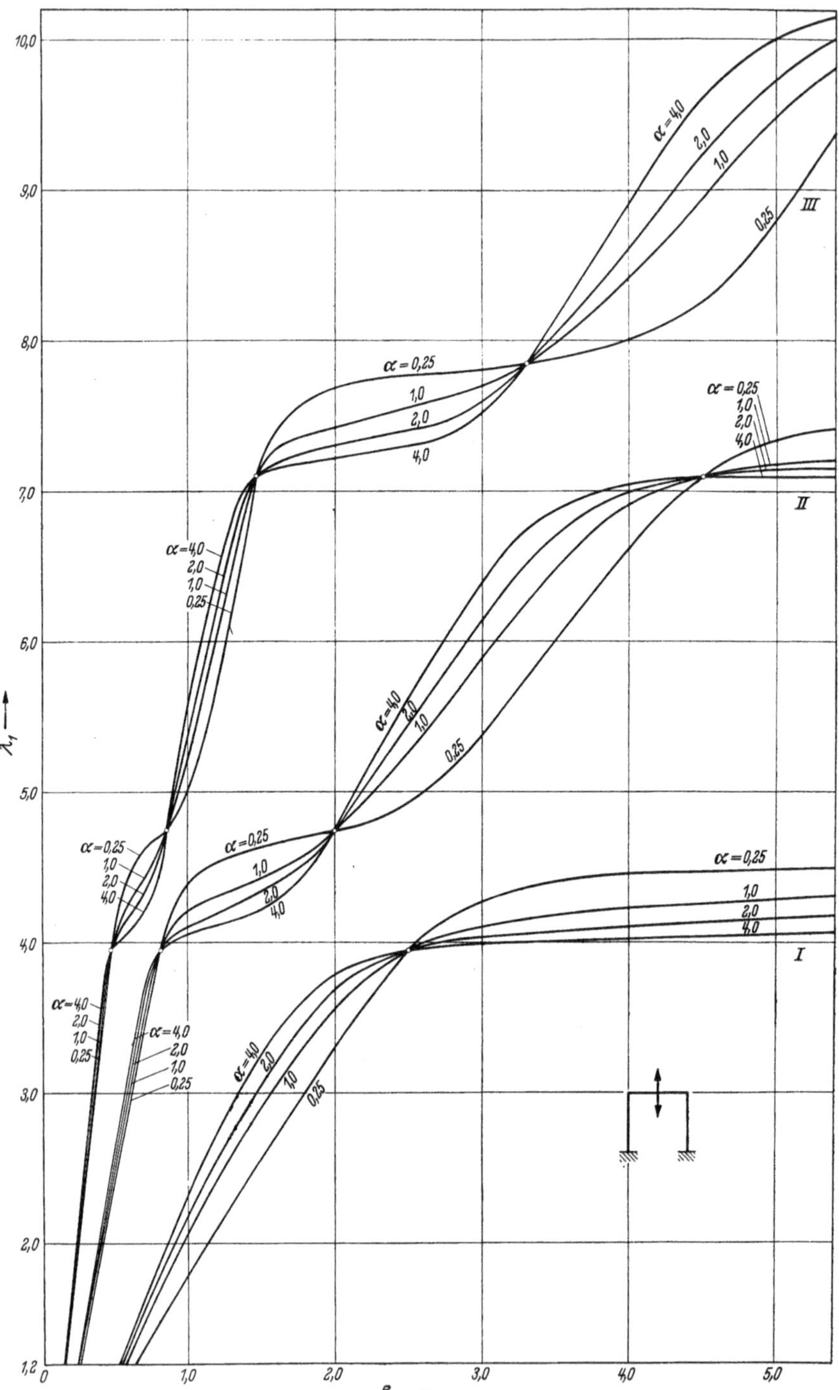

Abb. 3.10a–h. Nomogramme zur Ermittlung der ersten drei Eigenwerte folgender Rahmen: Abb. 3.10a) **Eingespannter Rahmen Symmetrie**

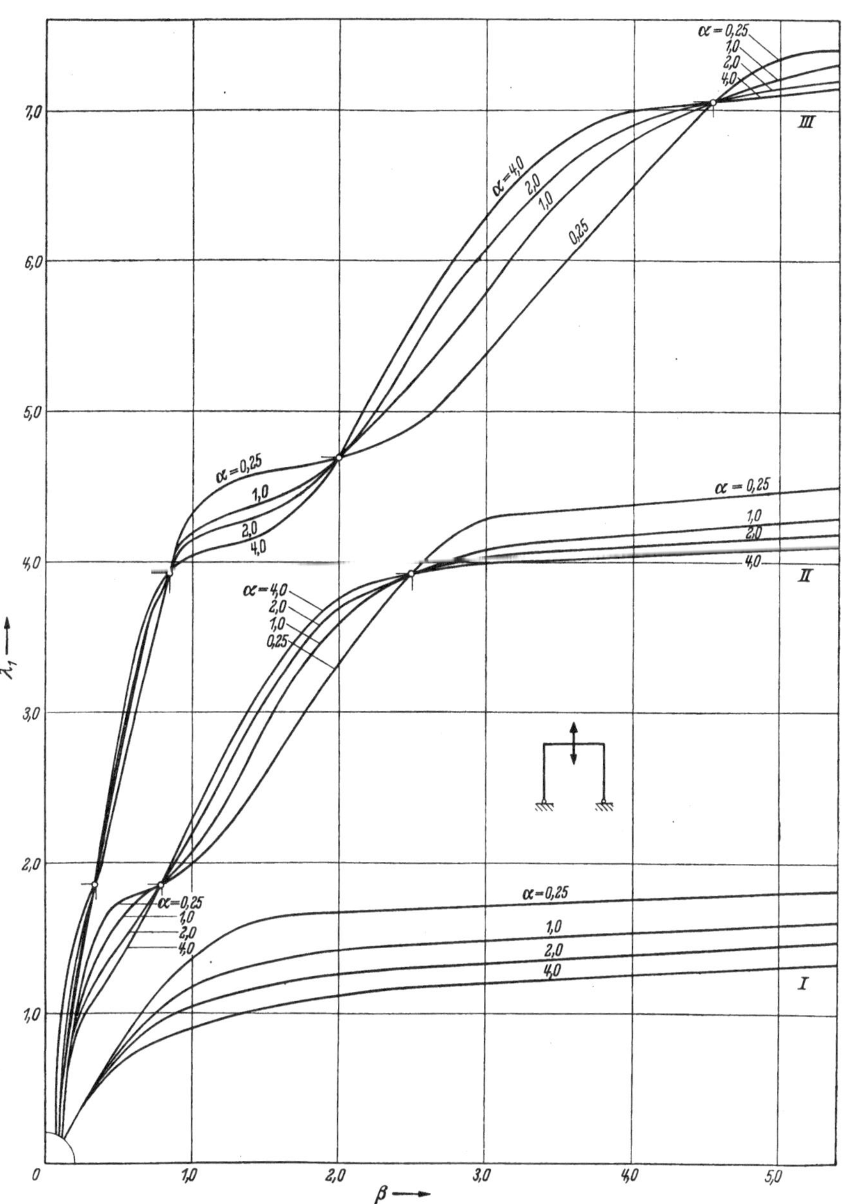

Abb. 3.10 b) Zweigelenkrahmen Symmetrie

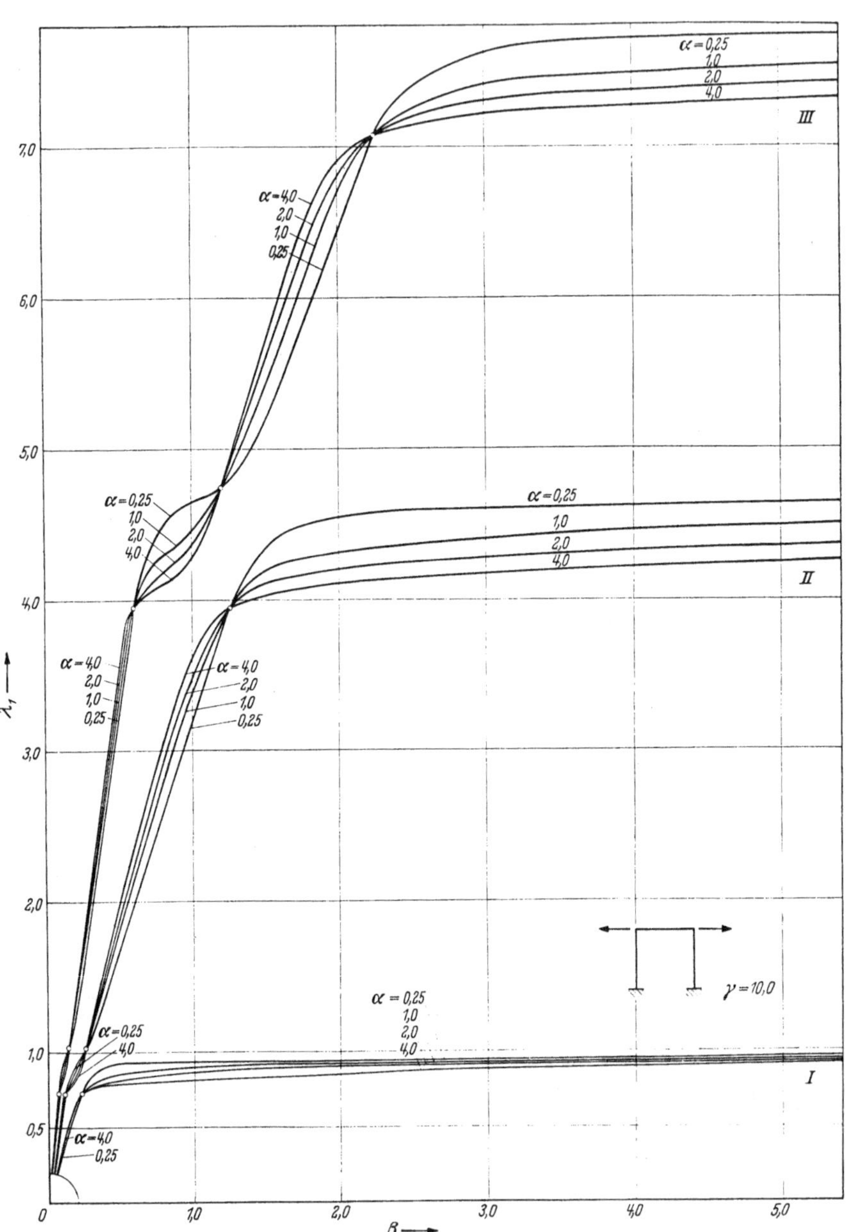

Abb. 3.10 c) **Eingespannter Rahmen**, Antimetrie $\gamma = 10$

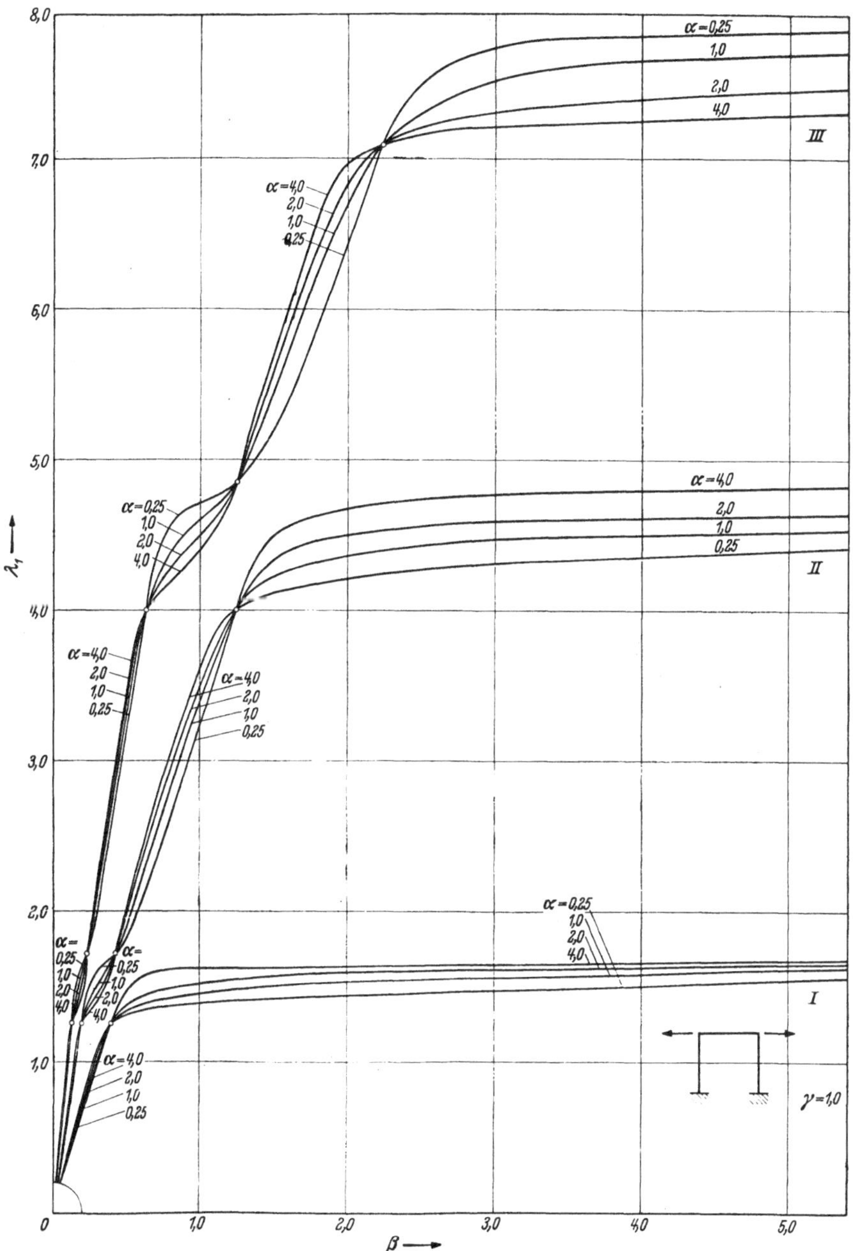

Abb. 3.10 d) Eingespannter Rahmen, Antimetrie $\gamma = 1$

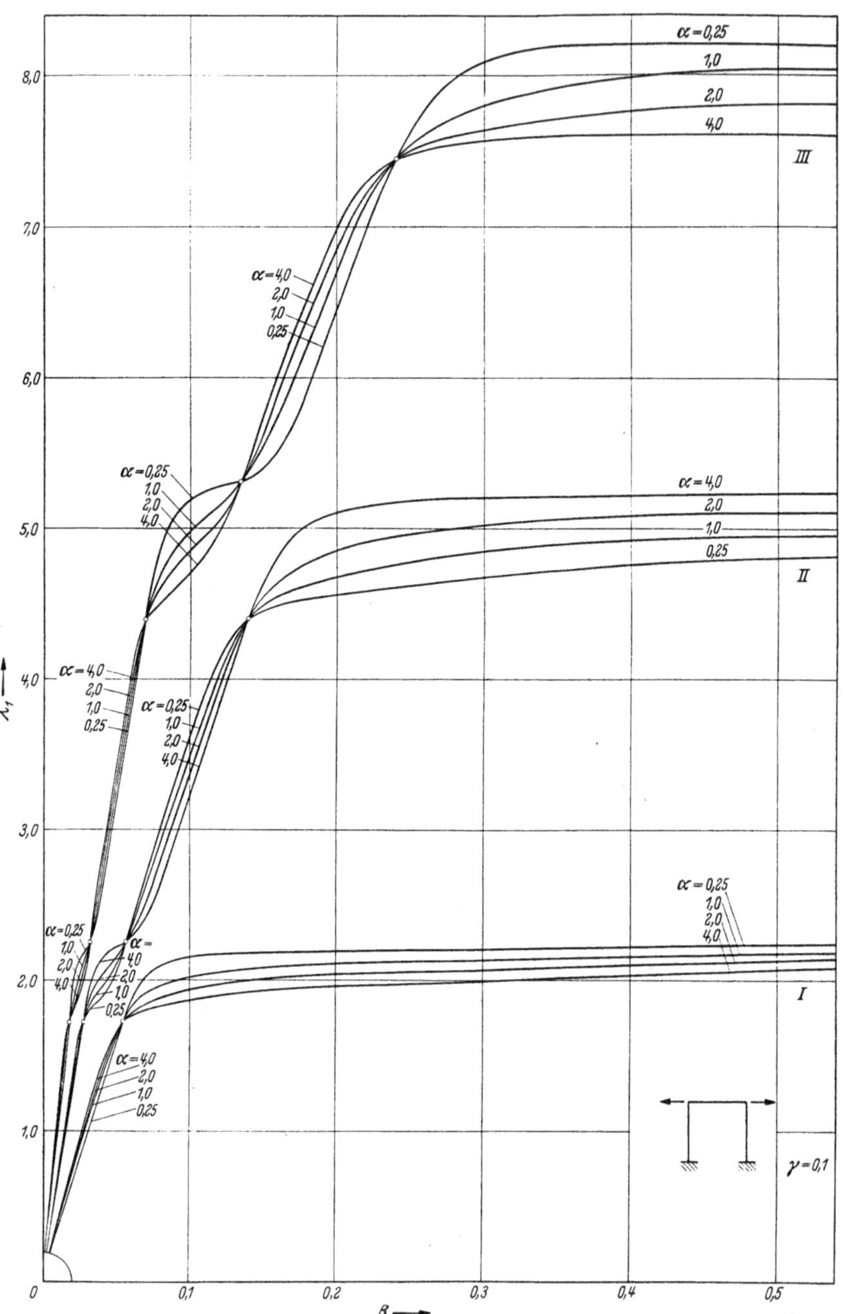

Abb. 3.10e) **Eingespannter Rahmen,** Antimetrie $\gamma = 0{,}1$

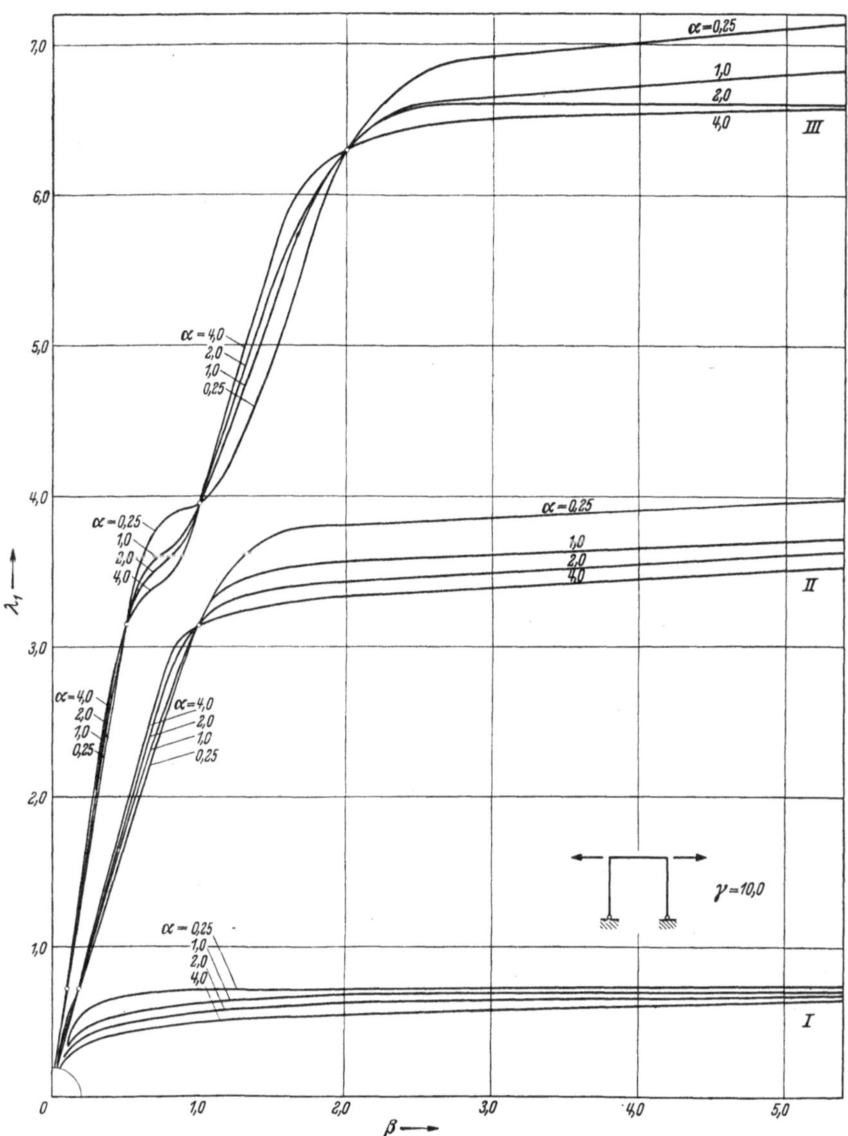

Abb. 3.10f) Zweigelenkrahmen Antimetrie $\gamma = 10$

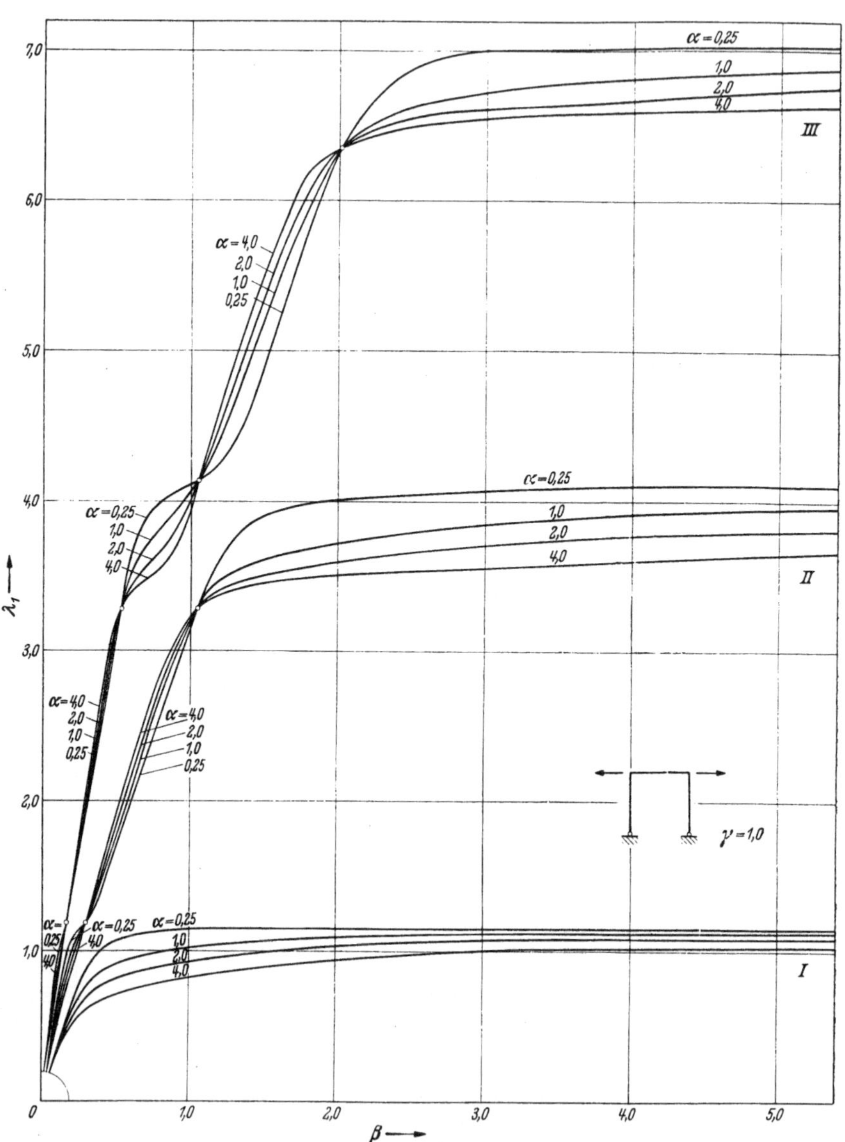

Abb. 3.10g) Zweigelenkrahmen Antimetrie $\gamma = 1$

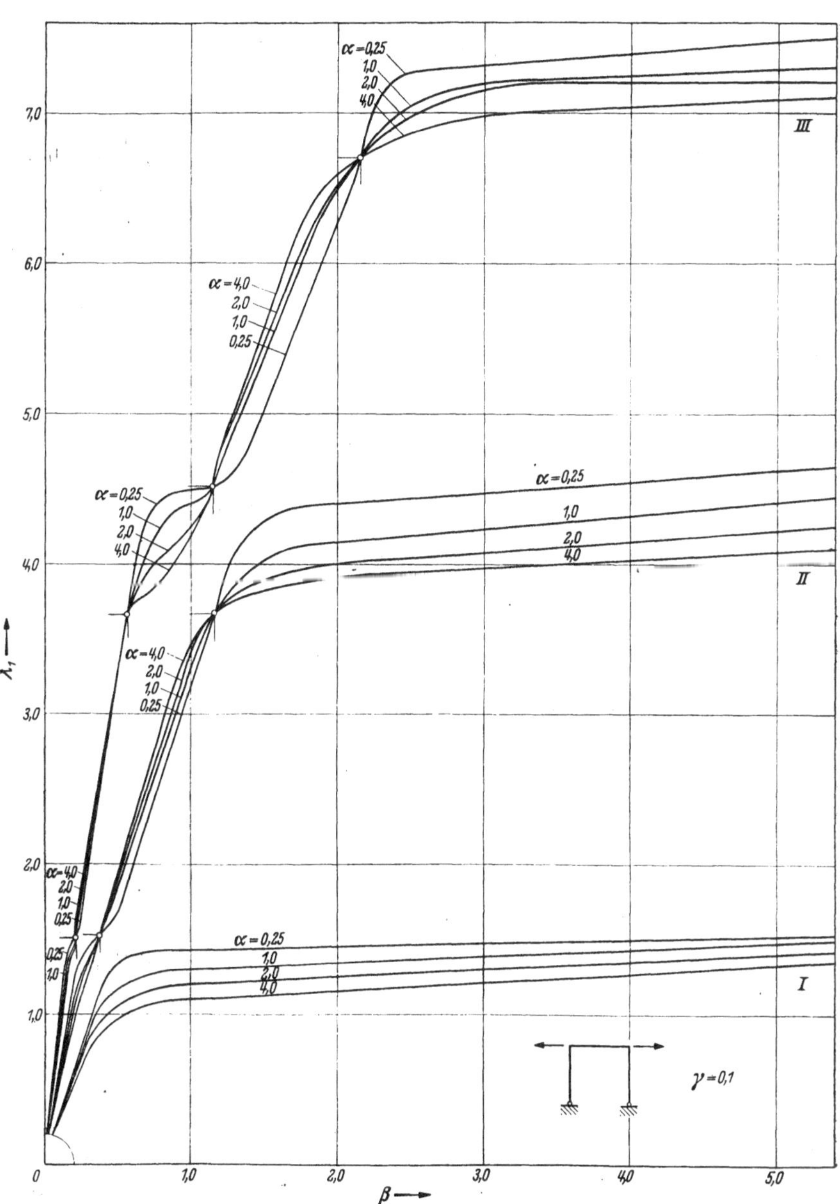

Abb. 3.10h) Zweigelenkrahmen Antimetrie $\gamma = 0{,}1$

Abb. 3.11 zeigt die Lösung der Frequenzgleichung Fall 2 in der Schreibweise

$$\frac{\mathfrak{B}(\lambda_1)}{\mathfrak{D}(\lambda_1)} = \frac{1}{\alpha} \frac{\mathfrak{C}\left(\frac{\lambda_1}{\beta}\right)}{\mathfrak{A}\left(\frac{\lambda_1}{\beta}\right)}$$

die Kurve 1 (schwarz) entspricht der Funktion $\Phi(\lambda_1) \equiv \frac{\mathfrak{B}(\lambda_1)}{\mathfrak{D}(\lambda_1)}$ und hat

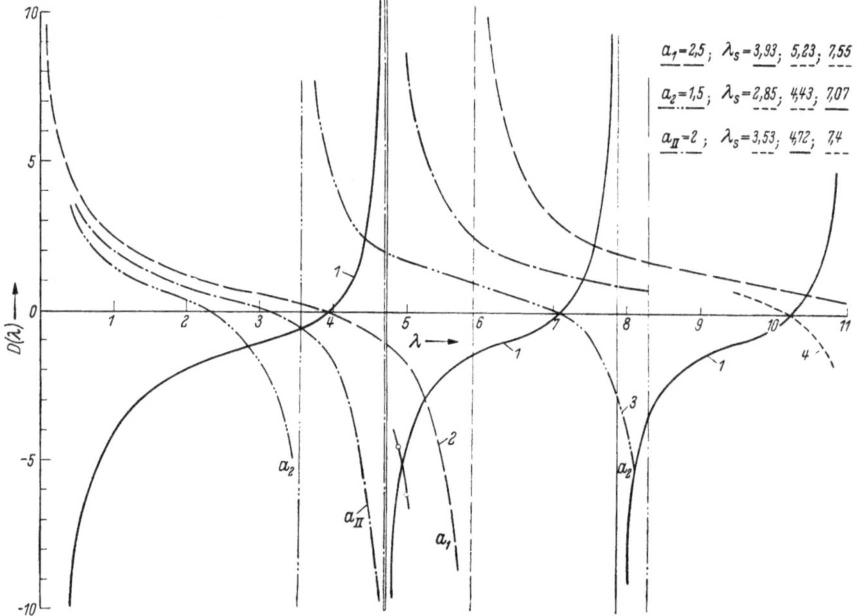

Abb. 3.11. Graphische Lösung der Frequenzgleichung $\frac{\mathfrak{B}}{\mathfrak{D}}(\lambda_1) = \frac{1}{\alpha}\frac{\mathfrak{C}}{\mathfrak{A}}\left(\frac{\lambda_1}{\beta}\right)$

die in Tab. 3.3 zusammengestellten Nullstellen $\lambda_{1,0,\nu}$ bzw. Unendlichkeitsstellen $\lambda_{1,\infty,\nu}$. Die Extremstellen $\lambda_{2,0,\nu}$ und $\lambda_{2,\infty,\nu}$ der Funktion

$$\Phi'(\lambda_2) = \Phi'\left(\frac{\lambda_1}{\beta}\right) \equiv \frac{1}{\alpha} \frac{\mathfrak{C}\left(\frac{\lambda_1}{\beta}\right)}{\mathfrak{A}\left(\frac{\lambda_1}{\beta}\right)}$$

sind ebenfalls in der Tab. 3.3 eingetragen.

Neben den Festpunkten infolge Koinzidenz der Null- bzw. Unendlichkeitsstellen *gleicher* Ordnungszahl gibt es noch Festpunkte infolge des Zusammenfallens gleichartiger Extremwerte *verschiedener* Ordnungszahl; es erweist sich aber, daß diese Festpunkte zu Eigenfrequenzen höherer Ordnung gehören. Daraus folgt, daß die Anzahl der Festpunkte mit der Ordnungszahl der Eigenfrequenz steigt, im betrachteten Ab-

Tabelle 3.3

λ-Wert	Ordnungszahl ν I	II	III	IV
Nullstelle $\lambda_{1,0,\nu}$	3,93	7,07	10,21	
Nullstelle $\lambda_{2,0,\nu}$	1,57	4,72	7,86	
Unendlichkeitsstelle $\lambda_{1,\infty,\nu}$ . . .	0	4,72	7,86	10,99
Unendlichkeitsstelle $\lambda_{2,\infty,\nu}$ . . .	0	2,37	5,49	8,63
Koinzidenz der Nullstellen $\beta_{0,\nu} = \frac{\lambda_{1,0,\nu}}{\lambda_{2,0,\nu}}$ . .	2,5	1,5	1,3	
Koinzidenz der ∞-Stellen $\beta_{\infty,\nu} = \frac{\lambda_{1,\infty,\nu}}{\lambda_{2,\infty,\nu}}$.	0	2,0	1,43	

szissenbereich, d.h. zwischen $\beta = 0{,}25$ und $\beta = 3$ sogar der Ordnungszahl ν der Schwingung gleich ist.

b) Die Eigenfrequenzen gleicher Ordnungszahl ν lassen sich in Kurvenbändern zusammenfassen, die sich nirgends schneiden. Dabei erweist sich der Einfluß des Parameters $\alpha = \frac{\varkappa_1 J_1}{\varkappa_2 J_2}$ als verhältnismäßig schwach. Es finden sich auch Bereiche von $\beta = \frac{\varkappa_1 l_1}{\varkappa_2 l_2}$, meist $\beta > 2$, in welchen die Änderung der Eigenfrequenz auffallend gering ist.

c) Bei der antimetrischen Rahmenschwingung (Fälle 3 bis 4) tritt noch der Parameter $\gamma = \frac{\mu_2 l_2}{\mu_1 l_1}$ auf, dessen Einfluß auf die Eigenfrequenzen stärker ist als der Einfluß von α und β. Leider mußte dieser 3. Parameter durch gesonderte Nomogramme für $\gamma = 0{,}1$, 1 und 10 erfaßt werden, was die Interpolation von Zwischenwerten erschwert.

Die Nomogramme Abb. 3.10 liefern das Rüstzeug zum Entwurf dynamisch beanspruchter Rahmenwerke, denn sie ermöglichen nicht nur die Eigenfrequenzen für ein gewähltes System sofort abzulesen, sondern geben vor allem die Möglichkeit, die Wirkung von Systemänderungen auf die Eigenfrequenzen sofort zu übersehen, erleichtern also die Abstimmung außerordentlich.

3.124 Schwingungsformen des Balkens und Rahmens

3.124.1 Schwingungsformen des Balkens. In Tab. 3.4 sind für einige einfache symmetrische und unsymmetrische Systeme die Frequenzgleichungen, die auf die Feldlänge bezogenen Eigenwerte λ und die auf die Gesamtlänge bezogenen Eigenfrequenzen $\omega = \frac{\lambda^2}{l^2}\sqrt{\frac{EJ}{\mu}}$ zusammengestellt und die Schwingungsformen der ersten vier Eigenfrequenzen gezeichnet. Aus dieser Darstellung können einige Gesetzmäßigkeiten erkannt werden:

Tabelle 3.4 *Quer-Schwingungsformen einfacher Systeme*

Nr.		System Frequenzgleichung	λ_ν bez. auf l_1	λ_ν^2 bez. auf Gesamtlänge l	Schwingungsformen
1	Grundformen	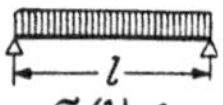 $\mathfrak{S}(\lambda)=0$	$\nu\pi$	$\nu=1;\ \pi^2$ $\nu=2;\ 4\pi^2$ $\nu=3;\ 9\pi^2$ $\nu=4;\ 16\pi^2$	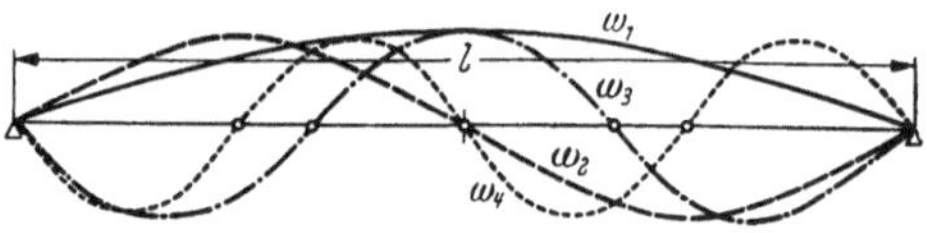
2	Grundformen	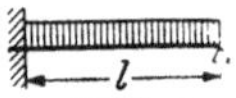 $\mathfrak{B}(\lambda)=0$	$\lambda_{\mathrm{I}}=3{,}93$ $\lambda_{\mathrm{II}}=7{,}07$ $\lambda_{\mathrm{III}}=10{,}21$ $\lambda_{\mathrm{IV}}=13{,}35$	$\nu=1;\ 15{,}48$ $\nu=2;\ 50{,}0$ $\nu=2;\ 104{,}5$ $\nu=4;\ 178{,}0$	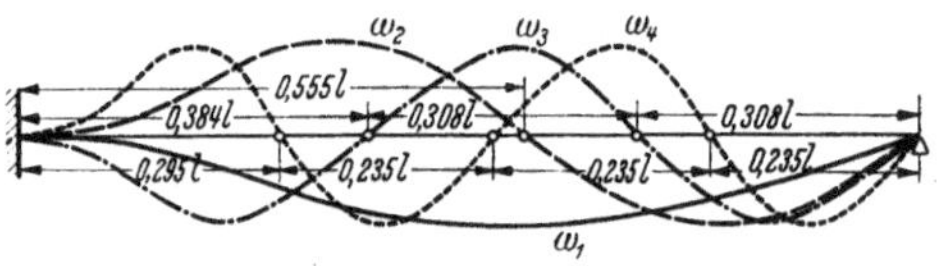
3	Grundformen	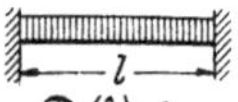 $\mathfrak{D}(\lambda)=0$	$\frac{3}{2}\nu\pi$	$\nu=1;\ 22{,}4$ $\nu=2;\ 61{,}6$ $\nu=3;\ 121$ $\nu=4;\ 200$	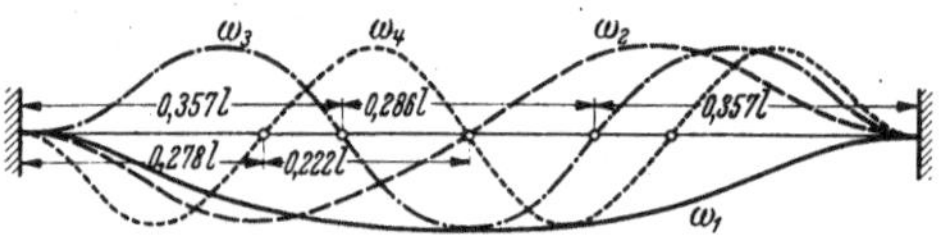
4	Symmetrische Formen	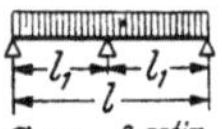 $\frac{\mathfrak{S}}{\mathfrak{B}}(\lambda_1)=\begin{cases}0 \text{ antim.}\\ \infty \text{ symm.}\end{cases}$	$0,\ \lambda_{\mathrm{I}}=\pi$ $\infty,\ \lambda_{\mathrm{II}}=3{,}93$ $0,\ \lambda_{\mathrm{III}}=2\pi$ $\infty,\ \lambda_{\mathrm{IV}}=7{,}07$	$\nu=1;\ 39{,}4$ $\nu=2;\ 61{,}5$ $\nu=3;\ 158$ $\nu=4;\ 200$	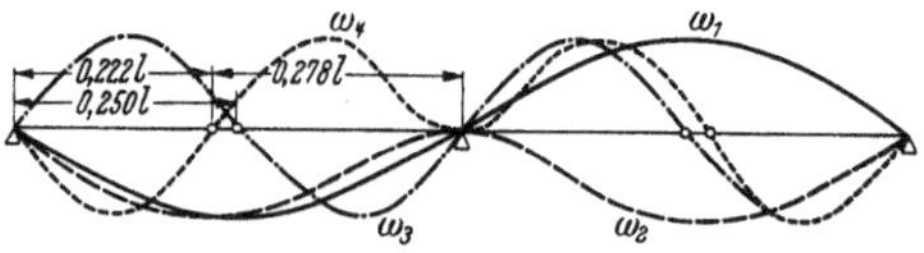
5	Symmetrische Formen	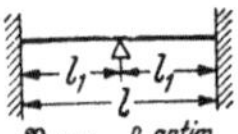 $\frac{\mathfrak{B}}{\mathfrak{D}}(\lambda_1)=\begin{cases}0 \text{ antim.}\\ \infty \text{ symm.}\end{cases}$	$0,\ \lambda_{\mathrm{I}}=3{,}93$ $\infty,\ \lambda_{\mathrm{II}}=4{,}73$ $0,\ \lambda_{\mathrm{III}}=7{,}07$ $\infty,\ \lambda_{\mathrm{IV}}=7{,}86$	$\nu=1;\ 61{,}8$ $\nu=2;\ 89{,}5$ $\nu=3;\ 200$ $\nu=4;\ 246$	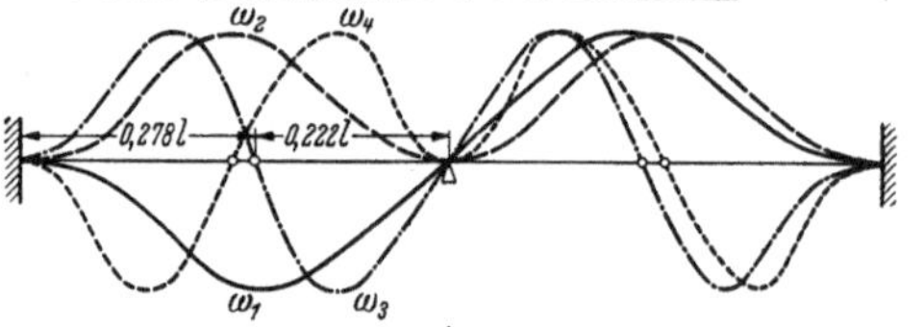
6	Symmetrische Formen	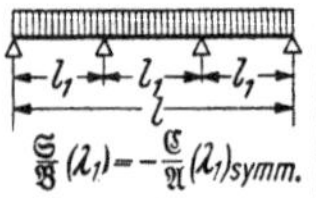 $\frac{\mathfrak{S}}{\mathfrak{B}}(\lambda_1)=-\frac{\mathfrak{C}}{\mathfrak{A}}(\lambda_1)$ symm. $\frac{\mathfrak{S}}{\mathfrak{B}}(\lambda_1)=-\frac{\mathfrak{S}}{\mathfrak{B}}(\lambda_1)$ antim.	$\lambda_{\mathrm{I}}=\pi$ $\lambda_{\mathrm{II}}=3{,}5$ $\lambda_{\mathrm{III}}=4{,}3$ $\lambda_{\mathrm{IV}}=2\pi$	$\nu=1;\ 88{,}9$ $\nu=2;\ 110$ $\nu=3;\ 166$ $\nu=4;\ 355$	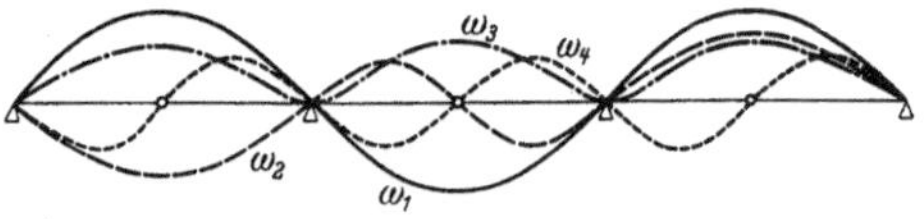
7		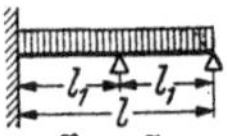 $\frac{\mathfrak{B}}{\mathfrak{D}}(\lambda_1)=\frac{\mathfrak{S}}{\mathfrak{B}}(\lambda_1)$	$\lambda_{\mathrm{I}}=3{,}39$ $\lambda_{\mathrm{II}}=4{,}43$ $\lambda_{\mathrm{III}}=6{,}51$ $\lambda_{\mathrm{IV}}=7{,}55$	$\nu=1;\ 45{,}9$ $\nu=2;\ 79{,}6$ $\nu=3;\ 171{,}6$ $\nu=4;\ 230$	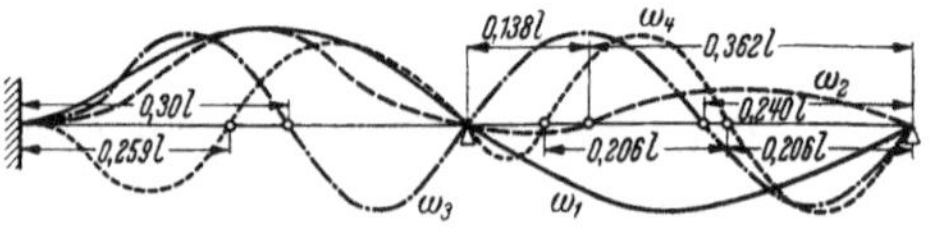

1. Die Grundformen $\lambda_{\mathrm{I}} = \pi$ für den Balken auf zwei Stützen und $\lambda_{\mathrm{I}} = \frac{5}{4}\pi$ für den einseitig eingespannten, am anderen Ende frei aufgelagerten Balken kehren bei Oberschwingungen häufig wieder, wobei im Schwingungsknoten ein Auflager zu denken ist und die Knotenentfernung leicht aus $x = \frac{\lambda_{\mathrm{I}}}{\lambda_\nu}\, l$ errechnet werden kann; für λ_{I} ist der der Grundform entsprechende Eigenwert zu setzen, für λ_ν der aus der Frequenzgleichung ermittelte ν-te Eigenwert. Auf diese Weise sind die Knotenstellen in Tab. 3.4 gefunden worden, wobei zur Kontrolle diente, daß die Summe der auf die erwähnte Weise gefundenen Teillängen x die Gesamtlänge l ergeben muß. Demnach teilen die Knoten das Gesamtsystem in Teile mit gleichen Eigenfrequenzen. Diese (echten) Knotenstellen haben die Wirkung von Gelenken.

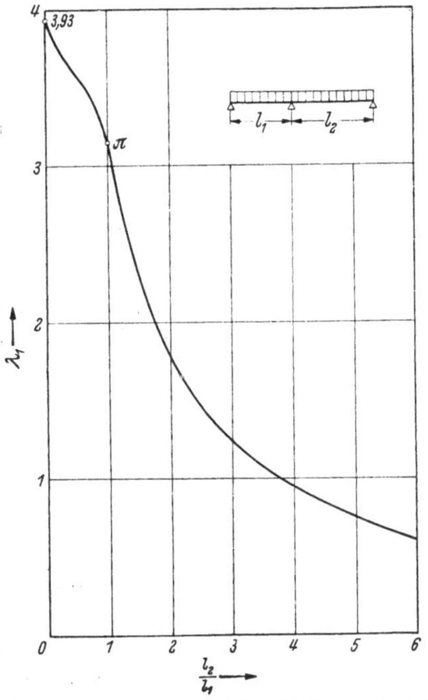

Abb. 3.12. Unsymmetrischer Balken auf drei Stützen, Lösung der Frequenzgleichung $\frac{\mathfrak{S}}{\mathfrak{B}}(\lambda_1) = -\frac{\mathfrak{S}}{\mathfrak{B}}(\lambda_2)$

2. Bei symmetrischen Systemen sind symmetrische und antimetrische Schwingungsformen zu beobachten, für die wegen $e = \infty$, $f = 0$ (symmetrische Form) bzw. $e = 0$, $f = \infty$ (antimetrische Form) verschiedene Frequenzgleichungen und Eigenwerte gefunden werden. Die Schwingungsform wird auch noch davon beeinflußt, ob sich im Symmetriepunkt ein Zwischenlager befindet oder nicht. Im ersten Falle ist die Grundschwingung stets antimetrisch, und ihre Frequenz folgt aus $\Phi(\lambda) = 0$, die erste Oberschwingung ist symmetrisch gemäß $\Phi(\lambda) = \infty$, die weiteren sind abwechselnd antimetrisch und symmetrisch. Befindet sich im Symmetriepunkt des Systems kein Lager, so ist die Grundschwingung symmetrisch, die erste Oberschwingung antimetrisch usf. Man kann bei solchen Systemen auch von zwei Grundschwingungen und je zwei Oberschwingungen sprechen, wobei jedes Schwingungspaar eine symmetrische und eine antimetrische Form besitzt.

Die Anzahl der Knoten entspricht der Ordnungszahl ν der Schwingung mit der Maßgabe, daß bei Vorhandensein eines Zwischenlagers im Symmetriepunkt die Schwingungspaare also je eine symmetrische und eine antimetrische Schwingung, bei nicht gelagertem Symmetriepunkt die einzelnen Schwingungen zu zählen sind.

3. Die Zahl der Wendepunkte W der Schwingungslinie steigt wie die Knotenzahl mit der Ordnungszahl ν, doch weist die Grundschwingung bereits eine Wendepunktzahl auf, die der Anzahl U der statisch Unbestimmten gleich ist. Somit ist $W = U + (\nu - 1)$.

Als Beispiel einer unsymmetrischen Grundform wurde ein Träger über zwei Öffnungen mit verschiedenem Verhältnis der Spannweiten $\frac{l_2}{l_1}$ untersucht. Abb. 3.12 zeigt den Abfall des kleinsten Eigenwertes λ_1^{I} mit wachsendem $\frac{l_2}{l_1}$; für $\frac{l_2}{l_1} = 0$ entfällt zwar das Trägerfeld l_2, doch rückt das rechte Endlager unendlich dicht an das Mittellager und kommt daher einer Einspannung gleich ($\lambda_1^{\mathrm{I}} = 3{,}93$).

3.124.2 Schwingungsformen des Rahmens. Um das Einwandern der Knoten bei höheren Ordnungszahlen ν auch in kompliziertere Stabwerke verfolgen zu können, wurden in den Abb. 3.13a und b und 3.14a und b

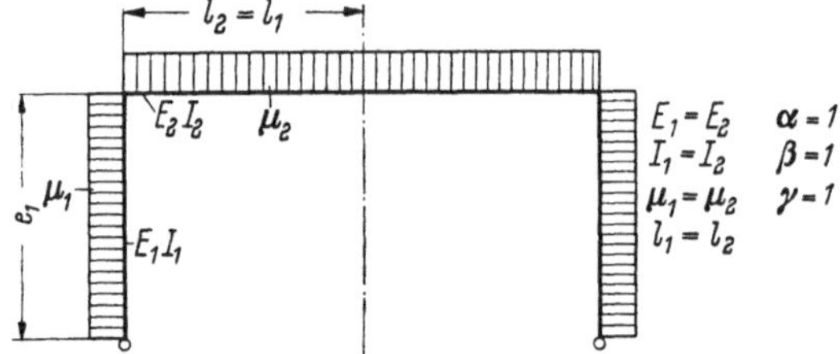

Abb. 3.13. Untersuchter Zweigelenkrahmen

die Schwingungsformen des Zweigelenkrahmens und des eingespannten Rahmens dargestellt, der einfacheren Rechnung wegen jeweils für gleiche Festwerte am Stiel und Riegel (Abb. 3.13 und 3.14), also $\alpha = \beta = \gamma = 1$. Dabei wurden die symmetrischen und antimetrischen Schwingungsformen, die ja verschiedenen Frequenzgleichungen folgen, auch gesondert dargestellt.

Aus diesen Darstellungen lassen sich folgende Gesetzmäßigkeiten ableiten:

1. Durch k Knoten zerfällt das Gesamtsystem in $k + 1$ Teilsysteme mit gleichem Eigenwert λ_ν bzw. gleicher Frequenz ω_ν. Die Anzahl k der Knoten ist bei der symmetrischen Schwingungsform $k = 2\nu - 2$, bei der antimetrischen $k = 2\nu - 1$.

2. Abstände zweier aufeinanderfolgender Knoten auf einem Stabe (Riegel oder Stiel) können leicht aus $l_K = \frac{\pi}{\lambda_\nu}$ berechnet werden. Ebenso können Abstände der Knoten vom Rahmenfußpunkt leicht aus $l_K = \frac{\pi}{\lambda_\nu}$ bei gelenkiger Lagerung bzw. $l_K = \frac{3{,}93}{\lambda_\nu}$ bei Fußeinspannung berechnet werden.

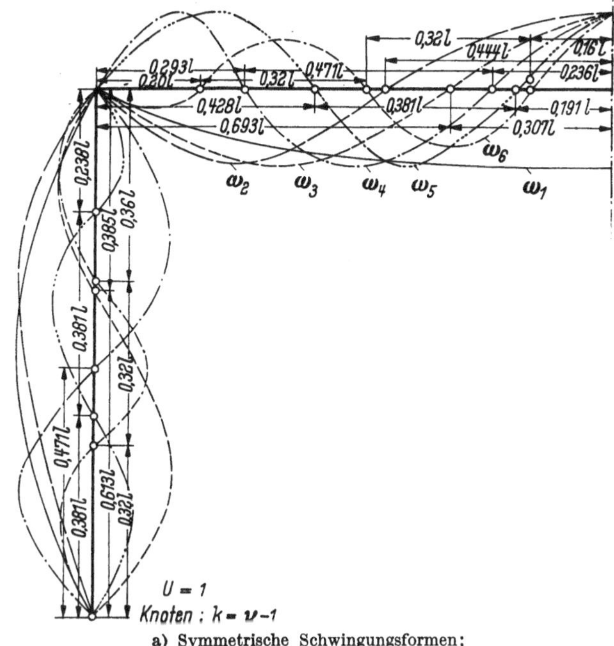

a) Symmetrische Schwingungsformen;

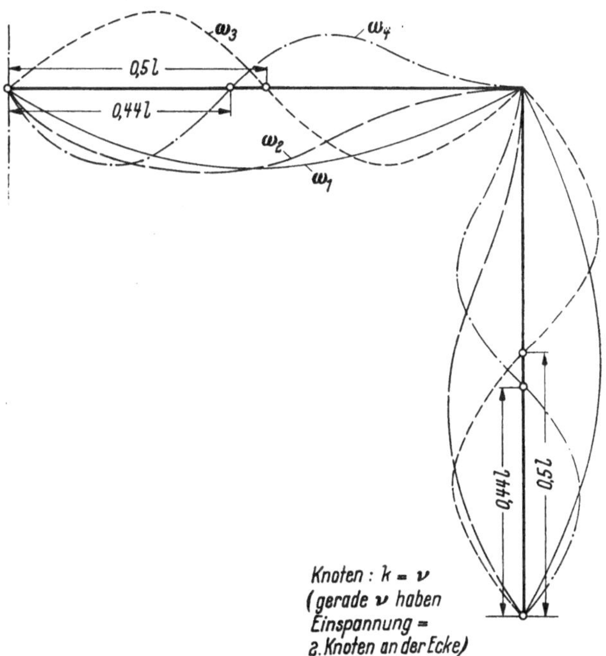

b) Antimetrische Schwingungsformen

Abb. 3.13 a u. b. Schwingungsformen des Zweigelenkrahmens

3. Die Abstände der Knoten beiderseits der Rahmenecken lassen sich nach Abb. 3.12 bestimmen, da es sich hierbei um einen Träger über zwei Felder handelt. Bei dieser Berechnung zeigt sich, daß das Längenverhältnis der Knotenabstände beiderseits der Ecke ein für jeden Rahmen verschiedenes, aber für jede Ordnungszahl ν gleiches ist. Beispielsweise hat der Zweigelenkrahmen nach Abb. 3.13 das Verhältnis 1 : 1,8, was nach Abb. 3.12 einem Eigenwert $\lambda_1 = 1{,}96$ entspricht. Daher sind die Knotenabstände z. B. bei $\nu = 3$ (symmetrische Schwingungsform) 0,385 l bzw. 0,693 l.

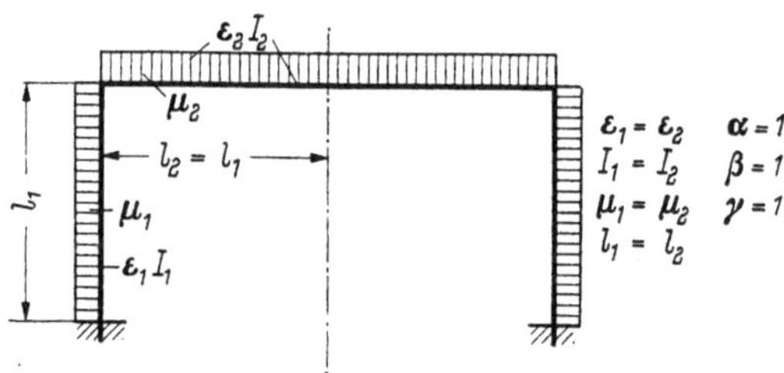

Abb. 3.14. Untersuchter eingespannter Rahmen

4. In den Abb. 3.13 und 3.14 ist auch die Reihenfolge der Eigenfrequenzen vermerkt, wonach stets symmetrische und antimetrische Schwingungsformen abwechseln. Beim Zweigelenkrahmen beginnt die Reihe mit einer symmetrischen, beim eingespannten Rahmen mit einer antimetrischen Form. Das hängt aber vom Steifigkeitsverhältnis der Rahmen gegenüber den verschiedenen Bewegungsmöglichkeiten ab und kann ebensowenig als Regel gelten wie die Differenzen der aufeinanderfolgenden Eigenwerte.

3.2 Näherungsverfahren zur Berechnung freier, ungedämpfter Schwingungen

An dieser Stelle erscheint es zweckmäßig, die verschiedenen Näherungsverfahren zu behandeln und ihren Rechnungsgang, Zeitaufwand und ihre Genauigkeit an der exakten Methode zu prüfen. Folgende Näherungsverfahren werden zunächst betrachtet:

1. Die Energiemethode, die mit dem Namen Lord Rayleighs [*2*] verknüpft ist;

2. das Ritzsche Verfahren [*3*];

3. das Verfahren der schrittweisen Näherung [*1*] (Iterationsverfahren).

Darüber hinaus stehen noch eine Reihe weiterer Verfahren zur Verfügung, die hier nur soweit behandelt werden sollen, als sie für besondere Aufgaben zweckmäßig erscheinen.

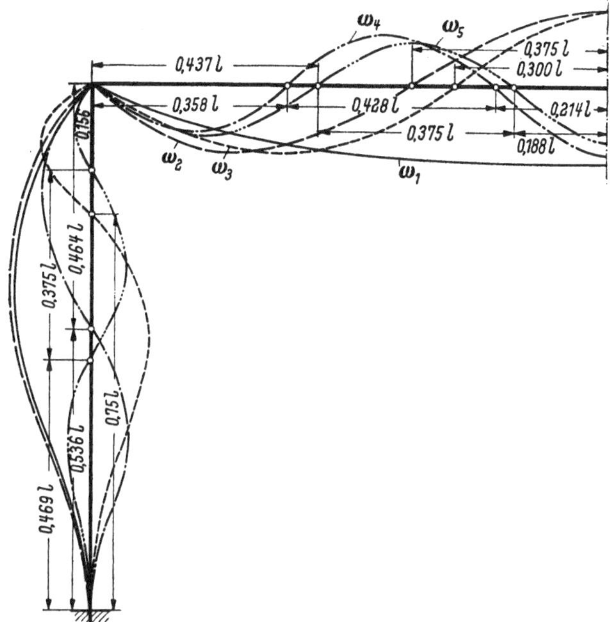

a) Symmetrische Schwingungsformen;

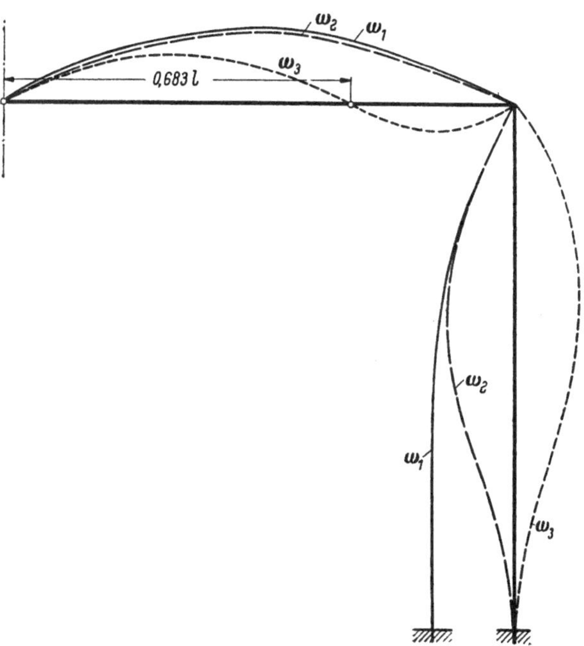

b) Antimetrische Schwingungsformen

Abb. 3.14a u. b. Schwingungsformen des eingespannten Rahmens

3.21 Energiemethode

Die von LORD RAYLEIGH [2] entwickelte Energiemethode beruht auf dem Gleichsetzen der kinetischen Energie mit der potentiellen Energie. Wenn für die kinetische Energie wegen $v = \dot{y}_0 = -\omega\, y_0$ der Ausdruck

$$E_K = \frac{m\,v^2}{2} = \frac{\omega^2}{2g} \int_0^l y_0^2\, p\, dx \tag{3.12}$$

für die potentielle

$$E_p = \frac{1}{2} \int y_0\, dp = \frac{1}{2} \int_0^l EJ\,(y_0'')^2\, dx \tag{3.13}$$

verwendet wird und diese Werte gleichgesetzt werden, ergibt sich die Frequenzgleichung

$$\omega^2 = \frac{g \int_0^l y_0\, dp}{\int_0^l p(x)\, y_0^2\, dx} \quad (3.14\text{a}) \qquad \text{oder} \qquad \omega^2 = \frac{g \int_0^l EJ\,(y_0'')^2 dx}{\int_0^l p(x)\, y_0^2\, dx} \quad (3.14\text{b})$$

Sie enthält im Zähler das Integral der inneren Arbeit, im Nenner das Integral der kinetischen Energie und kann ausgewertet werden unter der Voraussetzung, daß die Schwingungsform des Stabwerkes ähnlich der Durchbiegungsform unter einer entsprechenden statischen Belastung ist. Als Beispiel diene hier wie für alle unter 1 bis 3 genannten Näherungsverfahren der Träger auf zwei Stützen. Da unter einer gleichmäßigen Eigenbelastung des Trägers die Schwingungsform eine Parabel dritten Grades ist, besteht die Ähnlichkeit zur statischen Biegelinie. Die Schwingungsamplitude lagert sich über die Biegelinie, die statische Biegelinie stellt also die Null-Lage der dynamischen Schwingung dar. Dies ergab sich bereits aus der Betrachtung der Ausgangsdifferentialgleichung, die ja in einen statischen und einen dynamischen Teil aufgespalten wurde. Die Gleichung der elastischen Linie des Trägers auf zwei Stützen, die der Grundschwingungsform ähnlich ist, lautet bekanntlich

$$y_0 = \frac{p\, l^4}{24EJ}\left(\frac{x}{l} - 2\frac{x^3}{l^3} + \frac{x^4}{l^4}\right).$$

Das Zählerintegral der Gl. (3.14a) wird damit

$$\int y_0\, dp = p \int_0^l y_0\, dx = \frac{p^2\, l^5}{120EJ},$$

das Nennerintegral besitzt den Wert

$$\int_0^l p\, y_0^2\, dx = p \int_0^l y_0^2\, dx = \frac{31}{24^2 \cdot 630}\, \frac{p^3\, l^9}{E^2\, J^2}$$

und es ergibt sich mit $\mu = \frac{p}{g}$ die Eigenfrequenz zu

$$\omega^2 = \frac{24^2 \cdot 630}{120 \cdot 31}\, \frac{EJ}{\mu\, l^4}; \qquad \omega = 9{,}86 \sqrt{\frac{EJ}{\mu\, l^4}}.$$

Dieses Ergebnis ist zu vergleichen mit der Grundfrequenz, die mit dem exakten Verfahren gewonnen wurde: $\omega = \pi^2 \sqrt{\frac{EJ}{\mu\, l^4}}$. Die Übereinstimmung ist entsprechend der oben erwähnten Ähnlichkeit der Biegelinien sehr gut, der Fehler beträgt nur

$$\frac{\pi^2 - 9{,}86}{\pi^2}\, 100 = 0{,}1\% .$$

Wenn man die Energiemethode auf masselose Träger mit mehreren Punktmassen anwenden will, so vereinfacht sich die Rechnung dadurch, daß an Stelle der Integrale die Summen der potentiellen bzw. kinetischen Energie anzusetzen sind, also die Frequenzgleichung die wesentlich einfachere Form

$$\omega^2 = g \frac{\sum\limits_1^n P \cdot y_P}{\sum\limits_1^n y_P^2 \cdot P} \qquad \text{(y_P ist hier die Durchbiegung unter der Last P)} \tag{3.15}$$

erhält.

3.22 Ritzsche Methode

Die RITZsche Methode [3] stellt insofern eine Verbesserung des RAYLEIGH-Verfahrens dar, als die Differenz zwischen kinetischer und potentieller Energie hierbei nicht Null zu sein braucht, sondern $E_p - E_K = \Delta$ einen Minimalwert annehmen soll. Diese Minimalbedingung ist maßgebend für die Koeffizienten der RITZschen Reihenentwicklung.

Die Schwingungsform des Trägers auf zwei Stützen kann durch die trigonometrische Reihe

$$y_0 = \sum_{\nu=1}^{\infty} c_\nu \sin\frac{\nu \pi x}{l} \tag{3.16}$$

ausgedrückt werden. Die RITZsche Minimalbedingung lautet dann

$$\frac{\partial \Delta}{\partial c_\nu} = \frac{\partial E_p}{\partial c_\nu} - \frac{\partial E_K}{\partial c_\nu} = 0, \tag{3.17}$$

eine Beziehung, die ν Gleichungen mit ν Unbekannten c_ν liefert, wobei die Genauigkeit natürlich mit der Zahl der benutzten Reihenglieder wächst. Für den Träger auf zwei Stützen erhält man mit

$$y_0 = \sum_{\nu=1}^{\infty} c_\nu \sin\frac{\nu \pi x}{l}$$

über

$$y_0' = \sum_{\nu=1}^{\infty} c_\nu \frac{\nu\pi}{l} \cos\frac{\nu \pi x}{l}$$

und

$$y_0'' = -\sum_{\nu=1}^{\infty} c_\nu \left(\frac{\nu\pi}{l}\right)^2 \sin\frac{\nu \pi x}{l}$$

nach Gl. (3.13)

$$E_p = \frac{EJ}{2}\int_0^l (y_0'')^2\, dx = \frac{EJ}{2}\left(\frac{\nu\pi}{l}\right)^4 \sum_{\nu=1}^{\infty} c_\nu^2 \int_0^l \sin^2\frac{\nu\pi x}{l}\, dx = \frac{EJ}{2}\left(\frac{\nu\pi}{l}\right)^4 \sum c_\nu^2 \frac{l}{2}$$

und es wird

$$\frac{\partial E_p}{\partial c_\nu} = EJ\left(\frac{\nu\pi}{l}\right)^4 c_\nu \frac{l}{2}\,.$$

Die kinetische Energie ergibt sich nach Gl. (3.12)

$$E_K = \frac{\mu\,\omega^2}{2}\int_0^l y_0^2\,dx = \frac{\mu\,\omega^2}{2}\int_0^l \sum c_\nu^2 \sin^2\frac{\nu\pi x}{l}\,dx = \frac{\mu\,\omega^2}{2}\sum c_\nu^2\frac{l}{2}$$

und

$$\frac{\partial E_K}{\partial c_\nu} = \mu\,\omega^2 c_\nu \frac{l}{2}\,;$$

Aus

$$\frac{\partial E_p}{\partial c_\nu} = \frac{\partial E_K}{\partial c_\nu}$$

wird

$$EJ\left(\frac{\nu\pi}{l}\right)^4 c_\nu \frac{l}{2} = \mu\,\omega^2 c_\nu \frac{l}{2}$$

und man erhält schließlich

$$\omega^2 = (\nu\pi)^4\frac{EJ}{\mu\,l^4} \qquad \text{oder} \qquad \omega = \nu^2\pi^2\sqrt{\frac{EJ}{\mu\,l^4}}\,,$$

also das exakte Ergebnis, was nicht verwundern wird, weil wegen der Einfachheit der Aufgabe die Ausgangsgleichung (3.16) bereits alle möglichen Schwingungsformen enthält.

3.23 Schrittweise Näherung

Das Verfahren der schrittweisen Näherung [1] besteht darin, das bekannte MOHRsche Verfahren mehrfach anzuwenden, indem im ersten Schritt eine Belastung des Balkens angenommen und hieraus die Biegelinie bestimmt wird, die Biegeordinaten sodann mit einem Massekoeffizienten multipliziert, im zweiten Schritt als neuerliche Belastung aufgefaßt werden, hieraus wiederum die Biegelinie bestimmt wird und so fort, bis sich die n-te Biegelinie von der $n-1$-ten. Biegelinie nur noch durch einen konstanten Faktor unterscheidet. Dieses Iterationsverfahren liefert beliebig gute Übereinstimmung, wenn entsprechend viele Schritte durchgeführt werden, ist aber in der Regel zeitraubend. An unserem einfachen Beispiel soll gezeigt werden, daß auch schon mit einem Schritt eine relativ gute Übereinstimmung erzielt wird, selbst dann, wenn die erste Belastung zur einfachen Bestimmung der Biegelinie sehr grob gewählt worden ist.

Im ersten Schritt wird für den Träger auf zwei Stützen die Verschiebung $y_0(x) = 1$ gewählt, also der unmögliche Fall angenommen, daß sich sämtliche Punkte des Trägers um ein gleiches Maß verschieben. Die Belastung im zweiten Schritt ist also dann eine gleichmäßige, weil sie, abgesehen von einem Festwert, der Biegelinie $y_0 = 1$ des ersten Schrittes entsprechen muß. Demgemäß ergibt sich die zweite Biegelinie aus der bekannten Gleichung für die elastische Linie eines Trägers mit konstanter Eigenlast, daraus z. B. für Trägermitte $y_{1m} = \frac{5}{16}\,\frac{\mu\,l^4}{24EJ}$, und die Eigenfrequenz wird gemäß der Definition gleich dem Quotienten aus den Verschiebungen des letzten und vorletzten Schrittes

$$\omega^2 = \frac{y_{0m}}{y_{1m}} = \frac{24EJ \cdot 16}{5\mu\, l^4} = 76{,}8\,\frac{EJ}{\mu\, l^4} \qquad \text{oder} \qquad \omega = 8{,}82\sqrt{\frac{EJ}{\mu\, l^4}}\,.$$

Die Übereinstimmung mit der exakten Berechnung ist unter Berücksichtigung der rohen Ausgangswerte und des Abbrechens der Iteration nach dem zweiten Schritt erstaunlich gut (Fehler rd. -11%). Wesentlich bessere Ergebnisse erzielt man natürlich, wenn noch weitere Schritte durchgeführt werden. Auch eine Kombination der schrittweisen Näherung mit der Energiemethode ist möglich und liefert bei allerdings erheblichem Rechenaufwand bessere Ergebnisse als nach der Energiemethode allein.

Die Näherungsverfahren wurden vor allem erwähnt und geschildert, um durch Vergleich mit der exakten Methode die Zweckmäßigkeit ihrer Anwendung überprüfen zu können. Wenn auch zum Vergleich nur ein besonders einfaches Beispiel, nämlich immer der Träger auf zwei Stützen, herangezogen wurde, so kann ein Vergleichsergebnis doch verallgemeinert werden: der Rechenaufwand für die Näherungsmethoden ist stets größer als der Aufwand für die exakte Methode, wenn zu ihrer Durchführung Rechenhilfen zur Verfügung stehen; hierunter werden Tabellen oder Nomogramme verstanden, welche die Grundfrequenz sowie die niederen Oberfrequenzen der Grundsysteme abzulesen gestatten.

3.24 Weitere Näherungsverfahren

Insbesondere zur Ermittlung der Grundfrequenz zusammengesetzter Systeme eignen sich folgende weitere Näherungsverfahren:

3.241 Verfahren von Dunkerley

In der Gleichung

$$\overline{T}^2 = \sum_1^n T_n^2 \tag{3.18}$$

bedeuten T_n die Eigenperioden der analytisch exakt zu erfassenden n Einzelsysteme und $\overline{T}$ die Eigenperiode des Gesamtsystems, wobei stets $T = \frac{2\pi}{\omega}$ gilt. Bei Kombination nur zweier Teilsysteme vereinfacht sich die Gl. (3.18), und man erhält

$$\overline{T} = \sqrt{T_1^2 + T_2^2}\,, \tag{3.18a}$$

so daß $\overline{T}$ auch als Hypothenuse eines rechtwinkligen Dreieckes mit den Katheten T_1 und T_2 aufgefaßt und berechnet werden kann.

Mittels der sog. Dunkerleyschen Formel [4]

$$\sum_1^\nu \frac{1}{\overline{\omega}_\nu^2} \leqslant \sum_1^n \sum_1^\nu \frac{1}{\omega_{\nu n}^2} \tag{3.19}$$

erhält man eine Verbesserung der vorstehenden Näherungslösung indem sich die Doppelsumme der reziproken Frequenzquadrate auf alle Oberschwingungen und alle Teilsysteme erstreckt.

3.242 Verfahren der reduzierten Massen

Wenn nur die Grundschwingung betrachtet wird, genügt oft die Addition der auf einen Punkt reduzierten Massen M_r, sofern diese unmittelbar auf derselben Feder wirken oder alle Teilsysteme gleiche Steifigkeit haben. Hiernach errechnet sich die Grundfrequenz eines Trägers auf zwei Stützen, der mit mehreren Massen gemäß Abb. 3.15 belastet ist, zu

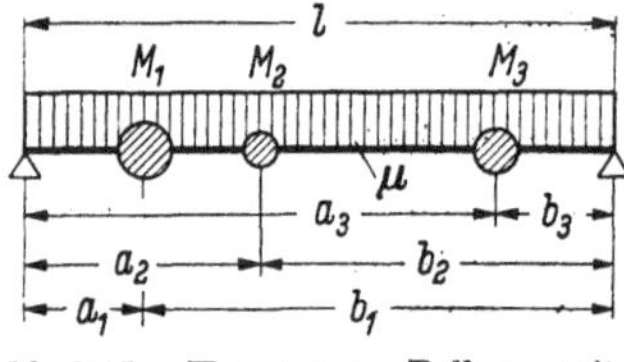

Abb. 3.15. Homogener Balken mit Einzelmassen

$$\bar{\omega}^2 = \frac{3EJ\,l}{a_r^2\, b_r^2 \sum M_r}, \tag{3.20}$$

wobei alle Massen auf einen beliebigen Punkt, z. B. Masse M_1 auf den Angriffspunkt von M_2, nach der Beziehung

$$M_{r12} = \left(\frac{a_1\, b_1}{a_2\, b_2}\right)^2 M_1 \tag{3.20a}$$

zu reduzieren und für a_r bzw. b_r in Gl. (3.20) die Abstände des Bezugspunktes vom Auflager einzusetzen sind.

Für die Eigenmasse $\mu\, l$ des Trägers gilt

$$M_{r\mu 2} = \frac{3\mu\, l^5}{a_2^2\, b_2^2\, \pi^4}. \tag{3.20b}$$

3.25 Eigenfrequenzen kombinierter Belastungen

Eigenfrequenzen kombinierter Belastungen können nicht immer exakt berechnet werden. Selbst der einfache Fall des Trägers auf zwei Stützen, belastet mit Eigenlast und zusätzlicher Einzellast, macht analytisch Schwierigkeiten, außer wenn sich die Einzellast gerade in Trägermitte befindet. Für diesen Sonderfall ergibt sich die einfache Frequenzgleichung

$$\frac{\mathfrak{C}(\lambda)}{\lambda\, \mathfrak{B}(\lambda)} = \overset{\times}{M}, \tag{3.21}$$

wobei $\overset{\times}{M} = \frac{M}{\mu\, l}$ und M die Masse der Einzellast bedeutet.

Befindet sich die Last P dagegen an beliebiger Stelle x des Trägers, so sind die Eigenfrequenzen aus der Gl. (3.22)

$$\frac{f_1^l\, \mathfrak{S}(\lambda_1) - \mathfrak{B}(\lambda_1)}{f_1^l\, \mathfrak{B}(\lambda_1) + \mathfrak{C}(\lambda_1)} = -\frac{f_1^r\, \mathfrak{S}(\lambda_2) + \mathfrak{B}(\lambda_2)}{f_1^r\, \mathfrak{B}(\lambda_2) - \mathfrak{C}(\lambda_2)} \tag{3.22}$$

unter Einführen von

$$\begin{cases} f_1^l = \dfrac{\mathfrak{A}(\lambda_1)\, \mathfrak{C}(\lambda_2) + \mathfrak{A}(\lambda_2)\, \mathfrak{C}(\lambda_1) - \mathfrak{A}(\lambda_1)\, \mathfrak{B}(\lambda_2) \cdot \overset{\times}{M}\, \lambda_1}{\mathfrak{A}(\lambda_1)\, \mathfrak{B}(\lambda_2) - \mathfrak{A}(\lambda_2)\, (\mathfrak{B}\, \lambda_1)} \\[2ex] f_1^r = \dfrac{\mathfrak{A}(\lambda_1)\, \mathfrak{C}(\lambda_2) + \mathfrak{A}(\lambda_2)\, \mathfrak{C}(\lambda_1) - \mathfrak{A}(\lambda_2)\, \mathfrak{B}(\lambda_1)\, \overset{\times}{M}\, \lambda_1}{\mathfrak{A}(\lambda_1)\, \mathfrak{B}(\lambda_2) - \mathfrak{A}(\lambda_2)\, \mathfrak{B}(\lambda_1)} \end{cases}$$

zu bestimmen.

Beispiel 1. Das Beispiel in Abb. 3.16 kann nach den Verfahren 1 und 3 behandelt werden. Gl. (3.19) muß ausscheiden, weil die drei Teilsysteme Masse M auf masselosem Balken nur einen Freiheitsgrad, also keine Oberschwingungen, haben. Nach Gl. (3.18) auf S. 133 findet man mit $M_1 = M_2 = M_3 = \frac{\mu l}{3}$ und

$$a_1 = \frac{l}{6} \qquad b_1 = \frac{5l}{6}$$

$$a_2 = \frac{l}{2} \qquad b_2 = \frac{l}{2}$$

$$a_3 = \frac{5l}{6} \qquad b_3 = \frac{l}{6}$$

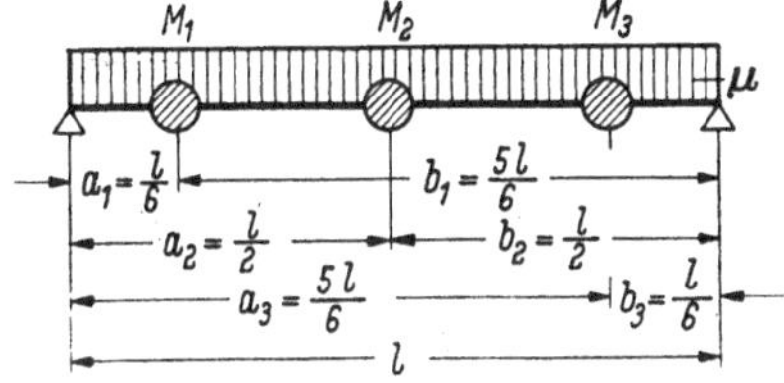

Abb. 3.16. Daten zum Rechenbeispiel 1

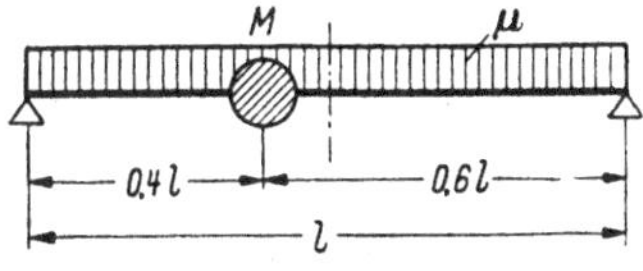

Abb. 3.17. Daten zum Rechenbeispiel 2

$$\text{für die Eigenmasse } \mu l: \quad T_\mu^2 = \frac{4}{\pi^2}\frac{\mu l^4}{EJ} = 0{,}01027 \cdot 4\pi^2 \frac{\mu l^4}{EJ}$$

$$\text{,, ,, Masse } M_1: \quad T_{M_1}^2 = \frac{25 \cdot 4\pi^2}{3{,}3888}\frac{\mu l^4}{EJ} = 0{,}00214 \cdot 4\pi^2 \cdot \frac{\mu l^4}{EJ}$$

$$\text{,, ,, ,, } M_2: \quad T_{M_2}^2 = \frac{81 \cdot 4\pi^2}{3{,}3888}\frac{\mu l^4}{EJ} = 0{,}00695 \cdot 4\pi^2 \cdot \frac{\mu l^4}{EJ}$$

$$\text{,, ,, ,, } M_3: \quad T_{M_3}^2 = \frac{25 \cdot 4\pi^2}{3{,}3888}\frac{\mu l^4}{EJ} = 0{,}00214 \cdot 4\pi^2 \frac{\mu l^4}{EJ}$$

$$\overline{T}^2 = \sum_1^4 T^2 = 0{,}02150 \cdot 4\pi^2 \frac{\mu l^4}{EJ}$$

$$\overline{\omega} = \sqrt{\frac{4\pi^2}{\overline{T}^2}} = 6{,}82\sqrt{\frac{EJ}{\mu l^4}}\,.$$

Nach Gl. (3.20) (S. 134) wird bei Reduktion auf Balkenmitte $a_2 = b_2 = \frac{l}{2}$

$$M_{r12} = M_{r32} = \left(\frac{5}{9}\right)^2 M_2 = 0{,}309\, M_2 = 0{,}103\,\mu l$$

$$M_{r\mu 2} = \frac{3}{0{,}5^4\,\pi^4}\mu l = 0{,}493\,\mu l$$

$$\sum M_r = (2 \cdot 0{,}103 + 0{,}333 + 0{,}493)\,\mu l = 1{,}032\,\mu l$$

$$\overline{\omega}^2 = \frac{48}{1{,}032}\frac{EJ}{\mu l^4}; \qquad \overline{\omega} = 6{,}82\sqrt{\frac{EJ}{\mu l^4}}.$$

Dieses Verfahren führt also bei gleicher Genauigkeit wesentlich schneller zum Ziel.

Beispiel 2. Um die Genauigkeit der zuletzt behandelten Näherungen am exakten Ergebnis prüfen zu können, wird das Beispiel der Abb. 3.17, für das Gl. (3.21) anwendbar ist, herangezogen, wobei $\overset{\times}{M} = 0{,}8\,\mu\,l$. Gl. (3.18) ergibt

$$T_\mu^2 = \frac{4}{\pi^2}\frac{\mu\,l^4}{EJ} \qquad = 0{,}01027 \cdot 4\,\pi^2 \frac{\mu\,l^4}{EJ}$$

$$T_M^2 = \frac{0{,}4^2 \cdot 0{,}6^2 \cdot 0{,}8}{3}\frac{\mu\,l^4}{EJ} = 0{,}01535 \cdot 4\,\pi^2 \frac{\mu\,l^4}{EJ}$$

$$\bar{T}^2 = \sum T^2 = 0{,}02562 \cdot 4\,\pi^2 \frac{\mu\,l^4}{EJ}$$

$$\bar{\omega}^2 = 39{,}05\,\frac{EJ}{\mu\,l^4}\,; \qquad \bar{\omega} = 6{,}25\sqrt{\frac{EJ}{\mu\,l^4}}\,.$$

Aus Gl. (3.20) erhält man bei Reduktion auf den Angriffspunkt von M

$$M_{r\mu} = \frac{3}{0{,}4^2 \cdot 0{,}6^2\,\pi^4}\,\mu\,l = 0{,}535\,\mu\,l; \quad \sum M_r = (0{,}535 + 0{,}8)\,\mu\,l = 1{,}335\,\mu\,l$$

$$\bar{\omega}^2 = \frac{3}{0{,}4^2 \cdot 0{,}6^2 \cdot 1{,}335}\,\frac{EJ}{\mu\,l^4} = 39{,}05; \quad \bar{\omega} = 6{,}25\sqrt{\frac{EJ}{\mu\,l^4}}\,.$$

Das exakte Ergebnis aus Gl. (3.21) lautet mit $\frac{\lambda_2}{\lambda_1} = \frac{l_2}{l_1} = \frac{0{,}6}{0{,}4} = 1{,}5$ und $l_1 = 0{,}4\,l$:

Grundschwingung $\lambda_1^{\mathrm{I}} = 1{,}00$

1. Oberschwingung $\lambda_1^{\mathrm{II}} = 2{,}36$, somit

$$\omega_{\mathrm{I}} = \left(\frac{\lambda_1^{\mathrm{I}}}{l_1}\right)^2 \sqrt{\frac{EJ}{\mu}} = \left(\frac{1{,}00}{0{,}4}\right)^2 \sqrt{\frac{EJ}{\mu\,l^4}} = 6{,}25\sqrt{\frac{EJ}{\mu\,l^4}}$$

und stimmt mit beiden Näherungen überein.

Die Abnahme der Grundfrequenz ω_1 dieses Systems mit dem Wandern der Masse M vom Auflager zur Mitte zeigt Abb. 3.18 für einige Werte von $\overset{\times}{M}$.

Als letztes Beispiel der Berechnung kombinierter Systeme mit gleicher Steifigkeit der Teilsysteme soll der eingespannte Rahmen dienen. Abb. 3.19 zeigt das Grundsystem und die angenommene Zerlegung in zwei Teilsysteme, die beide exakter Berechnung zugänglich sind. Dem Beispiel liegen folgende Werte zugrunde:

$$l_1 = 3\,l_2 = 300 \text{ cm}$$

$$E_1 = E_2 = 2{,}1 \cdot 10^6 \text{ kg/cm}^2$$

$$J_1 = J_2 = 2140 \text{ cm}^4 (IP\ 20)$$

$$\mu_2 = 2{,}856\,\mu_1 = 2{,}68 \cdot 10^{-4}\,\frac{\text{kg s}^2}{\text{cm}}\,.$$

Für das Teilsystem ① finden wir mit

$$\left.\begin{aligned}\varkappa_1 &= \sqrt[4]{\frac{\mu_1}{J_1}} = \sqrt[4]{\frac{0{,}938 \cdot 10^{-4}}{2140}} = 0{,}0145\\ \varkappa_2 &= \sqrt[4]{\frac{\mu_2}{J_2}} = \sqrt{\frac{2{,}68 \cdot 10^{-4}}{2140}} = 0{,}0188\end{aligned}\right\}\alpha = \frac{\varkappa_1 J_1}{\varkappa_2 J_2} = 0{,}771$$

$$\beta = \frac{\lambda_1}{\lambda_2} = \frac{\varkappa_1 l_1}{\varkappa_2 l_2} = \frac{0{,}0145 \cdot 300}{0{,}0188 \cdot 100} = 2{,}313,$$

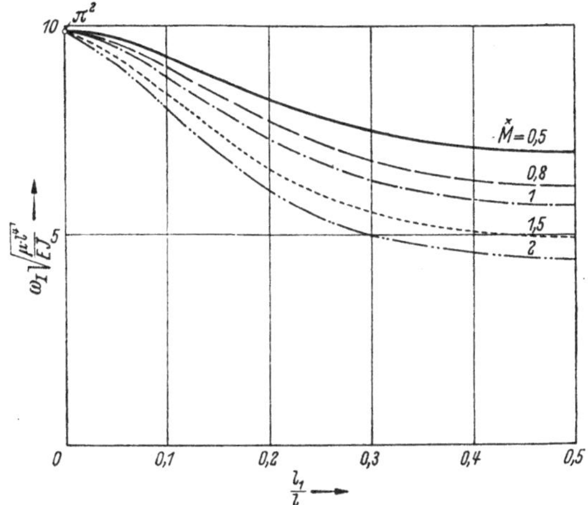

Abb. 3.18. Einfluß der Einzelmasse $\overset{\times}{M}$ auf die Eigenfrequenz

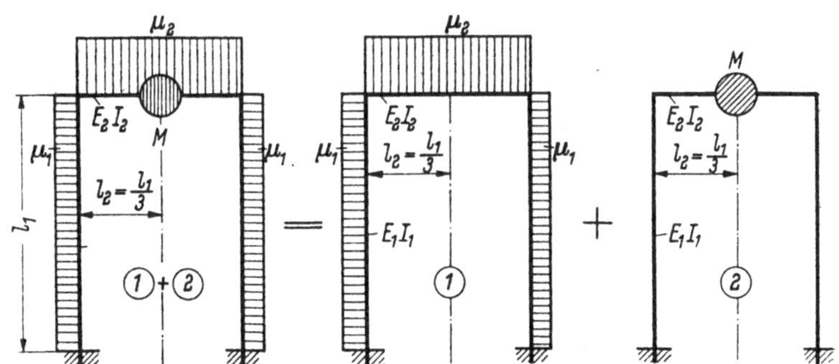

Abb. 3.19. Näherungsberechnung der Rahmens mit Einzelmasse

aus dem Nomogramm Abb. 3.10a

$$\lambda_1^{\mathrm{I}} = 3{,}8$$

$$\lambda_1^{\mathrm{II}} = 5{,}05$$

$$\lambda_1'^{\mathrm{II}} = 7{,}65,$$

Tabelle 3.5

Frequenzen und Perioden der Systeme für die Ordnungszahlen $\nu = \mathrm{I}$ bis III	Teilsystem 1	Teilsystem 2	Gesamtsystem 1 + 2: Näherung nach Gl. (3.19)	Gesamtsystem 1 + 2: exakt aus Gl. (3.23)	Fehler %
Grundfrequenz ω_I	1110	1330		879	
Quadrat der Grundperiode T^2_I	$0{,}8116 \cdot 4\pi^2 \cdot 10^{-6}$	$0{,}564 \cdot 4\pi^2 \cdot 10^{-6}$	$1{,}3756 \cdot 4\pi^2 \cdot 10^{-6}$	$1{,}2956 \cdot 4\pi^2 \cdot 10^{-6}$	
Reduzierte Frequenz $\overline{\omega}_\mathrm{I} = \sqrt{\frac{4\pi^2}{\sum T^2_\mathrm{I}}}$			852		$-3{,}1$
1. Oberfrequenz ω_II	1907			1681	
Quadrat der 1. Oberperiode T^2_II	$0{,}2750 \cdot 4\pi^2 \cdot 10^{-6}$			$0{,}3539 \cdot 4\pi^2 \cdot 10^{-6}$	
$\sum_{\nu=\mathrm{I}}^{\mathrm{II}} T^2_\nu$	$1{,}0867 \cdot 4\pi^2 \cdot 10^{-6}$	$0{,}564 \cdot 4\pi^2 \cdot 10^{-6}$	$1{,}6506 \cdot 4\pi^2 \cdot 10^{-6}$	$1{,}6495 \cdot 4\pi^2 \cdot 10^{-6}$	
Reduzierte Frequenz $\overline{\omega} = \sqrt{\frac{4\pi^2}{\sum_{\nu=\mathrm{I}}^{\mathrm{II}} \sum_{n=1}^{2} T^2_{\nu n}}}$			778	779	$-0{,}2$
2. Oberfrequenz ω_III	4383			4326	
Quadrat der 2. Oberperiode T^2_III	$0{,}0521 \cdot 4\pi^2 \cdot 10^{-6}$			$0{,}0534 \cdot 4\pi^2 \cdot 10^{-6}$	
$\sum_{\nu=\mathrm{I}}^{\mathrm{III}} T^2_\nu$	$1{,}1387 \cdot 4\pi^2 \cdot 10^{-6}$	$0{,}564 \cdot 4\pi^2 \cdot 10^{-6}$	$1{,}7027 \cdot 4\pi^2 \cdot 10^{-6}$	$1{,}7029 \cdot 4\pi^2 \cdot 10^{-6}$	
Reduzierte Frequenz $\overline{\omega} = \sqrt{\frac{4\pi^2}{\sum_{\nu=\mathrm{I}}^{\mathrm{III}} \sum_{n=1}^{2} T^2_{\nu n}}}$			766	766	0

Bemerkung: Die Indizes ν bezeichnen die Ordnungszahl, die Indizes n das Teilsystem.

und damit

$$\omega_{\mathrm{I}} = \left(\frac{\lambda_1^{\mathrm{I}}}{l_1}\right)^2 \sqrt{\frac{E_1 J_1}{\mu_1}} = \left(\frac{3{,}8}{300}\right)^2 \sqrt{\frac{2{,}1 \cdot 2140 \cdot 10^6}{0{,}938 \cdot 10^{-4}}} = 1110\ \mathrm{s}^{-1}.$$

Für das Teilsystem ② ergibt sich aus den Rahmentabellen [5] mit $k = \frac{l_1 J_2}{2 l_2 J_1} = 1{,}5$ und $\overset{\times}{M} = \frac{M}{2\mu_2 l_2}$

$$\omega^2 = \frac{384\, EJ}{16 \mu_2 l_2^4 \overset{\times}{M}} \frac{k+2}{8k+4} = 5{,}25 \frac{EJ}{\overset{\times}{M} \mu_2 l_2^4} = \frac{88 \cdot 10^4}{\overset{\times}{M}}$$

und für

$$\overset{\times}{M} = 0{,}5 \qquad \omega = 1330\ \mathrm{s}^{-1}.$$

Für das Gesamtsystem ① + ② erhält man aus der Frequenzgleichung

$$\frac{\varkappa_1 J_1}{\varkappa_2 J_2} \frac{\mathfrak{B}(\lambda_1)}{\mathfrak{D}(\lambda_1)} = \frac{-\overset{\times}{M} \lambda_2 \mathfrak{B}(\lambda_2) + \mathfrak{C}(\lambda_2)}{+\overset{\times}{M} \lambda_2 \mathfrak{D}(\lambda_2) + \mathfrak{A}(\lambda_2)}. \tag{3.23}$$

die Eigenwerte λ. Auch diese Gleichung wurde nomographisch ausgewertet und das Ergebnis in Abb. 3.20a—d dargestellt. Danach ist für $\overset{\times}{M} = \frac{M}{2\mu_2 l_2} = 0{,}5$

$$\lambda_1^{\mathrm{I}} = 3{,}38 \qquad \omega_{\mathrm{I}} = \left(\frac{\lambda_1^{\mathrm{I}}}{l_1}\right)^2 \sqrt{\frac{EJ}{\mu_1}} = 624\ \mathrm{s}^{-1}$$

$$\lambda_1^{\mathrm{II}} = 4{,}68 \qquad \omega_{\mathrm{II}} = \left(\frac{\lambda_1^{\mathrm{II}}}{l_1}\right)^2 \sqrt{\frac{EJ}{\mu_1}} = 1681\ \mathrm{s}^{-1}$$

$$\lambda_1^{\mathrm{III}} = 7{,}50 \qquad \omega_{\mathrm{III}} = \left(\frac{\lambda_1^{\mathrm{III}}}{l_1}\right)^2 \sqrt{\frac{EJ}{\mu_1}} = 4326\ \mathrm{s}^{-1}.$$

Die vorstehende Tab. 3.5 zeigt die Anwendung der DUNKERLEYschen Gl. (3.20) auf obiges Beispiel.

Die Übereinstimmung der exakten Werte $\sum_{\mathrm{I}}^{\nu} T_\nu^2$ für das Gesamtsystem mit den Werten $\sum_{\mathrm{I}}^{\nu} \sum_{1}^{n} T_{\nu n}^2$ für die Teilsysteme ist also schon bei Berücksichtigung der 2. Oberschwingung $\nu = \mathrm{III}$ nahezu vollständig. Allerdings fällt es bei zusammengesetzten Systemen schwer, aus $\sqrt{\frac{4\pi^2}{\sum_{\mathrm{I}}^{\nu} T_\nu^2}}$ die Grundfrequenz abzuleiten, und man wird sich praktisch mit der Näherung $\overline{\omega} = \sqrt{\frac{4\pi^2}{\sum_{1}^{n} T_n^2}}$ begnügen müssen, die hier einen Fehler von -3% ergibt.

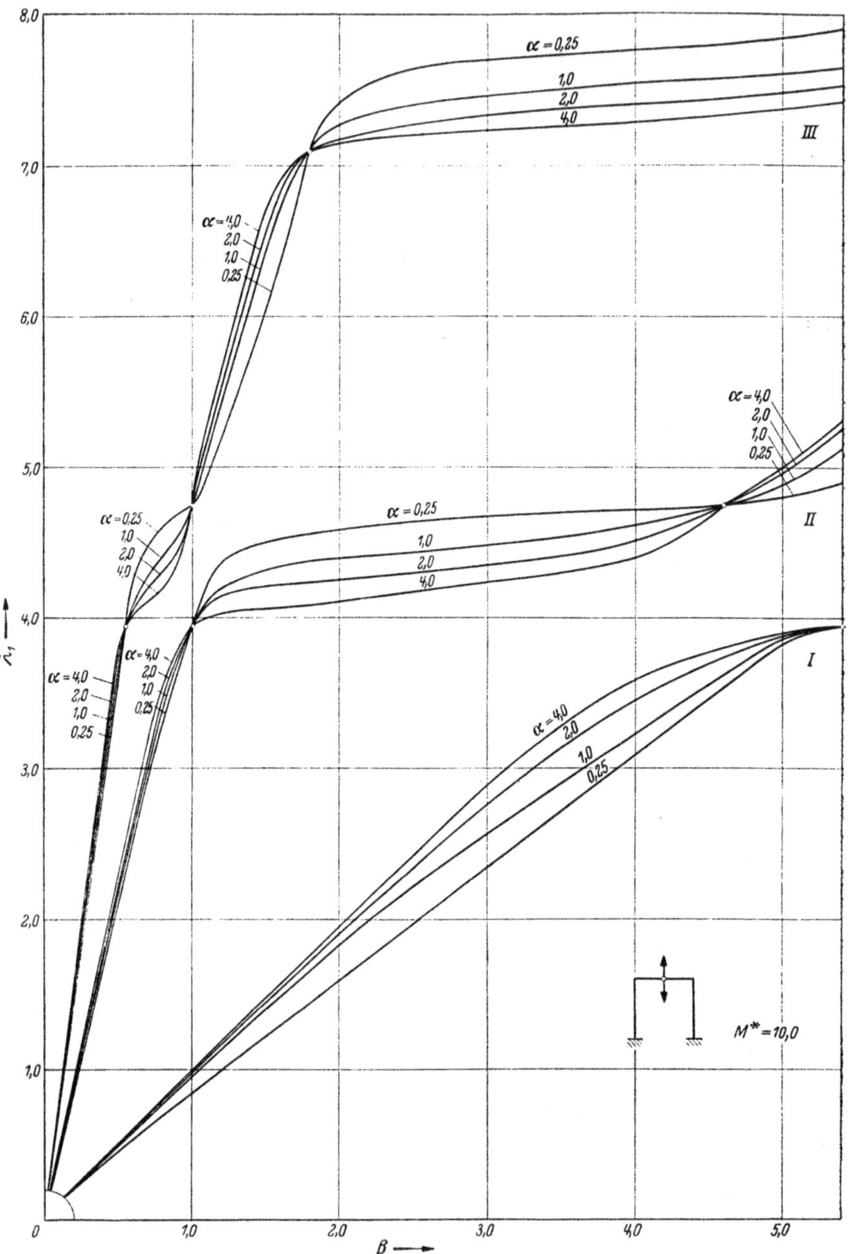

Abb. 3.20a–d. Nomogramme zur Ermittlung der ersten drei Eigenwerte folgender Rahmen mit Einzelmassen $\overset{\times}{M}$:

Abb. 3.20 a) Eingespannter Rahmen Symmetrie $\overset{\times}{M} = 10$

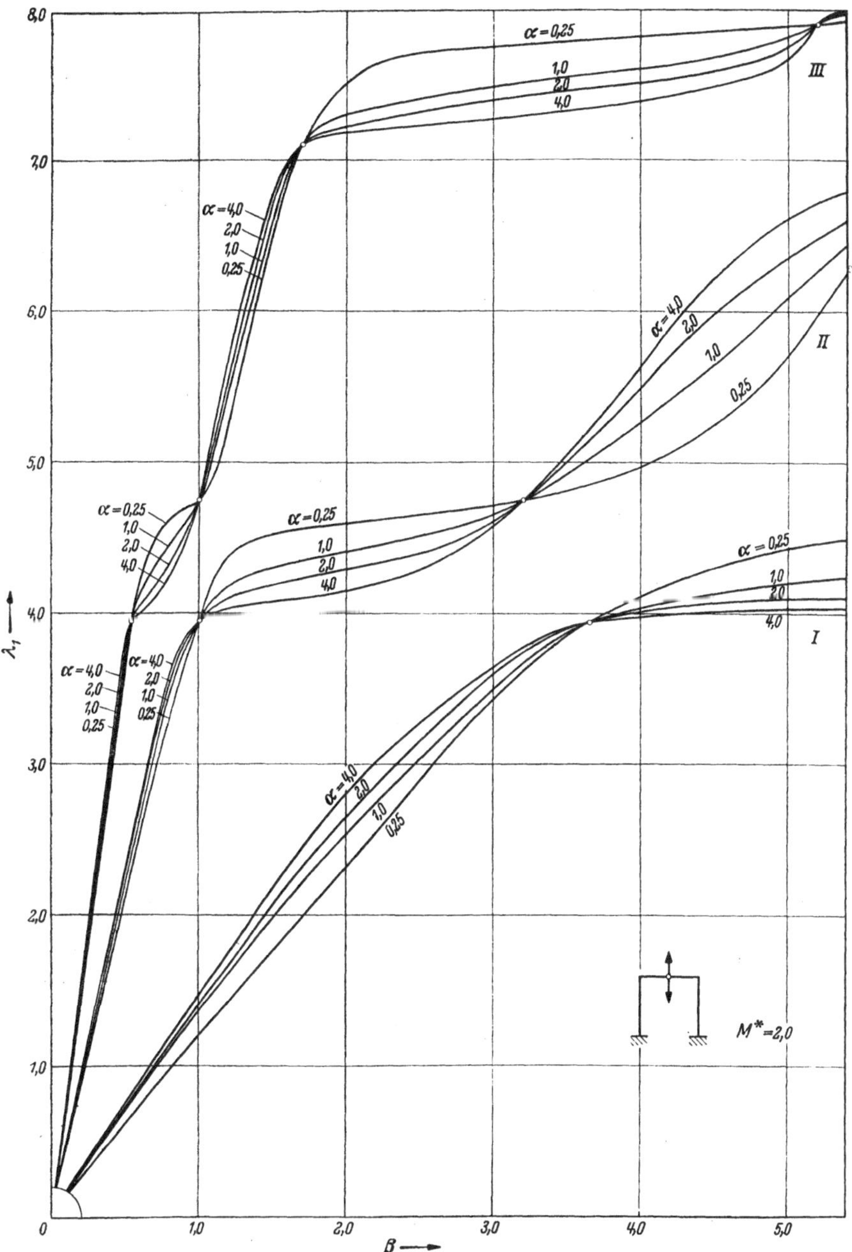

Abb. 3.20 b) Eingespannter Rahmen Symmetrie $\overset{\times}{M} = 2$

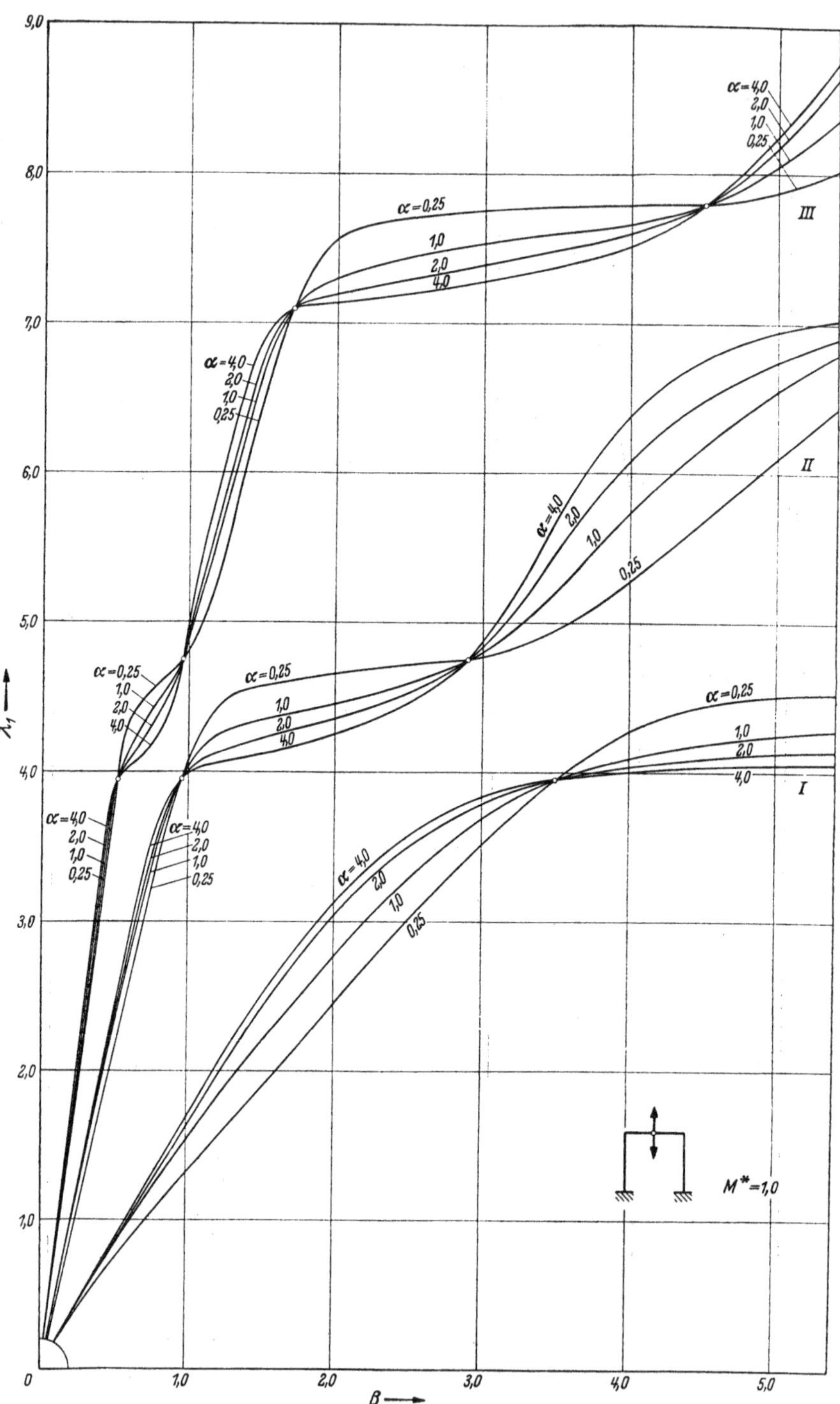

Abb. 3.20 c) Eingespannter Rahmen Symmetrie $\overset{\times}{M} = 1$

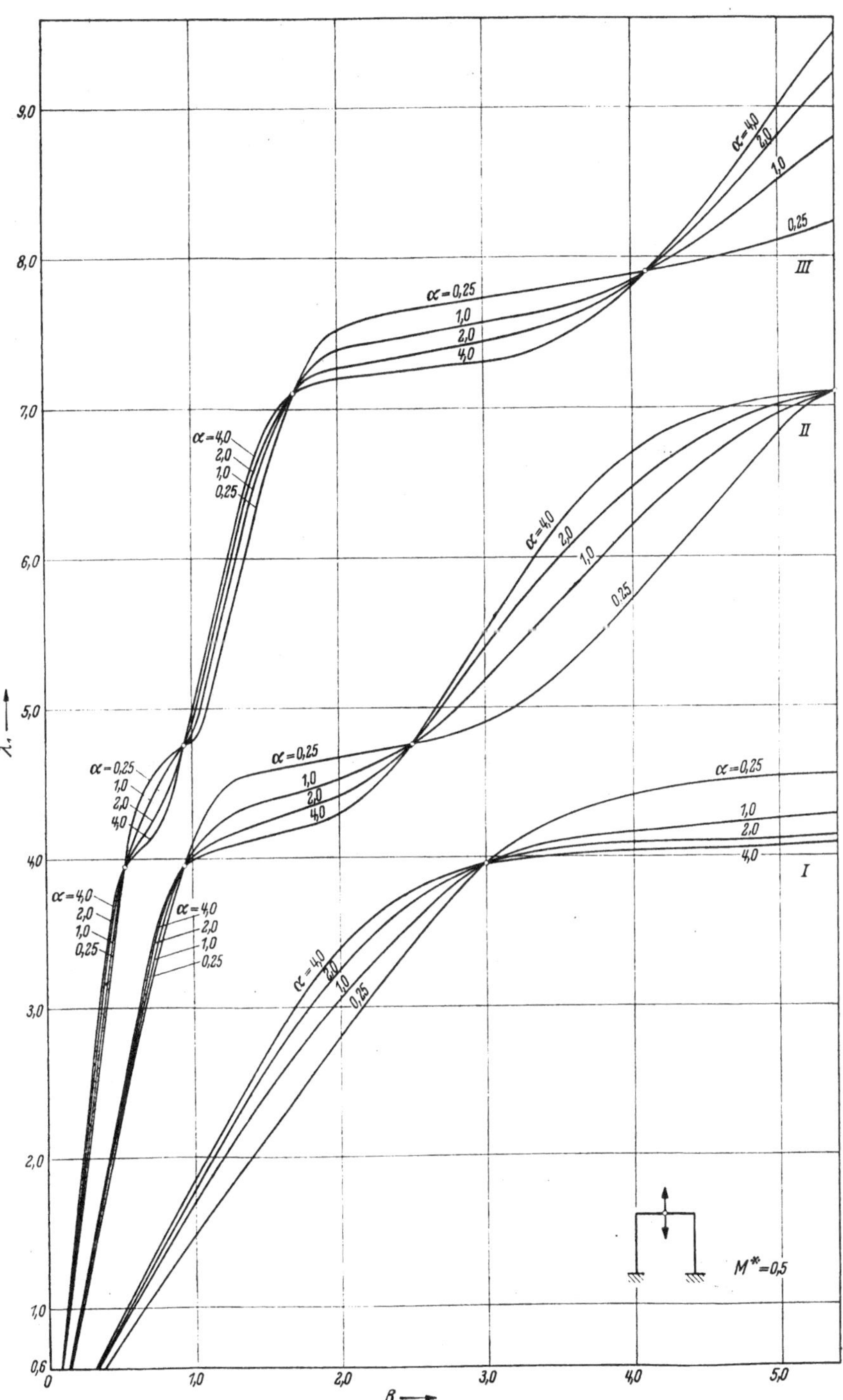

Abb. 3.20d) Eingespannter Rahmen Symmetrie $\overset{\times}{M} = 0,5$

3.26 Kombination der Frequenzen von Systemen mit verschiedener Steifigkeit

Die Eigenfrequenz eines kombinierten Systems ist schwieriger zu bestimmen, wenn die Teilsysteme verschiedene Steifigkeit aufweisen. Dies ist z. B. bei dem in Abb. 3.21 dargestellten Rahmen der Fall, wenn gleichzeitig die Querschwingung des Riegels und die Längsschwingung der Stiele berücksichtigt werden. Eine exakte Lösung dieser Aufgabe ermöglicht die Gleichung [*1*]

$$\frac{\mathfrak{C}(\lambda_1) + \frac{\mu_2 \varkappa_1 j_2}{\mu_1 \varkappa_2 \lambda_2} \operatorname{ctg} \nu_2\, \mathfrak{B}(\lambda_1)}{\mathfrak{A}(\lambda_1) - \frac{\mu_2 \varkappa_1 j_2}{\mu_1 \varkappa_1 \lambda_2} \operatorname{ctg} \nu_2\, \mathfrak{D}(\lambda_1)} = -\frac{\varkappa_2 J_2 \left\{\mathfrak{A}(\lambda_2) - \frac{\mu_1 \varkappa_2 j_1}{\mu_2 \varkappa_1 \lambda_1} \operatorname{ctg} \nu_1\, \mathfrak{C}(\lambda_2)\right\}}{\varkappa_1 J_1 \left\{\mathfrak{S}(\lambda_2) - \frac{\mu_1 \varkappa_2 j_1}{\mu_2 \varkappa_1 \lambda_1} \operatorname{ctg} \nu_1\, \mathfrak{A}(\lambda_2)\right\}}, \tag{3.24}$$

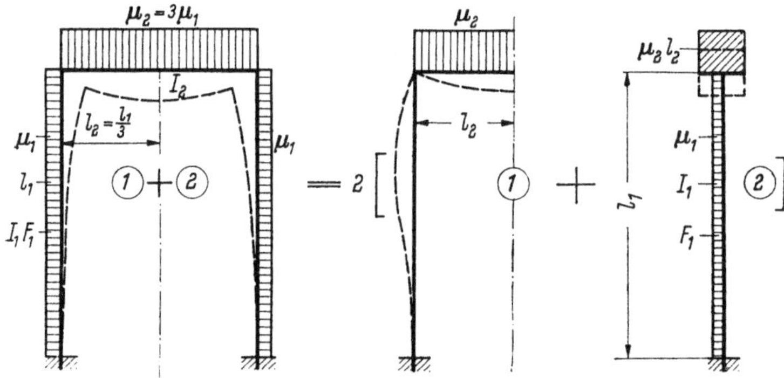

Abb. 3.21. Zerlegen des kombinierten Systems in Teilsysteme

deren Auswertung aber äußerst zeitraubend ist. HOHENEMSER und PRAGER benutzen deshalb das Energieverfahren zu einer Näherungslösung und gewinnen für den in Abb. 3.21 dargestellten Rahmen die Formel

$$\overset{\times}{\omega} = \sqrt{\frac{j_1^2 + 131{,}3}{j_1^2 + 209{,}6}}\,. \tag{3.25}$$

Das benutzte Näherungsverfahren und somit auch Gl. (3.25) gelten nur für Schlankheitsgrade $j_1 = \frac{l_1}{i_1} > 30$.

Die Rechenarbeit zur Bestimmung der Festwerte in Gl. (3.25) ist aber auch nicht unerheblich, so daß ein einfacheres und bezüglich j uneingeschränktes Näherungsverfahren vorgeschlagen werden soll. Das gegebene System wird in zwei Teile zerlegt derart, daß Teil 1 Querschwingungen des Riegels, Teil 2 Längsschwingungen der Stiele ausführt (Abb. 3.21).

Für das Teilsystem 1 ergibt sich der erste Eigenwert λ_1^{I} mit $\alpha = 0{,}76$ und $\beta = 2{,}28$ aus dem Nomogramm Abb. 3.10a zu $\lambda_1^{\mathrm{I}} = 3{,}78$; also ist

$$\omega_{\mathrm{I}} = (\lambda_1^{\mathrm{I}})^2 \sqrt{\frac{E_1 J_1}{\mu_1 l_1^4}} = 14{,}29 \sqrt{\frac{E_1 J_1}{\mu_1 l_1^4}}\,.$$

Die Eigenfrequenzen des Teilsystems 2 werden nach Gl. (3.3) berechnet. Aus Abb. 3.21 entnehmen wir $G_K = \mu_2 l_2 g = G_S = \mu_1 l_1 g$; also wird $\frac{\omega l}{v} = \operatorname{ctg} \frac{\omega l}{v}$, woraus als erste Lösung aus Diagramm Abb. 3.1 $\frac{\omega l}{v} = 0{,}86$ gefunden wird. Hiernach ist die erste Eigenfrequenz der Längsschwingung des mit Riegelmasse belasteten Stieles

$$\omega_{L\,\mathrm{I}} = \frac{0{,}86\, v}{l_1} = 0{,}86 \sqrt{\frac{E_1 g}{\gamma_1 l_1^2}} = 0{,}86 \sqrt{\frac{E_1 F_1}{\mu_1 l_1^2}} = 0{,}86 \frac{l_1}{i_1} \sqrt{\frac{E_1 J_1}{\mu_1 l_1^4}}.$$

Für $\frac{l_1}{i_1}$ führen wir noch den Schlankheitsgrad $j_1 = \frac{l_1}{i_1}$ ein.

Zur Kombination der Teilsysteme ① und ② dient wieder die Näherungsformel: $\overline{T} = \sqrt{T^2_{①} + T^2_{②}}$ und man erhält

$$\overline{T}^2 = \frac{4\pi^2}{\omega_{\mathrm{I}}^2} + \frac{4\pi^2}{\omega_{L\,\mathrm{I}}^2}$$

bzw.

$$\overline{\omega} = \frac{2\pi}{\overline{T}} = \frac{\omega_{\mathrm{I}}\, \omega_{L\,\mathrm{I}}}{\sqrt{\omega_{\mathrm{I}}^2 + \omega_{L\,\mathrm{I}}^2}}.$$

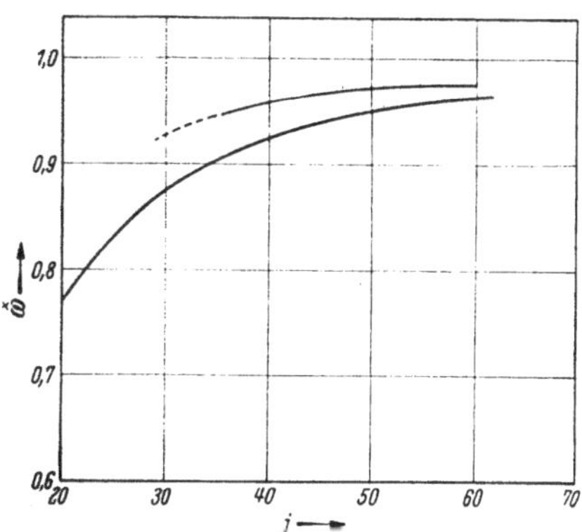

Abb. 3.22. Vergleich der Näherungsrechnung (untere Kurve) mit dem Ergebnis von Gl. (3.25)

Zur besseren Darstellung führen wir noch $\overset{\times}{\omega} = \frac{\overline{\omega}}{\omega_{\mathrm{I}}}$ ein und finden

$$\overset{\times}{\omega} = \frac{1}{\sqrt{1 + \left(\frac{\omega_{\mathrm{I}}}{\omega_{L\,\mathrm{I}}}\right)^2}}. \tag{3.26}$$

Abb. 3.22 zeigt die Darstellung der Gl. (3.26) und Gl. (3.25), die nur für $j > 30$ gilt, und zeigt Abweichungen von maximal 5%. Man erkennt ferner, daß der Einfluß der Längsverformung der Stiele mit deren Schlankheit abnimmt und im praktisch vorkommenden Bereich kaum größer wird als -10%.

3.27 Weiterer Vergleich exakter Ergebnisse mit Näherungsrechnungen

In der Literatur finden sich zahlreiche Vorschläge zu Näherungslösungen für die Eigenfrequenz von Rahmen, von denen wohl den z. B. in der „Hütte“ [*9*] veröffentlichten Formeln von Geiger [*7*], die von Rausch [*19*] verbessert wurden, die größte Bedeutung zukommt. Deshalb vergleichen wir unser exaktes Ergebnis mit dieser für den eingespannten Rahmen gültigen Näherung, unterscheiden aber wieder zwischen symmetrischer und antimetrischer Schwingung.

3.271 Symmetrische Schwingung

Die Näherung fußt auf der Formel $\omega = \sqrt{\frac{g}{\sum \delta}}$, worin $\sum \delta$ die Summe der statischen Senkungen der Riegelmitte darstellt und sich vorschlagsgemäß entsprechend Abb. 3.23 aus

$$\delta_a = \frac{Q_1 (2l)^3}{384\, EJ_2} \frac{8k+4}{k+2} \quad \text{(Durchbiegung Riegelmitte unter } Q_1\text{)} \tag{3.27a}$$

$$\delta_b = \frac{q(2l)^4}{384\, EJ_2} \frac{5k+2}{k+2} \quad \text{(Durchbiegung Riegelmitte unter } q\text{)} \tag{3.27b}$$

$$\delta_c = \frac{3}{5} \frac{(Q_1 + q\, l_2)\, 2l_2}{EF_2} \quad \text{(Durchbiegung Riegelmitte unter Schubkräften)} \tag{3.27c}$$

$$\delta_d = \frac{\frac{Q_1}{2} + q\, l_2 + Q_2}{EF_1} l_1 \quad \text{(Verkürzung der Stiele)} \tag{3.27d}$$

zusammensetzt. Dabei bedeutet nach KLEINLOGEL [5] $k = \frac{l_1 J_2}{2 l_2 J_1}$, q die verteilte Eigenlast des Riegels $q = \mu_2 g + \frac{Q_1}{2 l_2}$, weil die Einzellast (Maschinenlast) $2Q_1$ in Riegelmitte zu gleichen Teilen als Einzellast + Streckenlast angesetzt werden soll. Q_2 endlich stellt den Lastanteil der anschließenden Längsrahmen und das halbe Gewicht der Stiele dar.

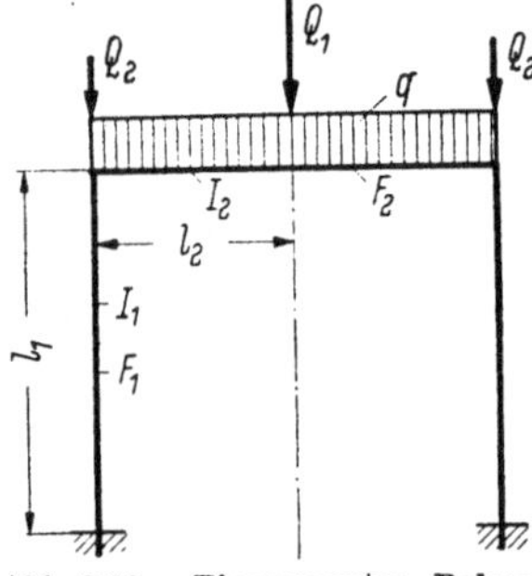

Abb. 3.23. Eingespannter Rahmen mit Einzellasten

Wir vergleichen zunächst die Eigenfrequenz des Rahmens mit verteilter Riegellast q mit dem exakten Ergebnis. Hierzu wird die Gl. (3.27b) gemäß $\omega_b = \sqrt{\frac{g}{\delta_b}}$ nach Einführen von $\bar{l} = \frac{l_1}{l_2}$; $\bar{J} = \frac{J_1}{J_2}$; $\bar{\mu} = \frac{\mu_1}{\mu_2}$ umgeformt in

$$\omega_b = \bar{l}^2 \sqrt{\frac{24\bar{\mu}\,(k+2)}{\bar{J}(5k+2)}} \sqrt{\frac{EJ_1}{\mu_1 l_1^4}}.$$

Da das exakte Ergebnis $\omega_{ex} = (\lambda_1^{\mathrm{I}})^2 \sqrt{\frac{EJ_1}{\mu_1 l_1^4}}$ lautet, haben wir nur zu vergleichen $(\lambda_1^{\mathrm{I}})^2$ mit $\lambda_b^2 = \bar{l}^2 \sqrt{\frac{24\bar{\mu}\,(k+2)}{\bar{J}(5k+2)}}$ und berechnen den Fehler aus $\frac{\omega_b - \omega_{ex}}{\omega_{ex}}$.

Abb. 3.24 und 3.25 zeigen diesen Fehler für verschiedene Rahmentypen und lassen erkennen, daß die Näherung unbrauchbar ist, weil sie insbesondere mit wachsendem $\bar{\mu}$ völlig falsche Werte liefert, was nicht anders zu erwarten war, weil die Näherungsformel die Masse der Rahmenstiele überhaupt nicht erfaßt. Erstaunlich an dem Ergebnis der Überprüfung ist nur, daß der Fehler nicht mit $\bar{\mu} \to 0$ verschwindet, sondern jede Kurve an einer bestimmten Stelle die Nullinie kreuzt.

Als zweiten Vergleich wollen wir die Kombination aus Einzellast Q und verteilter Last q am Riegel dem exakten Ergebnis aus Gl. (3.23) gegenüberstellen. Hierzu bilden wir aus Gl. (3.27a) mit $\overset{\times}{M} = \frac{Q_1}{2\mu_2 l_2}$

$$\omega_a = \bar{l}^2 \sqrt{\frac{24\bar{\mu}(k+2)}{\bar{J}\overset{\times}{M}(8k+2)}} \sqrt{\frac{EJ_1}{\mu_1 l_1^4}}$$

und kombinieren mit

$$\omega_b = \bar{l}^2 \sqrt{\frac{24\bar{\mu}(k+2)}{\bar{J}(5k+2)}} \sqrt{\frac{EJ_1}{\mu_1 l_1^4}}$$

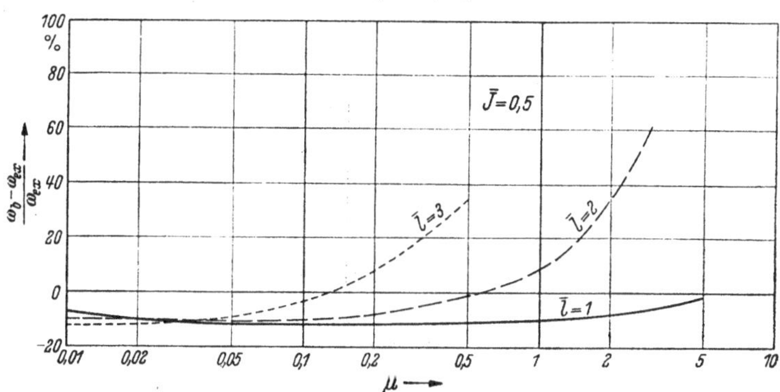

Abb. 3.24. Symmetrische Schwingungsform: Unterschied der Näherungslösung von der exakten für Rahmen mit $\bar{J} = 0{,}5$, $\bar{l} = 1$, 2 und 3, $\bar{\mu} = 0{,}01$ bis 5

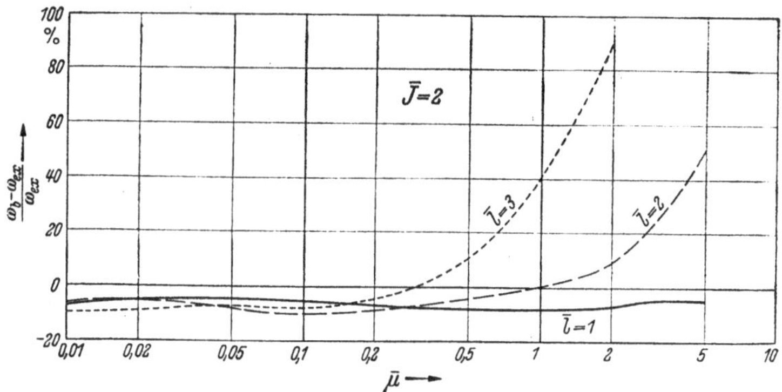

Abb. 3.25. Wie Abb. 3.24, jedoch für $\bar{J} = 2$

gemäß $\overline{T}^2 = T_a^2 + T_b^2$. Wegen mehrerer gleicher Koeffizienten brauchen wir hiernach nur $\overset{\times}{M}(8k+2)$ und $5k+2$ zu addieren und erhalten

$$\bar{\omega} = \bar{l}^2 \sqrt{\frac{24\bar{\mu}(k+2)}{\bar{J}[\overset{\times}{M}(8k+2)+5k+2]}} \sqrt{\frac{EJ_1}{\mu_1 l_1^4}} \qquad (3.28)$$

bzw.

$$\bar{\omega} = \frac{\omega_b}{\sqrt{\overset{\times}{M}\frac{8k+2}{5k+2}+1}}.$$

Dieser Wert ist wieder zu vergleichen mit $\omega_{ex} = (\lambda_1^{\mathrm{I}})^2 \sqrt{\frac{EJ_1}{\mu_1 l_1^4}}$, wobei λ_1^{I} aus Gl. (3.23) bzw. Nomogramm Abb. 3.20 zu bestimmen ist. Abb. 3.26 zeigt in doppellogarithmischer Auftragung die Auswertung der Gl. (3.28a) die sich als eine Schar paralleler Geraden darstellt, während die exakten

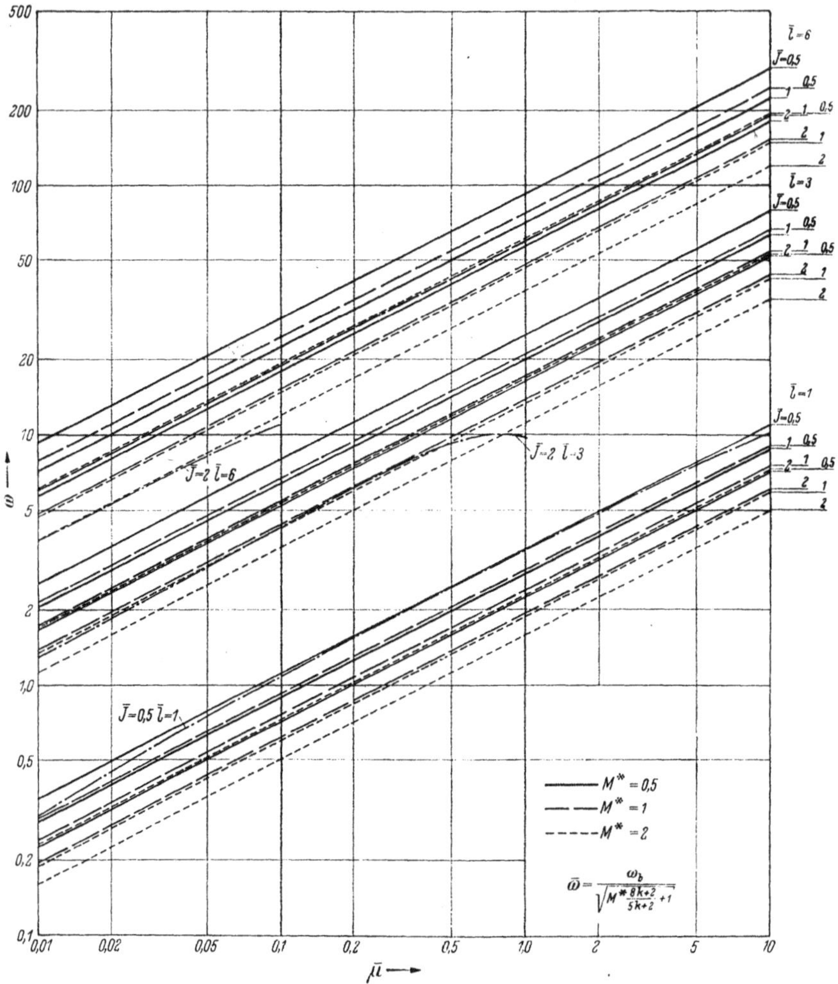

Abb. 3.26. Rahmen mit Einzelmasse $\overset{\times}{M}$. Doppellogarithmische Darstellung der Näherungslösung und Vergleich mit dem exakten Ergebnis

Grundfrequenzen aus Gl. (3.23) Kurven ergeben, die die Geraden für einen bestimmten Wert $\bar{\mu}$ berühren, für alle größeren $\bar{\mu}$ aber tiefer als die entsprechenden Geraden verlaufen. Danach gibt die Näherung im allgemeinen zu große Werte.

Hiernach ist es zwecklos, den Vergleich auch noch auf die Längsschwingung der Stiele auszudehnen. Zwar kann die Längsschwingung

z. B. bei starker Punktbelastung Q_2 der Rahmenecken, herrührend etwa aus dem Gewicht der Längsriegel, sehr kleine Werte ergeben und in der Kombination $\overline{T}^2 = \sum T_n^2$ den erheblichen Fehler bei der Näherungsberechnung der Querschwingungen des Rahmens überdecken, doch darf daraus nicht auf die Brauchbarkeit der Gl. (3.27) geschlossen werden, weil große Lasten Q_2 auf die Querschwingungen ohne Einfluß sind, es sich somit in diesem Falle um zwei nicht kombinationsfähige Systeme handelt, die sich nur durch Koppelwirkung beeinflussen.

3.272 Antimetrische Schwingung

Auch für diesen in Abb. 3.27 dargestellten Fall steht eine Näherungslösung [9] zur Verfügung; sie lautet

$$\overline{\omega} = \sqrt{\frac{a \cdot c}{M_w}} \qquad (3.29)$$

worin $c = \frac{6EJ_1}{l_1^3} \frac{1+6k}{1+1{,}5k}$ und in M_w die Masse des Riegels, der halben Stiele und evtl. vorhandener Auflasten Q auf dem Riegel zusammengefaßt sind.

Schließlich ist $k = \frac{J_2 l_1}{2 J_1 l_2}$ und a ein Abminderungsbeiwert, der zwischen 0,8 und 1,0 zu wählen ist.

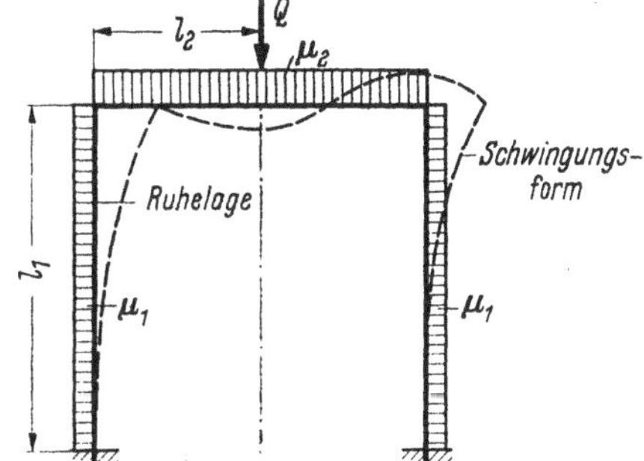

Abb. 3.27. Antimetrische Schwingungsform des Rahmens

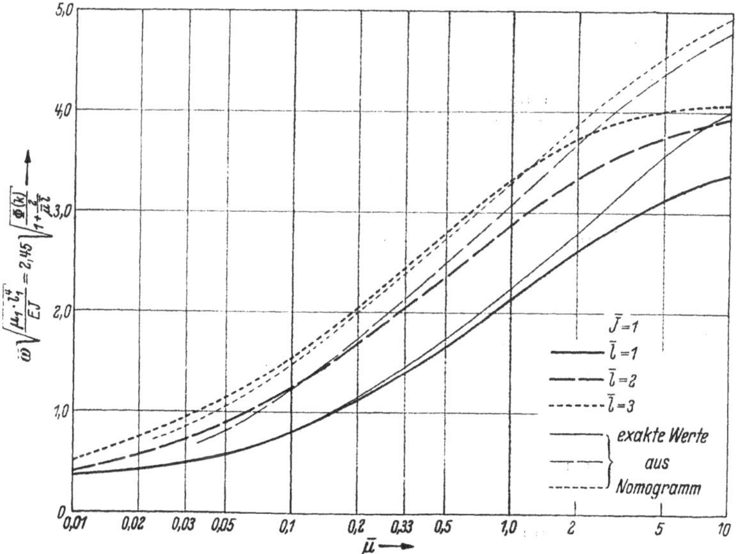

Abb. 3.28. Vergleich der Näherung mit dem exakten Ergebnis für antimetrische Schwingungsform

Abb. 3.28 zeigt das Ergebnis der Gegenüberstellung für drei Rahmentypen $\bar{l} = 1$, 2 und 3 mit $\bar{J} = 1$, aufgetragen über $\bar{\mu}$ im Bereich $\bar{\mu} = 0{,}01$ bis $\bar{\mu} = 10$. Man erkennt, daß die Fehler für kleine Werte (etwa $\bar{\mu} < 0{,}1$) verschwindend klein sind, mit wachsendem $\bar{\mu}$ aber sehr erheblich werden. Zum Beispiel ergibt bei $\bar{l} = 3$ und $\bar{\mu} = 10$ die Näherungsrechnung $\bar{\omega} = 4{,}0\sqrt{\frac{EJ_1}{\mu_1 l_1^4}}$, während die exakte Rechnung $\omega_{\mathrm{I}} = 5{,}0\sqrt{\frac{EJ_1}{\mu_1 l_1^4}}$ liefert; der Fehler beträgt also -20%. Da hiernach die exakten Werte meist größer sind als die Näherungswerte, ist nicht einzusehen, warum in der Gl. (3.29) noch der Abminderungsfaktor $0{,}8 < a < 1{,}0$ enthalten ist.

3.28 Veränderliches Trägheitsmoment

Verlassen wir die bisher vorausgesetzte konstante Steifigkeit EJ innerhalb eines Feldes, so stehen für die Näherungsberechnung der Eigenfrequenzen zwei Verfahren zur Verfügung:

1. Es wird ein gleichartiges Ersatzsystem mit konstanter Steifigkeit gesucht derart, daß seine maximale Durchbiegung gleich ist der maximalen Durchbiegung des gegebenen Systems veränderlicher Steifigkeit. Betrachten wir als einfachstes Beispiel gemäß Abb. 3.29 den Balken auf zwei Stützen mit linear veränderlichem Trägheitsmoment, so gilt

$$J(x) = J_0 + \frac{2J_0}{l}x = J_0\left(1 + \frac{2x}{l}\right).$$

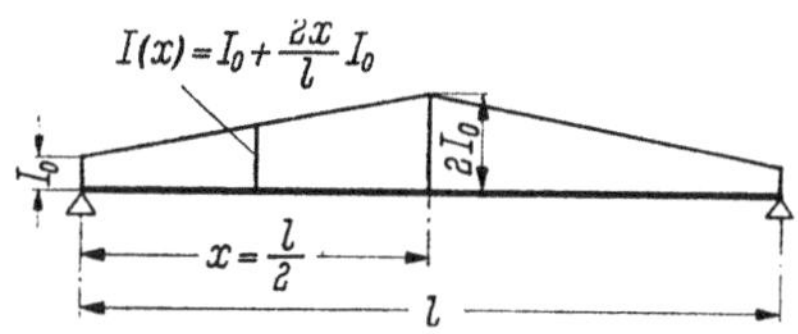

Abb. 3.29. Träger auf zwei Stützen mit linear wachsendem Trägheitsmoment $J(x)$

Die Biegelinie $z(x)$ erhalten wir aus $z''(x) = -\frac{M(x)}{EJ(x)}$ mit $\xi = \frac{x}{l}$ zu

$$z(x) = \frac{g\,\mu\, l^4}{2EJ_0}\int_0^l\!\!\int \frac{\xi - \xi^2}{1 + 2\xi}\, d^2\xi$$

und nach ausgeführter Integration für Balkenmitte

$$\max z = z\left(\frac{l}{2}\right) = 0{,}00773\,\frac{g\,\mu\, l^4}{EJ_0},$$

während für konstantes Trägheitsmoment bekanntlich

$$\max z_c = z_c\left(\frac{l}{2}\right) = 0{,}01302\,\frac{g\,\mu\, l^4}{EJ_c}.$$

Aus $z\left(\frac{l}{2}\right) = z_c\left(\frac{l}{2}\right)$ läßt sich ein reduziertes Trägheitsmoment

$$J_{\mathrm{red}} = \frac{0{,}01302}{0{,}00773}\,J_0 = 1{,}685\,J_0$$

bestimmen, so daß ein Ersatzsystem mit konstantem J_0 die maximale Durchbiegung

$$\max z\left(\frac{l}{2}\right) = 0{,}01302\,\frac{g\,\mu\, l^4}{EJ_{\mathrm{red}}}$$

erhält.

Da die Grundfrequenz ω_{I} wesentlich durch die maximale Durchbiegung bestimmt wird, genügt es in der Regel, die Grundfrequenz des oben erwähnten Ersatzsystemes zu bestimmen, und man findet hierfür

$$\omega_{\text{I}} = \pi^2 \sqrt{\frac{EJ_{\text{red}}}{\mu\, l^4}} = \pi^2 \sqrt{\frac{1{,}685\, EJ_0}{\mu\, l^4}} = 1{,}297\, \pi^2 \sqrt{\frac{EJ_0}{\mu\, l^4}}\,.$$

Die Eigenfrequenz ist also um rd. 30% größer als für konstantes Trägheitsmoment J_0.

2. Bereits an den höheren Schwingungsformen des Balkens und Rahmens (Tab. 3.4 und Abb. 3.13 und 3.14) war zu erkennen, daß mit wachsender Ordnungszahl ν die Balkenteile zwischen zwei benachbarten Kurven mehr und mehr den Eigenwert $\lambda = \pi$ annehmen, also als Balken auf zwei Stützen aufgefaßt werden dürfen. Alle Stabwerkteile zwischen zwei Knoten haben gleiche Frequenz $\omega_\nu = \frac{\pi^2}{l_i^2}\sqrt{\frac{EJ_i}{\mu_i}}$. Wenn die Summe über n Teile gebildet wird, entsteht

$$n\,\omega_\nu = \pi^2 \sum_1^n \frac{1}{l_i^2}\sqrt{\frac{EJ_i}{\mu_i}} \qquad \text{oder auch} \qquad \frac{n}{\sqrt{\omega_\nu}} = \frac{1}{\pi}\sum_1^n l_i \sqrt[4]{\frac{\mu_i}{EJ_i}}$$

oder schließlich für den Grenzübergang

$$\lim_{n\to\infty} \frac{n}{\sqrt{\omega_\nu}} = \frac{1}{\pi}\int_0^l \sqrt[4]{\frac{\mu(x)}{EJ(x)}}\,dx\,. \tag{3.30}$$

Hieraus leiten Hohenemser und Prager [*1*] folgendes Näherungsverfahren ab:

Es ist ein Ersatzsystem mit konstantem, reduziertem $\mu_{\text{red}}\, E\, J_{\text{red}}$ derart zu suchen, daß das Integral

$$\int_0^l \sqrt[4]{\frac{\mu_{\text{red}}}{EJ_{\text{red}}}}\,dx = \int_0^l \sqrt[4]{\frac{\mu(x)}{EJ(x)}}\,dx\,.$$

Für das Beispiel in Abb. 3.29 findet man leicht ein Ersatzsystem mit dem Wert

$$\int_0^l \sqrt[4]{\frac{\mu}{EJ_{\text{red}}}}\,dx = \sqrt[4]{\frac{\mu}{EJ_{\text{red}}}}\int_0^l dx = l\sqrt[4]{\frac{\mu}{EJ_{\text{red}}}}\,, \tag{3.31}$$

der mit dem Integralwert des gegebenen Systems

$$\int_0^l \sqrt[4]{\frac{\mu}{EJ(x)}}\,dx = \sqrt[4]{\frac{\mu}{E}}\int_0^l \sqrt[4]{\frac{1}{J(x)}}\,dx = \sqrt[4]{\frac{\mu}{E}}\int_0^l \sqrt[4]{\frac{1}{J_0\left(1+\frac{2x}{l}\right)}}\,dx$$

übereinstimmt.

Dieses letztere Integral ergibt

$$\sqrt[4]{\frac{\mu}{EJ_0}}\int_0^l \frac{dx}{\left(1+\frac{2x}{l}\right)^{1/4}} = \sqrt[4]{\frac{\mu}{E\,J_0}}\,\frac{2l}{3}\left[\left(1+\frac{2x}{l}\right)^{3/4}\right]_0^l = 0{,}853\,l\sqrt[4]{\frac{\mu}{EJ_0}}\,. \tag{3.32}$$

Durch Gleichsetzen der beiden Integralwerte Gl. (3.31) und (3.32)

$$l\sqrt[4]{\frac{\mu}{EJ_{\text{red}}}} = 0{,}853\; l\sqrt[4]{\frac{\mu}{EJ_0}}$$

finden wir $\sqrt[4]{\frac{J_{\text{red}}}{J_0}} = \frac{1}{0{,}853}$ oder $J_{\text{red}} = 1{,}89\, J_0$. Damit berechnen wir die höheren Eigenfrequenzen zu

$$\omega_{\text{II}} = (2\pi)^2\sqrt{\frac{EJ_{\text{red}}}{\mu\, l^4}} = 1{,}375 \cdot 4\pi^2\sqrt{\frac{EJ_0}{\mu\, l^4}} = 54{,}1\sqrt{\frac{EJ_0}{\mu\, l^4}}$$

$$\omega_{\text{III}} = (3\pi)^2\sqrt{\frac{EJ_{\text{red}}}{\mu\, l^4}} = 1{,}375 \cdot 9\pi^2\sqrt{\frac{EJ_0}{\mu\, l^4}} = 121{,}9\sqrt{\frac{EJ_0}{\mu\, l^4}}$$

$$\omega_{\text{IV}} = (4\pi)^2\sqrt{\frac{EJ_{\text{red}}}{\mu\, l^4}} = 1{,}375 \cdot 16\pi^2\sqrt{\frac{EJ_0}{\mu\, l^4}} = 217\sqrt{\frac{EJ_0}{\mu\, l^4}}\,,$$

Für die Grundfrequenz, die hiernach $1{,}375\,\pi^2\sqrt{\frac{EJ_0}{\mu\, l^4}} = 13{,}55\sqrt{\frac{EJ_0}{\mu\, l^4}}$ ergeben würde, ist dieses Verfahren nicht anwendbar, weil seine Voraussetzungen nicht zutreffen.

Zusammenfassend ist über die Methode der reduzierten Trägheitsmomente zu sagen, daß die Reduktion auf Grund gleicher Maximaldurchbiegungen für einfachere Systeme schnell auf einen guten Näherungswert der Grundschwingung führt und daß das Gleichsetzen der Integralwerte Gl. (3.31), (3.32) reduzierte Trägheitsmomente liefert, mittels derer um so bessere Näherungswerte für die Oberschwingungen gewonnen werden, je größer die Ordnungszahl ist. Dieses Verfahren eignet sich auch für kompliziertere Stabwerke.

Eine schwache Änderung der Massenbelegung μ im Felde der einzelnen Stäbe kann bei der Berechnung der Grundschwingung über die Durchbiegung des Ersatzsystems mit konstantem J erfaßt werden. Bei den Oberschwingungen wird $\mu(x)$ in der Gl. (3.31) ebenso behandelt wie $J(x)$.

3.3 Erzwungene Schwingungen

3.31 Verfahren von Hohenemser-Prager

Ausgehend von der Differentialgleichung (3.4) und deren Lösung (3.5) stellen Hohenemser und Prager [1] die Gleichungen für die Amplituden $z(x)$ und für die Momente $M(x)$ an beliebiger Stelle x eines Balkenstückes von der Länge l_K (Abb. 3.30) auf, an dessen Ende k bzw $k-1$ eine periodische Querverschiebung v_K bzw. v_{K-1} angreift. Als Randbedingungen werden zur Bestimmung der Konstanten C_1 bis C_4 der Gl. (3.5) die folgenden Beziehungen benutzt:

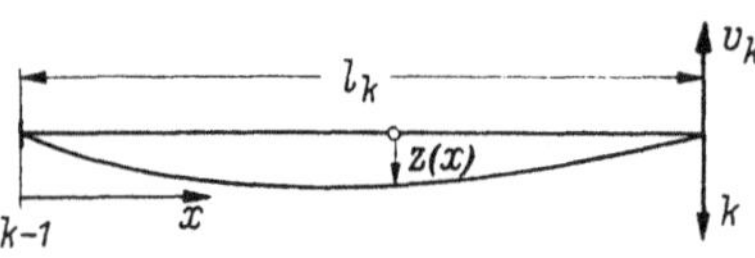

Abb. 3.30. Endverschiebung des Balkens

$$\left.\begin{aligned} &x = 0;\; z(0) = 0;\; M(0) = -EJ\, z''(0) = 0 \\ &x = l_K;\; z(l_K) = v_K;\; M(l_K) = -EJ\, z''(l_K) = 0 \end{aligned}\right\} \begin{aligned} &C_2 = C_4 = 0 \\ &C_1 = \frac{v_K}{2\sin\lambda_K};\; C_3 = \frac{v_K}{2\,\mathfrak{Sin}\,\lambda_K}\,. \end{aligned}$$

λ_K ist hier wieder $\lambda_K = l_K \sqrt{\frac{\mu_K \omega^2}{EJ_K}}$. Mit

$$l'_K = \frac{l_K}{EJ_K}\,; \quad \xi = \frac{x}{l_K} \qquad \text{bzw.} \qquad \bar{\xi} = 1 - \xi = \frac{l_K - x}{l_K}$$

ergibt sich mit den in [1] tabulierten Funktionen

$$\chi(\lambda\,\xi) = \frac{\mathfrak{Sin}\,\lambda\,(1-\xi)}{2\,\mathfrak{Sin}\,\lambda} + \frac{\sin\lambda\,(1-\xi)}{2\sin\lambda}$$

und

$$\bar{\chi}(\lambda\,\xi) = -\frac{\mathfrak{Sin}\,\lambda\,(1-\xi)}{2\,\mathfrak{Sin}\,\lambda} + \frac{\sin\lambda\,(1-\xi)}{2\sin\lambda}$$

$$z(x) = v_K\left[\frac{\mathfrak{Sin}\,\lambda\,\xi}{2\mathfrak{Sin}\,\lambda} + \frac{\sin\lambda\,\xi}{2\sin\lambda}\right] = v_K\,\chi(\lambda\,\bar{\xi}) \tag{3.33}$$

$$M(x) = v_K\frac{\lambda_K^2}{l_K\,l'_K}\left[-\frac{\mathfrak{Sin}\,\lambda\,\xi}{2\,\mathfrak{Sin}\,\lambda} + \frac{\sin\lambda\,\xi}{2\sin\lambda}\right] = v_K\frac{\lambda_K^2}{l_K\,l'_K}\,\bar{\chi}(\lambda\,\bar{\xi})\,.$$

Die Gln. (3.33) gelten für eine Quererregung v_K am rechten Balkenende $x = l_K$; bei Erregung von links ($x = 0$) lauten die Argumente der Winkelfunktion in den Ausdrücken für χ und $\bar{\chi}$ $\lambda \cdot \xi$ statt $\lambda\,(1-\xi)$. Wirkt eine Erregung v von beiden Enden des Balkenstückes l_K gleichzeitig, so sind die für Einzelerregung gefundenen Werte zu addieren.

Wenn an den Enden des Balkenstückes l_K ein periodisches Moment $\mathfrak{M}_K$ bzw. $\mathfrak{M}_{K-1}$ wirkt, so ergibt sich

$$z(x) = \mathfrak{M}_K\frac{l_K\,l'_K}{\lambda_K^2}\,\bar{\chi}(\lambda_K\,\bar{\xi})$$

$$M(x) = \mathfrak{M}_K\,\chi(\lambda_K\,\bar{\xi})\,. \tag{3.34}$$

Wieder sind die Argumente zu vertauschen, also hier $\chi(\lambda_K\,\xi)$ bzw. $\bar{\chi}(\lambda_K\,\xi)$ zu setzen, wenn statt $\mathfrak{M}_K$ das erregende Moment $\mathfrak{M}_{K-1}$, also links, wirkt. Bei gleichzeitiger Wirkung einer periodischen Verschiebung v_K und eines periodischen Momentes $\mathfrak{M}_K$ bzw. v_{K-1} und $\mathfrak{M}_{K-1}$ ergibt die Addition von Gl. (3.33) und (3.34)

$$\begin{aligned} z(x) &= v_K\,\chi(\lambda_K\,\bar{\xi}) + \mathfrak{M}_K\frac{l_K\,l'_K}{\lambda_K^2}\,\bar{\chi}(\lambda_K\,\bar{\xi}) \\ M(x) &= v_K\,\frac{\lambda_K^2}{l_K\,l'_K}\,\bar{\chi}(\lambda_K\,\bar{\xi}) + \mathfrak{M}\,\chi(\lambda_K\,\bar{\xi})\,. \end{aligned} \tag{3.35}$$

Den Verdrehungswinkel γ der Stabachse an den Enden findet man aus $\gamma_{K-1} = z'(0)$ bzw. $\gamma_K = z'(l_K)$, die Querkräfte ebenda aus

$$Q_{K-1} = -EJ_K\,z'''(0) \qquad \text{bzw.} \qquad Q_K = -EJ_K\,z'''(l_K)\,.$$

Somit erhält man mit den ebenfalls tabulierten Funktionen

$$\varphi(\lambda) = \frac{\mathfrak{Ctg}\,\lambda - \operatorname{ctg}\lambda}{2\lambda}\,; \qquad \bar{\varphi}(\lambda) = \frac{\lambda}{2}\,(\mathfrak{Ctg}\,\lambda + \operatorname{ctg}\lambda)$$

$$\psi(\lambda) = -\frac{\mathfrak{Cosec}\,\lambda - \operatorname{cosec}\lambda}{2\lambda}\,; \quad \bar{\psi}(\lambda) = \frac{\lambda}{2}\,(\mathfrak{Cosec}\,\lambda + \operatorname{cosec}\lambda)$$

die Drehwinkel γ

$$\gamma_{K-1} = -\frac{v_{K-1}}{l_K}\overline{\varphi}(\lambda_K) + \frac{v_K}{l_K}\overline{\psi}(\lambda_K) + \mathfrak{M}_{K-1}\, l'_K\, \varphi(\lambda_K) + \mathfrak{M}_K\, l'_K\, \psi(\lambda_K)$$

$$\gamma_K = -\frac{v_{K-1}}{l_K}\overline{\psi}(\lambda_K) + \frac{v_K}{l_K}\overline{\varphi}(\lambda_K) - \mathfrak{M}_{K-1}\, l'_K\, \psi(\lambda_K) - \mathfrak{M}_K\, l'_K\, \varphi(\lambda_K) \qquad (3.36)$$

und die Querkräfte

$$Q_{K-1} = \frac{\lambda_K^4}{l_K^2\, l'_K}\left[v_{K-1}\,\varphi(\lambda_K) + v_K\,\psi(\lambda_K)\right] - \frac{\mathfrak{M}_{K-1}}{l_K}\overline{\varphi}(\lambda_K) + \frac{\mathfrak{M}_K}{l_K}\overline{\psi}(\lambda_K)$$

$$Q_K = -\frac{\lambda_K^4}{l_K^2\, l'_K}\left[v_{K-1}\,\psi(\lambda_K) + v_K\,\varphi(\lambda_K)\right] - \frac{\mathfrak{M}_{K-1}}{l_K}\overline{\psi}(\lambda_K) + \frac{\mathfrak{M}_K}{l_K}\overline{\varphi}(\lambda)_K. \qquad (3.37)$$

Damit sind die Voraussetzungen gefunden, um die vorstehenden Formeln auf Balken anzuwenden, deren Erregung nicht an den Enden, sondern im Felde wirkt. Beispielsweise gilt für eine Erregung in Balkenmitte, Punkt 1 in Abb. 3.31

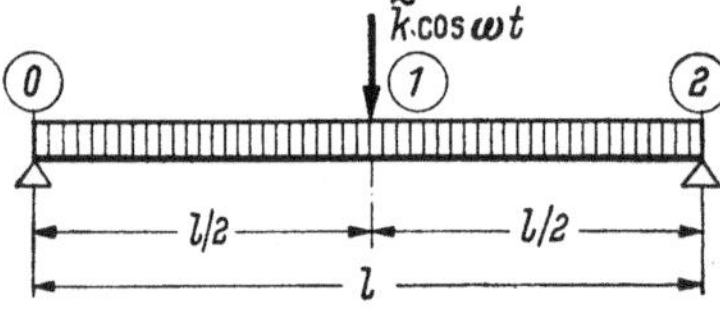

Abb. 3.31. Daten zum Rechenbeispiel

$$\gamma_1 = 0$$

$$Q_1^l = \frac{\tilde{K}}{2},$$

was mittels der Gln. (3.36) und (3.37) auf die Formeln

$$\gamma_1 = \frac{2v_1}{l}\overline{\varphi}\left(\frac{\lambda}{2}\right) - \mathfrak{M}_1\frac{l'}{2}\varphi\left(\frac{\lambda}{2}\right) = 0$$

$$Q_1 = -\frac{v_1\,\lambda^4}{2l^2\,l'}\varphi\left(\frac{\lambda}{2}\right) + 2\frac{\mathfrak{M}_1}{l}\overline{\varphi}\left(\frac{\lambda}{2}\right) = \frac{\tilde{K}}{2}$$

führt. Also ist

$$v_1 = z\left(\frac{l}{2}\right) = \tilde{K}\, l^2\, l'\, \Phi(\lambda)$$

$$\mathfrak{M}_1 = M\left(\frac{l}{2}\right) = \tilde{K}\, l\, \overline{\Phi}(\lambda), \qquad (3.38)$$

worin

$$\Phi(\lambda) = -\frac{1}{4\lambda^3}\left(\mathfrak{Tg}\frac{\lambda}{2} - \operatorname{tg}\frac{\lambda}{2}\right)$$

$$\overline{\Phi}(\lambda) = \frac{1}{4\lambda}\left(\mathfrak{Tg}\frac{\lambda}{2} + \operatorname{tg}\frac{\lambda}{2}\right)$$

bedeuten.

Beispiel: Für einen Balken auf zwei Stützen mit den Werten

$l = 435$ cm

$\mu = 2{,}68 \cdot 10^{-4}\,\frac{\text{kg s}^2}{\text{cm}^2}$

$E = 2{,}15 \cdot 10^6$ kg/cm²

$J = 2{,}14 \cdot 10^3$ cm⁴

$\tilde{K} = 500$ kg und einer Erregerfrequenz

$\omega = 125{,}6\ \text{s}^{-1}$ (= 20 Hz)

errechnet sich zunächst $\lambda = l \sqrt[4]{\frac{\mu\,\omega^2}{EJ}} = 2{,}4$, daraus

$$\Phi(2{,}4) = 0{,}0314; \quad \bar{\Phi}(2{,}4) = 0{,}3548,$$

so daß bei der angegebenen Betriebsfrequenz ω in Balkenmitte

$$\text{die Amplitude} \quad z\left(\frac{l}{2}\right) = \tilde{K}\, l^2\, l'\, \Phi(\lambda) = 0{,}282 \text{ cm}$$

$$\text{das Moment} \quad M\left(\frac{l}{2}\right) = \tilde{K}\, l\, \bar{\Phi}(\lambda) = 77100 \text{ kg cm}$$

Die Eigenfrequenzen des Balkens finden wir z. B. nach Tab. 3.4 zu

$$\omega_e = \frac{\nu^2\,\pi^2}{l^2}\sqrt{\frac{EJ}{\mu}} = 216\,\nu^2 \quad [\text{s}^{-1}],$$

die statische Durchbiegung in Balkenmitte unter $\tilde{K} = 500$ kg zu

$$z_{st}\left(\frac{l}{2}\right) = \frac{\tilde{K}\, l^2\, l'}{48} = 0{,}186 \text{ cm}$$

das statische Moment $M_{st}\left(\frac{l}{2}\right) = \frac{\tilde{K}\, l}{4} = 54\,400$ kg cm.

Aus der Vergrößerungsfunktion Gl. (2.10) auf S. 14 ergibt sich mit

$$\eta = \frac{\omega}{\omega_{e\,\mathrm{I}}} = \frac{125{,}6}{216} = 0{,}581,$$

$$V = \frac{1}{1 - \eta^2} = 1{,}511,$$

was zu vergleichen ist mit

$$\overset{\times}{z}\left(\frac{l}{2}\right) = \frac{z\left(\frac{l}{2}\right)}{z_{st}\left(\frac{l}{2}\right)} = \frac{0{,}282}{0{,}186} = 1{,}516$$

bzw.

$$\overset{\times}{M}\left(\frac{l}{2}\right) = \frac{M\left(\frac{l}{2}\right)}{M_{st}\left(\frac{l}{2}\right)} = \frac{77100}{54400} = 1{,}427.$$

Bevor wir dieses Vergleichsergebnis diskutieren, wollen wir die Amplituden und Momente in Balkenmitte für andere Frequenzen ω errechnen und mittels Gl. (3.35) diese Werte auch für andere Balkenpunkte ermitteln.

Abb. 3.32 und 3.33 zeigen die Resonanzkurven der Amplituden und Momente für Balkenmitte und den Punkt $x = \frac{l}{4}$ in dimensionsloser Darstellung, d. h. bezogen auf die entsprechenden statischen Werte. Außerdem ist in Abb. 3.32 die Vergrößerungsfunktion $V = \frac{1}{1 - \eta^2}$ zum Vergleich dargestellt. Im Bereich $0 < \lambda < \pi$ ist die Übereinstimmung der exakt ermittelten Kurven mit der Vergrößerungsfunktion V gut, im Bereich $\pi < \lambda < 2\pi$ sind die Unterschiede aber beträchtlich: Die Momentenkurve für Balkenmitte $M\left(\frac{l}{2}\right)$ hat bei $\lambda = 1{,}5\pi$, d. i. $\eta = 2{,}25$, eine Nullstelle, dort liefert die Funktion V also zu große, oberhalb $\eta = 2{,}7$ jedoch zu kleine Werte $M\left(\frac{l}{2}\right)$; für Punkt $x = \frac{l}{4}$ weichen die Momente bereits oberhalb $\lambda = 1{,}5\pi$; $\eta = 2{,}25$ erheblich von den Momenten $M_{St}\left(\frac{l}{4}\right) \cdot V$ ab.

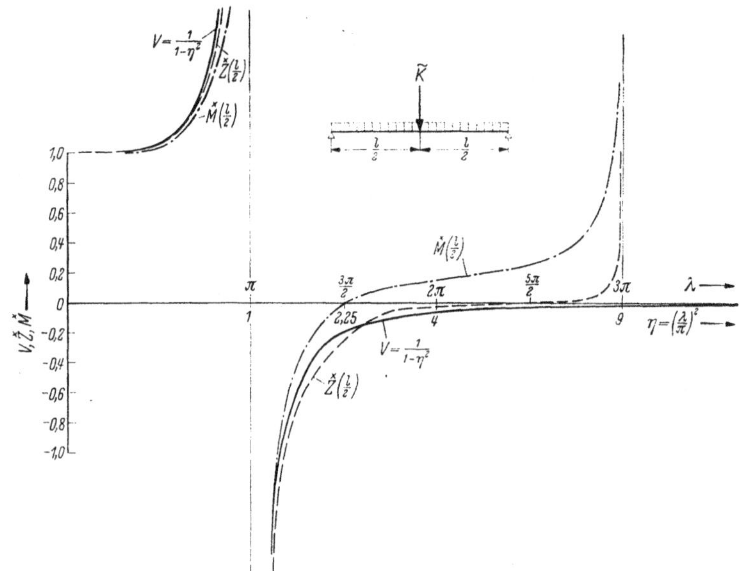

Abb. 3.32. Frequenzgang der bezogenen Amplituden $\overset{\times}{z}$ und Momente $\overset{\times}{M}$ in Balkenmitte. Vergleich mit der Vergrößerungsfunktion $V = \frac{1}{1 - \eta^2}$

Das z. Z. übliche Verfahren, die Momente eines Balkens bei dynamischer Beanspruchung aus den statischen Momenten, multipliziert mit einem Vergrößerungswert V zu berechnen, ist somit nur für Erregerfrequenzen unterhalb der Grundfrequenz des Systems, also bei Hochabstimmung, zulässig. Bei Tiefabstimmung ist die exakte dynamische Berechnung nach den oben abgeleiteten Formeln unerläßlich. Die Amplituden stimmen mit der Vergrößerungsfunktion besser überein; hier beschränkt sich die erhebliche Abweichung auf den Bereich der 1. und der folgenden Oberfrequenzen.

Auf statisch unbestimmte Systeme läßt sich die Gl. (3.35) und die daraus abgeleiteten Beziehungen nicht ohne weiteres anwenden, weil die Momente an den Stabenden noch nicht berücksichtigt wurden. Hohenemser und Prager leiten deshalb in Erweiterung der bekannten Clapeyronschen Gleichungen einen *Dreimomentensatz der Dynamik* wie folgt ab:

Die Drehwinkel γ_K links und rechts eines Zwischenlagers eines Balkens über mehrere Felder müssen gleich groß sein. Mit den Bezeichnungen der Abb. 3.34 folgt aus Gl. (3.36)

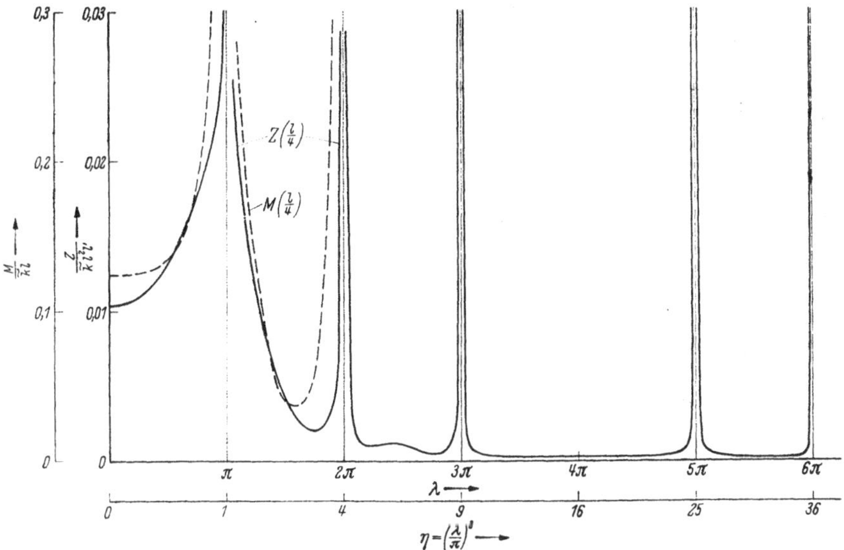

Abb. 3.33. Darstellung wie Abb. 3.32, jedoch für Viertelspunkt $x = \frac{1}{4}$

$$\gamma_K^l = -M_{K-1}\, l'_K\, \psi(\lambda_K) - M_K\, l'_K\, \varphi(\lambda_K) - \tilde{K}_K\, l_K\, l'_K\, \Psi(\lambda_K)$$

$$\gamma_K^r = M_K\, l'_{K+1}\, \psi(\lambda_{K+1}) + M_{K+1}\, l'_{K+1}\, \psi(\lambda_{K+1}) + \tilde{K}_{K+1}\, l_{K+1}\, l'_{K+1}\, \Psi(\lambda_{K+1}),$$

so daß $\gamma_K^l = \gamma_K^r$ auf

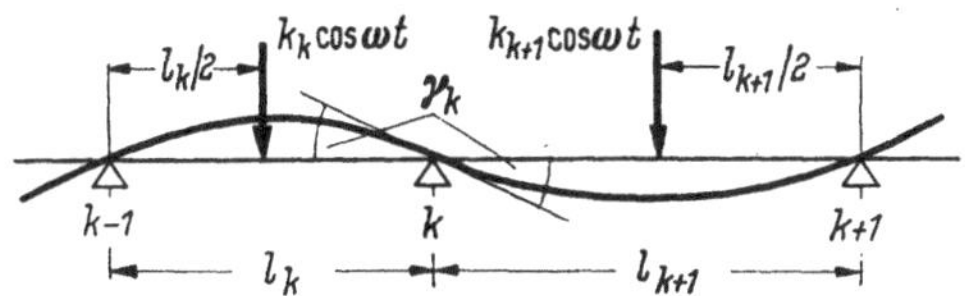

Abb. 3.34. Darstellung des Drehwinkels im Punkte k

$$M_{K-1}\, l'_K \psi(\lambda_K) + M_K\, [l'_K \varphi(\lambda_K) + l'_{K+1}\, \varphi(\lambda_{K+1})] + M_{K+1}\, l'_{K+1}\, \psi(\lambda_{K+1})$$
$$= -\tilde{K}_K\, l_K\, l'_K\, \Psi(\lambda_K) - \tilde{K}_{K+1}\, l_{K+1}\, l'_{K+1}\, \Psi(\lambda_{K+1}) \qquad (3.39)$$

führt. Die Übereinstimmung mit dem Dreimomentensatz der Statik erhält man leicht durch $\omega = 0$, $\lambda_K = \lambda_{K+1} = 0$.

Daß die Anwendung der Gl. (3.39) nicht auf Durchlaufträger beschränkt ist, vielmehr für alle statisch unbestimmten Lagerungen gilt, soll am Beispiel des beiderseits eingespannten Balkens gezeigt werden.

Man braucht nämlich nur gemäß Abb. 3.35 die Endeinspannungen durch ein unendlich dicht liegendes Zusatzlager zu ersetzen und erhält mit

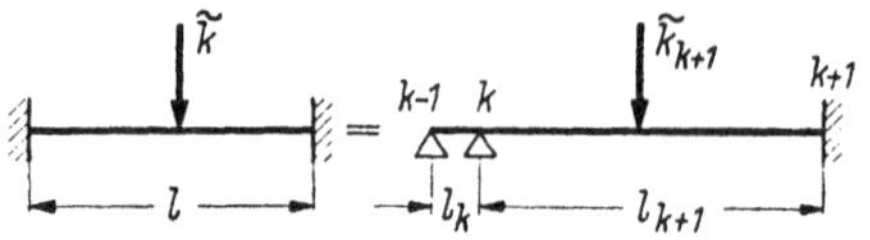

Abb. 3.35. Ersatz der Einspannung durch zwei benachbarte Stützen

$$\begin{aligned} M_{K-1} &= 0 \\ M_K &= M_{K+1} \\ \tilde{K}_K &= 0 \\ l_K &\to 0 \end{aligned}$$

nach Weglassen der Indizes $k+1$ aus Gl. (3.39) für das Einspannmoment

$$M_1 \equiv M_K = -\tilde{K}\, l \frac{\Psi(\lambda)}{\varphi(\lambda) + \psi(\lambda)}\,. \tag{3.40}$$

Zur Bestimmung des Momentes und der Verschiebung am Angriffspunkt der Erregung ist einerseits die Gl. (3.35) für $\xi = \bar{\xi} = \frac{l}{2}$ auszuwerten, wobei $v_K = v_{K-1} = 0$ und $\mathfrak{M}_K = \mathfrak{M}_{K-1} = \mathfrak{M}_1$ zu setzen ist, so daß

$$\begin{aligned} z\left(\frac{l}{2}\right)_1 &= 2\mathfrak{M}_1 \frac{l\, l'}{\lambda^2}\left[-\frac{\mathfrak{Sin}\,\frac{\lambda}{2}}{2\,\mathfrak{Sin}\,\lambda} + \frac{\sin\frac{\lambda}{2}}{2\sin\lambda}\right] = 2\mathfrak{M}_1\, l\, l'\, \Psi(\lambda) \\ M\left(\frac{l}{2}\right)_1 &= 2\mathfrak{M}_1\left[\frac{\mathfrak{Sin}\,\frac{\lambda}{2}}{2\,\mathfrak{Sin}\,\lambda} + \frac{\sin\frac{\lambda}{2}}{2\sin\lambda}\right] = 2\mathfrak{M}_1\, \overline{\Psi}(\lambda)\,. \end{aligned} \tag{3.41}$$

Andererseits ist, weil Gl. (3.41) nur den Einfluß der Momente an den Stabenden wiedergibt, noch $\gamma\left(\frac{l}{2}\right) = 0$ und $Q\left(\frac{l}{2}\right) = \frac{\tilde{K}}{2}$ zu berücksichtigen, was gemäß Gl. (3.38)

$$\begin{aligned} z\left(\frac{l}{2}\right)_2 &= \tilde{K}\, l^2\, l'\, \Phi(\lambda) \\ M\left(\frac{l}{2}\right)_2 &= \tilde{K}\, l\, \overline{\Phi}\,(\lambda) \end{aligned}$$

liefert; somit wird

$$\begin{aligned} z\left(\frac{l}{2}\right) &= z\left(\frac{l}{2}\right)_1 + z\left(\frac{l}{2}\right)_2 = 2\mathfrak{M}_1\, l\, l'\, \Psi(\lambda) + K\, l^2\, l'\, \Phi(\lambda) \\ M\left(\frac{l}{2}\right) &= M\left(\frac{l}{2}\right)_1 + M\left(\frac{l}{2}\right)_2 = 2\mathfrak{M}_1 \overline{\Psi}\,(\lambda) + K\, l\, \overline{\Phi}\,(\lambda)\,. \end{aligned} \tag{3.42}$$

Um die Systemgrößen l, l', K nicht weiter mitschleppen zu müssen, führen wir die dimensionslosen Werte $\bar{z} = \frac{z}{\tilde{K}\, l'\, l^2}$ und $\overline{M} = \frac{M}{\tilde{K}\, l}$ ein, erhalten

$$\begin{aligned} \bar{z}\left(\frac{l}{2}\right) &= 2\,\overline{M}_1\, \Psi(\lambda) + \Phi(\lambda) = \Phi(\lambda) - \frac{2\,\Psi^2(\lambda)}{\varphi(\lambda) + \psi(\lambda)} \\ \overline{M}\left(\frac{l}{2}\right) &= 2\,\overline{M}_1\, \overline{\Psi}(\lambda) + \overline{\Phi}(\lambda) = \overline{\Phi}(\lambda) - \frac{2\,\Psi(\lambda)\, \overline{\Psi}(\lambda)}{\varphi(\lambda) + \psi(\lambda)} \end{aligned} \tag{3.43}$$

und prüfen, ob für $\lambda = 0$ die entsprechenden dimensionslosen statischen Beträge der Durchbiegung und des maximalen Feldmomentes in $\frac{l}{2}$ entstehen. Für $\lambda = 0$ ist

$$\Psi(0) = \frac{1}{16}\,; \qquad \Phi(0) = 0{,}02083$$

$$\overline{\Psi}(0) = \frac{1}{2}\,; \qquad \overline{\Phi}(0) = \frac{1}{4} \qquad (\overline{M}_1)_{\lambda=0} = -\frac{1}{8}$$

$$\varphi(0) = \frac{1}{3}$$

$$\psi(0) = \frac{1}{6}$$

also

$$\bar{z}\left(\frac{l}{2}\right)_{\lambda=0} = -\frac{1}{4}\,\frac{1}{16} + 0{,}02083 = +\frac{1}{192}$$

$$\overline{M}\left(\frac{l}{2}\right)_{\lambda=0} = -\frac{1}{4}\,\frac{1}{2} + \frac{1}{4} = +\frac{1}{8}\,,$$

was den bekannten statischen Werten des beiderseits eingespannten Balkens genau entspricht.

Durch Superposition der Gl. (3.34) und (3.35) findet man für einen Stab $l_K = \frac{l}{2}$, an dessen linkem Ende das periodische Einspannmoment $\overline{M}_1$, an dessen rechtem Ende die ebenfalls mit ω veränderlichen Werte $\bar{z}\left(\frac{l}{2}\right)$ und $\overline{M}\left(\frac{l}{2}\right)$ wirken, für beliebige Balkenstellen x das Feldmoment

$$\overline{M}\,(x) = \bar{z}\left(\frac{l}{2}\right)\lambda^2\,\bar{\chi}\left(\frac{\lambda}{2}, \xi\right) + \overline{M}_1\,\chi\left(\frac{\lambda}{2}, \xi\right) + \overline{M}\left(\frac{l}{2}\right)\chi\left(\frac{\lambda}{2}, \bar{\xi}\right) \qquad (3.44)$$

und die Durchbiegung

$$\bar{z}(x) = \bar{z}\left(\frac{l}{2}\right)\chi\left(\frac{\lambda}{2}, \xi\right) + \overline{M}_1\,\frac{1}{\lambda^2}\,\bar{\chi}\left(\frac{\lambda}{2}, \xi\right) + \overline{M}\left(\frac{l}{2}\right)\frac{1}{\lambda^2}\,\bar{\chi}\left(\frac{\lambda}{2}, \bar{\xi}\right).$$

Abb. 3.36 zeigt die Abhängigkeit der bezogenen Amplituden

$$\overset{\times}{z}\left(\frac{l}{2}\right) = \frac{z\left(\frac{l}{2}\right)}{z_{St}\left(\frac{l}{2}\right)} \quad \text{und} \quad z\left(\frac{l}{4}\right) = \frac{z\left(\frac{l}{4}\right)}{z_{St}\left(\frac{l}{4}\right)}$$

sowie des Einspannmomentes $\overset{\times}{M}_1 = \frac{M_1}{M_{1St}}$ und des Feldmomentes in Balkenmitte $\overset{\times}{M}_2 = \frac{M_2\left(\frac{l}{2}\right)}{M_{2St}\left(\frac{l}{2}\right)}$ von dem Frequenzverhältnis λ bzw. $\eta = \left(\frac{\lambda}{\lambda_I}\right)^2$; sie ermöglicht folgende Feststellungen:

1. Das Einspannmoment M_1 ist für $\eta \leqslant 5$ größer als das Feldmoment M_2 in Balkenmitte.

2. Das Feldmoment $M_2\left(\frac{l}{2}\right)$ hat, wie auch Gl. (3.43) erkennen läßt, Nullstellen bei

$$\overline{\Phi}(\lambda) = \frac{2\Psi(\lambda)\,\overline{\Psi}(\lambda)}{\varphi(\lambda) - \psi(\lambda)}.$$

3. Die der Übersichtlichkeit wegen in Abb. 3.36 nicht eingezeichnete Vergrößerungsfunktion $V = \frac{1}{1-\eta^2}$ liegt zwischen M_1 und M_2 und ist nur im Bereich $\lambda \leqslant 1$ als Näherung brauchbar.

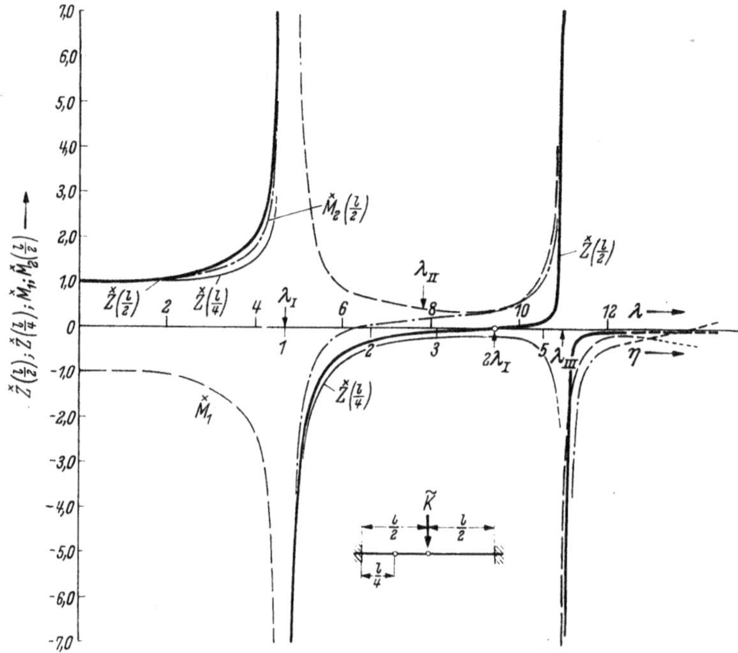

Abb. 3.36. Frequenzgang der bezogenen Amplituden $\overset{\times}{z}\left(\frac{l}{2}\right)$ und $\overset{\times}{z}\left(\frac{l}{4}\right)$ sowie des Einspannmomentes $\overset{\times}{M}_1$ und des Feldmomentes $\overset{\times}{M}_2\left(\frac{l}{2}\right)$ eines beiderseits eingespannten Trägers

4. Die Eigenwerte des eingespannten Balkens sind nach Tab. 3.4 $\lambda_{\mathrm{I}} = 4{,}73$, $\lambda_{\mathrm{II}} = 7{,}85$, $\lambda_{\mathrm{III}} = 11{,}00\ldots$, die entsprechenden Frequenzverhältnisse

$$\eta_{\mathrm{I}} = \left(\frac{4{,}73}{4{,}73}\right)^2 = 1; \qquad \eta_{\mathrm{II}} = \left(\frac{7{,}85}{4{,}73}\right)^2 = 2{,}75; \qquad \eta_{\mathrm{III}} = \left(\frac{11{,}0}{4{,}73}\right)^2 = 5{,}40\cdots.$$

Das Einspannmoment M_1 zeigt Extremwerte bei η_{I} und η_{III}, dagegen nicht bei η_{II}, weil auch hier durch den Ansatz $f\left(\frac{l}{2}\right) = 0$ die antimetrischen, den geraden Ordnungszahlen ν entsprechenden Schwingungen ausgeschaltet wurden.

Um auch für andere Punkte des Balkens die Veränderung der Amplituden und Biegemomente mit wachsender Erregerfrequenz zu zeigen, wurden die Abb. 3.37 und 3.38 gezeichnet; in Abb. 3.37 ist zu beobachten, daß die Amplituden nach Durchlaufen der ersten Eigenfrequenz das Vorzeichen wechseln und daß der bei $\lambda_{II} = 7{,}86$ erstmalig auftretende Knoten bei höheren Frequenzen zur Einspannstelle hin wandert. Abb. 3.38

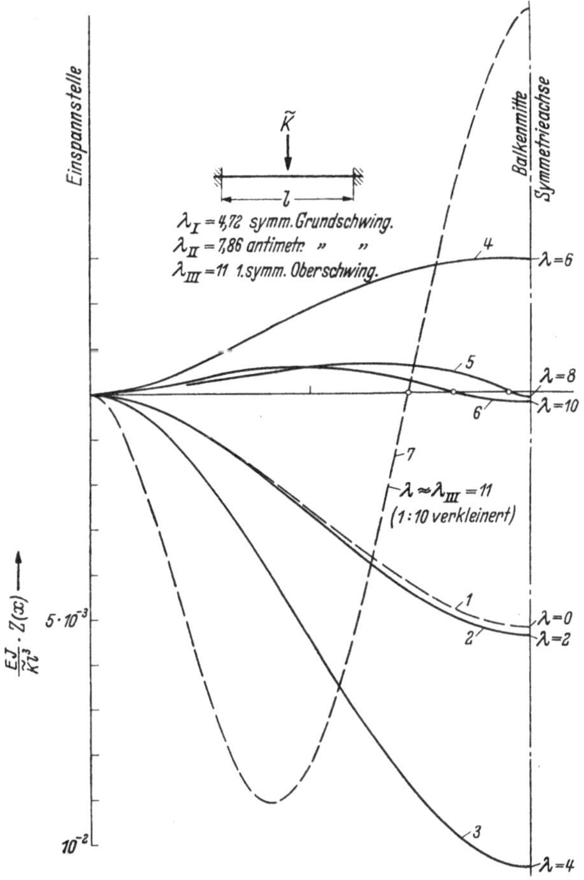

Abb. 3.37. Biegelinien eines beiderseits starr eingespannten Trägers unter periodischer Belastung $\tilde{K}$ wachsender Frequenz

zeigt ähnliches für die Momentennullpunkte und läßt die zunehmende Krümmung der Momentenfigur mit wachsender Erregerfrequenz erkennen. Endlich wurde noch in Abb. 3.39 die Veränderung der Biegelinie mit ihren Knotenstellen dargestellt.

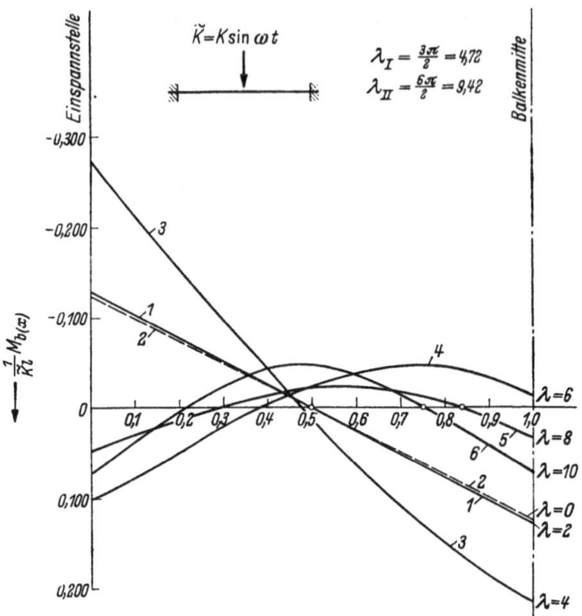

Abb. 3.38. Biegemomente des beiderseits eingespannten Trägers unter periodischer Belastung $\tilde{K}$ wachsender Frequenz

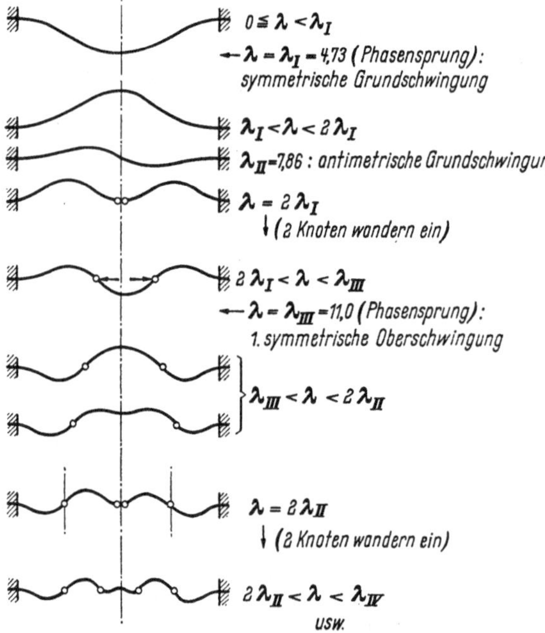

Abb. 3.39. Biegelinien und Knotenstellen des beiderseits eingespannten Trägers bei wachsender Erregerfrequenz

3.32 Verfahren von Koloušek

Das in der Statik bekannte Deformationsverfahren wurde erstmalig von Koloušek [104] in die Dynamik der Stabwerke eingeführt. Hiernach werden die Schnittlasten, also Biegemomente und Querkräfte als Funktion der an den Schnittstellen auftretenden, zunächst unbekannten Verformungen, d. h. Verschiebungen und Verdrehungen, dargestellt. Zu diesen Funktionen, die die Verträglichkeit zwischen Schnittlast und Deformation gewährleisten, treten die Gleichgewichtsbedingungen, so daß die Formänderungsgrößen errechenbar werden.

Dieses bekannte statische Verfahren kann in die Dynamik eingeführt werden, wenn die Schnittlasten als Funktionen der Zeit dargestellt werden. Dann ist in Erweiterung der Gln. (3.33) und (3.37) für die gleich-

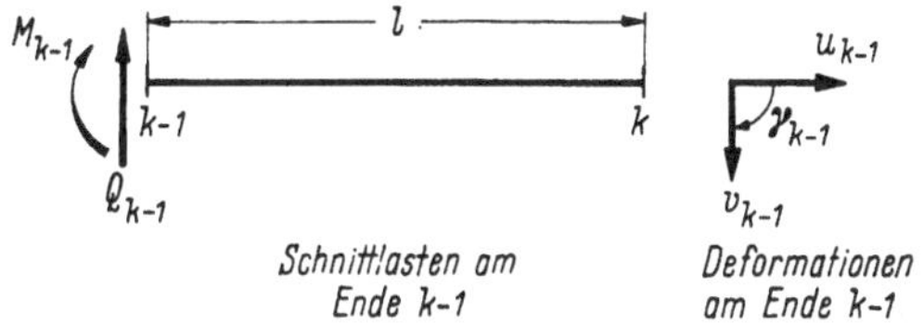

Abb. 3.40. Schnittlasten und Deformationen am Stabende $k-1$

zeitige Wirkung der Formänderungsgrößen v_{K-1}, v_K, γ_{K-1} und γ_K gemäß Abb. 3.40 zu setzen:

$$\begin{aligned} M_{K-1} &= \frac{EJ}{l}\left[F_3(\lambda)\,\gamma_{K-1} + F_1(\lambda)\,\gamma_K\right] - \frac{EJ}{l^2}\left[F_4(\lambda)\,v_{K-1} + F_3(\lambda)\,v_K\right] \\ Q_{K-1} &= \frac{EF}{l^3}\left[F_5(\lambda)\,v_{K-1} + F_6(\lambda)\,v_K\right] - \frac{EJ}{l^2}\left[F_4(\lambda)\gamma_{K-1} + F_3(\lambda)\gamma_K\right]. \end{aligned} \tag{3.45}$$

Somit sind die Schnittlasten lineare Funktionen der Formänderungsgrößen v und γ, die mit transzendenten Koeffizienten $F(\lambda)$ behaftet sind; die Funktionen $F(\lambda)$ hat Koloušek [104] tabuliert, sie sind auch aus den Funktionen von Hohenemser-Prager [1] unschwer herzuleiten.

$$\begin{aligned}
F_1(\lambda) &= -\frac{\mathfrak{Sin}\,\lambda - \sin\lambda}{\mathfrak{Cof}\,\lambda\cos\lambda - 1}\cdot\lambda &&= -\frac{\mathfrak{Sin}\,\lambda\sin\lambda}{\mathfrak{D}(\lambda)}\cdot\lambda \\
F_2(\lambda) &= -\frac{\mathfrak{Cof}\,\lambda\sin\lambda - \mathfrak{Sin}\,\lambda\cos\lambda}{\mathfrak{Cof}\,\lambda\cos\lambda - 1}\cdot\lambda &&= -\frac{\mathfrak{B}(\lambda)}{\mathfrak{D}(\lambda)}\cdot\lambda \\
F_3(\lambda) &= -\frac{\mathfrak{Cof}\,\lambda - \cos\lambda}{\mathfrak{Cof}\,\lambda\cos\lambda - 1}\cdot\lambda^2 &&= -\frac{\mathfrak{Cof}\,\lambda - \cos\lambda}{\mathfrak{D}(\lambda)}\cdot\lambda^2 \\
F_4(\lambda) &= \frac{\mathfrak{Sin}\,\lambda\sin\lambda}{\mathfrak{Cof}\,\lambda\cos\lambda - 1}\cdot\lambda^2 &&= \frac{\mathfrak{S}(\lambda)}{\mathfrak{D}(\lambda)}\cdot\lambda^2 \\
F_5(\lambda) &= \frac{\mathfrak{Sin}\,\lambda + \sin\lambda}{\mathfrak{Cof}\,\lambda\cos\lambda - 1}\cdot\lambda^3 &&= \frac{\mathfrak{Sin}\,\lambda + \sin\lambda}{\mathfrak{D}(\lambda)}\cdot\lambda^3 \\
F_6(\lambda) &= -\frac{\mathfrak{Cof}\,\lambda\sin\lambda + \mathfrak{Sin}\,\lambda\cos\lambda}{\mathfrak{Cof}\,\lambda\cos\lambda - 1}\cdot\lambda^3 &&= -\frac{\mathfrak{A}(\lambda)}{\mathfrak{D}(\lambda)}\cdot\lambda^3.
\end{aligned}$$

Um den Vorteil der Formänderungsmethode gegenüber dem Schnittlastenverfahren zu zeigen, benutzen wir das auf S. 158 behandelte Beispiel der erzwungenen Schwingungen des beiderseits eingespannten Balkens durch eine periodische Erregung in Balkenmitte. Wegen $v_{K-1} = v_K = v$ und $\gamma_{K-1} = \gamma_K = \gamma$ wird aus Gl. (3.45)

$$M_{K-1} = \frac{EF}{l}[F_1(\lambda) + F_3(\lambda)]\gamma - \frac{EF}{l^2}[-F_3(\lambda) + F_4(\lambda)]v$$
$$Q_{K-1} = \frac{EF}{l^3}[F_5(\lambda) + F_6(\lambda)]v - \frac{EF}{l^2}[F_4(\lambda) - F_3(\lambda)]\gamma . \tag{3.46}$$

Gl. (3.46) gibt die Momente und Querkräfte infolge der Verformungen v und γ an; zum Gleichgewicht sind noch die Schnittlasten $\tilde{M}$ und $\tilde{Q}$ infolge der periodischen Erregerkraft $\tilde{K}$ hinzuzufügen, so daß

$$M_{K-1} = \frac{EJ}{l^2}(F_3 - F_4)v + \frac{EJ}{l}(F_1 + F_2)\gamma + \tilde{M}_{K-1}$$
$$Q_{K-1} = \frac{EJ}{l^3}(F_5 + F_6)v - \frac{EJ}{l^2}(F_4 - F_3)\gamma + \tilde{Q}_{K-1} . \tag{3.47}$$

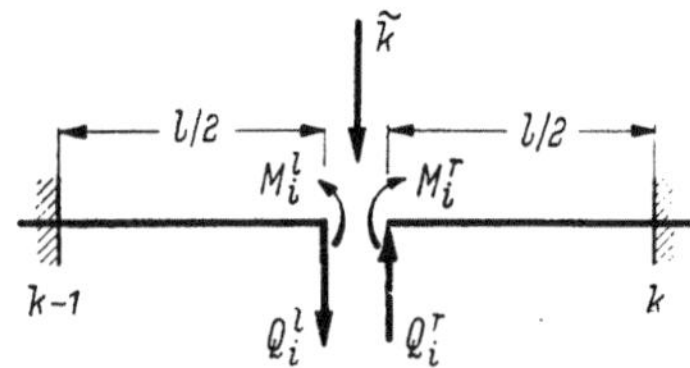

Abb. 3.41. Spalten des symmetrisch erregten, eingespannten Trägers

Zur Berechnung von M und Q spalten wir den Träger gemäß Abb. 3.41, so daß

$$Q_i^l - Q_i^r = \tilde{K}$$

und

$$M_i^l + M_i^r = 0 . \tag{3.48}$$

Wegen Symmetrie im Punkte i wird $\gamma_i = 0$, und wir erhalten aus Gl. (3.48)

$$\frac{2F_6\left(\frac{\lambda}{2}\right)\cdot v_i}{\left(\frac{l}{2}\right)^3} = \frac{\tilde{K}}{EJ} \qquad \text{somit} \qquad v_i = \frac{\tilde{K}\, l^3}{16 EJ\, F_6\left(\frac{\lambda}{2}\right)} = z\left(\frac{l}{2}\right), \tag{3.49}$$

ferner aus Gl. (3.46) mit

$$v_{K-1} = 0; \quad v_K = v_i$$
$$\gamma_{K-1} = \gamma_K = \gamma_i = 0$$

$$M_1 = M_{K-1} = \frac{EJ\, F_3\left(\frac{\lambda}{2}\right) v_i}{\left(\frac{l}{2}\right)^2} = \frac{\tilde{K}\, l\, F_3\left(\frac{\lambda}{2}\right)}{4F_6\left(\frac{\lambda}{2}\right)} . \tag{3.50}$$

Der Ausdruck $z\left(\frac{l}{2}\right)$ in Gl. (3.49) entspricht genau der Gl. (3.43), wurde jedoch mit der Formänderungsmethode schneller gefunden und ist leichter auswertbar.

Tabelle 3.6. *Grundfunktionen der Stabwerksdynamik*

Hohenemser-Prager

$\mathfrak{A}(\lambda) = \mathfrak{Cof}\,\lambda \sin\lambda + \mathfrak{Sin}\,\lambda \cos\lambda$

$\mathfrak{B}(\lambda) = \mathfrak{Cof}\,\lambda \sin\lambda - \mathfrak{Sin}\,\lambda \cos\lambda$

$\mathfrak{C}(\lambda) = 2\,\mathfrak{Cof}\,\lambda \cos\lambda$

$\mathfrak{S}(\lambda) = 2\,\mathfrak{Sin}\,\lambda \sin\lambda$

$\mathfrak{D}(\lambda) = \mathfrak{Cof}\,\lambda \cos\lambda - 1$

$\mathfrak{E}(\lambda) = \mathfrak{Cof}\,\lambda \cos\lambda + 1$

Bishop-Johnson

$\Phi_1 = \sin\lambda\, \mathfrak{Sin}\,\lambda$

$\Phi_2 = \cos\lambda\, \mathfrak{Cof}\,\lambda$

$\Phi_3 = \cos\lambda\, \mathfrak{Cof}\,\lambda - 1$

$\Phi_4 = \cos\lambda\, \mathfrak{Cof}\,\lambda + 1$

$\Phi_5 = \cos\lambda\, \mathfrak{Sin}\,\lambda - \sin\lambda\, \mathfrak{Cof}\,\lambda$

$\Phi_6 = \cos\lambda\, \mathfrak{Sin}\,\lambda + \sin\lambda\, \mathfrak{Cof}\,\lambda$

$\Phi_7 = \sin\lambda + \mathfrak{Sin}\,\lambda$

$\Phi_8 = \sin\lambda - \mathfrak{Sin}\,\lambda$

$\Phi_9 = \cos\lambda + \mathfrak{Cof}\,\lambda$

$\Phi_{10} = \cos\lambda - \mathfrak{Cof}\,\lambda$

Im Original sind die Funktionen nach Bishop-Johnson ebenfalls mit F bezeichnet

Koloušek		Bishop-Johnson		Hohenemser-Prager
$F_1 = -\lambda \dfrac{\mathfrak{Sin}\,\lambda - \sin\lambda}{\mathfrak{Cof}\,\lambda \cos\lambda - 1}$	$=$	$\lambda \dfrac{\Phi_8}{\Phi_3}$		—
$F_2 = -\lambda \dfrac{\mathfrak{Cof}\,\lambda \sin\lambda - \mathfrak{Sin}\,\lambda \cos\lambda}{\mathfrak{Cof}\,\lambda \cos\lambda - 1}$	$=$	$\lambda \dfrac{\Phi_5}{\Phi_3}$	$=$	$-\lambda \dfrac{\mathfrak{B}(\lambda)}{\mathfrak{D}(\lambda)}$
$F_3 = -\lambda^2 \dfrac{\mathfrak{Cof}\,\lambda - \cos\lambda}{\mathfrak{Cof}\,\lambda \cos\lambda - 1}$	$=$	$\lambda^2 \dfrac{\Phi_{10}}{\Phi_3}$		—
$F_4 = \lambda^2 \dfrac{\mathfrak{Sin}\,\lambda \sin\lambda}{\mathfrak{Cof}\,\lambda \cos\lambda - 1}$	$=$	$\lambda^2 \dfrac{\Phi_1}{\Phi_3}$	$=$	$\dfrac{\lambda^2}{2} \dfrac{\mathfrak{S}(\lambda)}{\mathfrak{D}(\lambda)}$
$F_5 = \lambda^3 \dfrac{\mathfrak{Sin}\,\lambda + \sin\lambda}{\mathfrak{Cof}\,\lambda \cos\lambda - 1}$	$=$	$\lambda^3 \dfrac{\Phi_1}{\Phi_3}$		—
$F_6 = -\lambda^3 \dfrac{\mathfrak{Cof}\,\lambda \sin\lambda + \mathfrak{Sin}\,\lambda \cos\lambda}{\mathfrak{Cof}\,\lambda \cos\lambda - 1}$	$=$	$-\lambda^3 \dfrac{\Phi_6}{\Phi_3}$	$=$	$-\lambda^3 \dfrac{\mathfrak{A}(\lambda)}{\mathfrak{D}(\lambda)}$
$F_7 = \lambda \dfrac{2\,\mathfrak{Sin}\,\lambda \sin\lambda}{\mathfrak{Cof}\,\lambda \sin\lambda - \mathfrak{Sin}\,\lambda \cos\lambda}$	$=$	$-\lambda \dfrac{2\Phi_1}{\Phi_5}$	$=$	$\lambda \dfrac{\mathfrak{S}(\lambda)}{\mathfrak{B}(\lambda)}$
$F_8 = \lambda^2 \dfrac{\mathfrak{Sin}\,\lambda + \sin\lambda}{\mathfrak{Cof}\,\lambda \sin\lambda - \mathfrak{Sin}\,\lambda \cos\lambda}$	$=$	$-\lambda^2 \dfrac{\Phi_7}{\Phi_5}$		—
$F_9 = -\lambda^2 \dfrac{\mathfrak{Cof}\,\lambda \sin\lambda + \mathfrak{Sin}\,\lambda \cos\lambda}{\mathfrak{Cof}\,\lambda \sin\lambda - \mathfrak{Sin}\,\lambda \cos\lambda}$	$=$	$\lambda^2 \dfrac{\Phi_6}{\Phi_5}$	$=$	$-\lambda^2 \dfrac{\mathfrak{A}(\lambda)}{\mathfrak{B}(\lambda)}$
$F_{10} = -\lambda^3 \dfrac{\mathfrak{Cof}\,\lambda + \cos\lambda}{\mathfrak{Cof}\,\lambda \sin\lambda - \mathfrak{Sin}\,\lambda \cos\lambda}$	$=$	$\lambda^3 \dfrac{\Phi_9}{\Phi_5}$		—
$F_{11} = \lambda^3 \dfrac{2\,\mathfrak{Cof}\,\lambda \cos\lambda}{\mathfrak{Cof}\,\lambda \sin\lambda - \mathfrak{Sin}\,\lambda \cos\lambda}$	$=$	$-\lambda^3 \dfrac{2\Phi_2}{\Phi_5}$	$=$	$\lambda^3 \dfrac{\mathfrak{C}(\lambda)}{\mathfrak{B}(\lambda)}$
$F_{12} = \lambda^3 \dfrac{\mathfrak{Cof}\,\lambda \cos\lambda + 1}{\mathfrak{Cof}\,\lambda \sin\lambda - \mathfrak{Sin}\,\lambda \cos\lambda}$	$=$	$-\lambda^3 \dfrac{\Phi_4}{\Phi_5}$	$=$	$\lambda^3 \dfrac{\mathfrak{E}(\lambda)}{\mathfrak{B}(\lambda)}$
$F_{13} = -\lambda^3 \dfrac{\mathfrak{Sin}\,\lambda - \sin\lambda}{2\,\mathfrak{Sin}\,\lambda \sin\lambda}$	$=$	$\lambda^3 \dfrac{\Phi_8}{2\Phi_1}$		—
$F_{14} = -\lambda^3 \dfrac{\mathfrak{Cof}\,\lambda \sin\lambda - \mathfrak{Sin}\,\lambda \cos\lambda}{2\,\mathfrak{Sin}\,\lambda \sin\lambda}$	$=$	$\lambda^3 \dfrac{\Phi_5}{2\Phi_1}$	$=$	$-\lambda^3 \dfrac{\mathfrak{B}(\lambda)}{\mathfrak{S}(\lambda)}$
$F_{15} = -\lambda \dfrac{\mathfrak{Cof}\,\lambda \sin\lambda - \mathfrak{Sin}\,\lambda \cos\lambda}{\mathfrak{Cof}\,\lambda \cos\lambda + 1}$	$=$	$\lambda \dfrac{\Phi_5}{\Phi_4}$	$=$	$-\lambda \dfrac{\mathfrak{B}(\lambda)}{\mathfrak{E}(\lambda)}$
$F_{16} = \lambda^2 \dfrac{\mathfrak{Sin}\,\lambda \sin\lambda}{\mathfrak{Cof}\,\lambda \cos\lambda + 1}$	$=$	$\lambda^2 \dfrac{\Phi_1}{\Phi_4}$	$=$	$\dfrac{\lambda^2}{2} \dfrac{\mathfrak{S}(\lambda)}{\mathfrak{E}(\lambda)}$
$F_{17} = -\lambda^3 \dfrac{\mathfrak{Cof}\,\lambda \sin\lambda + \mathfrak{Sin}\,\lambda \cos\lambda}{\mathfrak{Cof}\,\lambda \cos\lambda + 1}$	$=$	$-\lambda^3 \dfrac{\Phi_6}{\Phi_4}$	$=$	$-\lambda^3 \dfrac{\mathfrak{A}(\lambda)}{\mathfrak{E}(\lambda)}$

Der Vorteil dieses Verfahrens wird noch deutlicher, wenn die erzwungene Schwingung eines eingespannten Trägers für den Fall außermittigen Angriffes der Erregerkraft untersucht wird. Wir setzen dann gemäß Abb. 3.42 $l = l_1 + l_2$ und erhalten z_1 und γ_1 aus der Matrix

z_1	γ_1	
$\frac{F_6(\lambda_1)}{l_1^3} + \frac{F_6(\lambda_2)}{l_2^3}$	$\frac{F_4(\lambda_1)}{l_1^2} - \frac{F_4(\lambda_2)}{l_2^2}$	$\frac{\tilde{K}}{EJ}$
$\frac{F_4(\lambda_1)}{l_1^2} - \frac{F_4(\lambda_2)}{l_2^2}$	$\frac{F_2(\lambda_1)}{l_1} + \frac{F_2(\lambda_2)}{l_2}$	0

M_{K-1} und Q_{K-1} ergeben sich dann wieder aus z_1 und γ_1 nach Gl. (3.46).

In ähnlicher Weise ist die erzwungene Schwingung auch komplizierter Stabwerke, z. B. von Rahmen, lösbar. Wir verweisen hierzu nochmals auf das Werk von KOLOUŠEK [104]. In dem Abschlußkapitel wird das Ergebnis einer Berechnung eines Turbinenfundamentes nach diesem Verfahren besprochen.

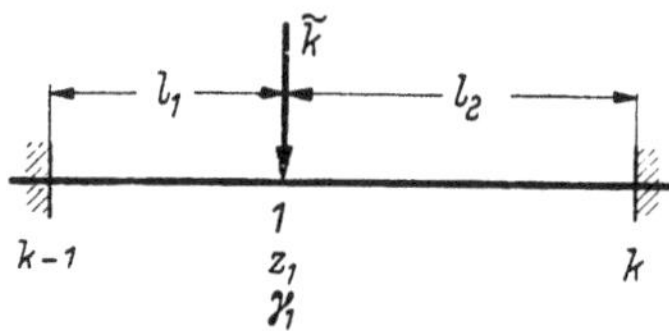

Abb. 3.42. Behandlung des unsymmetrisch erregten, eingespannten Trägers

Vor kurzen erschein ein Tabellenwerk von BISHOP und JOHNSON [103], das in ähnlicher Weise erzwungene Schwingungen, allerdings nur für einfache Träger zu behandeln gestattet. Die dort tabulierten Funktionen sind den von HOHENEMSER-PRAGER [1] und KOLOUŠEK [104] benutzten nahe verwandt. Tab. 3.6 stellt den Zusammenhang zwischen ihnen her und ermöglicht das schnelle Auffinden der Funktionswerte, wenn eines der genannten drei Tabellenwerke zur Verfügung steht.

4 Dynamik des Baugrundes

Während wir bisher wohldefinierte Schwingungssysteme behandelt und ihrer Art entsprechend im allgemeinen exakt berechnet haben, begeben wir uns nun bei der Untersuchung der dynamischen Eigenschaften des Baugrundes mehr oder weniger auf Neuland und müssen statt exakter analytischer Behandlungsweise oft eine die verhältnismäßig spärlichen Versuchsergebnisse spekulativ deutende Untersuchungsmethode zu Hilfe nehmen.

Wir wollen hier unter Dynamik des Baugrundes ein Teilgebiet der Geophysik verstehen, das diejenigen Eigenschaften der Bodenarten und Bodenformationen beschreibt, die für die Aufgaben des Bauingenieurs in der Praxis von Wichtigkeit sind. Wenn wir bisher den Baugrund lediglich als mehr oder weniger vollkommene, masselose Feder betrachtet haben, so wurde sein Mitwirken bei den Schwingungen eines auf dem Baugrund gegründeten Systems nur sehr unvollkommen erfaßt. Vielleicht kommen wir dem heutigen, übrigens noch recht fragmentarischen Stand dieses Sondergebietes der Geophysik am nächsten, wenn wir historisch vorgehen, also Schritt für Schritt die aufgestellten Hypothesen, ihre Überprüfung und die daraus gewonnenen Erkenntnisse aufzeichnen.

4.1 Eigenschaften des Baugrundes; angenommene Schwingungssysteme

4.11 Die schwingende Punktmasse auf dem federnden Untergrund

Als HERTWIG [*17*], [*24*], [*25*] um das Jahr 1930 mit einer nach seinen Angaben vom Losenhausenwerk in Düsseldorf gebauten Erregermaschine erstmalig eindeutige Resonanzerscheinungen festgestellt hatte, glaubte er auf Grund der Überlegung, daß der unbegrenzte Baugrund, ebenso wie eine unendlich lange Saite, keine Eigenfrequenzen haben könne, als erste Näherung mit einem Schwingungssystem rechnen zu können, das nur aus der Schwingermasse, der Federung des Baugrundes und einer zunächst nicht näher definierten Dämpfung bestünde. Insbesondere schien ihm die Eigenfrequenz eines solchen aus einer Normalerregermaschine (genormtes Gewicht, genormte Form und Grundfläche und festgelegtes Erregermoment) bestehenden Systems sehr geeignet, um die Bodenarten bezüglich ihrer elastischen Eigenschaften zu ordnen. Mit diesem Ziel wurden 231 Versuche veröffentlicht [*17*], die Eigenfrequenzen im Bereich zwischen 10 und 33 Hz ergeben hatten derart, daß daraus ein deutlicher Zusammenhang zwischen Festigkeit des Baugrundes und gemessener Eigenfrequenz erkennbar wurde. Beispielsweise ergaben Versuche auf Moorboden Werte um 10 Hz, während auf festgelagertem Mittelsand über 30 Hz gefunden wurden. Die gemessenen Dämpfungswerte dagegen konnten mit den Baugrundeigenschaften kaum in eine bodenmechanisch befriedigende Beziehung gebracht werden.

Wesentlich deutlicher zeichnete sich dagegen das Bild der während der Versuche beobachteten Einsenkung des Schwingers ab: auf tonigen Böden war die Einsenkung — wenn überhaupt feststellbar — klein, auf rolligen Böden, insbesondere locker gelagerten Anschüttungen, wurden dagegen während eines Versuches Werte bis zu 40 mm gemessen, wobei bemerkenswerterweise der weitaus größte Teil der Einsenkung während des Durchfahrens der Eigenfrequenz auftrat. Diese wichtige Beobachtung hat die Entwicklung der Schwingungsverdichter, die heute eine beachtliche Bedeutung in der Grundbautechnik erlangt haben, wesentlich beeinflußt.

Neben diesen zu weiteren Untersuchungen ähnlicher Art ermutigenden Ergebnissen wurden aber auch Feststellungen getroffen, die wenig in das vorgefaßte Bild der Zusammenhänge paßten:

a) Vergrößerte man das Erregermoment, so sank die Eigenfrequenz ab, eine Erscheinung, die mit der Hypothese der schwingenden Einzelmasse auf idealer, d. h. vollelastischer, Feder nicht vereinbar ist.

b) Änderung des Schwingergewichtes bei gleichzeitiger Veränderung der Grundfläche derart, daß $\sigma_{St} = \frac{G}{F}$ konstant blieb, ergab eine Vergrößerung der Eigenfrequenz mit wachsender Fläche bzw. abnehmendem Schwingergewicht.

c) Die Dämpfungsbeiwerte wuchsen deutlich erkennbar mit der Flächengröße an.

d) Die Schwingungsamplituden wuchsen nicht proportional mit der Erregeramplitude, sondern nach einer schwächeren Funktion als linear.

e) Die Versuche waren nur bedingt reproduzierbar; im allgemeinen stieg bei Versuchswiederholung die Eigenfrequenz an, während die Dämpfungskonstante und das Einsenkmaß abnahmen. Besonders deutlich war diese Erscheinung auf frisch geschütteten sandigen Böden zu beobachten.

f) Eine Vergrößerung des Schwingergewichtes senkte die Eigenfrequenz schwächer als aus dem Ansatz $\omega_e = \sqrt{\frac{c}{m}}$ zu erwarten wäre.

Der Verfasser versuchte 1934 [*27*] einige dieser Erscheinungen durch die Hypothese einer *mitschwingenden Bodenmasse* zu deuten und führte demgemäß $\omega_e^2 = \frac{c \cdot g}{G + G_B}$ ein, worin c eine Federkonstante des Baugrundes, G das Schwingergewicht und G_B das Gewicht des mitschwingenden Bodens bedeuten sollte. Der nur geringe Einfluß des Schwingergewichtes (Bemerkung f) fand hieraus gemäß Abb. 4.1 seine Klärung. Auch das Absinken der Eigenfrequenz mit wachsender Erregung (Bemerkung a) war erklärlich durch den Hinweis auf die Vergrößerung der mitschwingenden Bodenmasse, die man sich als von der Erregerkraft abhängig wohl vorstellen konnte. Nach dieser Hypothese mußten auch die Amplituden (Bemerkung d) schwächer als linear mit dem Erregermoment anwachsen, weil dessen Steigerung ja von einer Vergrößerung der mitschwingenden Masse begleitet sein sollte.

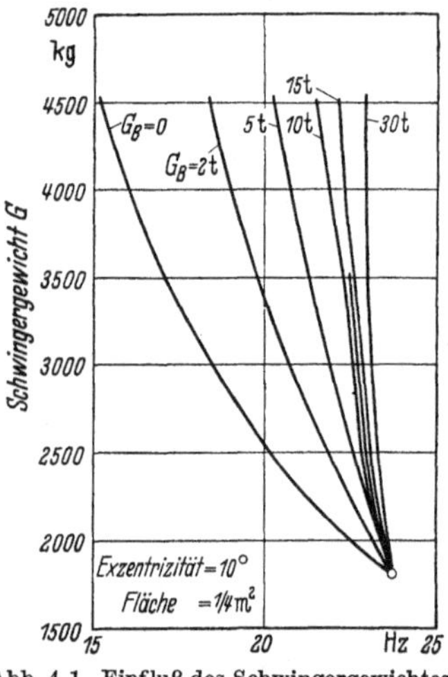

Abb. 4.1. Einfluß des Schwingergewichtes auf die Eigenschwingungszahl. G_B Gewicht des mitschwingenden Bodens

Eine Erklärung für die schlechte Reproduzierbarkeit (Bemerkung e) bedurfte keiner Erweiterung der ursprünglichen Hypothese, weil sich die Federung des Bodens offensichtlich durch den vorausgegangenen Versuch verändert, und zwar vergrößert, hatte, ebenso die dadurch erhöhte Lagerungsdichte weniger Deformationsenergie verbrauchte, also geringere Dämpfung erwies.

Die unter b) und c) erwähnten Feststellungen fanden aber durch den Hinweis auf das Vorhandensein eines mitschwingenden Bodenkörpers keine Erklärung. Das festgestellte Anwachsen der Eigenfrequenz stand zu dieser Hypothese sogar in Widerspruch, weil die mitschwingende Bodenmasse, wenn überhaupt von der Flächengröße beeinflußt, mit ihr wachsen und die Eigenfrequenz erniedrigen müßte.

4.12 Schwingende Punktmasse auf dem elastisch-isotropen Halbraum

E. Reissner [*28*] hat als erster versucht, ein aus einer ungedämpft schwingenden Masse auf dem elastisch-isotropen Halbraum bestehendes Schwingungssystem analytisch zu untersuchen. Seine Arbeit führt auf die Ausdrücke für die Amplitude der Masse

$$X = \frac{\tilde{K}}{G \cdot r} \sqrt{\frac{f_1^2 + f_2^2}{(1 + b\, a_0^2 f_1)^2 + (b\, a_0^2 f_2)^2}} \tag{4.1}$$

und für ihre Phasenverschiebung gegenüber der Erregung

$$\operatorname{tg} \varphi = \frac{-f_1}{f_1 + b\, a_0^2\, (f_1^2 + f_2^2)}, \tag{4.2}$$

worin

G den Schubmodul des Baugrundes,

r den Radius der Lastfläche,

$b = \frac{m_1}{\varrho\, r^3}$ einen Massenfaktor (m_1 = schwingende Masse, ϱ = Dichte des Baugrundes),

$a_0 = \omega\, r \sqrt{\frac{\varrho}{G}}$ einen Frequenzfaktor und

f_1, f_2 von der POISSON-Zahl m und von a_0 abhängige, in Abb. 4.2 dargestellte Funktionen

bedeuten.

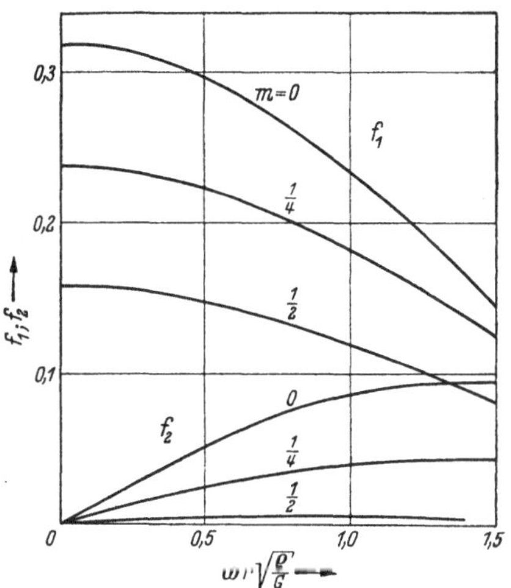

Abb. 4.2. Bild der Funktionen f_1 und f_2 nach E. REISSNER [28]

Legt man die Eigenfrequenz durch $\operatorname{tg} \varphi = \infty$, also mittels Gl. (4.2) durch $a_0^2 = \frac{-f_1}{b\,(f_1^2 + f_2^2)}$ fest, so ergibt sich gemäß Abb. 4.3 die Abhängigkeit des Frequenzfaktors vom Massenfaktor b und von der POISSON-Zahl m.

Der Frequenzfaktor enthält aber neben ϱ/G noch r und der Massenfaktor neben ϱ den Wert r^3, so daß aus Abb. 4.3 der Einfluß von r oder $F = \pi\, r^2$ auf ω_e nicht ohne weiteres zu ersehen ist. Wir setzen deshalb

$$\Psi \equiv a_0^2\, b = \frac{\omega^2\, r^2\, \varrho\, m_1}{G\, \varrho\, r^3} = \frac{\omega^2\, m_1}{G\, r} = \frac{-f_1}{f_1^2 + f_2^2} \equiv \Phi. \tag{4.3}$$

Die Funktionen f_1 und f_2 hängen bei gegebener POISSON-Zahl nur von a_0 ab, somit kann Φ für bestimmte Werte von $\sqrt{\frac{\varrho}{G}}$ als Funktion von ωr berechnet werden. In Abb. 4.4 ist der Verlauf von Φ über $\omega\, r$ aufgetragen, wobei $m = 4$, $G = 400$ kg/cm² und $\varrho = \frac{\gamma}{g} = 1{,}8 \cdot 10^{-6} \left[\frac{\text{kg s}^2}{\text{cm}^4}\right]$, also $\sqrt{\frac{G}{\varrho}} = 1{,}49 \cdot 10^4 \frac{\text{cm}}{\text{s}}$ gesetzt wurde. In dieses Diagramm sind dann die Werte $\Psi = \frac{\omega^2\, m_1}{G\, r}$ für $m_1 = 2 \frac{\text{kg}}{\text{cm}}\, \text{s}^2$ und verschiedene Parameter r, ebenfalls über $\omega\, r$, eingetragen. Die Schnittpunkte von Φ und Ψ ergeben dann gemäß Gl. (4.3) zunächst $\omega_e\, r$ und hieraus ω_e. Diese Werte ω_e sind nun in $n_e = \frac{\omega_e}{2\pi}$ umgeformt, in Abb. 4.5 über der Fläche $\pi\, r^2$ aufgetragen,

Tabelle 4.1. *Versuche der Degebo [17]*
Konstantes Schwingergewicht: Einfluß der Fläche auf ω_e

Versuch Nr.	F	n_e	G	Exzentrizität	Bodenart
181	0,25 m²	10,1 Hz	1500 kg	30 mm	Moor
182	1 m²	11,8 Hz	1500 kg	30 mm	
180	0,25 m²	11,0 Hz	1500 kg	15 mm	Moor
183	1 m²	13,1 Hz	1500 kg	15 mm	
187	0,25 m²	15,2 Hz	1400 kg	7,5 mm	Mittelsand
189	1 m²	17,4 Hz	1400 kg	7,5 mm	
196	0,25 m²	21,6 Hz	1535 kg	7,5 mm	Lehmiger Sand
200	1 m²	22,8 Hz	1535 kg	7,5 mm	

woraus zu ersehen ist, daß bei konstanter Schwingermasse nach REISSNER die Eigenfrequenz mit der Grundfläche zunächst stark anwächst, einen Scheitelwert erreicht und für größere Flächen wieder abnimmt. Mit den Konstanten der Abb. 4.5 liegt der Scheitel bei $F = 2\,\text{m}^2$.

Tab. 4.1 enthält einen Auszug aus den in [17] veröffentlichten Versuchsergebnissen, soweit dort der Einfluß veränderter Flächengröße bei konstanter Schwingermasse untersucht wurde. Hiernach steigt die Eigenfrequenz mit der Flächengröße, die den Wert 1 m² nicht überstieg, so daß sich die Versuche innerhalb des ansteigenden Astes der Abb. 4.5 abspielten. Hierdurch wird REISSNERS Theorie bestätigt, jedoch erweist Tab. 4.2 mit Versuchsergebnissen des Verfassers aus [15], daß ω_e mit F auch ansteigt, wenn m_1 entsprechend $\sigma_{St} = \frac{m_1 g}{F} = \text{const}$ verringert wird; wir müssen also noch den Einfluß abnehmender Masse m_1 auf ω_e untersuchen.

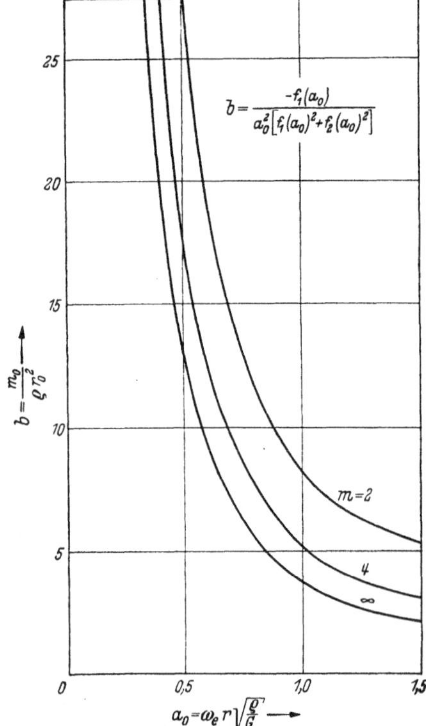

Abb. 4.3. Abhängigkeit der kritischen Frequenz a_0 von Apparat- und Bodenkonstanten (Phasenwinkel $\varphi = 90°$) nach E. REISSNER [28]

Abb. 4.6 zeigt die Schnittpunkte der Funktionen Φ und Ψ, wobei $\Psi = \frac{m_1 \omega^2}{G r}$ mit $G = 400\,\text{kg/cm}^2$ für verschiedene Parameterkombinationen aufgetragen wurde. Hieraus folgt:

	$m_1 = 2 \frac{\text{kg}}{\text{cm}} \text{s}^2$		
r cm	60	40	28
F m²	1	0,5	0,25
n_e Hz	40	30	18

$r = 60$ cm; $F \approx 1$ m²				
m_1	2	1	0,5	$\frac{\text{kg s}^2}{\text{cm}}$
n_e	40	78	97	Hz

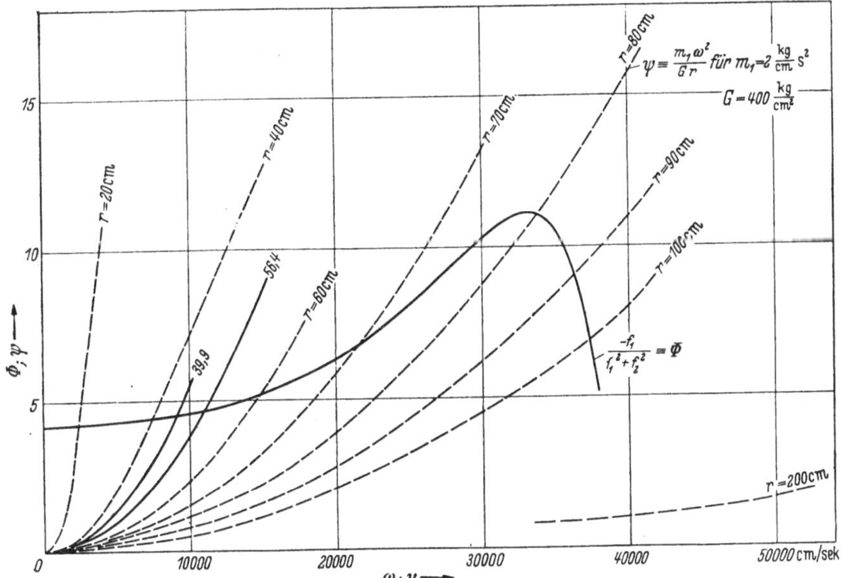

Abb. 4.4. Ermittlung der Eigenfrequenz ω_e aus $\Phi = \Psi$; Einfluß des Flächenradius r

mit dem Ergebnis, daß dem bereits diskutierten Anwachsen der Eigenfrequenz mit der Fläche ein Abfall von n_e mit wachsender Masse gegenübersteht. Durch $\sigma_{St} = \frac{m_1 g}{F} = \text{const}$ verknüpfte Kombinationen zeigen das in Abb. 4.7 dargestellte Verhalten, wonach, abgesehen vom Bereich um $F = 0$, nur schwache Abhängigkeit der Eigenfrequenz von der Flächengröße, aber deutlicher Anstieg von ω_e mit abnehmender statischer Pressung σ_{St} vorhanden ist. Somit gelingt es nicht, das in Tab. 4.2 wiedergegebene Versuchsergebnis mit der REISSNERschen Theorie zu erklären. Abschließend werden REISSNERs Ergebnisse kurz zusammengestellt:

1. Eine auf dem elastisch-isotropen Halbraum ruhende, periodisch erregte Masse stellt ein schwingungsfähiges System mit einem Freiheits-

Tabelle 4.2

Standort	Wert	Dimension	$G = 2700$ kg $F = 1$ m²	$G = 1350$ kg $F = 0{,}5$ m²	$G = 675$ kg $F = 0{,}25$ m²
1	ω_e	s⁻¹	—	19,0	16,6
	X_e	mm	2,5	6,1	9,8
	k	kg s/cm	—	3,11	1,7
2	ω_e	s⁻¹	19,5	17,6	15,0
	X_e	mm	3,0	6,2	10,0
	k	kg s/cm	6,5	2,84	1,5
3	ω_e	s⁻¹	—	17,0	16,0
	X_e	mm	2,1	6,0	8,1
	k	kg s/cm	—	2,84	1,98
4	ω_e	s⁻¹	18,0	16,0	13,3
	X_e	mm	3,3	6,2	7,6
	k	kg s/cm	5,5	2,60	1,75
5	ω_e	s⁻¹	18,0	16,0	15,0
	X_e	mm	3,0	6,2	9,1
	k	kg s/cm	6,0	2,58	1,65
6	ω_e	s⁻¹	18,0	15,5	13,0
	X_e	mm	3,3	7,0	10,6
	k	kg s/cm	5,5	2,22	1,23
7	ω_e	s⁻¹	19,5	18,0	17,0
	X_e	mm	3,3	5,6	6,2
	k	kg s/cm	5,9	3,22	2,74

ω_e Eigenfrequenz; X_e max. Amplitude; k Dämpfung; G Gewicht; F Fläche

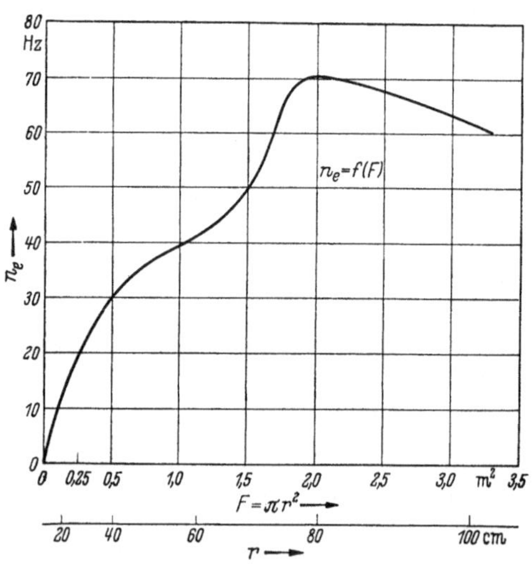

Abb. 4.5. Abhängigkeit der Eigenfrequenz n_e von der Flächengröße nach E. REISSNER für $m_1 = 2$ kgs²/cm, $G = 400$ kg/cm²

grad, somit einer Eigenfrequenz, dar, deren Abhängigkeit von m_1 und F vorstehend ermittelt wurde.

2. Die Amplituden sind der Erregerkraft proportional, die Resonanzamplitude, also X_e für $\omega = \omega_e$, folgt der einfachen Beziehung

$$X_e = \frac{\tilde{K}}{G\,r}\,\frac{f_1^2 + f_2^2}{f_2}\,.$$

3. Auch ohne Ansatz einer Dämpfungskonstanten weisen die Amplitudenkurven endliche Maxima auf. In dem in REISSNERS Rechnung angesetzten Halbraum findet also eine energieverzehrende Abstrahlung statt.

4. Es ist möglich, aus einer gemessenen Amplitudenkurve die Bodenkonstanten G und m zu bestimmen.

5. Es gibt kein einfaches, aus Masse, Feder und Dämpfung bestehen-

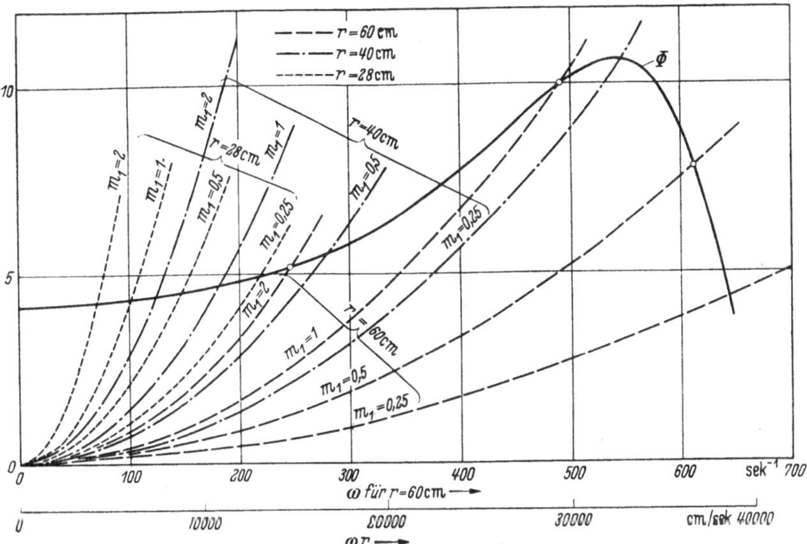

Abb. 4.6. Einfluß der Massenänderung auf ω_e

des Ersatzsystem, dessen Phasen- oder Amplitudenkurven mit dem System *Masse auf dem Halbraum* übereinstimmen. Man müßte zu dieser Abstimmung vielmehr Masse, Federung und Dämpfung frequenzabhängig einführen, also darauf verzichten, diese Größen als Konstanten zu betrachten.

Das unter Punkt 5 erwähnte Ergebnis Reissners wird von O. J. Šechter [29] unter Hinweis auf einen Vorzeichenfehler bezweifelt. Sie stellt fest, daß ein Ersatzsystem gefunden werden kann, wenn die Schwingermasse m_1 mit einem Fak-

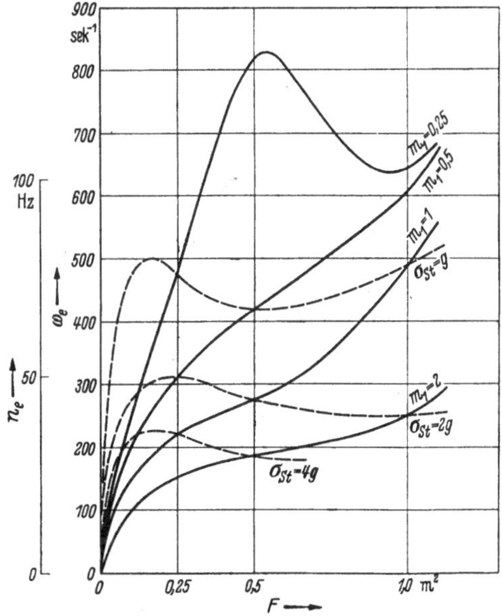

Abb. 4.7. Einfluß der Flächengröße auf die Eigenfrequenz bei konstanter statischer Pressung $\sigma_{st} = \frac{m_1 g}{F}$

tor α multipliziert und eine entsprechende Dämpfungskonstante gewählt wird. Für diesen Faktor α gibt NOVÁK [16] die Näherungslösung $\alpha = 1 + f\frac{\sqrt[3]{F}}{\sigma_{St}}$ an, worin F die Flächengröße in m², $\sigma_{St} = \frac{G}{F}\left[\frac{\text{t}}{\text{m}^2}\right]$ die statische Pressung und f eine Bodenkonstante — bei einem untersuchten Beispiel $f = 0{,}835\frac{t}{m^{8/3}}$ — bedeutet.

Nach ŠECHTER-NOVÁK erhält man für die Eigenfrequenz

$$\omega_e^2 = \frac{CF}{m\left(1 + f\frac{\sqrt[3]{F}}{\sigma}\right)} = \frac{C\,g}{\sigma + f\sqrt[3]{F}}$$

und mit $\sigma = \frac{m\,g}{F}$

$$\omega_e^2 = C\,g\,\frac{F}{1 + \beta F^{4/3}}\,, \tag{4.4}$$

worin $C = \frac{c}{F}$ die dynamische Bettungszahl ist und $\beta = \frac{f}{m\,g}$. Die Funktion $\frac{F}{1+\beta F^{4/3}}$ hat ein Maximum bei $F_{\max} = \frac{2.275}{\beta^{3/4}}$, somit entspricht der Verlauf von $\omega_e = \omega_e(F)$ dem Diagramm in Abb. 4.5, was ŠECHTERS Feststellung über die Möglichkeit eines Ersatzsystems erhärtet.

4.13 Dämpfung des Baugrundes durch Energieabstrahlung

G. EHLERS [30] hat schon im Jahre 1942 auf die Bedeutung des Energieentzuges durch Abstrahlung im Baugrund hingewiesen. Seinen Berechnungen ist ein sehr vereinfachtes Modell (Abb. 4.8) zugrunde gelegt: eine zylinderförmige Masse m ruht auf dem voll elastischen Baugrund, und die Erregerkraft verursacht nur in einem Kegelstumpf fortschreitende Längsschwingungen. Mit den Bezeichnungen der Abb. 4.8 ergibt das Gleichsetzen der Trägheitskraft mit der Rückstellkraft

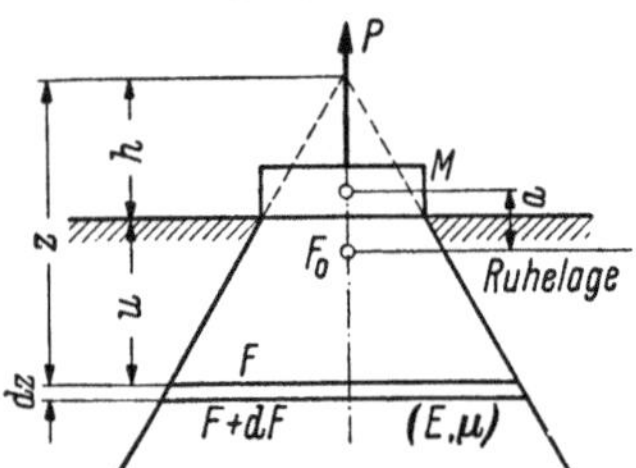

Abb. 4.8. Gedankenmodell zur Berechnung der Systemdämpfung nach G. EHLERS [30]

$$\varrho\,F\,dz\frac{\partial^2\zeta}{\partial t^2} = \frac{\partial}{\partial z}\left(EF\frac{\partial\zeta}{\partial z}\right)dz, \tag{4.5}$$

worin $\zeta(z)$ die Amplitude in der Tiefe z bedeutet. Wegen $F = F_0\frac{z^2}{h^2}$ wird aus Gl. (4.5)

$$\ddot{\zeta}(z) - \frac{E}{\varrho}\left(\frac{2}{z}\frac{\partial\zeta(z)}{\partial z} + \frac{\partial^2\zeta(z)}{\partial z^2}\right) = 0. \tag{4.6}$$

Hieraus folgt eine Lösung für die Eigenschwingungen

$$\zeta(z) = \frac{\zeta_0 h}{z}\sin\zeta_0 t\left(A\cos\frac{k\,z}{l} + B\sin\frac{k\,z}{l}\right),$$

worin ζ_0 die Amplitude an der Erdoberfläche $z = h$, l die Länge des

Kegels und A, B sowie k Integrationskonstante sind, eine Gleichung, die stehende Wellen mit der Eigenfrequenz $\omega_e = \frac{k}{l}\sqrt{\frac{E}{\varrho}}$ beschreibt.

Aus Gl. (4.6) folgt ferner $\zeta(z) = \frac{\zeta_0 h}{z} \sin\omega\left(t - \frac{z}{v}\right)$, wonach die Amplitude in der Tiefe z hyperbolisch abklingt und außerdem mit $\frac{z}{v}$ veränderliche Phasen zeigt. $v = \sqrt{\frac{E}{\varrho}}$ ist dabei die Fortpflanzungsgeschwindigkeit der Längswellen.

Hier muß eingeschaltet werden, daß nach [31] die Geschwindigkeit der Transversalwellen dem Ausdruck $v_t = \sqrt{\frac{G}{\varrho}}$ und diejenige der Longitudinal- oder Kompressionswellen der Formel

$$v_K = \sqrt{\frac{G}{\varrho} \frac{2(m-1)}{m-2}}$$

folgen.

Wegen $G = \frac{m E}{2(m+1)}$ ist

$$v_t = \sqrt{\frac{E}{\varrho} \frac{m}{2(m+1)}} \quad \text{und} \quad v_K = \sqrt{\frac{E}{\varrho} \frac{m(m-1)}{(m+1)(m-2)}},$$

so daß wegen $m \geqslant 2$ stets $v_t < v = \sqrt{\frac{E}{\varrho}}$ sein muß. Da Wellen mit der Geschwindigkeit $v = \sqrt{\frac{E}{\varrho}}$ nicht auftreten können und dem EHLERSschen Ansatz entsprechend Längsschwingungen, somit Longitudinalwellen auftreten sollen, wird statt $v = \sqrt{\frac{E}{\varrho}}$ der Wert $v_K = \sqrt{\frac{E}{\varrho} \frac{m(m-1)}{(m+1)(m-2)}}$ gesetzt werden müssen, was z. B. für $m = 4$ den geringfügigen Faktor $\frac{v_K}{v} = \sqrt{1{,}2} \approx 1{,}1$ ergibt, jedoch zeigt, daß für $m = 2$ (Volumskonstanz) $v_K = \infty$ wird.

Die erzwungene Schwingung der Masse m_1 folgt analog zu Gl. (4.5) der Gleichung

$$-m_1 \zeta_0 \omega^2 \sin\omega\left(t - \frac{h}{v}\right) + EF_0 \zeta_0 \left[\frac{1}{h} \sin\omega\left(t - \frac{h}{v}\right) + \frac{\omega}{v} \cos\omega\left(t - \frac{h}{v}\right)\right]$$
$$= \tilde{K} \sin\left[\omega\left(t - \frac{h}{v}\right) + \varphi\right].$$

Daraus folgen

$$\zeta_0 = \frac{\tilde{K} \sin\varphi}{\frac{EF_0}{v}\,\omega}$$

und (4.7)

$$\operatorname{tg}\varphi = \frac{\frac{EF_0}{v}\,\omega}{\frac{EF_0}{h} - m_1 \omega^2},$$

somit aus $\operatorname{tg} \varphi = \infty$ die Eigenfrequenz

$$\omega_e^2 = \frac{EF_0}{h\, m_1}. \tag{4.8}$$

Bevor dieses Ergebnis diskutiert wird, sei auf die Analogie der Gln. (4.7) mit den entsprechenden Ausdrücken für den einfachen Schwinger (s. S. 15) hingewiesen, die eine Dämpfungsgröße $k_S = \frac{EF_0}{v} \left[\frac{\text{kg s}}{\text{cm}}\right]$ und einen Federungswert $c_S = \frac{EF_0}{h} \left[\frac{\text{kg}}{\text{cm}}\right]$ abzuleiten gestattet. Für h setzt Ehlers $h = 1{,}13 \sqrt{F_0}$.

Nach Gl. (4.8) wächst ω_e bei konstantem m_1 mit $\sqrt[4]{F_0}$. Dieses Ergebnis deckt sich qualitativ mit den Versuchsergebnissen in Tab. 4.1.

Die wesentliche Erkenntnis aus der Ehlersschen Arbeit besteht aber offenbar darin, daß nach Gl. (4.7) die Vergrößerung

$$V = \frac{\zeta_0}{\zeta_{0\,st}} = \frac{1}{\sqrt{\left(1 - \frac{h\, m_1}{EF_0}\omega^2\right)^2 + \left(\frac{h\,\omega}{v}\right)^2}} \qquad \text{für} \qquad \omega^2 = \omega_e^2 = \frac{EF_0}{h\, m_1}$$

den Wert 1 nicht überschreitet, wenn $\frac{EF_0}{v^2} \geqq \frac{m_1}{h}$ ist, oder

$$\boxed{F_0 h \gamma \geqq m_1 g}\,. \tag{4.9}$$

Die Dämpfung infolge Energieentzug, nach Ehlers *Systemdämpfung* genannt, erreicht demnach einen zum aperiodischen Amplitudenverlauf führenden Wert, wenn der aus Bodenmaterial gedachte Körper $F_0\, h\, \gamma$ größer ist als das Gewicht $m_1 g$. Diese überaus wichtige Erkenntnis, die vom Verfasser [*15*] und neuerdings von Novák [*16*] experimentell bestätigt worden ist, hat leider in der Praxis noch nicht die gebührende Beachtung gefunden; sagt sie doch nicht weniger aus, als daß durch geeignete Wahl der Fundamentflächengröße, wenigstens auf einigermaßen homogenem Baugrund, jedes Blockfundament so gegründet werden kann, daß Resonanzerscheinungen völlig unterbleiben. Ehlers weist übrigens noch darauf hin, daß die Bedingung (4.9) auch die Schubverformung der Masse m_1 infolge waagerechter Erregung unter den statischen Wert drückt.

Schließlich wird in der Arbeit [*30*] noch ein Zweimassensystem mit Erregung der Masse m_1 nach Abb. 4.9 behandelt, dessen Masse m_2 auf dem Baugrund ruht und unter der dieselbe Abstrahlung stattfindet wie unter m_1 in Abb. 4.8. Die Ergebnisse sind

$$\begin{gathered} V_1 = \frac{X_1}{X_{1\,st}} = \frac{c_1}{c_1 - m_1\omega^2}\,\frac{\sin\varphi}{\sin\alpha}\,; \qquad V_2 = \frac{X_2}{X_{1\,st}} = \frac{\sin(\varphi - \alpha)}{\sin\alpha} \\ \operatorname{tg}\alpha = \frac{k_s\,\omega}{c_1 + c_2 - m_2\,\omega^2}\,; \qquad \operatorname{tg}\varphi = \frac{k_S\,\omega}{c_2 - \left(m_1 \frac{c_1}{c_1 - m_1\,\omega^2} + m_2\right)\omega^2} \end{gathered} \tag{4.10}$$

Schreibt man Gl. (4.9) in der Form

$$h\gamma \geqslant \frac{m_1 g}{F_0} = \sigma_{st}\,, \tag{4.9a}$$

so wird deutlich, daß die Energieabstrahlung in den Baugrund mit der Grundfläche F wächst, d. h. mit σ_{St} abnimmt und das Erfüllen der Ungleichung (4.9a) zu aperiodischer Dämpfung führt. Wir stellen die dimensionslose Systemdämpfung gemäß S. 13 auf

$$D_S^2 = \frac{k_S^2}{k_{KS}^2} = \frac{k_S^2}{4c_S m_1} = \frac{EF_0 h}{4v_K^2 m_1},$$

ersetzen $v_K^2 = \frac{E g}{\gamma \Phi(m)}$, worin $\Phi(m) = \frac{m(m-1)}{(m+1)(m-2)}$, und erhalten

$$4D_S^2 = \frac{\gamma h}{\sigma_{St}\Phi(m)} \tag{4.11}$$

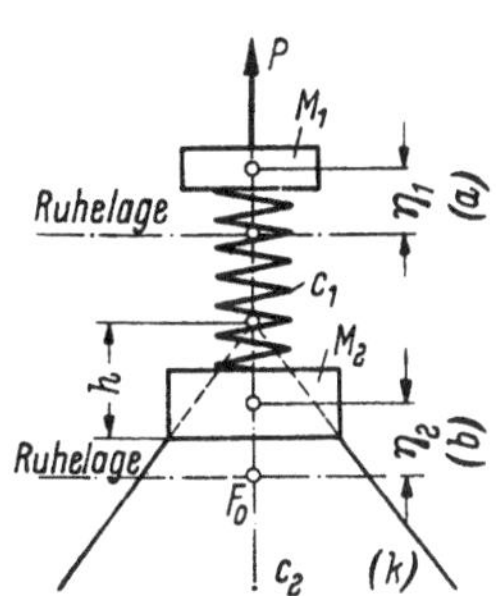

Abb. 4.9. Gedankenmodell für einen Koppelschwinger nach G. EHLERS [30]

Unter der Annahme, daß die Systemdämpfung den wesentlichen Anteil der Gesamtdämpfung darstellt, findet man nach S. 17 die Scheitelabszisse der Resonanzkurve zur quadratischen Erregung aus

$$\max \eta^2 = \frac{1}{1-2D_S^2} = \frac{1}{1-\frac{\gamma h}{2\sigma_{St}\Phi(m)}} = \frac{2\sigma_{St}\Phi(m)}{2\sigma_{St}\Phi(m)-\gamma h} \tag{4.11a}$$

bzw. wegen $h \approx 1{,}13\sqrt{F_0}$ und $4D_S^2 = \frac{1{,}13\,\gamma F_0^{3/2}}{\Phi(m)\,G}$ aus

$$\max \eta^2 = \frac{2\Phi(m)\,G}{2\Phi(m)\,G - 1{,}13\,\gamma F_0^{3/2}}\,. \tag{4.11b}$$

Diese Scheitelabszisse gibt die Resonanzfrequenz an. Sie hängt nach Gl. (4.11a) und (4.11b) bei einem durch die POISSON-Zahl m und das Raumgewicht γ definierten Boden vom Schwingergewicht G und von der Funktion $F_0^{3/2}$ der Grundfläche ab. Bei festgehaltenem Gewicht G steigt $\max \eta$ mit der Grundfläche F_0 also an, und zwar auch dann, wenn $\sigma_{St} = \frac{G}{F_0}$ konstant gehalten wird wie in der in [*15*] beschriebenen Versuchsreihe, wo $m_0 r = 0{,}24\,\text{kgs}^2$ und $\sigma_{St} = 0{,}27\,\text{kg/cm}^2$ betrug.

In Tab. 4.3 wurde für diesen Fall die Abhängigkeit der Resonanzfrequenz von der Flächengröße nach Gl. (4.11b) mit $m = 3$; $\Phi(m) = 1{,}5$ und $\gamma = 2\,\text{t/m}^3$ berechnet.

Tabelle 4.3. *Scheitelabszisse*

Schwinger-gewicht G kg	Grund-fläche F_0 m²	Pressung σ_{St} kg/cm²	$\max \eta^2$ 1	$\max \eta$ 1	$n_e = \frac{19{,}5}{1{,}18}\max\eta$ Hz	Meßwerte Standort 2 Hz	Standort 7 Hz
2700	1	0,27	1,39	1,18	19,5	19,5	19,5
1350	0,5	0,27	1,24	1,11	18,4	17,6	18,0
675	0,25	0,27	1,16	1,08	17,8	15,0	17,0

Zweck der Zusammenstellung in Tab. 4.3 ist nur, den Trend in der Abhängigkeit der Eigenfrequenz aus Gl. (4.11a) bzw. (4.11b) an Meßergebnissen zu überprüfen. Deshalb wurden nur die Verhältniswerte zwischen den drei Zeilen der Tab. 4.3 beachtet und in Spalte 6 max η auf den beobachteten Größtwert von n_e bezogen.

Tab. 4.3 zeigt, daß die Theorie von EHLERS das beobachtete Anwachsen der Eigenfrequenz n_e mit F_0 bei konstant gehaltenem σ_{St} grundsätzlich erklärt, jedoch offenbar nicht vollständig, weil die angeführten Meßwerte stärker anwachsen als die nach Gl. (4.11b) berechneten.

Da die Theorie von EHLERS und die daraus abgeleiteten Formeln über die Abhängigkeit der Eigenfrequenz von der Größe der Erreger-

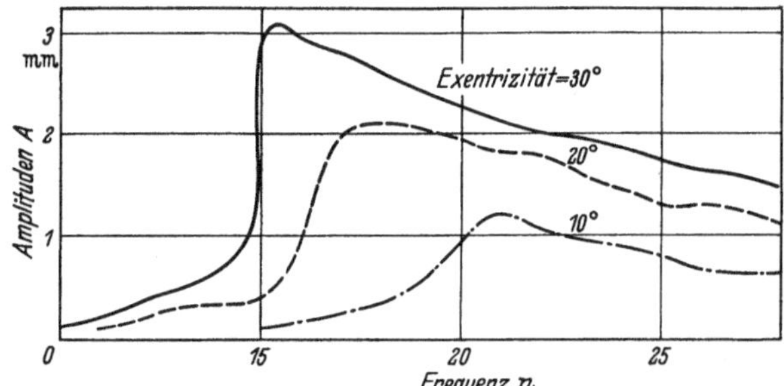

Abb. 4.10. Gemessene Amplituden in Abhängigkeit von der Frequenz

kraft keine andere Auskunft gibt als die einfache Theorie des harmonischen Schwingers, muß nach weiteren Gründen für die beobachtete Abweichung der Meßergebnisse gesucht werden.

Das graphische Verfahren nach DEN HARTOG, über das auf S. 43 Näheres ausgeführt wurde und das die einfache Darstellung von Resonanzkurven eines Schwingers auf nichtlinearer Federung ermöglicht, wurde zur Auswertung gemessener Kurven benutzt, d. h. ein der Darstellung entgegengesetzter Weg beschritten. Abb. 4.10 zeigt drei auf demselben Baugrund, aber mit verschiedenen Erregerkräften gemessene Resonanzkurven. (Den angegebenen Exzentrizitäten 10°, 20° und 30° entsprechen die Werte $\varkappa_{10} = 0{,}037$, $\varkappa_{20} = 0{,}074$ und $\varkappa_{30} = 0{,}111$ cm.) In der Abb. 4.11 sind von den Punkten im Abstand $\varkappa$ Strahlen unter dem Winkel $M\,\omega^2$ gezogen, wobei für M die Schwingermasse 0,688 kg/cm s^2 und für $\omega = 2\pi n$ beliebige Frequenzen innerhalb des Meßbereiches eingesetzt wurden. Jeder Strahl wurde dann mit einer Lotrechten im Abstand $X(n)$ zum Schnitt gebracht, und dadurch wurden die Punkte im unteren Bildteil gewonnen. Die Verbindungskurve durch diese Punkte ist die gesuchte Charakteristik. Allerdings hat der Verfasser in der Annahme, dadurch eine nur von den Bodeneigenschaften abhängende Kurve gewonnen zu haben, zwischen den den verschiedenen $\varkappa$-Werten zugehörigen Punkten eine Mittelkurve gezogen und die Abweichung als Streuung infolge der Zeichenungenauigkeit und des Umstandes, daß das graphische Verfahren nur für ungedämpfte Schwingungen gilt, gedeutet.

Eine neuerliche Auftragung des seinerzeit veröffentlichten Bildes Abb. 4.11 zeigt uns aber, Abb. 4.12, daß es sich um systematische Abweichungen handelt derart, daß die von größeren $\varkappa$-Werten gewonnenen Punkte zu tiefer liegenden Kennlinien gehören. Über die Bedeutung dieser neueren Feststellung findet sich Näheres am Ende dieses Abschnittes.

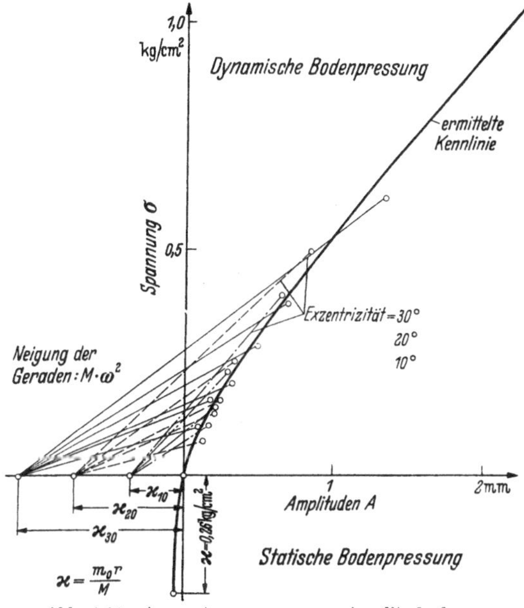

Abb. 4.11. Auswertung gemessener Amplitudenkurven

Die ermittelten Kennlinien zeigen stets eine verhältnismäßig steile Anfangstangente und gehen in eine flachere Endtangente über. Daraus ergab sich der Funktionsansatz

$$\sigma = a\,x + \frac{b\,x}{c + x} \tag{4.12}$$

mit der Ableitung

$$\sigma' = a + \frac{b\,c}{(c + x)^2}\,.$$

Die Anfangstangente ist hiernach $(\sigma')_{x\,=\,0} = a + \dfrac{b}{c}$ und die Asymptote $(\sigma')_{x \to \infty} = a$, die Tangentenverminderung also $(\sigma')_0 - (\sigma')_\infty = \dfrac{b}{c}$. Abb. 4.13 zeigt die Gl. (4.12), ihre Eigenschaften und die geometrische Bedeutung der Konstanten a, b und c.

Ausgewertete Versuche auf verschiedenen Bodenarten zeigten, daß bindigen Böden eine stärker gekrümmte Charakteristik entspricht als sandigen. Die Krümmung der Charakteristik finden wir aus Gl. (4.12) zu

$$\sigma''(x) = -\,2\,\frac{b\,c}{(c + x)^3} = -\,2\,\frac{\dfrac{b}{c}}{c\left(1 + \dfrac{x}{c}\right)^3}\,.$$

Sie ist also in erster Näherung der Tangentenverminderung $\frac{b}{c}$ proportional, eine Vereinfachung, die auch deshalb praktisch ist, weil $\frac{b}{c}$

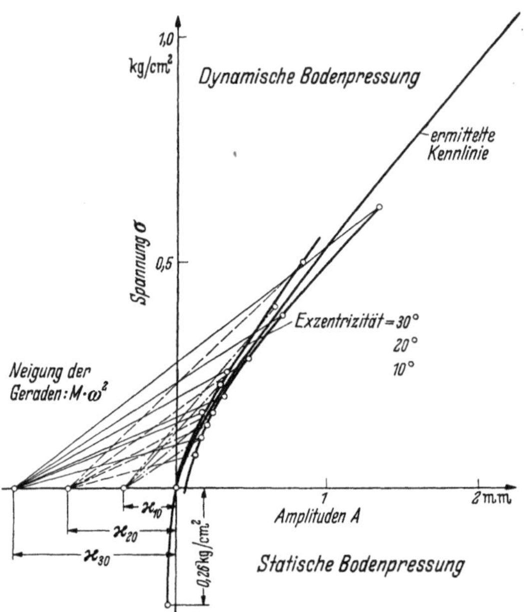

Abb. 4.12. Verbesserte Auswertung gegenüber Abb. 4.11

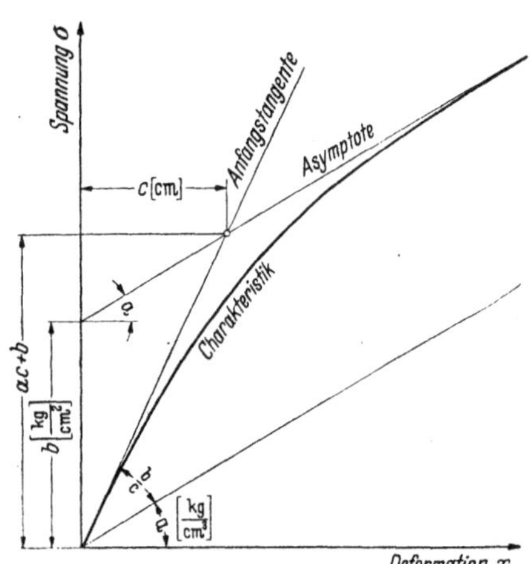

Abb. 4.13. Darstellung der Funktion $\sigma = a\,x + \frac{b\,x}{c + x}$

und auch a die Dimension einer Bettungsziffer [kg/cm³] haben und man gewohnt ist, in dieser Größe eine Bodenkonstante zu erblicken. Man kann also die dynamische Federung des Baugrundes durch die beiden *Bettungsziffern* a und $\frac{b}{c}$ beschreiben und wird für sandige Böden großes a, aber kleines $\frac{b}{c}$; für bindige Böden kleines a, aber großes $\frac{b}{c}$ feststellen. In der Arbeit [*15*] wurde auch versucht, eine Erklärung für die Tatsache zu finden, daß unvollkommen elastische Stoffe, zu denen der Baugrund sicherlich zu rechnen ist, eine unterlineare Kennlinie aufweisen, also mit wachsender Deformation weicher werden. Die hierzu aufgestellte Hypothese berücksichtigt, daß das Abweichen vom Geradliniengesetz bisher hauptsächlich bei bindigen Böden beobachtet wurde; sie führt die negative Krümmung der Charakteristik auf den Einfluß der Porenwasserbewegung zurück: das nicht kompressible Porenwasser, das durch Schwingungen niemals zu einer echten Strömung, sondern nur zu einer Oszillation gebracht werden kann, setzt der erregenden Kraft seine Trägheit entgegen, so daß erst größere Deformationen, und damit Beschleunigungen, wirken müssen, bevor die Porenwasseroszillation das Korngerüst zum Mittragen bringt. Theoretisch müßte dann die Charakteristik eine lotrechte Anfangstangente haben, worauf bei Überprüfung dieser Hypothese besonders zu achten sein wird.

4.14 Nichtlineare Baugrundfederung

Aufbauend auf der Veröffentlichung [*15*] hat Novák [*16*] ein auf S. 47 kurz wiedergegebenes Verfahren entwickelt und hierbei von den dort erwähnten Eigenschaften der Resonanzkurven Gebrauch gemacht.

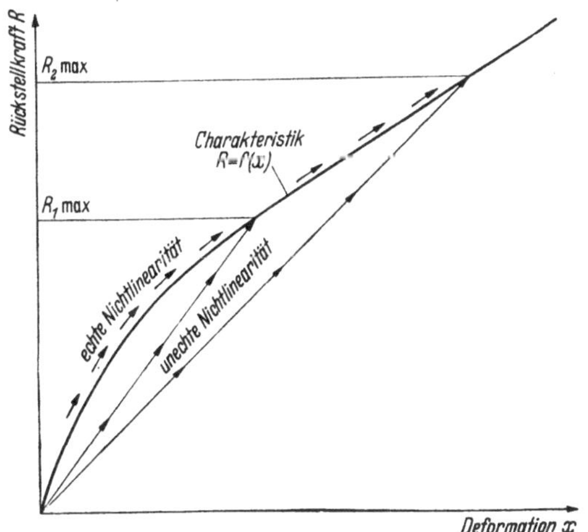

Abb. 4.14. Echte und unechte Nichtlinearität

Dieser kurze Hinweis wird aber der Bedeutung der Arbeit von Novák nicht gerecht, so daß wir hier, auch weil sie zur Zeit schwer zu beschaffen ist, etwas ausführlicher werden müssen. Indem wir die theoretischen und praktischen Ergebnisse der Untersuchung wiedergeben, sollen die wichtigsten Grundgedanken der Arbeit von Novák erläutert werden.

1. Echte und unechte Nichtlinearität. Echte Nichtlinearität der Rückstellkraft eines Schwingungssystems liegt vor, wenn die Kraft R stets den durch die Kurve in Abb. 4.14 bestimmten Funktionswert $R = f(x)$ besitzt. Daß dieser Satz keine Selbstverständlichkeit ist, zeigt der Hinweis auf unechte Linearität in Abb. 4.14. Hier folgt R dem Geradliniengesetz bis zu $R_{\max} = f(x)$. Während $f(x)$ im Falle echter Nichtlinearität die Federcharakteristik bedeutet, ist bei unechter Nichtlinearität $f(x)$

die Grenzkurve der Rückstellkräfte. Das S. 43 geschilderte Verfahren [*13*] gilt demnach, ohne daß DEN HARTOG darauf hingewiesen hat, wegen $f(x) = f(X \cos \omega t) = f(X) \cos \omega t$ nur für unechte Nichtlinearität.

2. Den Zusammenhang zwischen V' und η gibt NOVÁK in der Form $\eta = \eta(V')$ an:

$$\eta_{1,2}^{2} = \frac{1}{1 - \left(\frac{1}{V'}\right)^2} \left[\frac{f(X)}{X} - \frac{k^2}{2m^2} \pm \sqrt{\left(\frac{f(X)}{X} - \frac{k^2}{2m^2}\right)^2 - \left(\frac{f(X)}{X}\right)^2 \left[1 - \left(\frac{1}{V'}\right)^2\right]}\right]. \tag{4.13}$$

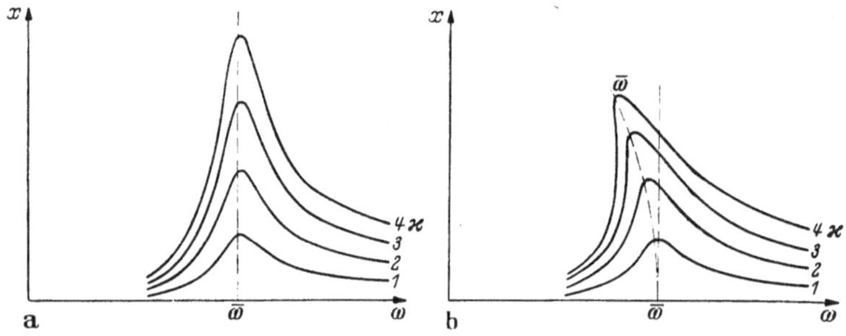

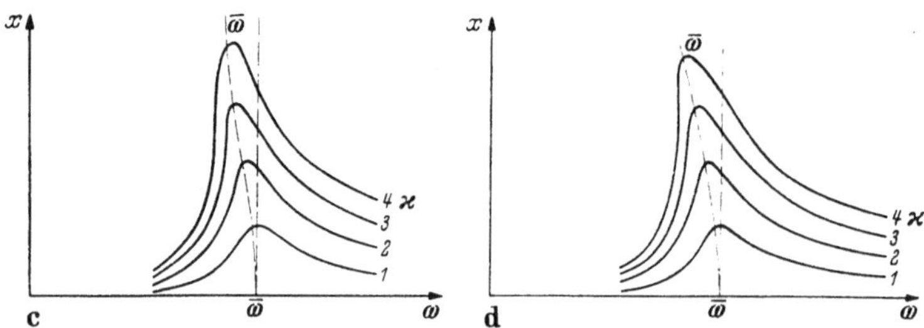

Abb. 4.15. Resonanzkurven der pseudoharmonischen Schwingung nach NOVÁK [*16*]

Fall	a	b	c	d
α	×	×	×	×
β	0	×	×	×
γ	0	0	×	×
δ	0	0	0	×

Diese Gleichung gilt sowohl für echte als auch unechte Nichtlinearität mit der Maßgabe, daß bei echter Nichtlinearität

$$\frac{f(X)}{X} = \alpha - \frac{3}{4}\beta X^2 + \frac{5}{8}\gamma X^4 - \frac{35}{64}\delta X^6 + - \cdots,$$

dagegen bei unechter Nichtlinearität

$$\frac{f(X)}{X} = \alpha - \beta X^2 + \gamma X^4 - \delta X^6 + - \cdots$$

anzusetzen ist.

Die Konstanten α, β, γ und δ beschreiben nach Abb. 4.15 a–d den Typ der Charakteristik.

3. NOVÁK untersuchte den Einfluß verschiedener Dämpfungsfunktionen und fand in Übereinstimmung mit EHLERS, daß der wesentliche Dämpfungsanteil aus der Energieabstrahlung in den Baugrund folgt, was einer geschwindigkeitsproportionalen Dämpfung entspricht.

Es wird auch der Einfluß veränderlicher Masse auf die Amplituden-Frequenzfunktion untersucht, wobei für die veränderliche Masse entsprechend dem zweiten NEWTONschen Gesetz $m(t)\frac{dV}{dt} + (V - U)\frac{dm(t)}{dt}$ eingeführt wurde, worin $(V - U)$ die Relativgeschwindigkeit der der Hauptmasse m hinzugefügten oder abgetrennten Massenteilchen dm gegenüber m bedeutet.

Unter der Annahme, daß die Masse $m(x)$ mit der Amplitude nach dem Gesetz $m(x) = m\,(1 + \beta\, x^2 - \gamma\, x^4 + \delta\, x^6 - + \cdots)$ wächst, ergeben sich, ebenso wie bei unterlinearer Federcharakteristik, gemäß Abb. 4.16 nach links kippende Resonanzkurven, die ebenfalls nach Gl. (4.13), nur mit entsprechend anderen Koeffizienten der Reihe $\frac{f(x)}{x}$, berechnet werden können.

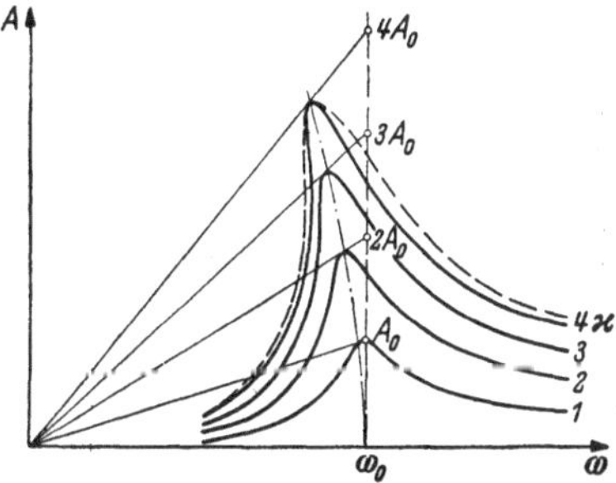

Abb. 4.16. Resonanzkurven bei veränderlicher Masse nach NOVÁK [16]

4. Das S. 47ff. geschilderte Auswertungsverfahren, insbesondere das Nomogramm Abb. 2.50, ermöglicht die Bestimmung folgender Größen aus gemessenen Resonanzkurven:

die zugeordnete Kreisfrequenz $\overline{\omega}(x)$ aus $\sqrt{\omega_1\,\omega_2}$,
die Gesamtmasse M aus $\varkappa\, m_0\, r$,
die Dämpfungskonstante D aus $\frac{k}{2m\overline{\omega}} = \frac{\overline{\omega}}{\omega_e}$.

Aus der Gesamtmasse ergibt sich dann die *mitschwingende Bodenmasse* $m_B = M - m$.

Tab. 4.4 zeigt die von NOVÁK veröffentlichten Auswertungsergebnisse. Die wichtigsten Daten aus dieser Tabelle sind in Abb. 4.17 bis 4.19 zusammengestellt. Abb. 4.17 zeigt den Einfluß der statischen Pressung σ_{st} auf Eigenfrequenz n_e, Dämpfung D und die mitschwingende Bodenmasse G_B und bestätigt zunächst das aus deutschen Versuchen bereits bekannte Ergebnis, daß n_e etwa hyperbolisch mit σ_{st} abnimmt, erhärtet ferner die EHLERSsche Theorie der Systemdämpfung, wonach D ebenfalls hyperbolisch mit σ_{st} abnimmt, und zeigt schließlich deutlich den Abfall des Quotienten $\frac{G_B}{G}$ mit wachsender Pressung. Hiermit kann die von ŠECHTER [29] stammende, von NOVÁK auf $\frac{G_L}{G} = f\,\frac{\sqrt[3]{F}}{\sigma}$ vereinfachte Formel verglichen werden. In Abb. 4.18 ist diese Funktion für $f = 0{,}835$ t/m$^{8/3}$ den Meßergebnissen gegenübergestellt, woraus

Tabelle 4.4. *(Übernommen aus Novák [16])*

1	2	3	4	5	6	7	8	9	10	11	12	13	14	15	16	17	18
Baugrund	F m²	Untersuchung	$m_0 g r$ kgcm	G kg	σ_s $\frac{kg}{cm^2}$	N_0 min⁻¹	G kg	G_z kg	$\alpha = 1 + \frac{G_z}{G}$	N_b min⁻¹	D	C kgcm⁻³	$\beta_1\,10^{-4}$ kgcm⁻⁵	$\bar{\gamma}_1\,10^{-6}$ kgcm⁻⁷	$\bar{\delta}_1\,10^{-8}$ kgcm⁻⁹	X_T μ	N_T min⁻¹
Stauberde — Ton	1	6	6,1	2170	0,217	1785	3110	940	1,43	282	0,158	10,90	—	—	—	62	1785
		1	11,6			1780	3140	970	1,45	242	0,136	10,90	0,160	—	—	133	1750
		2	23,5			1733	3440	1270	1,58	221	0,127	11,36	0,206	—	—	255	1650
		3	33,6			1660	3430	1260	1,58	207	0,125	10,38	0,269	1,425	1,770	368	1550
		4	33,6			1615	3430	1260	1,58	196	0,121	9,81	0,179	0,494	0,072	378	1505
		5	44,0			1558	3380	1210	1,56	195	0,125	9,15	0,174	0,426	—	477	1428
		Durchschn.					3300	1130	1,52								
	1	7	6,1	1690	0,169	1940	2460	770	1,46	332	0,171	10,15	0,950	—	—	71	1905
		8	11,6			1885	2540	850	1,50	283	0,150	9,92	0,660	—	—	144	1788
		9	23,5			1800	2550	860	1,51	240	1,335	9,10	0,286	0,752	—	314	1632
		Durchschn.					2520	830	1,49								
	1	15	6,1	1210	0,121	2160	1980	770	1,63	404	0,187	10,10	3,360	—	—	76	2000
		13	23,5			1878	2090	880	1,72	263	0,140	8,08	0,147	—	—	364	1702
		Durchschn.					2040	830	1,68								
	$\frac{3}{4}$	20	6,1	2290	0,305	1584	2750	460	1,20	199	0,126	10,10	1,230	—	—	86	1530
		19	11,6			1545	2730	440	1,19	182	0,118	9,56	0,772	6,600	—	168	1441
		18	23,5			1500	2890	600	1,26	165	0,110	9,53	0,690	4,870	—	328	1332
		Durchschn.					2790	500	1,22								
	$\frac{1}{2}$	29	6,1	2410	0,482	1322	2620	210	1,09	138	0,104	10,04	1,030	—	—	107	1267
		28	11,6			1300	2770	360	1,15	113	0,087	10,30	0,832	7,780	—	218	1180
		27	23,5			1253	2670	260	1,11	109	0,087	9,22	0,338	1,180	—	445	1100
		26	33,6			1253	2650	240	1,10	109	0,087	9,16	0,336	1,166	1,138	631	1080
		Durchschn.					2680	270	1,11								

Stauberde — Ton	$\frac{1}{2}$	34	6,1	1690	0,338	1563	2040	350	1,21	173	0,111	10,96	0,948	—	—	129	1420
		33	11,6			1530	2020	330	1,20	150	0,098	10,40	0,668	4,120	—	260	1363
		32	23,5			1455	2060	370	1,22	131	0,090	9,56	0,242	0,544	—	550	1265
		Durchschn.					2040	350	1,21								
	$\frac{1}{2}$	35	6,1	970	0,194	1825	1365	395	1,41	200	0,110	10,00	0,640	4,700	—	190	1700
		35	11,6			1770	1390	420	1,43	163	0,921	9,62	0,308	1,126	0,888	401	1574
		Durchschn.					1380	410	1,42								
	1,5	44	11,6	3770	0,251	1650	4980	1210	1,32	289	0,175	9,93	—	—	—	66	1650
		45	23,5			1590	5310	1540	1,41	258	0,162	9,80	0,339	—	—	133	1550
		46	33,6			1552	5170	1400	1,37	249	0,160	9,10	0,310	1,700	—	169	1500
		Durchschn.					5150	1380	1,37								
	1,5	40	6,1	2770	0,185	1790	4300	1530	1,55	318	0,178	10,10	—	—	—	40	1790
		39	11,6			1740	4220	1450	1,53	286	0,165	9,40	—	—	—	84	1740
		41	23,5			1690	4260	1490	1,54	255	0,151	8,90	0,302	—	—	175	1620
		42	33,6			1633	4370	1600	1,58	230	0,141	8,53	0,183	—	—	258	1545
		Durchschn.					4290	1520	1,55								
	1,5	47	6,1	1930	0,128	2030	3280	1350	1,70	434	0,217	9,87	—	—	—	44	2030
		48	11,6			1960	3400	1470	1,75	359	0,184	9,56	—	—	—	94	1960
		49	23,5			1882	3450	1520	1,79	295	0,157	8,96	0,163	—	—	211	1826
		Durchschn.					3380	1450	1,75								
Sand	$\frac{1}{2}$	80	6,1	1570	0,314	1825	2240	670	1,43	145	0,079	16,44	1,240	—	—		
		77	7,8			1779	2180	610	1,39	140	0,079	15,12	0,808	—	—		
		78	11,6			1802	2140	570	1,36	137	0,076	15,30	0,794	0,876	—		
		79	17,7			1820	2120	550	1,35	156	0,085	15,40	0,752	2,560	—		
		Durchschn.					2170	600	1,38								
Sand. Ton	1	67	11,6	2050	0,205	2148	2630	580	1,28	211	0,098	13,30	1,145	9,550	—	201	1938
		69	17,7			2100	2660	610	1,30	206	0,098	12,85	0,965	6,430	1,248	292	1811
		70	23,5			2000	2710	660	1,32	203	0,118	11,92	0,510	1,820	—	368	1727
		Durchschn.					2670	615	1,30								

hinreichend gute Übereinstimmung zu ersehen ist; die Streuung der Meßwerte erklärt sich aus ihrer Abhängigkeit von dem in der Formel nicht erfaßten Erregerwert $\varkappa$. Noch besser ist die Übereinstimmung der Meßwerte $G_B(F)$ mit der Šechter-Novák-Formel

$$G_B = f\, F^{4/3} \tag{4.14}$$

wenn wieder für $f = 0{,}835\ \mathrm{t/m^{8/3}}$ gesetzt wird.

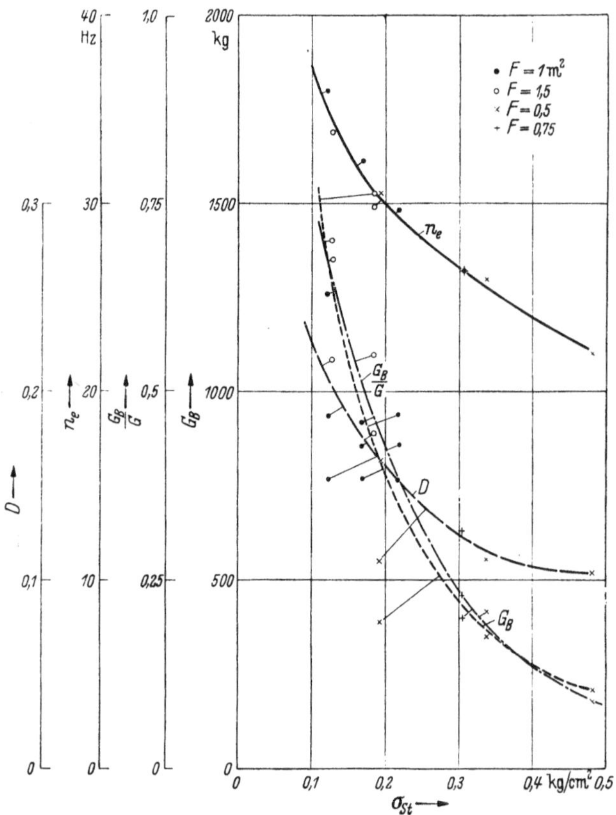

Abb. 4.17. Abhängigkeit der Konstanten n_e, D und G_B von σ_{st} nach Novák [16]

Abb. 4.19 läßt den ebenfalls bekannten Abfall der Eigenfrequenz mit wachsender Erregerstärke $\varkappa$ erkennen, insbesondere auch, daß bei großer Pressung der Frequenzabfall kleiner ist als bei kleiner Pressung. Es hat übrigens den Anschein, als ob die $n_e(\varkappa)$-Kurve zwei Asymptoten besitzt, was die Vermutung, die Erregung wirke sich bei vergrößerter Pressung wie eine verringerte Dämpfung aus, unterstützt.

5. Interessante Ergebnisse erzielten Versuche auf bindigem Boden (toniger Mehlsand) über die Reproduzierbarkeit der Resonanzkurven. Stets lag, entsprechend Abb. 4.20, die Wiederholungskurve links der

Ausgangskurve. Wurde längere Zeit mit einer Frequenz im aufsteigenden Ast gefahren, ohne den Resonanzscheitel zu überschreiten, so stieg die Amplitude langsam an, bis sie den der Kurve II entsprechenden Wert erreicht hatte. Die Wiederholungskurve unterscheidet sich von der Anfangskurve dadurch, daß die Eigenfrequenz und die Dämpfung um etwa 3% verringert sind. Die übrigen Auswertungsergebnisse blieben unverändert (s. Tab. 4.4, Untersuchung Nr. 3 und 4).

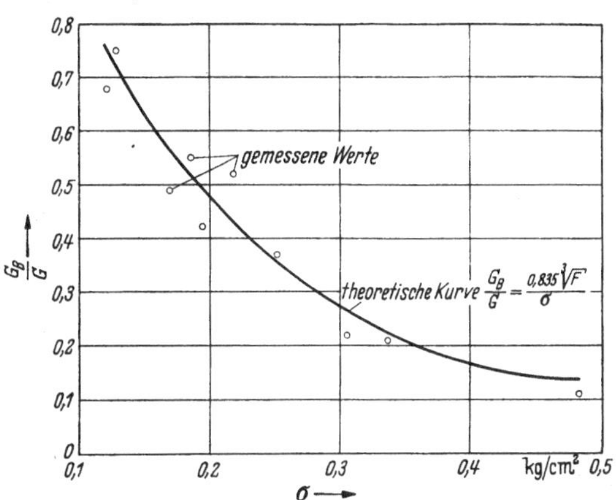

Abb. 4.18. Abhängigkeit des Quotienten G_B/G von σ nach NOVÁK [16]

Bindiger Boden wird also nach Beanspruchung mit einer bestimmten Amplitude für folgende diesen Amplitudenwert nicht überschreitende Beanspruchungen etwas weicher und schwächer gedämpft. Offenbar handelt es sich hier um einen der Konsolidierung von bindigen Böden bei ruhender Belastung analogen Vorgang, denn ebenso wie die durch Konsolidierung errungene Kohäsion bestehen bleibt, ändert sich das Schwingungsverhalten bindigen Bodens nach dynamischer Vorbelastung auch nicht mehr. Die vorhin geschilderte Änderung der Amplitudenkurve wiederholte sich aber, wenn anschließend mit größerer Erregerkraft gearbeitet wurde.

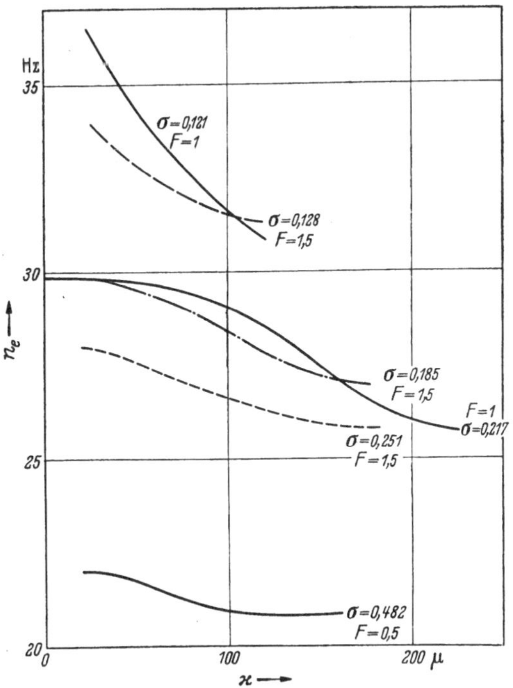

Abb. 4.19. Einfluß der Erregung auf die Eigenfrequenz nach NOVÁK [16]

Anders ist aber das dynamische Verhalten sandiger Böden, wie eingangs schon an Hand deutscher Versuchsergebnisse erläutert wurde.

Die Dämpfung nimmt wesentlich stärker ab als bei bindigen Böden, weil die Versuchsdurchführung einer dynamischen Verdichtung gleichkommt. In [17] sind Abminderungen der Dämpfungskonstanten bis zu 26% erwähnt. Die Eigenfrequenz zeigt jedoch bei sandigen Böden mit der Versuchswiederholung schwach steigende Tendenz.

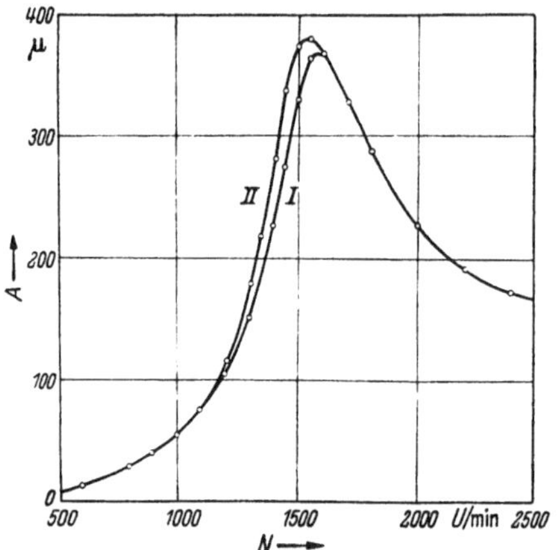

Abb. 4.20. Wiederholung derselben Untersuchung nach Novák [16]

6. Während der Verfasser in seiner Veröffentlichung [15] auf Grund des graphischen Auswertverfahrens zur Ansicht gelangte, daß ein Baugrund von bestimmter Zusammensetzung eine eindeutige Charakteristik besitzt, die gewissermaßen als Bodenkonstante gelten kann, fand Novák mit seinem analytischen Verfahren, daß Resonanzkurven, die mit verschiedenen Erregerkräften aufgenommen wurden, zu Charakte-

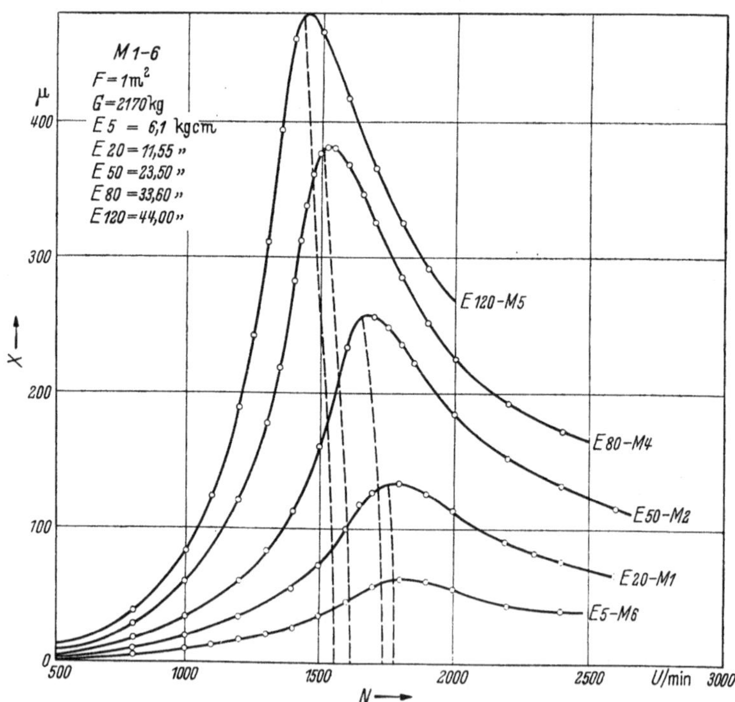

Abb. 4.21. Resonanzkurven, gemessen auf stauberdigem Ton nach Novák [16]

ristiken führen, die nicht in dieselbe Kurve fallen. Abb. 4.21 zeigt solche Resonanzkurven mit den durch die Auswertung gefundenen ω-Kurven. Man sieht daraus, daß die $\bar{\omega}$-Kurven getrennt liegen und unterschiedliche Krümmung aufweisen. Noch deutlicher ist dies aus den hieraus abgeleiteten Charakteristiken in der Abb. 4.22 zu erkennen: je größer die Erregerkraft wird, um so tiefer liegt die Charakteristik, also um so *weicher* wird der Baugrund.

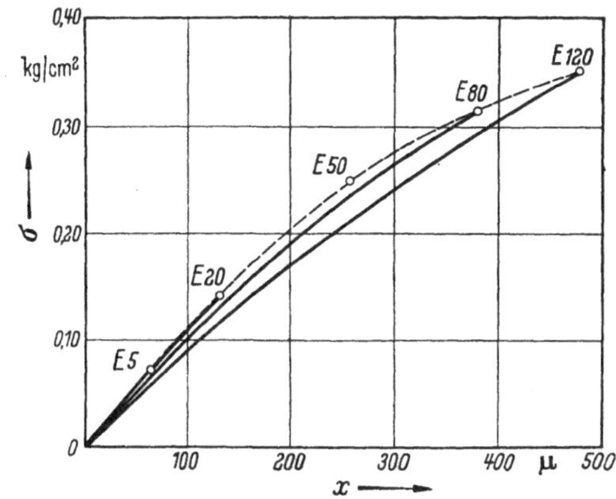

Abb. 4.22. Die den gemessenen Resonanzkurven entsprechenden Charakteristiken nach NOVÁK [16]

Die Kurven in Abb. 4.21 wurden mit wachsendem Parameter $\varkappa$ aufgenommen. Führt man dieselben Unter-

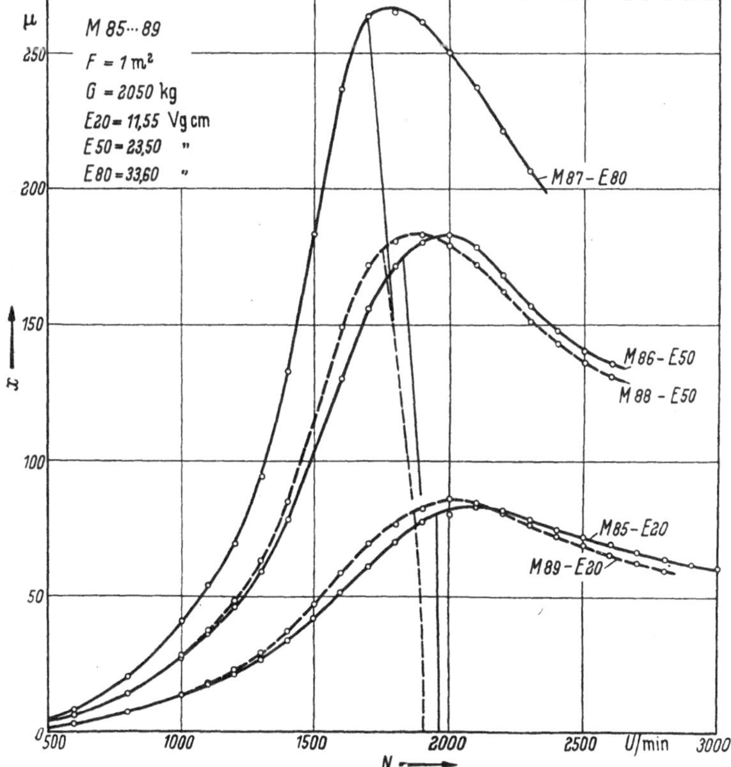

Abb. 4.23. Verschiebung der Linien der Eigenfrequenzen nach NOVÁK [16]

suchungen mit fallendem $\varkappa$ durch, so zeigt sich gemäß Abb. 4.23, daß die Unterschiede zwischen den $\overline{\omega}$-Kurven weitgehend verschwinden. Aus diesen Beobachtungen leitet NOVÁK aufschlußreiche Parallelen

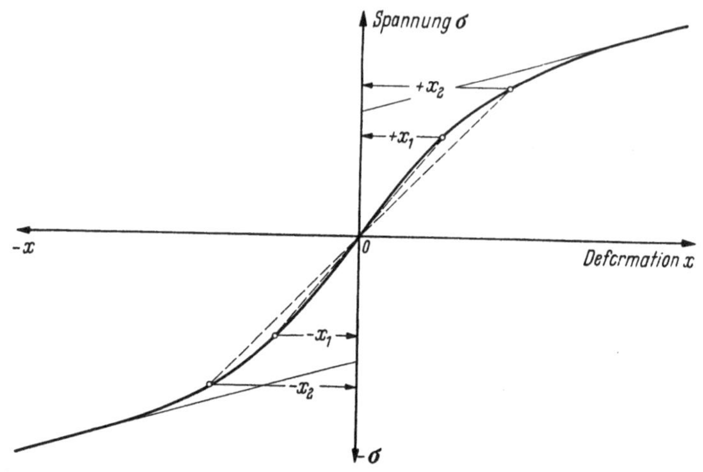

Abb. 4.24. Spannungsdehnungs-Diagramm bei einmaliger und wiederholter Belastung nach NOVÁK [16]

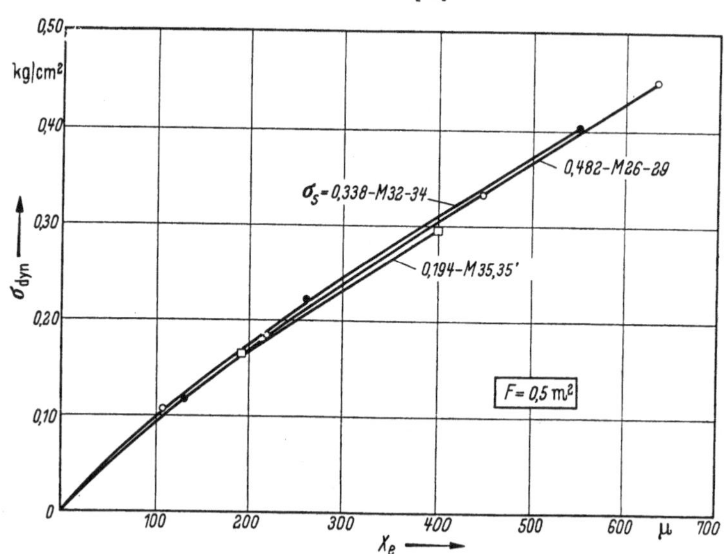

Abb. 4.25. Resonanzcharakteristiken bei $F = 0{,}5\ \mathrm{m}^2$ nach NOVÁK [16]

zwischen bekannten bodenmechanischen Tatsachen und dem dynamischen Verhalten bindiger Böden ab:

Bekanntlich erhält man den Elastizitätsmodul bindiger Böden aus der mittleren Neigung der Hysteresisschleife bei Entlastung und Wiederbelastung, während die Erstbelastung als Spannungs-Dehnungsdiagramm eine e-Funktion ergibt. Ebenso wächst die Deformation bei der Erstbelastung längs der ausgezogenen Kurve in Abb. 4.24 z. B. bis zum Werte X_2. Wiederholt sich aber der Vorgang, findet also eine Schwingung im Bereich $-X_2$ bis $+X_2$ statt, so folgen die Amplituden der gestrichelten Verbindungslinie über 0 nach X_2. Diese Verbindungslinien brauchen nicht unbedingt gerade zu sein; sicher haben sie aber wesentlich schwächere Krümmung als die ausgezogene Anfangskurve. Wir sehen hieraus, daß die Annahme unechter Nichtlinearität ihre volle Berechtigung hat.

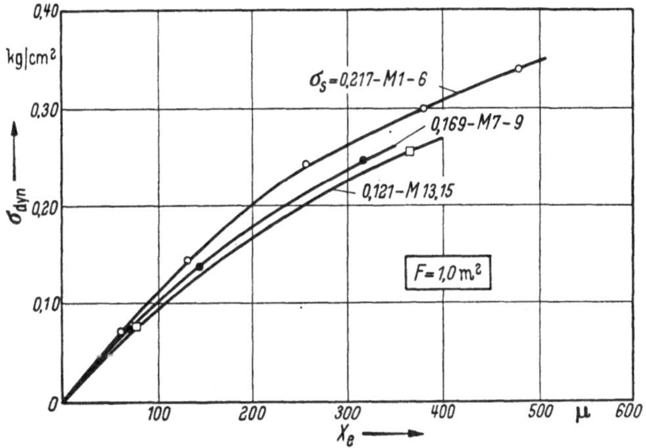

Abb. 4.26. Dasselbe bei $F = 1\,\mathrm{m}^2$ nach NOVÁK [16]

Für die Praxis leitet sich daraus ab, daß die einem bestimmten Boden zuzuordnende Charakteristik gefunden wird, indem man die Endpunkte der aus Einzelversuchen bestimmten Kennlinien verbindet, wie die gestrichelte Kurve in Abb. 4.22 zeigt. Allerdings ist auch diese Charakteristik keine reine Bodenkonstante, sondern entsprechend den Abb. 4.25 und 4.26 von der statischen Pressung und der Flächengröße beim Versuch abhängig. Hierbei wird die dynamische Pressung σ_{dyn} in Abhängigkeit von der Amplitude X_e aufgetragen. Bei gleicher Fläche F wird der Baugrund hiernach mit σ_{st} härter, während der Flächeneinfluß auf die Charakteristik gering zu sein scheint.

7. Die Abnahme der Dämpfungskonstanten D mit wachsender Erregung folgt nach NOVÁK der Beziehung

$$D = \frac{A}{\sqrt{X_e}} + D_0 . \tag{4.15}$$

Hat man also für zwei verschiedene Werte $\varkappa$ die Resonanzkurve gemessen und durch Anlegen der Ursprungstangente X_e sowie mittels Nomogramm Abb. 2.50 D bestimmt, so kann man die Konstanten A und D_0 berechnen und D für beliebige Erregungen $\varkappa$ bestimmen. Die Konstante D_0 hängt übrigens von der Flächengröße F ab und kann aus

$$D_0 = D_1 \sqrt[3]{F} \tag{4.15a}$$

berechnet werden, wenn $D_1 = (D_0)_{F = 1\,\mathrm{m}^2}$ bekannt ist.

4.15 Variable Masse

Offenbar angeregt durch E. Reissners Feststellung, ein einfaches System, das dem System *Masse auf Halbraum* gleichwertig ist, könne nur gefunden werden, wenn Masse, Dämpfung und Federung frequenzabhängig eingeführt werden, haben mehrere Forscher in den letzten Jahren versucht, die bekannten systematischen Abweichungen zwischen den theoretischen Resonanzkurven eines harmonischen Systems und den gemessenen Werten durch Einführen variabler Masse zu erklären. Besondere Verdienste bei der Erforschung dieses Teilgebietes hat sich das Zentrallaboratorium der Koninklijke Shell in Amsterdam erworben, insbesondere auch durch ihre Genehmigung, Ergebnisse aus den Gesellschaftsberichten veröffentlichen zu dürfen. Wir stützen uns dabei auf Arbeiten von L. W. Nijboer [*34*], [*35*], [*36*], C. van der Poel [*32*], [*33*] und W. Heukelom [*37*] und beschränken uns auf Probleme der erzwungenen Schwingungen natürlicher Böden.

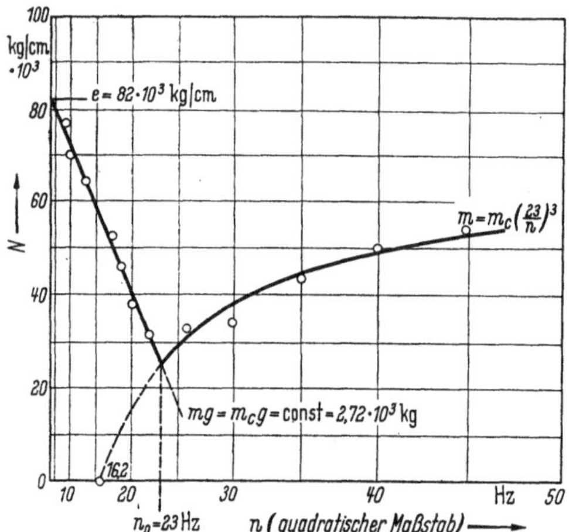

Abb. 4.27. Abweichung der Funktion N vom Geradliniengesetz nach Heukelom [*37*]

Nach Gl. (2.22) auf S. 21 muß man für ein einfaches harmonisches Schwingungssystem eine Gerade erhalten, wenn $N \cos\varphi = c - m\,\omega^2$ als Funktion von ω^2 aufgetragen wird. Dabei sind $N = \frac{m_0\, r\, \omega^2}{X}$ und φ der unmittelbaren Messung zugänglich. Nijboer nennt N die Steifigkeit des Systems, während φ wie bisher den Phasenwinkel zwischen Erregung und Schwingung bedeutet. Abb. 4.27 zeigt eine entsprechende Auftragung von Meßwerten, die mit der Shell-Apparatur (s. S. 217) gewonnen wurden. Auffallend ist, daß für niedrige Frequenzen der erwartete Geradlinienverlauf erhalten wird, von einem bestimmten Frequenzwert aber das Bild von einer völlig anderen Funktion beherrscht zu werden scheint. Der geradlinige Ast der gewonnenen Kurve ermöglicht die Bestimmung von c als Ordinatenabschnitt und m_c als Neigung. Verbindet man die mit ω^2 ansteigenden Meßwerte und bringt den zweiten Ast mit der Geraden zum Schnitt, so erhält man ω_0, also die Grenzfrequenz des linearen Verlaufes. Heukelom [*37*] setzt für den zweiten Ast

$$m = m_c\left(\frac{\omega_0}{\omega}\right)^3, \tag{4.16}$$

somit $S' = N\cos\varphi = c - m_c\frac{\omega_0^3}{\omega}$. Der zweite Kurvenast ist also eine

Hyperbel vom Typ $y = a - \frac{b}{\sqrt{x}}$ mit der Nullstelle $S' = 0$ für $\omega = \frac{\omega_0^3}{\omega_e^2}$, wobei $\omega_e^2 = \frac{c}{m_c}$ und m_c die konstante Masse des ersten Kurvenastes bedeuten. Die Asymptote für $\omega \to \infty$ ist c. Trägt man ferner gemäß Abb. 4.28 $\ln m = \ln m_c \left(\frac{\omega_0}{\omega}\right)^3$ als Funktion von $\ln \frac{\omega}{2\pi}$ auf, so erscheint der erste Ast der Kurve in Abb. 4.28 als Horizontale, der zweite Ast als Gerade, der man zur Kennzeichnung z. B. den Frequenzwert bei $m\,g = 1$ entnehmen kann, den wir $n_{m=1}$ nennen wollen. Mit dieser Frequenz $n_{m=1}$ wurde auf verschiedenen Böden die Fortpflanzungsgeschwindigkeit der Transversalwellen v_t gemessen und in Abb. 4.29 zusammen mit $n_{m=1}$ aufgetragen. Die Meßpunkte liegen fast genau auf der Geraden $n_{m=1} = \frac{v_t}{\lambda}$, ergeben also konstante Wellenlänge $\lambda \approx 6$ m. Auf diese Tatsache kommen wir bei der Deutung der Ergebnisse noch zurück.

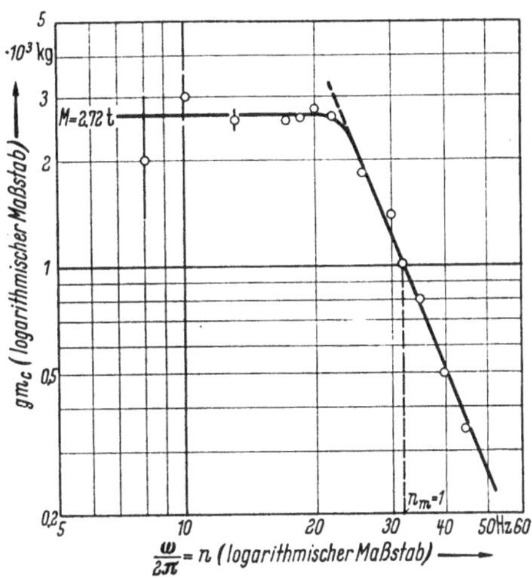

Abb. 4.28. ln $g\,m_c$ als Funktion von n nach HEUKELOM [37]

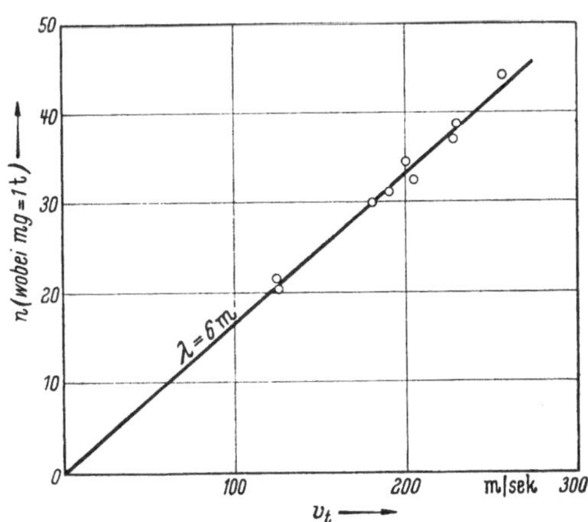

Abb. 4.29. Frequenz, bei der die scheinbare Masse = 1 t, als Funktion der Wellengeschwindigkeit für verschiedene natürliche Böden nach HEUKELOM [37]

Aus den gemessenen und nach Vorstehendem berechneten Werten φ, c und m_c kann $S'' = (c - m_c\,\omega^2)\,\mathrm{tg}\,\varphi = k\,\omega$ berechnet und aufgezeichnet werden, wie in Abb. 4.30 geschehen, woraus k als Neigung der mittleren Geraden gefunden wird. Wir haben damit nach HEUKELOM die Funktion N in zwei Teile gespalten, nämlich für

$$\omega \leqq \omega_0 \qquad N_1 = c - m_c\,\omega^2$$

und für

$$\omega \geqq \omega_0 \qquad N_2 = c - m_c \frac{\omega_0^3}{\omega}$$

und finden diesem Ansatz entsprechend für $\omega \leqq \omega_0$ konstante Masse m_c, für $\omega > \omega_0$ mit $\left(\frac{\omega_0}{\omega}\right)^3$ abnehmende Masse m. HEUKELOM begründet seinen Ansatz folgendermaßen:

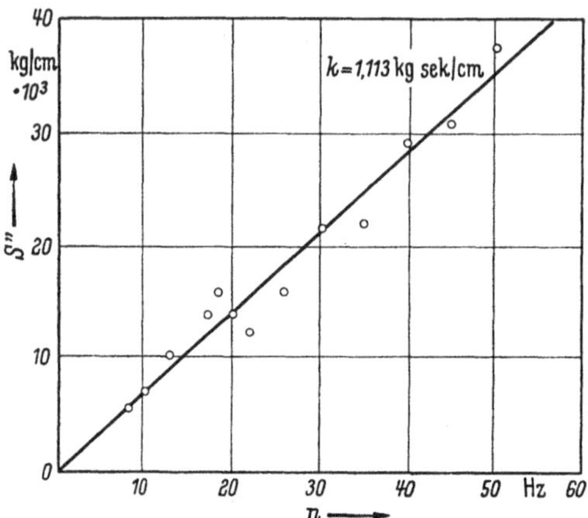

Abb. 4.30. S'' als Funktion der Frequenz (aufgeschütteter Boden) nach HEUKELOM [37]

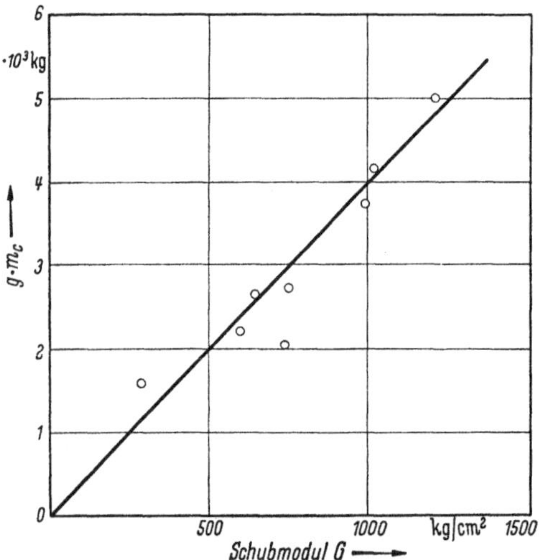

Abb. 4.31. m_c als Funktion des Schubmoduls für verschiedene natürliche Böden nach HEUKELOM [37]

Der durch einen Schwinger belastete Baugrund geht nicht nur als Feder, sondern auch als Masse in das System ein, und zwar mit einem Volumen, das durch die eingeleiteten Reibungskräfte bestimmt wird. Dieses Volumen ist also mit der eingeprägten Spannung und mit den Festigkeitswerten des Bodens veränderlich. Zur Kennzeichnung der Bodenart scheint sich der Schubmodul zu eignen, wie das Diagramm in Abb. 4.31 zeigt. Die Bodenmasse schwingt aber nicht als Monolith, vielmehr treten mit wachsender Frequenz verstärkt Phasenunterschiede zwischen höheren und tieferen Zonen dieses Körpers in Erscheinung, die eine Verminderung der dynamisch wirksamen Bodenmasse ergeben. Die Verkleinerung des wirksamen Volumens entspricht einer Abnahme der Wellenlänge λ, woraus $m = m_c \left(\frac{\lambda}{\lambda_0}\right)^3$ oder $m = m_c \left(\frac{\omega_0}{\omega}\right)^3$ folgt. Zur Unterstützung dieser Hypothese führt HEUKELOM mehrere Beweise auf:

1. Mit dem Ansatz $m = m_c\left(\frac{\omega_0}{\omega}\right)^3$ wird $\operatorname{tg}\varphi = \frac{k\,\omega}{c - m_c \frac{\omega_0^3}{\omega}}$ oder mit $\omega_e^2 = \frac{c}{m_c}$,

$$\eta = \frac{\omega}{\omega_e} \quad \text{und} \quad \eta_0 = \frac{\omega_0}{\omega_e} \qquad \operatorname{tg}\varphi = \frac{2D\,\eta^2}{\eta - \eta_0^3}. \tag{4.17}$$

Vergleicht man Gl. (4.17) mit dem entsprechenden Ausdruck für einen harmonischen Schwinger $\operatorname{tg}\varphi = \frac{2D\,\eta}{1-\eta^2}$, so erkennt man wegen $\eta_0 < 1$, daß $\operatorname{tg}\varphi$ aus Gl. (4.17) immer positiv bleibt, φ also für $\eta > 1$ niemals den Wert 90° überschreitet. Tatsächlich ergaben die Messungen des Phasenwinkels auch bei großen Frequenzen niemals größere Werte als etwa 30°.

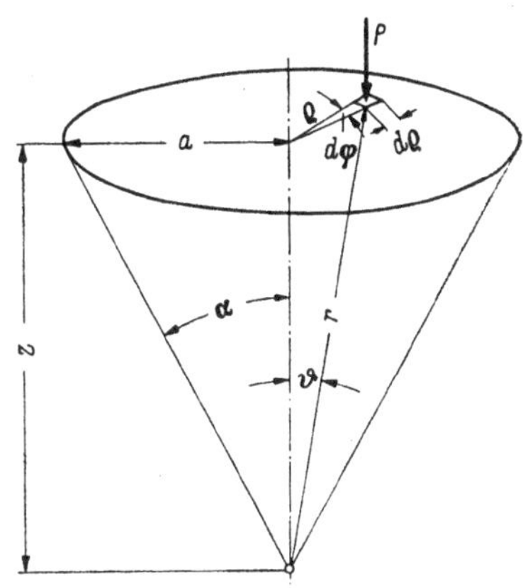

Abb. 4.32. Berechnung der Deformation unter einer gleichmäßig mit σ_0 belasteten Kreisfläche; Ersatz der Flächenpressung durch die Punktlast $P = \sigma_0\,\varrho\,d\varrho\,d\varphi$

2. Aus der bekannten Gleichung von Boussinesq [39] für die Deformation eines Bodenelementes infolge einer auf dem elastisch-isotropen Halbraum wirkenden Einzellast

$$\zeta(z) = \frac{P(m+1)}{2\pi\,E\,m}\left[\frac{2m+2}{m}\,\frac{1}{r} + \frac{z^2}{r^3}\right], \tag{4.18}$$

worin $\zeta(z)$ die Deformation, z die Tiefe und r den Abstand der Last P vom betrachteten Element bedeuten, erhält man durch Integration über die Spannungen, die von unendlich vielen Punktlasten auf einer Kreisfläche in einem Element unter der Flächenmitte erzeugt werden, nach Abb. 4.32 aus $dP = \sigma_0\,\varrho\,d\varrho\,d\varphi$ und $\cos\vartheta = \frac{z}{r}$ sowie $\frac{\varrho\,d\varrho}{r} = \frac{z\sin\vartheta}{\cos^2\vartheta}\,d\vartheta$

$$\zeta(z) = \frac{(m+1)\,\sigma_0}{2\pi\,m\,E}\int\limits_{\varphi=0}^{2\pi}\int\limits_{\vartheta=0}^{\alpha}\left[\frac{2m-2}{m} + \cos^2\vartheta\right]\frac{\sin\vartheta}{\cos^2\vartheta}\,d\vartheta\,d\varphi.$$

Hieraus wird mit $\operatorname{tg}\alpha = \frac{a}{z}$

$$\zeta(z) = \frac{\sigma_0}{m^2\,E}\left[\frac{2(m^2-1)\,a}{\sqrt{1+(z/a)^2}} - (m+1)(m-2)\,z\left(1 - \frac{z/a}{\sqrt{1+(z/a)^2}}\right)\right]. \tag{4.19}$$

Für $m = 2$ wird aus Gl. (4.19)

$$\zeta(z) = \frac{3\sigma_0\,a}{2E}\,\frac{1}{\sqrt{1+(z/a)^2}} \tag{4.20}$$

und weiter für

$$z = 0:\quad \zeta(0) = \frac{3\sigma_0}{2E}. \tag{4.21}$$

Das Verhältnis $\frac{\zeta(z)}{\zeta(0)}$ hängt nur schwach von m ab, so daß mit genügender Genauigkeit

$$\frac{\zeta(z)}{\zeta(0)} = \frac{1}{\sqrt{1 + (z/a)^2}} \tag{4.22}$$

gesetzt werden kann. σ_0 bedeutet in unseren Ableitungen die Pressung unter der Kreisflächenlast vom Radius a, also ist die Gesamtlast $K = a^2 \pi \sigma_0$.

Heukelom setzt nun die Amplitude einer Bodenschwingung, verursacht durch die Erregerkraft $\tilde{K}$ gleich der Deformation infolge einer ruhenden Last K und findet somit für die Steifigkeit

$$S = \frac{\tilde{K}}{X} = \frac{K}{\zeta(0)} = \frac{a^2 \pi \sigma_0}{3\sigma_0 a} 2E = \frac{2E a \pi}{3}. \tag{4.23}$$

Diese Gleichung ist für $\omega = 0$ einwandfrei, so daß

$$S = \left(\frac{\tilde{K}}{X}\right)_{\omega = 0} = c = \frac{2E\, a \pi}{3} \tag{4.24}$$

wird. Nun zeigen Versuche über die Abnahme der Amplituden mit der Tiefe tatsächlich denselben Verlauf wie Gl. (4.20) angibt, nur sind die Amplituden etwas kleiner, so daß $X = b\,\zeta(z)$ gesetzt werden kann, worin b einen vom Baugrund abhängigen Festwert bedeutet, der in einem untersuchten Falle $b = 1{,}52$ betrug.

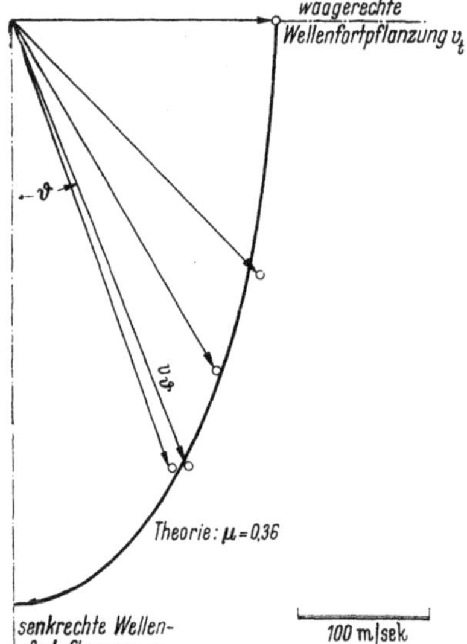

Abb. 4.33. Experimentelle Wellengeschwindigkeiten in verschiedenen Richtungen und theoretische Kurve nach Heukelom [37]

Wenn man schließlich noch die Ausbreitungsgeschwindigkeit der vom Schwinger erzeugten Wellen im Baugrund mißt und annimmt, daß sie nach unten mit der Longitudinalgeschwindigkeit v_K, in waagerechter Richtung mit der Transversalgeschwindigkeit v_t wandern, so können die Wellenfronten als Oberfläche eines Rotationsellipsoids angesehen werden, so daß die Geschwindigkeit v_ϑ in einer Richtung ϑ, gemessen gegen die lotrechte Rotationsachse, wegen $v_K = v_t \sqrt{\frac{2(m-1)}{m-2}}$ der Gleichung

$$v_\vartheta^2 = \frac{2(m-1)\, v_t^2}{(m-2)\cos^2\vartheta + 2(m-1)\sin^2\vartheta}\, . \tag{4.25}$$

folgt. Die Aufstellung dieser Formel war nötig, weil man die Amplituden nicht unmittelbar unter dem Schwinger, sondern nur unter Oberflächenpunkten neben dem Schwinger messen kann. Abb. 4.33 zeigt ein solches Meßergebnis und gestattet, aus v_t und v_ϑ die POISSON-Zahl m zu berechnen. In dem in Abb. 4.33 gezeigten Fall betrug $m = 2{,}78$; der Baugrund hatte ein Raumgewicht von $\gamma = 1{,}9\ \mathrm{t/m^3}$ und aus $v_t = \sqrt{\frac{G}{\gamma} g} \approx 200\ \mathrm{m}$ kann nun der Schubmodul zu $G = 740\ \mathrm{kg/cm^2}$ berechnet werden, woraus $E = \frac{2(m+1)}{m} G = 2015 \frac{\mathrm{kg}}{\mathrm{cm^2}}$ folgt.

Nun sind wir imstande, aus der mit dem empirischen Faktor b multiplizierten Gl. (4.24) mit $a = 15$ cm die Federung $c = \frac{2 E a \pi}{3} b = 99000$ kg/cm zu berechnen und stellen gute Übereinstimmung mit dem aus Abb. 4.34 an der Ordinatenachse abgelesenen Wert von $c = 96000$ kg/cm fest.

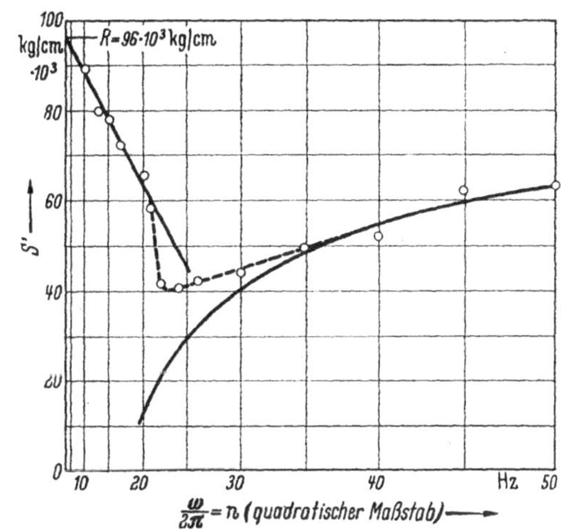

Abb. 4.34. N als Funktion von n^2 (natürlicher Boden) nach HEUKELOM [37]

3. HEUKELOM versucht auch eine analytische Ableitung seines Ansatzes über die mit ω veränderliche Masse. Zunächst wird der Phasenwinkel ψ zwischen der Amplitude X im Schwerpunkt des Schwingers und der Amplitude $\zeta(r, \vartheta)$ in einem Punkt mit den Koordinaten r und ϑ zu

$$\psi(r, \vartheta, \omega) = \frac{\omega r}{v_\vartheta} \tag{4.26}$$

abgeleitet. Für kleine Werte ω soll $\cos \psi \approx 1$ sein, während für große Werte ω $\cos \psi$ wesentlich absinkt und auch negative Werte annehmen kann. Dann gleichen sich die tiefer liegenden Massenteile in ihrer Beteiligung an der *mitschwingenden Masse* weitgehend aus und es verbleibt nur die Wirkung einer unmittelbar unter dem Schwinger anstehenden Halbkugel vom Radius $r = \alpha \lambda$, worin λ die Wellenlänge und α einen konstanten Abminderungsfaktor bedeuten. Somit wird

$$m = \frac{2\pi}{3} \frac{\gamma}{g} (\alpha \lambda)^3 \quad \text{oder mit} \quad \lambda = \frac{v}{n} \qquad m = \frac{2\pi}{3} \frac{\gamma}{g} \left(\alpha \frac{v}{n}\right)^3.$$

Führt man noch für $n = n_0$ $m = m_c$ ein, so erhält man $m = m_c \left(\frac{n_0}{n}\right)^3$, die eingangs erwähnte Formel für die Abhängigkeit der Masse von der Frequenz.

Auswertungsergebnisse nach dem auf S. 48 und S. 193 geschilderten Verfahren zeigen gemäß Tab. 4.5 für die Versuche D 138 und D 129 zufriedenstellende Übereinstimmung bezüglich der Abhängigkeit der

Steifigkeit S von der Frequenz und auch die ermittelten Absolutwerte stimmen hinlänglich überein. Die Dämpfungswerte k zeigen keine erkennbare Abhängigkeit von ω. Die Absolutwerte stimmen für Versuch D 129 gut überein, bei D 138 sind die Unterschiede beträchtlich; allerdings handelt es sich bei Versuch D 138 nach HEUKELOM um einen Ausnahmefall, der bei der Auswertung nach seinem Verfahren Schwierigkeiten bereitet hat.

Übereinstimmend wird eine Abnahme der Steifigkeit S mit der Frequenz, damit aber auch von der Erregerkraft und Amplitude gefunden. Die Steifigkeiten in der 2. Spalte der Tab. 4.5 sind die Tangenten-

Tabelle 4.5. *Vergleich der Auswertungsergebnisse nach Nijboer-Heukelom (Ni) und Lorenz-Novák (Lo)*

Versuch D 138					Versuch D 129				
n Hz	Steifigkeit S t/cm Ni	Lo	Dämpfung k t·sec/cm Ni	Lo	n Hz	Steifigkeit S t/cm Ni	Lo	Dämpfung k t·sec/cm Ni	Lo
0	96	84			0	270	267		
21	60	43	0,11	0,068	26	182	148	0,27	—
24	42	42	0,08	0,064	30	149	77	0,27	0,31
26	46	42	0,11	0,072	45	150	167	0,36	0,31
30	50	44	0,12	0,059	50	161	138	0,33	0,31
35	54	50	0,11	0,073					
40	60	55	0,12	0,064					
45	70	63	0,12	0,051					

Bestimmung der Steifigkeit erfolgt aus den Tangenten an die Charakteristiken. Dämpfung $k = 2m \cdot \omega_e \cdot D$.

werte der ermittelten Charakteristik. Es bleibt noch festzustellen, daß bei etwa gleichen Auswertungsergebnissen die Annahme nichtlinearer Federung gegenüber der Hypothese veränderlicher Masse den Vorteil stetigen Schwingungsverlaufes hat, während nach HEUKELOM die Amplitudenkurve in zwei getrennte Äste zerfällt. Sehr aufschlußreich ist eine der Arbeit [*37*] entnommene Zusammenstellung der auf verschiedenen Bodenarten mit der Shell-Apparatur gewonnenen Ergebnisse.

Zunächst folgt aus Tab. 4.6 bzw. Abb. 4.35 eine klare, in [*40*] bereits prinzipiell erkannte Abhängigkeit zwischen c und v_t etwa nach der Beziehung $v_t = 95 + 1{,}2c$, worin c in t/cm einzusetzen wäre, um v_t in m/s zu erhalten. Auch zwischen dem Schubmodul G und der Federkonstanten c scheint ein nahezu linearer Zusammenhang etwa von der Art $G = 9{,}15c$ (wiederum c in t/cm) zu bestehen. Diese lineare Beziehung äußert sich in Spalte 4 durch weitgehende Unabhängigkeit der Werte $\frac{c}{a\,G}$ von der Bodenart, woraus $c = 7{,}6\,a\,G$ Gl. (4.27) folgt. Die überraschende Konstanz der Werte λ für $m = 1$ endlich wurde schon vorstehend erwähnt.

Ähnliche Wege geht auch G. BAUM [*38*] mit einem Ansatz für veränderliche Masse in der Form $m = m_c + m_B(n)$, zunächst um zu begründen, daß der Asymptotenwert der Amplituden für $\omega \to \infty$ kleiner

Tabelle 4.6 *nach Heukelom* [37]

Versuchsbezeichnung	Bodenart	c t/cm 1	v_t m/s 2	G kg/cm² 3	$\frac{c}{a\,G}$ — 4	$m_c\,g$ t 5	$n_m = 1$ Hz 6	$\lambda_m = 1$ m 7
D 113	Ton	75	180	600	8,1	2,20	30,0	6,0
D 138	Ton	96	200	740	8,4	2,05	34,5	5,8
F 16	Lehm, obere Schicht feucht	26	125	290	6,0	1,55	20,5	6,1
F 16	Lehm, obere Schicht trocken	43	125	290	9,9	1,60	21,5	5,8
F 26	Lehmmergel, homogen	82	205	750	7,1	2,72	32,5	6,3
N 222	Feinsand	77	190	650	7,5	2,65	31,0	6,1
N 254 B	Toniger Sand	130	255	1200	7,2	5,00	44,0	5,8
N 255 B	Toniger Sand	110	230	1020	7,2	4,15	38,5	6,0
N 256 B	Toniger Sand	108	227	990	7,3	3,75	37,0	6,1
				i. M.	7,6		i. M.	6,0

ist als $\varkappa = \frac{m_0 r}{m_c}$, ein Ergebnis zahlreicher Versuche mit einer aus der schon 1930 von der Degebo benutzten, jedoch in Anlehnung an die Shell-Apparatur erheblich verbesserten Versuchseinrichtung. Auch

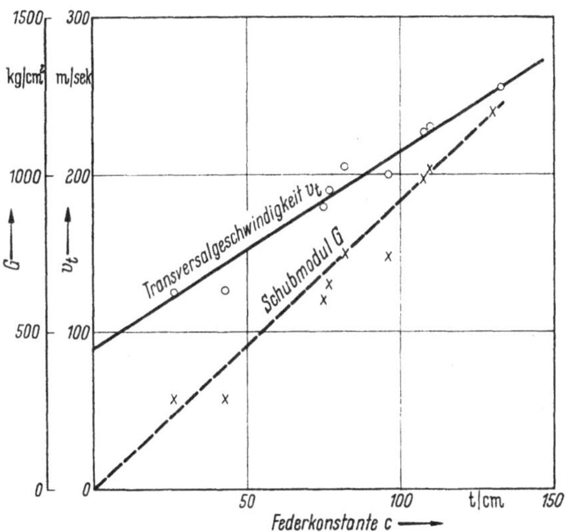

Abb. 4.35. Empirisch ermittelte Zusammenhänge zwischen v_t und G_c nach HEUKELOM [37]

BAUM spaltet die gemessene Resonanzkurve zur besseren Übereinstimmung zwischen Theorie und Versuch auf und findet gemäß Abb. 4.36 zwei Resonanzkurven, von denen eine im aufsteigenden, die andere im abfallenden Kurventeil gelten soll. Hierbei entsteht aber noch ein Übergangsbereich, so daß drei Frequenzbereiche zu betrachten sind und für jeden Bereich verschiedene Werte $m(\omega)$ gefunden werden.

Teil 1 $\omega < 23$ Hz $m_c + m_{B1} = 1{,}5\,a$; $m_{B1} = 2{,}2\, m_{B3}$

Teil 2 $23 < \omega < 33$ Hz

Teil 3 $33 < \omega$ $m_c + m_{B3} = a$.

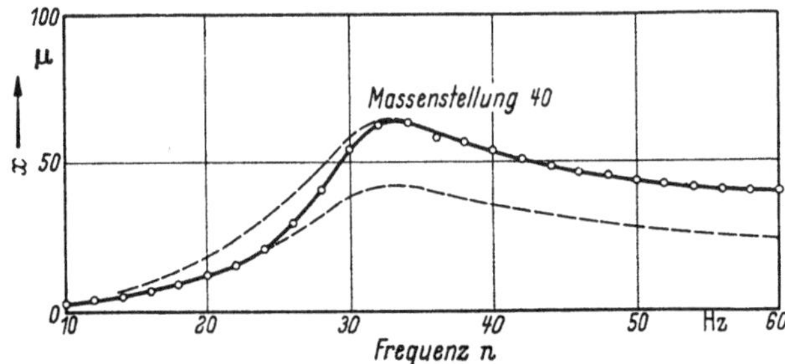

Abb. 4.36. Auswertung von Schwingungsmessungen nach BAUM [38]

Aus dem gemessenen Kurventeil 3 können die Konstanten c, m und k bestimmt und dar aus die Funktion $X(\omega) = \frac{\varkappa\,\omega^2}{\sqrt{(c - m\,\omega^2)^2 + k^2\,\omega^2}}$ für den ganzen Frequenzbereich berechnet werden. Bildet man nun für die Kurventeile 1 und 2 den Quotienten $f(\omega) = \frac{X_{\text{gemessen}}}{X_{\text{theoret.}}}$, so hat $f(\omega)$, wie BAUM feststellte, auffallende Ähnlichkeit mit einer Dispersionskurve [*41*], d. h. der Abhängigkeit der gemessenen Fortpflanzungsgeschwindigkeiten v_t von der Erregerfrequenz n. Über Disperionserscheinungen findet der Leser Näheres auf S. 236. Hier möge der Hinweis auf die Abb. 4.37 und 4.38 genügen, die tatsächlich weitgehend gleichen Verlauf zeigen. Die bekannte Deutung für das Zustandekommen solcher Dispersionskurven [*41*] überträgt BAUM auf Resonanzkurven.

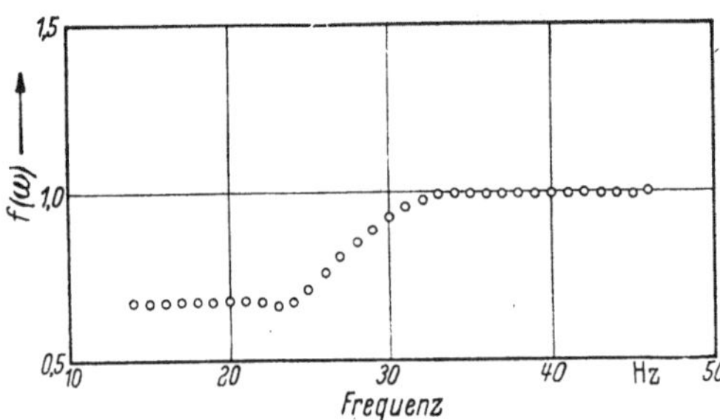

Abb. 4.37. Funktion $f(\omega)$ in Abhängigkeit von der Frequenz n nach BAUM [38]

Zunächst ist noch zu bemerken, daß die Versuche, deren Ergebnisse wir erwähnten, nicht auf dem Baugrund, sondern auf einer Straßendecke ausgeführt wurden. So erklärt sich, daß die Dispersionskurve ihre obere Asymptote bei den großen Frequenzen hat; auf dem Baugrund wird in der Regel ein umgekehrtes Bild gewonnen. Jedenfalls ist die Schicht, in welcher die Wellen hauptsächlich wandern, von der Wellenlänge λ und damit von der Erregerfrequenz n abhängig. Hier wandern die hochfrequenten Wellen geringer Länge in der festeren Straßendecke ($v_1 = 160$ m/s), während Wellen größerer Länge, also kleinerer Frequenz, sich im Baugrund ($v_2 = 100$ m/s) ausbreiten. Im Übergangsbereich findet man Mischgeschwindigkeiten von v_1 und v_2. Die Ähnlichkeit der Funktionen $f(\omega)$ und $v(\omega)$ rührt nun nach Baum von einer gemeinsamen Ursache her, nämlich der mit wachsender Frequenz abnehmenden Tiefenwirkung. Bei den Amplituden äußert sich diese in abnehmender *mitschwingender* Masse.

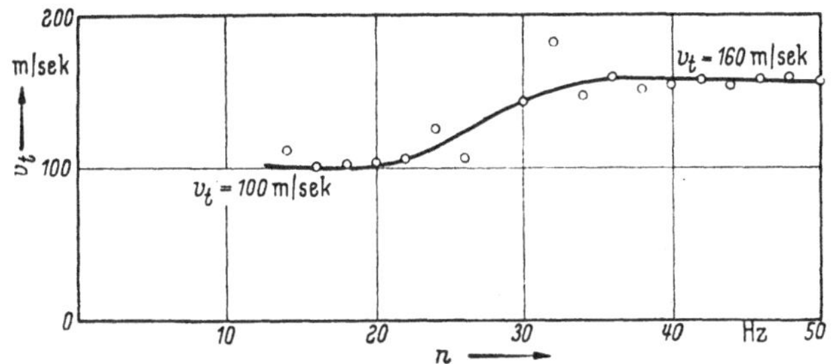

Abb. 4.38. Dispersionskurve nach Baum [38]

Praktisch folgt aus dieser Hypothese, daß die drei Frequenzbereiche aus einer Dispersionskurve bestimmt werden, wobei die Randbereiche den etwa horizontalen Kurvenstücken, der Mittelbereich dem Übergang von v_1 nach v_2 entsprechen. Weil dieses Meß-Auswertungsverfahren bisher nur auf Straßendecken zur Anwendung kam, müssen wir uns hier mit den bisherigen Ausführungen begnügen und können auch keine ermittelten Zahlenwerte angeben.

4.16 Zusammenfassung

Wir wollen nun versuchen, aus den bisher in verschiedenen Ländern durchgeführten Untersuchungen und den auf unterschiedlichen Annahmen beruhenden Ergebnissen allgemein gültige Erkenntnisse zu gewinnen.

4.161 Dynamisches Verhalten des Baugrundes

1. Es steht fest, daß der von einer Erregermaschine zu erzwungenen Schwingungen gebrachte Baugrund sowohl als Federung als auch als Masse und Dämpfung wirkt.

Unabhängig von der Annahme über die Konstanz der Größen c, m und k gilt, daß der Federungswert $c_{\omega=0}$, den man die statische Federung nennen könnte, eine echte Bodenkonstante darstellt und in einer nahezu linearen Beziehung zur Transversalgeschwindigkeit v_t und zum Schubmodul G steht.

Die Mitwirkung eines *mitschwingenden* Bodenkörpers ist erwiesen, jedoch kann dessen Größe nicht allgemein angegeben werden, weil sie nach S. 192 frequenzabhängig ist, nach S. 186 aber praktisch nur von der Flächengröße des Schwingers beeinflußt wird.

Der Energieentzug des Schwingungssystems, der durch die Dämpfungskonstante ausgedrückt wird, hat zwei Ursachen:

a) Abstrahlung in den Baugrund. Der Energieverbrauch durch Abstrahlung wird durch die Systemdämpfung $k_S = \frac{EF}{v_K}$ erfaßt. Die dimensionslose Dämpfungskonstante ergibt sich daraus zu

$$D_S = \frac{k_S}{k_{KS}} = \frac{EF}{2 v_K \sqrt{c\, m_c}} . \tag{4.28}$$

b) Plastische Deformationen des Baugrundes, insbesondere die Umlagerung des Korngerüstes in dichtere Packung.

Zu a). Aus den Ansätzen von EHLERS haben wir auf S. 176 $c = \frac{EF}{h}$ ermittelt, und wir können nun diesen Federungswert mit der empirischen Formel von HEUKELOM $c = 7{,}6\, a\, G$ vergleichen. Wegen $E = \frac{2(m+1)}{m} G$ und $F = \pi a^2$ führt dieser Vergleich auf

$$\frac{2\pi a}{h} \frac{m+1}{m} = 7{,}6 \qquad \text{oder} \qquad h = 0{,}827 a \frac{m+1}{m} . \tag{4.29}$$

Wir sehen, daß die rohe Schätzung von EHLERS, $h = a$ zu setzen, durchaus berechtigt sein kann, denn für $m = 4{,}76$ wird tatsächlich $h = a$. Gl. (4.29) setzt uns in die Lage, den einzigen unsicheren Wert in den Ableitungen von EHLERS zu berechnen, andererseits findet der Ausdruck $c = 7{,}6\, a\, G$ hierdurch ebenfalls seine Bestätigung, und wir können ihn in Gl. (4.28) einführen mit dem Ergebnis

$$D_S = \Phi(m)\, 1{,}14\, a^{3/2} \sqrt{\frac{\varrho}{m_c}} , \tag{4.29a}$$

(alle Werte im kg-cm-s-System),

worin $\Phi(m) = \sqrt{\frac{(m+1)^2 (m-2)}{2m^2 (m-1)}}$.

Mit dieser Gleichung wurde Versuch Nr. 6 von NOVÁK (s. Tab. 4.4) und Versuch D 138 (s. Tab. 4.5) nachgerechnet.

Versuch Nr. 6

Daten: $F = 1\ \text{m}^2$, somit $a = 56{,}4$ cm, $m_c = 3{,}3 \frac{\text{kg s}^2}{\text{cm}}$, $D = 0{,}158$,

$\varrho = \gamma/g = 1{,}85 \cdot 10^{-6} \frac{\text{kg s}^2}{\text{cm}^4}$.

Gl. (4.29a) ergibt ebenfalls $D = 0{,}158$ für $m = 2{,}2$.

Versuch Nr. D 138

Daten: $m = 2{,}78$, $\Phi(m) = 0{,}635$, $a = 15$ cm, $\varrho = 1{,}85 \cdot 10^{-6} \frac{\text{kg s}^2}{\text{cm}^4}$,

$m_c = 2{,}09 \frac{\text{kg s}^2}{\text{cm}}$, $c = 9{,}6 \cdot 10^4$ kg/cm.

Gl. (4.29a) ergibt $D_S = 0{,}04$, daraus $k_S = 2 D_S \sqrt{c\, m_c} = 35{,}5 \frac{\text{kg}}{\text{cm}}$ s, während die Auswertung nach Tab. 4.5 einen Mittelwert $k = 64 \frac{\text{kg s}}{\text{cm}}$

erbrachte, ein befriedigendes Ergebnis, weil die Systemdämpfung k_s nur einen Teil der Gesamtdämpfung k darstellt.

Ebenso wie wir aus Gl. (4.27) mittels $c = 7{,}6\, a\, G$ die Konstanten c und E eliminiert haben, können wir aus Abb. 4.29 die Beziehung $m_c = 4 \cdot 10^{-3}\, G$ Gl. (4.30) ablesen, c, m_c, ϱ und G durch v_t ausdrücken und erhalten dann

$$D_S = 18\, \Phi(m) \frac{a^{3/2}}{v_t} \qquad (4.29\,\mathrm{b})$$

oder in ähnlicher Weise schließlich auch

$$D_S = 0{,}0215\, \Phi(m) \frac{F}{\sqrt{c}}\ . \qquad (4.29\,\mathrm{c})$$

Die Systemdämpfung D_S kann also berechnet werden, wenn neben der POISSON-Zahl m noch a, ϱ und m_c oder a und v_t oder a bzw. F und c bekannt sind. Für den Lastflächenradius a wird dies immer zutreffen. Die Dichte ϱ des Baugrundes ist leicht zu bestimmen, so daß die Schwierigkeit nur noch in der Bestimmung von m und c oder m_c oder v_t liegt. Benutzt man ein geophysikalisches Untersuchungsverfahren (s. S. 229), so wird man zweckmäßig v_t und v_K messen, m berechnen und Gl. (4.29b) anwenden. Wurden nur Resonanzkurven aufgenommen, so liefert Gl. (4.14) $g\, m_c = f \cdot F^{4/3}$, und man muß, um Gl. (4.29a) benutzen zu können, die POISSON-Zahl m schätzen, was aber ohne allzu großen Fehler möglich ist, weil $\Phi(m)$ für $m \geqslant 3$ nur wenig von 0,7 abweicht. Schließlich steht noch Gl. (4.29c) zur Verfügung, wenn aus der gemessenen Charakteristik die Anfangstangente c gemessen wird.

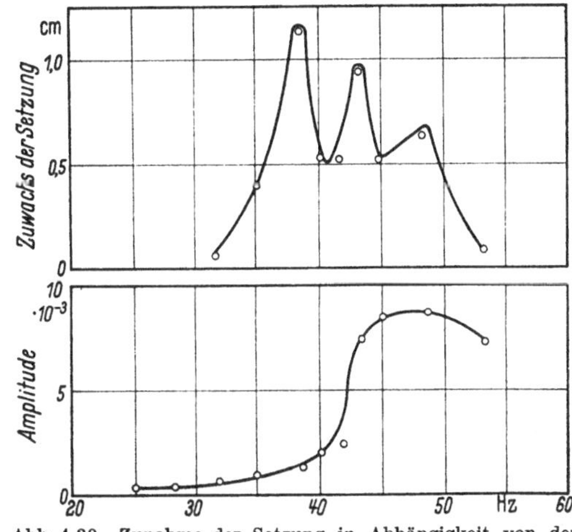

Abb. 4.39. Zunahme der Setzung in Abhängigkeit von der Frequenz (locker gelagerter Sand) nach TSCHEBOTARIOFF [43]

Zu b). Plastische Deformationen des Baugrundes, insbesondere die Umlagerung des Korngerüstes, verursacht ebenfalls einen Energieverbrauch, der sich als Dämpfung des Schwingungssystems äußert. Daß diese Dämpfungskonstante bei Versuchswiederholung kleiner wird, haben wir bereits S. 168 erwähnt. Wie stark sie von der Lagerungsdichte des Bodens beeinflußt wird, zeigen Versuche von TSCHEBOTARIOFF [43] in Abb. 4.39 und 4.40, wo für einen dichten und lockeren Sand die Einsenkungs- und Amplitudenkurven dargestellt sind. Aus den letzteren wurden die Dämpfungskonstanten errechnet, die bei einer

Änderung der Porenziffer von $\varepsilon = 0,535$ auf 0,633, von $D = 0,173$ auf 0,25 wächst. Bemerkenswert ist auch die scharf ausgeprägte Form der Kurve des Setzungszuwachses bei dichtem Sand gegenüber der mehrwelligen Form bei locker gelagertem Sand.

Die Versuche, deren Ergebnisse die Abb. 4.39 und 4.40 zeigen, wurden im Laboratorium der Princeton-Universität New-Jersey ausgeführt und zeigen deshalb keine Systemdämpfung an. Auf dem Baugrund treten

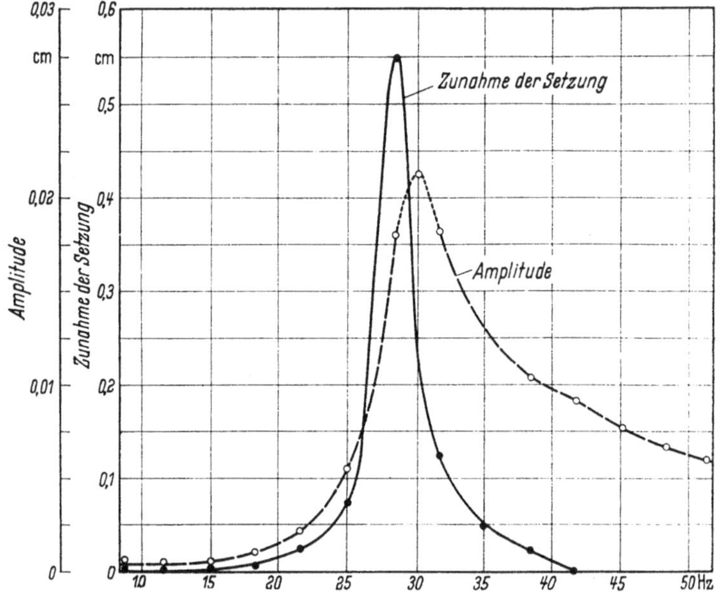

Abb 4.40. Zunahme der Setzung in Abhängigkeit von der Frequenz (festgelagerter Sand) nach TSCHEBOTARIOFF [43]

dagegen beide Dämpfungsarten in Erscheinung. Es ist weiteren Versuchen vorbehalten, die Dämpfung infolge plastischer Deformation aus statischen Versuchen vorausberechnen zu können. Zur Zeit kann nur festgestellt werden, daß rollige Böden wesentlich größere plastische Deformationen unter dynamischer Einwirkung erleiden als bindige, weil bei letzteren die von ruhender Belastung verursachte Porenwasserbewegung unter dynamischer Einwirkung nicht stattfinden kann. Dagegen scheint die Systemdämpfung bei bindigen Böden wegen des Energietransportes durch das inkompressible Porenwasser größere Werte anzunehmen als bei rolligen Böden.

4.162 Unabhängige und abhängige Bodenkonstanten

Unsere nächste Betrachtung gilt den Konstanten, die die dynamischen Eigenschaften des Baugrundes und des Schwingungssystems beschreiben, und ihrer Trennung nach unabhängigen und abhängigen bzw. ableitbaren Größen. Als echte, d. h. von den Versuchsbedingungen völlig unabhängige Bodenkonstante haben zu gelten

die POISSON-Zahl m,
der Schubmodul G,
die Dichte ϱ, somit auch v_t und v_K.

Diese Feststellung erklärt die Unmöglichkeit, brauchbare Unterlagen über das dynamische Verhalten des Baugrundes etwa aus Tafeln über die dynamische Bettungs- und Schubziffer [*19*, II. Teil, Tab. II] zu gewinnen, unterstreicht ferner die Bedeutung geophysikalischer Bodenuntersuchungen und ist noch dahingehend zu erweitern, daß die für jede Schwingungsberechnung wichtigen Größen c, m_c und D bzw. k mittels m, G und ϱ aus den Gln. (4.29a, b und c) unter Einführen der Systemkonstanten F bzw. a und σ sowie $\varkappa$ bestimmbar sind. Die Gl. (4.30) für m_c bedarf allerdings noch weiterer experimenteller Nachprüfung. Unter den Systemkonstanten wurde die Grundfläche F an erster Stelle genannt, weil ihr Einfluß auf die Dämpfung, aber auch auf m_c und c ausschlaggebend ist. Wird $a \geqslant \frac{\sigma}{\gamma}$, so liegt nach Gl. (4.9) bereits halbaperiodische Dämpfung vor, und es erübrigen sich daher weitere Schwingungsberechnungen.

4.163 Übertragbarkeit der Versuchsergebnisse auf Bauwerke

Wir haben soeben festgestellt, daß die Werte m, G und ϱ reine Bodenkonstanten sind, was auch aus der Tatsache abzuleiten wäre, daß sie bei geophysikalischen Messungen in großer Entfernung oder Tiefe vom Schwinger gemessen werden können. Mit Recht wird man aber noch fragen, ob die Beziehungen für die Abhängigkeit der Größen c, m_c und D von F, σ und $\varkappa$ vom Versuchsmaßstab auf die Maße der Bauwerke, insbesondere Maschinenfundamente übertragen werden können. Dabei ist zu unterscheiden zwischen deduktiv entwickelten, experimentell bestätigten Formeln und solchen, die aus Versuchsergebnissen hergeleitet wurden. In die erste Gruppe gehören die Formeln

$$c = 7{,}6\, a\, G = \frac{EF}{h} \qquad \text{EHLERS-HEUKELOM} \qquad \text{Gl. (4.27)}$$

$$D_S = 1{,}14\, a^{3/2}\, \Phi(m) \sqrt{\frac{\varrho}{m_c}} \qquad \text{EHLERS} \qquad \text{Gl. (4.29a)}$$

und

$$G_B = f F^{4/3} \qquad \text{ŠECHTER-NOVÁK.} \qquad \text{Gl. (4.14)}$$

Zu den rein empirischen Beziehungen zählen dagegen

$$m_c = 4 \cdot 10^{-3}\, G \qquad \text{Gl. (4.30)}$$

$$D_S = 18\, \Phi(m) \frac{a^{3/2}}{v_t} \qquad \text{Gl. (4.29b)}$$

$$D_S = 0{,}0215\, \Phi(m) \frac{F}{\sqrt{c}} \qquad \text{Gl. (4.29c)}$$

$$D = \frac{A}{\sqrt{X_e}} + D_1 \sqrt[3]{F}$$

oder

$$D = \frac{A}{\sqrt{X_e}} + 0{,}108 \sqrt[4]{F} \qquad \text{Gl. (4.15)}$$

Tabelle 4.7 *nach Tschebotarioff* [*46*]. *Zusammenstellung*

Fall	Grundfläche m²	Sohldruck kg/cm²	Bodenart	Gründungsart	φ Kraftrichtung gegen die Vertikale
1	0,93	0,31	Sandstein	flach	0
2	0,93	0,31	Sand	,,	0
3	0,93	0,31	toniger Sand	,,	0
4	0,93	0,31	Lehm	,,	0
5	2,00	0,90	Ton	flach	0 und 90°
6	4,00	0,55	Ton	,,	,,
7	8,00	0,42	Ton	,,	,,
8	2,00	0,90	Ton	,,	90°
9	2,00	0,90	Ton	,,	,,
10	37,2	0,98	Ton, darunter Sand	Pfähle	$0 < \varphi < 90°$
10a	836	0,33	Ton, darunter Sand	,,	,,
11	557	0,47	Lehm	,,	90°
12	15,8	0,39	trockener Ton mit Kies	flach	0
13	15,8	0,66	gesättigter Ton	,,	0
14	26,5	0,82	gesättigter Ton	flach	
15	35,6	0,77	gesättigter Schluff	,,	
16	19,5	1,20	harter Ton	,,	$0 < \varphi < 90°$
17	26,0	0,77	harter Ton	,,	
18	6,3	0,82	Kies	,,	
19	5,3	0,86	Ton	,,	
20	27,7	0,85	Ton	,,	
21	24,0	~0,90	Mehlsand und Schluff	,,	90°

Leider sind Messungen an ausgeführten Bauwerken nur spärlich durchgeführt worden, so daß sich die Überprüfung der Übertragbarkeit der bisher bekannten Beziehungen im wesentlichen auf die Veröffentlichung von TSCHEBOTARIOFF [*47*], dort genannte Quellen und die Daten in den Veröffentlichungen [*107*], [*108*] und [*109*] beschränken muß. Aber nicht nur die Anzahl der aus verschiedenen Ländern zusammengetragenen Meßergebnisse ist gering, leider beschränken sie sich auf die Mitteilung der Resonanzfrequenz, der Flächengröße und der statischen Pressung. Während TSCHEBOTARIOFF aus der Formel des Verfassers [*27*]

$$\omega_e = \sqrt{\frac{C F g}{G + G_B}} = \sqrt{\frac{C g}{\sigma_{St}\left(1 + \frac{G_B}{G}\right)}} \tag{4.31}$$

durch Erweitern mit $\sqrt{\sigma_{St}}$ die sog. reduzierte Eigenfrequenz

$$\omega_{e_{\text{red}}} = \omega_e \sqrt{\sigma_{St}} = \sqrt{\frac{C g}{1 + \frac{G}{G_B}}} \tag{4.32}$$

errechnet und gemäß Abb. 4.41 doppellogarithmisch als Funktion der Grundfläche F aufträgt, woraus er den schraffierten Streifen erhält, der gewissermaßen den Gefahrenbereich auftretender Resonanzerschei-

verfügbarer Messungen an Maschinenfundamenten

Erreger-frequenz Hz	Reduz. Erreger-frequenz Hz	Eigenfrequenz Hz	Versuchsart	Reduz. Eigenfrequenz Hz	Verhältnis Höhe zu Tiefe (Breite)
		34,0		18,0	
		24,1···26,7	Erzwungene	12,7···14,0	
		19,4	Schwingung	10,2	
		12,5		6,7	
		10,2 u. 11,3		9,2 u. 10,3	0,8 u. 0,6
		11,2 u. 10,0	Stoß-	7,9 u. 7,1	0,6 u. 0,5
		10,3 u. 11,3	erregung	6,3 u. 6,9	0,4 u. 0,3
		6,0··· 7,0	Erzwungene	5,4··· 6,3	
		14,0···15,0	Schwingung	12,7···13,6	
5	4,75	5,0	Resonanz-	4,75	1,0
5	2,75	5,0	messung	2,75	1,0
	1,1···1,65	1,7···2,5		1,1···1,65	1
		18,7	Erzwungene	11,7	
		11,5	Schwingung	8,8	
6,7···11,0	5,8···9,4				
5,8	4,9	5,8	Resonanz-	4,9	
6,1	6,4	6,1	messung	6,4	1
6,7···11,0	5,6···9,1				
8,5	7,4	8,6	Resonanz-	7,4	1
4,2	3,7	4,2	messung	3,7	0,5
5,0	4,4	5,0	Resonanz-	4,4	0,6
5,9	5,5	5,5	messung	5,2	—

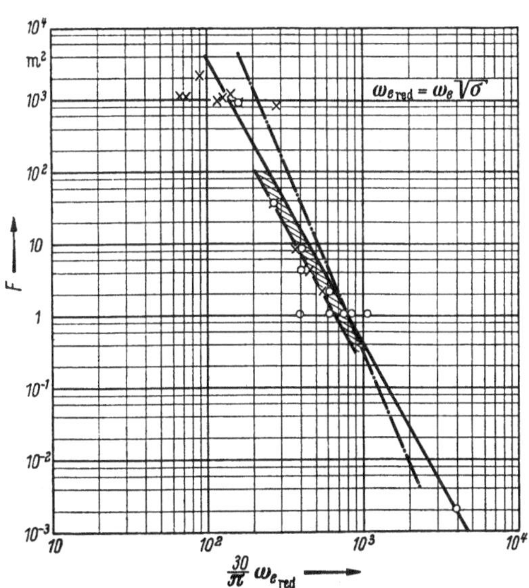

Abb. 4.41. Abhängigkeit der reduzierten Eigenfrequenz $n_{e\,red}$ von der Grundfläche F (nach TSCHEBOTARIOFF [46])

nungen angibt, haben wir die in Tab. 4.7 zusammengestellten Daten zur Kontrolle der Gl. (4.9) von EHLERS benutzt. Es wurde somit für halbaperiodische Dämpfung ($D = 0{,}5$) und für $h = a$ der Wert $\sigma_{St} = \gamma \sqrt{\frac{F}{\pi}}$,

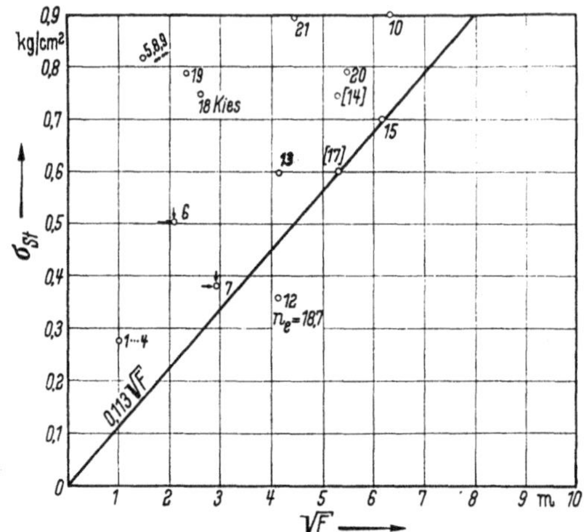

Abb. 4.42. Vergleich der Daten aus Tab. 4.7 mit der EHLERS-Formel $\sigma = \gamma \sqrt{\frac{F}{\pi}}$ (Die Nummern der Punkte entsprechen der Tab. 4.7)

mit $\gamma = 2{,}0 \cdot 10^{-3} \frac{\text{kg}}{\text{cm}^3}$; $\sigma_{St} = 0{,}113 \sqrt{F}$ (σ in kg/cm², F in m²) in Abb. 4.42 als Gerade aufgetragen, so daß nach EHLERS Fundamente mit

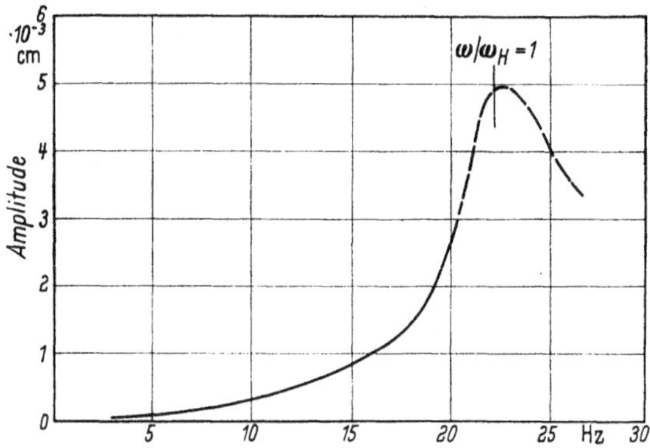

Abb. 4.43. Resonanz eines Kompressorfundamentes nach NEWCOMB [48]

$\sigma \leq 0{,}113 \sqrt{F}$ keine störenden Resonanzerscheinungen, exakter ausgedrückt keine größeren Amplituden als $\varkappa = \frac{m_0 r}{m}$ zeigen dürfen. Die Eintragung der mit den laufenden Nummern der Tab. 4.7 versehenen Meßwerte bestätigt die Richtigkeit der Formel befriedigend. Fast alle als störend bezeichneten Resonanzerscheinungen liegen im Bereich

$\sigma > 0{,}113\sqrt{F}$; Meßwert 17, ein Ergebnis von fünf amerikanischen Kompressoren gleicher Bauart, aber auf verschiedenen Bodenarten, die keinerlei Schwierigkeiten verursachten, liegt genau auf der Linie $\sigma = 0{,}113\sqrt{F}$. Allerdings befindet sich auf dieser Linie auch Meßpunkt 15, der zu einer Gründung mit meßbaren Resonanzschwingungen gehört. Zu den mit EHLERS nicht voll übereinstimmenden Ergebnissen zählt noch Meßpunkt 14, der innerhalb des Störbereiches liegt, ohne daß entsprechende Feststellungen getroffen wurden, und vor allem Punkt 12, der weit im störungsfreien Gebiet liegt, obwohl der hierfür zuständige Autor NEWCOMB [*48*] nach Abb. 4.43 eine deutliche Resonanzspitze gemessen hat. Allerdings wurde trotz im wesentlichen vertikaler Erregung dabei die horizontale Amplitude gemessen, weil das Fundament, wie aus Abb. 4.44 zu ersehen ist, Schwingungen um einen tiefliegenden Drehpunkt ausführte. Es handelt sich also hier um einen auf S. 69 behandelten Fall einer Koppelschwingung, der in unsere Zusammenstellung nicht hineingehört, weil diese Eigenschwingungen von hier nicht erfaßten Größen, wie insbesondere dem Massenträgheitsmoment, abhängen. Würde also eine dem Autor nicht mögliche Nachprüfung der Resonanzamplituden im Falle 15 sehr kleine Werte ergeben, so wäre EHLERS Formel auch für die Fälle der Praxis voll bestätigt. Übrigens gibt NEWCOMB noch eine weitere, qualitative Bestätigung hierfür, indem er nach Abb. 4.45 die Wirkung einer Fundamentverbreiterung auf das Dämpfungsmaß zeigt, was ohne weiteres aus der Breite der Resonanzkurven und dem Absinken der Resonanzamplituden zu erkennen ist.

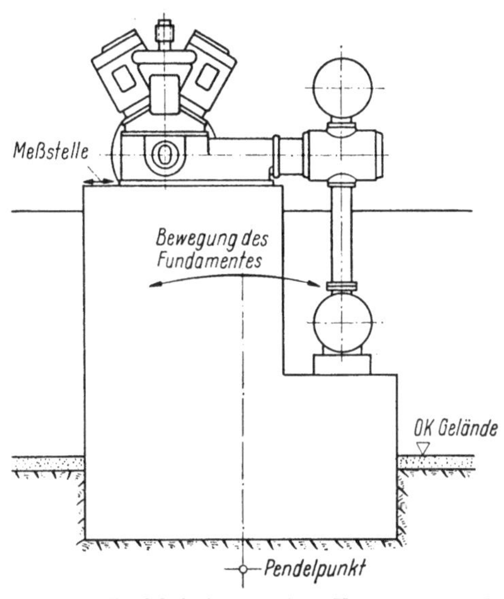

Abb. 4.44. Pendelschwingung eines Kompressors nach NEWCOMB [*48*]; Meßpunkt 12 in Tab. 4.7 und Abb. 4.42

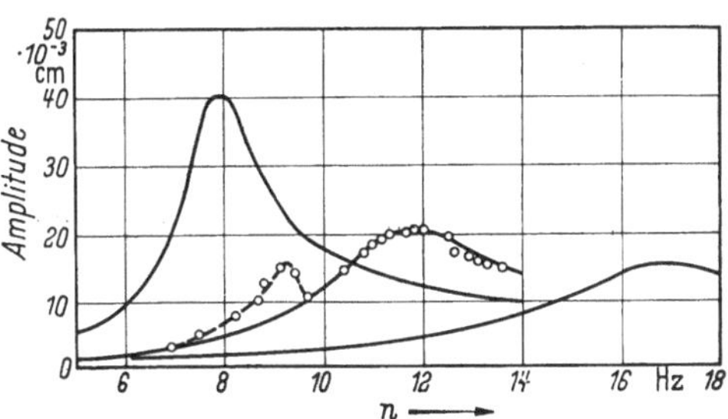

Abb. 4.45. Wachsende Eigenfrequenz und Dämpfung bei Zunahme der Grundfläche nach NEWCOMB [*48*]

4.2 Dynamische Baugrunduntersuchungen

4.21 Allgemeines

Dieser Abschnitt behandelt das Ziel der Baugrunduntersuchungen sowie Vor- und Nachteile dynamischer (geophysikalischer) Untersuchungen gegenüber mechanischen Untersuchungen.

Baugrunduntersuchungen werden allgemein durchgeführt, um die Schichtung des Baugrundes und die Beschaffenheit der einzelnen Schichten, insbesondere ihre Festigkeitseigenschaften zu erforschen. Was für ein Verfahren dabei immer Anwendung finden mag, der Ausführende wird stets zu mehr oder weniger berechtigten Analogieschlüssen verführt. Werden beispielsweise mehrere Bohrungen in geringem Abstand voneinander mit nahezu gleichem Ergebnis niedergebracht, so wird hieraus häufig der Schluß gezogen, der Baugrund *zwischen* den Bohrungen hätte dieselbe Schichtung, Beschaffenheit, Festigkeit u. dgl. wie am Orte der Bohrung selbst. Noch gefährlicher sind Schlüsse derart, daß aus wachsender Zunahme der Festigkeit des Baugrundes im Bohrbereich auf einwandfrei tragfähige Schichten *unter* der Bohrlochsohle geschlossen wird.

Über die Fragwürdigkeit des Befundes der Baugrundbeschaffenheit, der nicht unwesentlich vom Bohrverfahren beeinflußt wird, finden sich zahlreiche Hinweise in der bodenmechanischen Literatur, oft verbunden mit dem dringenden Rat, diesen Unsicherheitsfaktor durch Entnahme *ungestörter* Bodenproben auszuschalten. Leider repräsentieren aber auch diese *Gesandten* ihre Heimatschicht nur sehr unvollkommen, weil durch das Entnahmeverfahren, aber auch durch Versand und Weiterbehandlung im Laboratorium Gefügeveränderungen und Feuchtigkeitsverluste unvermeidlich sind, von ungenauer Bezeichnung ihrer Herkunft oder gar Verwechslungen ganz zu schweigen. Das Bestreben, die genannten und noch viele nicht genannte Unsicherheitsfaktoren einzuschränken, führte auf folgende Gedanken:

1. Das *punktförmige* Untersuchungsverfahren, wie es durch Bohrungen und Schürfungen bewerkstelligt wird, durch ein linienförmiges oder gar flächenförmiges zu ersetzen;
2. die Tiefenwirkung gegenüber der bei Baugrundbohrungen üblichen und allein wirtschaftlichen Tiefe von 25 bis maximal 50 m erheblich zu steigern;
3. Kontrollmessungen zu ermöglichen, um Unachtsamkeitsfehler auszuschalten;
4. die Festigkeit der einzelnen Schichten *in situ*, also an Ort und Stelle, ohne jede Entnahme zu messen, und schließlich
5. eine Verbindung zwischen den auf diese Weise gemessenen Werten und den für erdstatische Berechnungen erforderlichen Kennzahlen herzustellen.

Diese aus der Unzufriedenheit mit den üblichen mechanischen Untersuchungsverfahren aufgestellten Punkte enthalten das Programm der geophysikalischen Untersuchungsverfahren, aus deren Fülle für den

Bauingenieur nur das dynamische, das seismische und das geoelektrische in Betracht kommen und von uns hier nur die beiden ersten behandelt werden. Bevor wir diese Verfahren, ihre Anwendungsart und Ergebnisse schildern, soll aber gleich zur Abgrenzung festgestellt werden, welche Nachteile gegenüber den mechanischen Verfahren bestehen und immer bestehen werden:

a) Geophysikalische Untersuchungen liefern nur *geschriebene* Ergebnisse, d. h. sie geben keine Möglichkeit, den Baugrund zu betrachten oder gar laboratoriumsmäßig zu untersuchen.

b) Dem Vorteil der Untersuchung in situ steht der Nachteil gegenüber, Veränderungen beispielsweise infolge Belastungssteigerung nur im elastischen Bereich beurteilen zu können, insbesondere den wichtigen Zeitfaktor z. B. bei Porenwasserbewegungen unberücksichtigt lassen zu müssen.

c) Zwar geht KÖGLER [*59*] in seiner Kritik an diesem Verfahren zu weit, wenn er behauptet, es könne nur elastische Eigenschaften des Baugrundes ermitteln, denn allein schon der Dämpfungskoeffizient erfaßt nach Abschn. 2.14 plastische Eigenschaften; man kann jedoch sagen, daß das Anwendungsgebiet dieser Verfahren, soweit an die Ermittlung von Festigkeitsangaben gedacht wird, auf nichtbindige bis schwach bindige Bodenarten beschränkt bleibt.

An den Schluß unserer Betrachtungen werden wir einen Abschnitt über mögliche Weiterentwicklung stellen und dabei auf die heute noch ungelösten Probleme hinweisen.

4.22 Die verschiedenen Arten dynamischer und seismischer Baugrunduntersuchung

Allen Verfahren gemeinsam ist das künstliche Erregen einer Schwingung und das Messen der erzeugten Schwingungen. Unterscheidungsmerkmal der verschiedenen Untersuchungsarten auf seismischem und dynamischem Gebiet ist die Art der Erregung und der Ort der Messung. Hiernach kennzeichnen wir das *dynamische* Verfahren durch periodische Erregung und das *seismische* durch Stoßerregung. Eine zwangsläufige Folge der Erregungsart ist der Typ der erzeugten Wellen im Baugrund. Periodische Erregung bewirkt nämlich — wenigstens in Nähe der Geländeoberfläche — transversale Wellen, während Stoßerregung zu longitudinalen Wellen führt. Diese beiden Wellentypen unterscheiden sich nicht nur durch ihre namensgebende Schwingungsrichtung, sondern auch, was für uns von besonderer Bedeutung ist, durch ihre Fortpflanzungsgeschwindigkeit.

Periodische Schwingungen werden durch eine Erregermaschine bewirkt, die Fliehkräfte regelbarer Frequenz und einstellbarer Richtung und Größe erzeugt. Das durch diese Erregungsart gekennzeichnete dynamische Untersuchungsverfahren gliedert sich in zwei unabhängige Teile, je nachdem ob die Schwingungsgrößen der Erregermaschine — meist *Schwinger* genannt — oder die Eigenschaften der erzeugten Wellen untersucht und gemessen werden. Wir werden diese beiden Zweige des dynamischen Verfahrens künftig das *dynamische Verfahren am Ort* und das *dynamische Verfahren im Felde* nennen.

Eine Stoßerregung kann durch fallende oder schwingende Gewichte, gespannte und plötzlich durchtrennte Seile, hauptsächlich aber durch

Sprengungen bewirkt werden. Auch hier bestimmt der Ort der Messung den Zweig des seismischen Verfahrens, wenngleich sich eine Messung unmittelbar an der Erregungsstelle, insbesondere bei Sprengungen, verbietet. Es besteht nämlich die Möglichkeit, nahe der Erregung zu messen und den Spiegelungs- (Reflexions-) Effekt einer Schichtgrenze auszunutzen oder größere Entfernungen von der Erregungsstelle aufzusuchen und die Brechung (Refraktion) der Wellen an der Schichtgrenze zu beobachten. Während beide Zweige des dynamischen Verfahrens nahezu in gleichem Umfang in Verwendung stehen, wird der Bauingenieur in der Regel nur von dem seismischen Refraktionsverfahren Gebrauch machen können, weil das Reflexionsverfahren erst bei relativ großen Untersuchungstiefen (1000 m und mehr) genaue Ergebnisse liefert, seine Anwendung also der Lagerstättenforschung vorbehalten ist.

4.23 Untersuchungs-Apparaturen

Die für die verschiedenen Verfahren nötigen Apparaturen weisen stets einen Erregerteil (Sender) und einen Meßteil (Empfänger) auf. Da sich die Untersuchungen, von flachen Bohrungen zum Verdämmen der Sprengladung abgesehen, an der Erdoberfläche abspielen und ein möglichst schneller Stellungswechsel anzustreben ist, wird die Meßanordnung in einen Meßwagen eingebaut und der Erreger selbstbeweglich oder wenigstens leicht transportabel gemacht.

4.231 Dynamisches Verfahren, Schwingungserreger

Der Schwingungserreger zum Erzeugen periodischer Kräfte arbeitet in der Regel nach dem Fliehkraftprinzip, bewirkt also eine dem Quadrat der Drehzahl proportionale Erregerkraft. Über die Vorteile, die eine elektromagnetische, also *konstante* Erregung bieten könnte, berichten wir auf S. 247. Die Fliehkräfte werden von exzentrischen Massen erzeugt, die auf Scheiben befestigt sind. Die Grundform dieser Schwinger hat das Losenhausenwerk in Düsseldorf-Grafenberg entwickelt, sie ist in Abb. 4.46 dargestellt. Die Anordnung zweier paralleler Wellen, welche die Exzenterscheiben tragen, entsprang dem Gedanken, durch gegensinnige Rotation der Wellen nur eine Komponente der Fliehkraft wirksam zu machen. Bei der Anordnung nach Abb. 4.46 addieren sich gemäß Abb. 4.47 die lotrechten Komponenten, während sich die waagerechten aufheben, so daß eine rein vertikale sinusförmige Kraft auf den Boden wirkt. Im Bestreben, die Wirkung des Schwingers bei Konzentration des Antriebsaggregates zu steigern, hat das Losenhausenwerk etwa 1930 für Baugrunduntersuchungen einen Schwinger mit gekreuzten Halbwellen und Kegelgetriebe (Abb. 4.48) entwickelt. Wir erwähnen diesen heute überholten Typ, weil er erstmalig die Möglichkeit zum Erzeugen eines periodischen Drehmomentes um die lotrechte Schwerachse des Schwingers eröffnete (Abb. 4.49). Aus konstruktiven Gründen und mit Rücksicht auf den Transport wurde hiernach die Scheibenzahl je Welle verdoppelt, so daß nach Belieben lotrechte Kräfte (Abb. 4.50) ein periodisches Drehmoment (Abb. 4.51) und waagerechte Kräfte (Abb. 4.52) (letztere allerdings mit einem um 90° phasenversetzten Drehmoment um die Längsachse des Schwingers gekoppelt) erzeugt werden konnten. Ab-

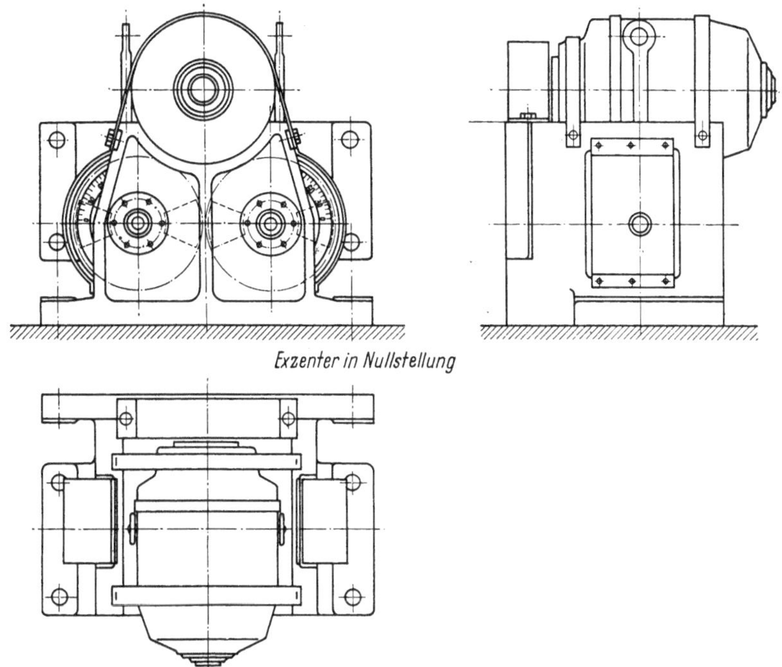

Abb. 4.46. Schwingungserreger, Bauart Losenhausenwerk Düsseldorf

gesehen davon, daß diese unerwünschte Koppelung durch die neugeschaffene Möglichkeit, den Schwinger, wie Abb. 4.53 zeigt, auf der Grundplatte um 90° zu drehen, vermieden wird, hat das Losenhausen-

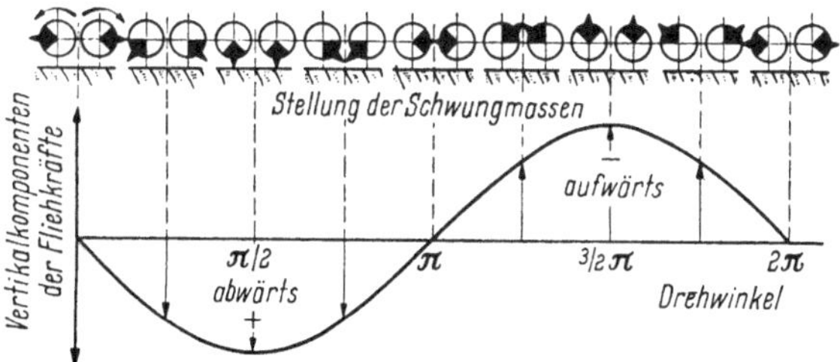

Abb. 4.47. Schema der Schwungmassenbewegung und der Größe der Vertikalkräfte während einer Umdrehung der Schwungmassenwelle

werk seither keine wesentlichen Veränderungen mehr an dem Schwinger vorgenommen.

Eine andere Möglichkeit, periodische gerichtete Kräfte zu erzeugen, hat der Verfasser 1948 [*60*] veröffentlicht und bei dem Schwingungserreger der Firma Bohn & Kähler, Kiel, angewandt (s. hierzu S. 264, Schwingungsverdichtung).

Neben diesen einwelligen Erregertyp tritt ein vom Zentrallaborato-

Abb. 4.48. Schwinger mit gekreuzten Halbwellen, Bauart Losenhausenwerk

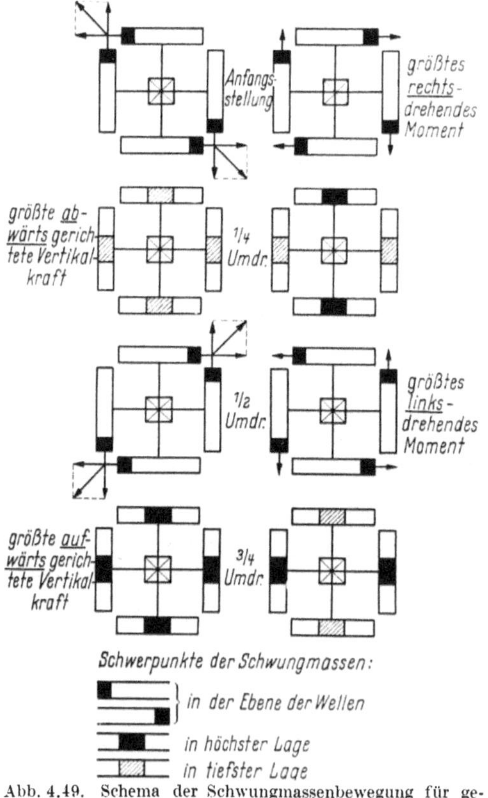

Abb. 4.49. Schema der Schwungmassenbewegung für gekreuzte Wellen bei Einstellung auf Vertikalkräfte (links) und Drehmomente (rechts)

rium der Shell, Amsterdam, entwickeltes, dreiwelliges Gerät, über das in mehreren Veröffentlichungen [*32*] bis [*37*], berichtet wird und dessen Anordnung aus der Prinzipskizze Abb. 4.54 und aus der Photokopie Abb. 4.55 deutlich wird.

Die Aufzählung der Typen der eingesetzten Erregermaschinen wäre unvollständig ohne Hinweis auf den 1946 von Bergström und Linderholm [*61*], [*62*] beschriebenen *Kipplattenschwinger*, der gemäß Abb. 4.56 und 4.57 sowohl vertikale Kräfte als auch ein Drehmoment um eine horizontale Achse des auf einer Kreisplatte montierten Schwingers zu erzeugen erlaubt.

Ein weiteres Kennzeichen der Schwingertypen ist die Verstellmöglichkeit des Exzentermomentes und der Grundplattengröße sowie die Antriebsart, während allen Geräten das Bestreben nach weitgehender Regelbarkeit der Drehzahl – allerdings im allgemeinen nur bis zu einem Wert, der die Fliehkraft das Eigengewicht nicht übersteigen läßt – gemeinsam ist. Eine konstruktiv sehr glückliche Lösung für die Verstellung der Exzenter fand das Losenhausenwerk gemäß Abb. 4.58. Das Verstellen eines Exzenters auf dem einen Zahnkranz aufweisenden Scheibenwulst um den Winkel ε verändert die Erregerkraft nach der Gleichung

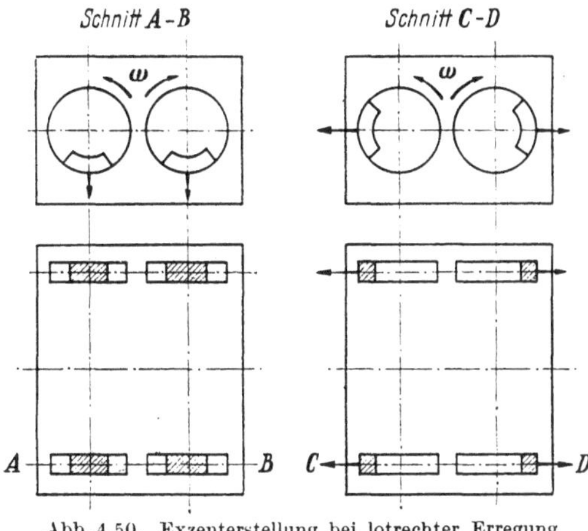

Abb. 4.50. Exzenterstellung bei lotrechter Erregung

$$\tilde{K} = m_0\, r\, \omega^2 \sqrt{2\,(1 - \cos \varepsilon)}\,. \tag{4.39}$$

Auch der Gedanke, die Exzenter während des Laufes nach einem vorgegebenen Gesetz zu verstellen, ist von Bohn & Kähler, DPa. Nr. B 27039, gemäß Abb. 4.59 und 4.59a verwirklicht worden, wobei nach Erreichen einer maximalen Fliehkraft die sog. *Automatik* die Exzentrizität r selbsttätig herabsetzt und eine weitere Frequenzsteigerung keine Fliehkraftvergrößerung mehr verursacht. Einen anderen Schwingertyp mit konstanter Erregung hat BERNHARD [*69*] beschrieben.

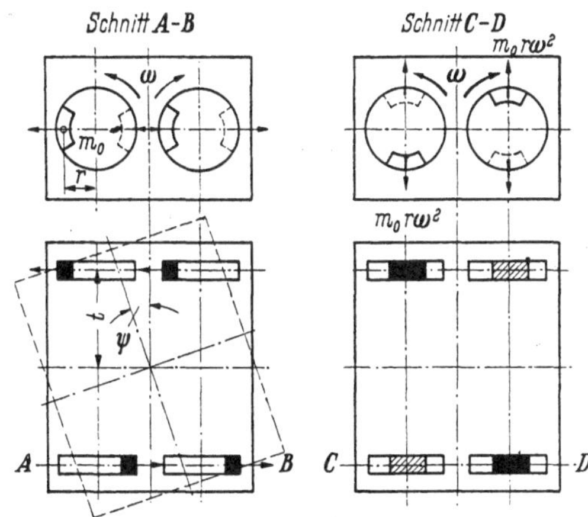

Abb. 4.51. Exzenterstellung bei Dreherregung um die lotrechte Schwerachse

Um den Einfluß der Größe der Aufstandsfläche zu ermitteln, empfiehlt sich eine Anordnung von Unterlagsplatten derart, daß Flächengröße und Schwingergewicht gleiches Verhältnis behalten, die statische Pressung $\sigma_{St} = \frac{G}{F}$ also unverändert bleibt. Aber auch Anordnungen wie von NOVÁK [*16*] benutzt, sind vorteilhaft, weil sie den Einfluß veränderter statischer Pressung in weiten Grenzen zu überprüfen gestatten.

Beim Antrieb der Schwinger sind alle denkbaren Motorenarten vertreten. Während dem Explosionsmotor mit Antrieb über eine biegsame Welle nach Abb. 4.53 leichte Transportmöglichkeit und Unabhängigkeit vom Stromnetz nachzurühmen ist, bietet der Elektromotor wesentlich

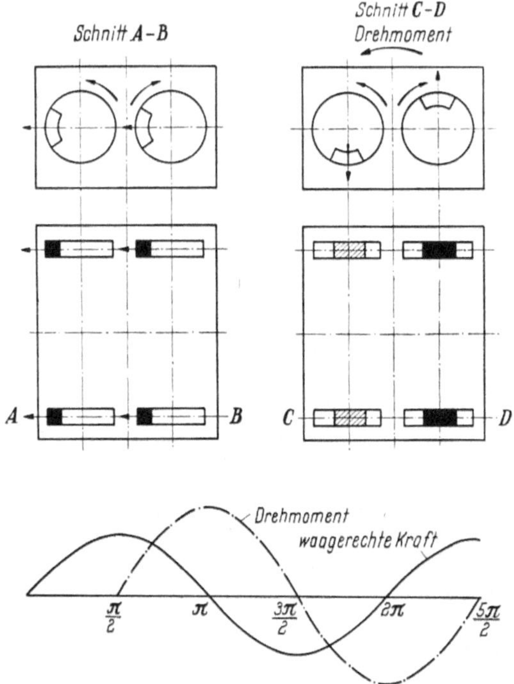

Abb. 4.52. Exzenterstellung bei waagerechter Erregung

Abb. 4.53. Erregerapparatur mit Benzinmotor und biegsamer Antriebswelle Bauart Losenhausen Düsseldorf

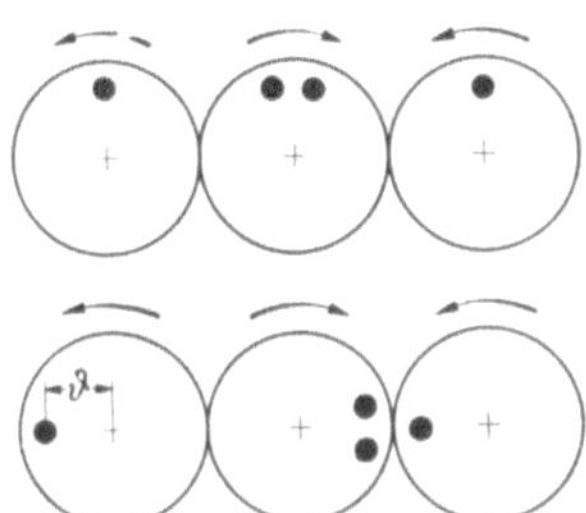

Abb. 4.54. Exzenteranordnung bei einem dreiwelligen Schwingungserreger der Koninklijke Shell, Amsterdam [37]

Abb. 4.55. Ansicht der Exzenter des dreiwelligen Schwingungserregers der Koninklijke Shell [37

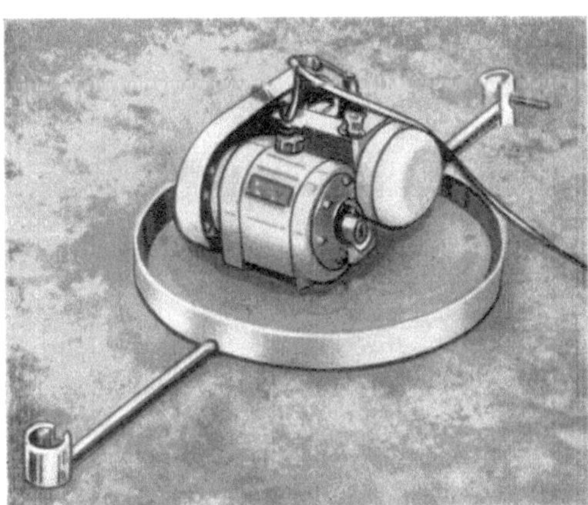

Abb. 4.56. Ansicht des schwedischen Schwingungserregers nach Bergström und Linderholm [62]

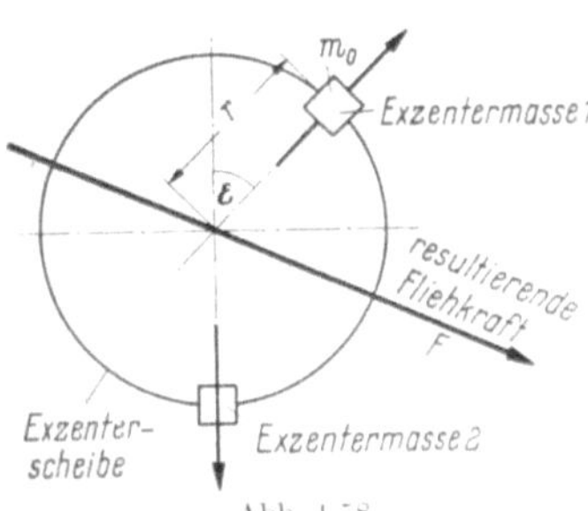

Abb. 4.58. Verstellmöglichkeit der Exzenter, Losenhausenwerk Düsseldorf

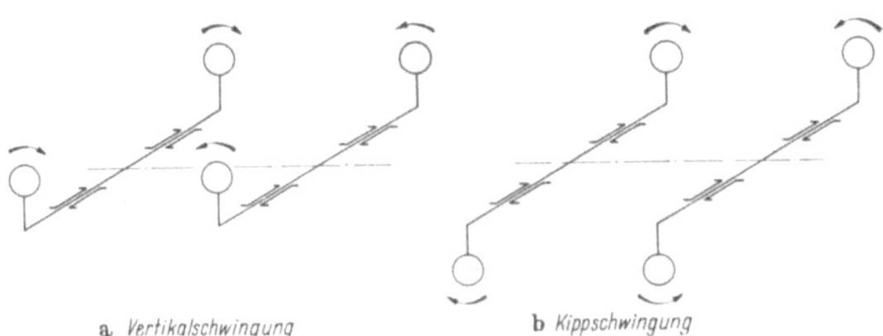

Abb. 4.57. Exzenteranordnungen des schwedischen Kipplattenschwingers nach Bergström und Linderholm [62]

Anfangsstellung

Fliehkraft bei 600 Upm

$$C = m \cdot r \cdot \omega^2 \text{ (Hub 48 mm)}$$

$$C_{600} = \frac{9{,}5}{9{,}81} \cdot 0{,}132 \cdot 3950 = 505 \text{ kg} \uparrow$$

$$\frac{6{,}72}{9{,}81} \cdot 0{,}171 \cdot 3950 = 462 \text{ kg} \downarrow$$

$$\frac{5{,}35}{9{,}81} \cdot 0{,}21 \cdot 3950 = 452 \text{ kg} \downarrow$$

$$\frac{3{,}65}{9{,}81} \cdot 0{,}025 \cdot 3950 = 37 \text{ kg} \downarrow$$

$$C_{600} = 462 + 452 + 37 - 505 = 951 - 505 = 446 \text{ kg}$$

Für 4 Scheiben ist $C = 4 \cdot 446 \approx$ **1,8** t

Federspannung: $505 - 452 - 37 = 16$ kg
entspr. 0,48 mm Hub

Endstellung

Fliehkraft bei 1250 Upm

$$C = m \cdot r \cdot \omega^2 \text{ (Hub 48 mm)}$$

$$C_{1250} = \frac{9{,}5}{9{,}81} \cdot 0{,}18 \cdot 17200 = 3000 \text{ kg} \uparrow$$

$$\frac{6{,}72}{9{,}81} \cdot 0{,}171 \cdot 17200 = 2020 \text{ kg} \downarrow$$

$$\frac{5{,}35}{9{,}81} \cdot 0{,}162 \cdot 17200 = 1520 \text{ kg} \downarrow$$

$$\frac{3{,}65}{9{,}81} \cdot 0{,}023 \cdot 17200 = 147 \text{ kg} \uparrow$$

$$C_{1250} = 2020 + 1520 - 3000 - 147 = 3540 - 3147 = 393 \text{ kg}$$

Für 4 Scheiben ist $C = 4 \cdot 393 \approx$ **1,6** t

Federspannung: $3000 + 147 - 1520 = 1627$ kg
entspr. 48,8 mm Hub

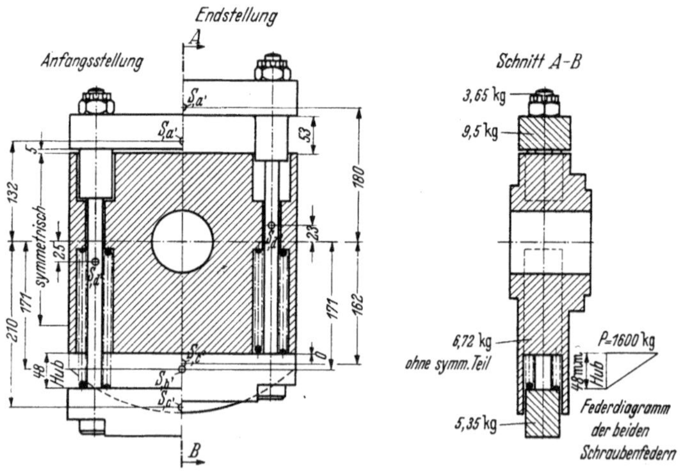

Abb. 4.59. Schema für Automatik nach Angabe der Fa. Bohn & Kähler, Kiel

bessere Konstanz der eingestellten Frequenz, insbesondere wenn er von einem LEONHARDT-Aggregat gespeist wird. Außerdem kann bei dieser Antriebsart die Leistungsaufnahme bei jeder Drehzahl leicht gemessen werden. Abb. 4.60 zeigt eine komplette Erregerapparatur mit benzinelektrischem Antriebsaggregat.

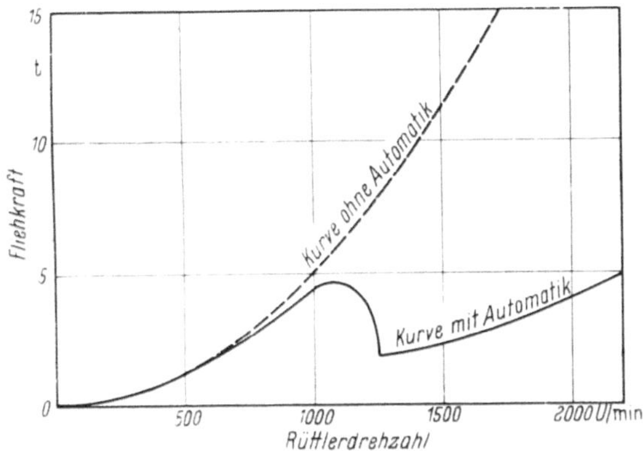

Abb. 4.59a. Fliehkraftverlauf mit und ohne Automatik

Abb. 4.60. Komplette Erregerapparatur mit benzinelektrischem Antriebsaggregat. Bauart Losenhausenwerk

4.232 Dynamisches Verfahren, Meßapparatur

Wir haben auf S. 213 festgestellt, daß in den letzten Jahren keine wesentlichen Veränderungen des Schwingertyps entwickelt worden sind, die Schwinger also bereits einen gewissen Grad der Vollendung erreicht haben. Für die Meßapparatur gilt dies keineswegs. Die sprunghafte Entwicklung des elektronischen Meßverfahrens insbesondere hat vor den hier zu beschreibenden Meßgeräten nicht Halt gemacht. Wir werden daher die noch vor 10 bis 15 Jahren gebräuchlichen Geräte nur soweit erwähnen, wie dies zum Verständnis der eingetretenen Entwicklung nötig ist.

Zunächst haben wir aufzuzählen, welche Größen durch die Empfängerapparatur zu erfassen sind, und müssen dabei zwischen Messung *am Ort* und *im Felde* unterscheiden.

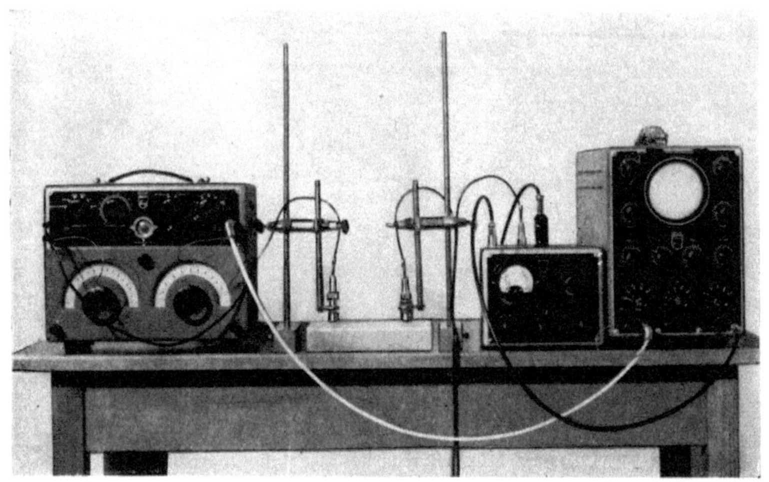

Abb. 4.61 a. Meßapparatur für dynamische Bodenuntersuchungen, Fabrikat Philips

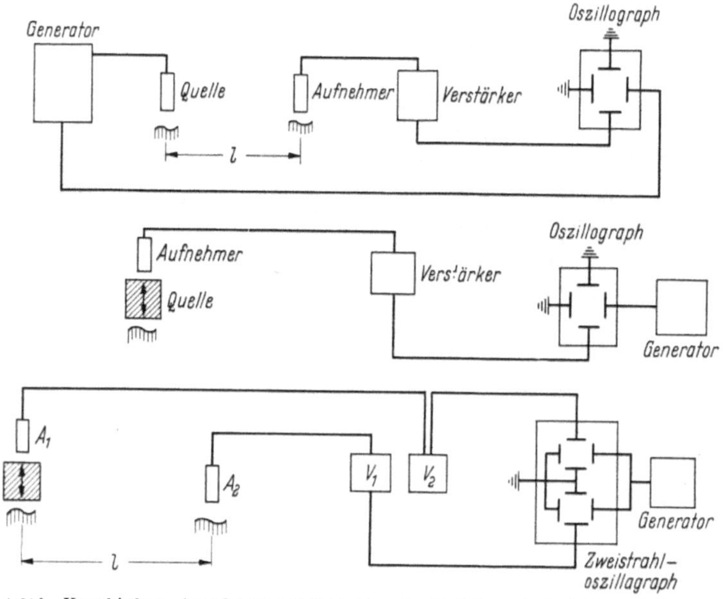

Abb. 4.61 b. Verschiedene Anordnungsmöglichkeiten der Meßelemente bei dynamischen Bodenuntersuchungen

Am Orte des Schwingers wird dessen Frequenz, seine Schwerpunktsbewegung (je nach Gerät als Weg-, Geschwindigkeits- oder Beschleunigungsamplitude), der Phasenwinkel φ zwischen Erregung und Amplitude und schließlich unter Umständen die bleibende Deformation (Sackung) und die auf den Baugrund übertragene Kraft gemessen.

Unter den sehr zahlreichen Amplitudenmeßgeräten wird man einen Typ wählen, der wegen der leichteren Auswertung (s. S. 26) Weg- oder Geschwindigkeitsamplituden mißt, weil bei Verwendung von Beschleunigungsmeßgeräten ein Integrator zwischengeschaltet werden muß, der

Abb. 4.62. Differenzier- und Integriergerät (Philips)

Abb. 4.63. Schwingungsaufnehmer (Philips)

bei nicht rein sinusförmigem Schwingungscharakter Meßfehler ergibt. Bei diesen Schwingungsformen wird man sich auch nicht immer mit einer Ablesung der Meßwerte begnügen können, sondern eine photographische Registrierung für den Fall stärkerer Abweichung von der Sinusform vorsehen. Abb. 4.61 zeigt einen elektronischen Gerätesatz der Philips, bestehend aus Frequenzgenerator, Integriergerät (Abb. 4.62) und Schwingungsaufnehmern (Abb. 4.63). Zur Phasenübertragung wird ein kleiner Stromerzeuger an die Schwingerwelle angeschlossen und der erzeugte, gegebenenfalls verstärkte Strom auf ein Plattenpaar des Kathodenstrahloszillographen gelegt. An das zweite Paar wird der ebenfalls verstärkte Induktionsstrom des Schwingungsaufnehmers gelegt, so daß auf dem Schirm des Oszillographen der Phasenwinkel gemäß Abb. 4.64 aus der Breite der entstehenden Ellipse herausgemessen werden kann. Bei entsprechender Verstärkung der beiden an die Plattenpaare gelegten Ströme entsteht bei Resonanz ($\varphi = 90°$) dann ein Kreis.

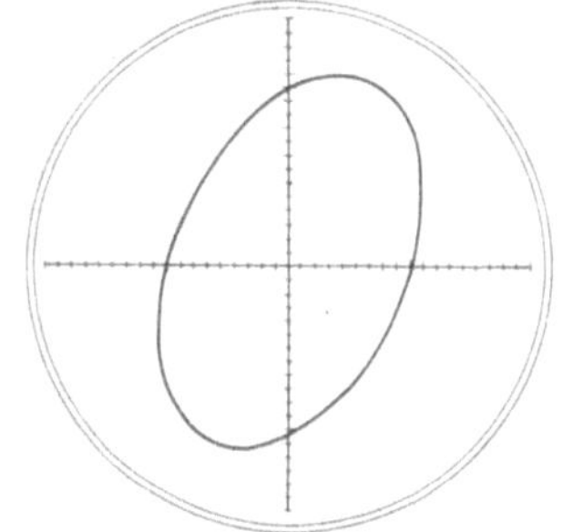

Abb. 4.64. Beispiel eine LISSAJOUschen Figur auf einem Oszillographenschirm

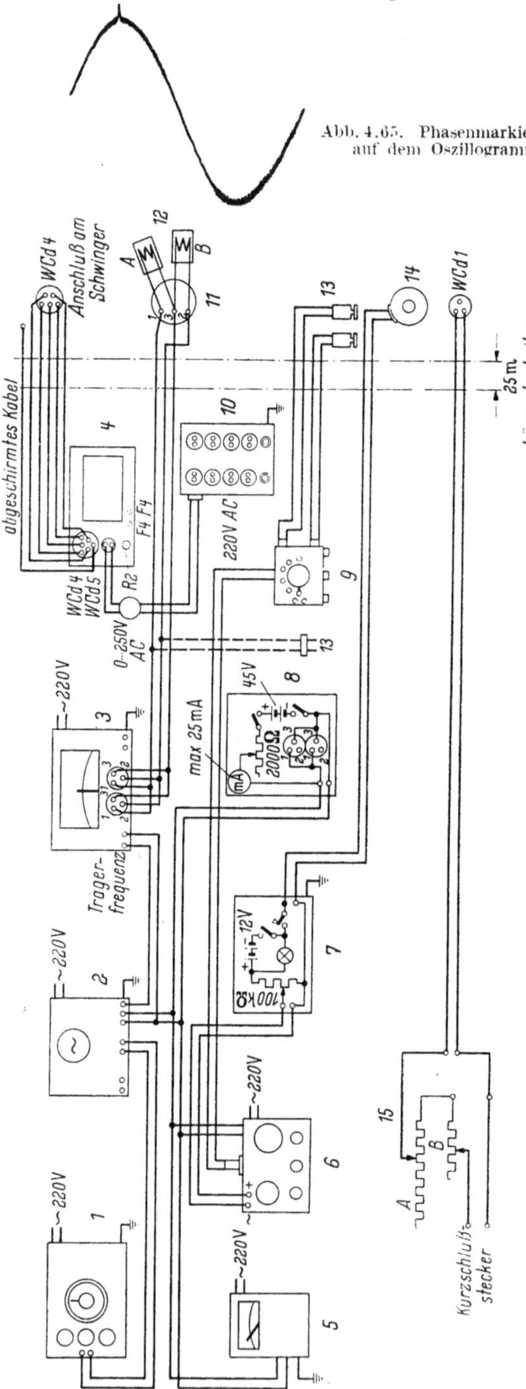

Abb. 4.65. Phasenmarkierung auf dem Oszillogramm

Abb. 4.66. Blockschaltbild der Shell-Apparatur. *1* Frequenzgenerator (*RC*-Oszillator) 3···30000 Hz, *2* Kathodenstrahl-Oszillograph, *3* direkt anzeigende Meßbrücke (f. Trägerfrequenz), *4* Gleichspannungsregler, *5* Niederfrequenz-Röhrenvoltmeter, *6* Amplituden-Eichgerät, *7* Phasen-Markierungsgerät, *8* zusätzliche Dehnungsmeßbrücke (f. Gleichstrom), *9* Umschaltkasten, *10* Netzspannungsanschlüsse, *11* Umschaltkasten für Dehnungsmeßstreifen, *12* aktive Dehnungsmeßstreifen, *13* Elektrodynamischer Geber, *14* Phasen-Markierungsunterbrecher, *15* veränderlicher Widerstand

Eine andere Phasenmarkierung weist das Gerät der Shell auf. Entsprechend Abb. 4.60 sitzt an der Schwingerwelle ein Unterbrecher, der bei jedem Umlauf der Welle einen Stromstoß dem Induktionsstrom des Aufnehmers überlagert und dem Oszillogramm eine Markierung aufprägt (Abb. 4.65). Das vollständige Schaltschema der Shell-Apparatur zeigt Abb. 4.66. Die bleibende Deformation des Baugrundes (Sackung) wurde anfangs mit der in Abb. 4.67 gezeigten Anordnung gemessen, die ein laufendes Ablesen bei jeder Frequenz gestattet. Aus der dabei gewonnenen Erkenntnis, daß die größte Zunahme des Sackungsmaßes nach Abschn. 4.3 Abb. 4.94 sehr genau bei der Frequenz ω_e auftritt, zieht man heute den Nutzen, in der Regel durch Nivellement vor und nach dem Versuch nur die gesamte eingetretene Sackung zu messen. Zur Messung der auf den Baugrund übertragenen Kräfte hat der Verfasser die in Abb. 4.68a, b dargestellte Anordnung entwickelt, über deren Einsatz bei dynamischen Messungen BAUM [*38*] berichtet.

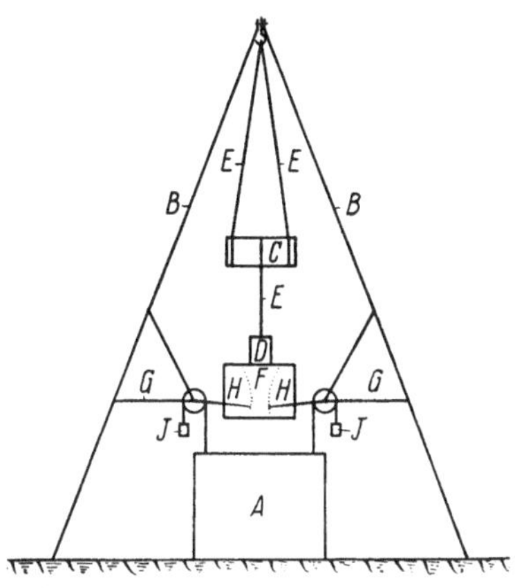

Abb. 4.67. Schema der Setzungsmeßvorrichtung. *A* Schwinger, *B* Dreibock, *C* oberes Gewicht (30 kg), *D* unteres Gewicht (10 kg), *E* Gummischnüre, *F* Skalen, *G* Rollenhalter, *H* Zeiger, *J* Gegengewicht

Messungen *im Felde*, also in fortschreitender Entfernung vom Schwinger, dienen der Bestimmung der Amplitude, Länge und Phase der erzeugten Welle und ihrer Fortpflanzungsgeschwindigkeit. Die Erregerseite der hierzu nötigen Apparatur unterscheidet sich von der

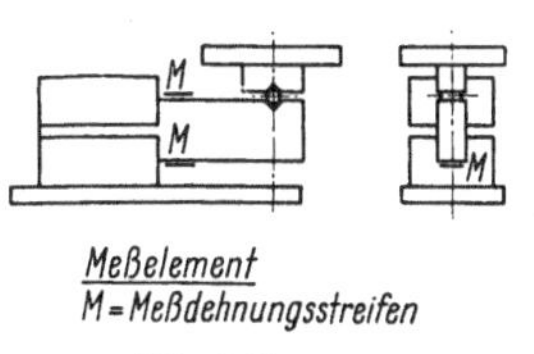

Abb. 4.68a. Dynamische Kraftmeßanordnung

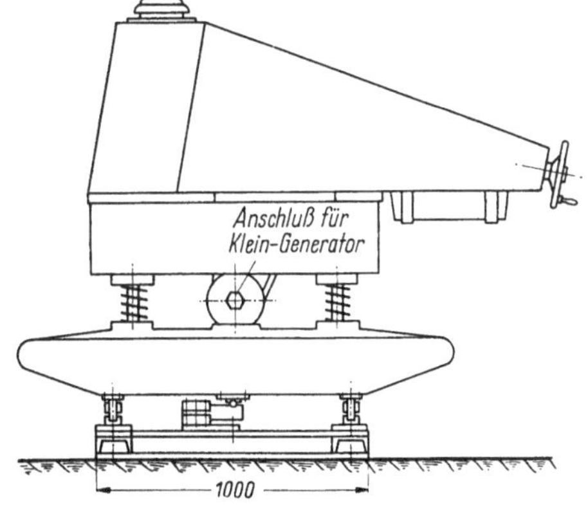

Abb. 4.68b. Einbau der Kraftmeßanordnung unter einem Rüttelverdichter

vorerwähnten kaum. Zur Messung der Ausbreitungsgeschwindigkeit dagegen kann man sich sehr verschiedener Verfahren bedienen. Das älteste, in den Veröffentlichungen von RAMSPECK und KÖHLER [*40*] beschriebene Verfahren mißt den Phasenfortschritt, indem nach Abb. 4.69 von einem an der Schwingerwelle befestigten Zündmagneten der durch

Unterbrechen des Primärkreises erzeugte Sekundärstrom auf eine Neonröhre gelegt wird, die auf dem Registrierfilm lotrechte Striche abbildet und die Verschiebung des Amplitudenscheitels gegenüber dieser Markierung mit der Entfernung des Meßgerätes vom Schwinger zu registrieren gestattet. Diese Phasenverschiebung, über der Entfernung aufgetragen, ergibt eine *Phasenlaufzeitkurve*, aus der die Laufgeschwindigkeit der Welle bestimmt werden kann. Abb. 4.69 zeigt derartige Diagramme für zwei Meßstellen (7 m und 9 m vom Schwinger) und für fünf in verschiedener Richtung vom Schwinger angeordnete *Profile*.

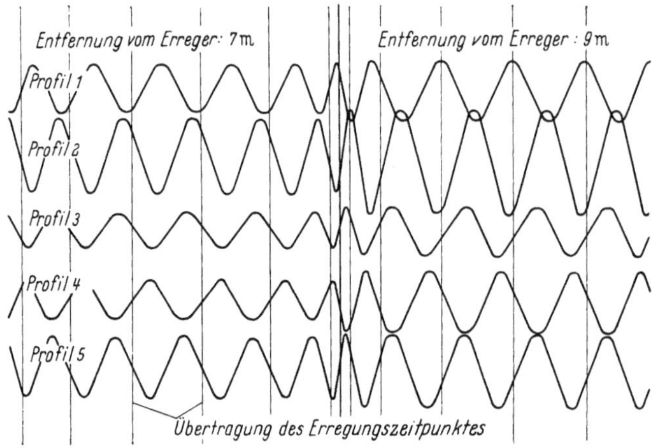

Abb. 4.69. Registrierfilm einer dynamischen Baugrunduntersuchung

Die Shell-Apparatur ermöglicht ein ähnliches Meßverfahren, bei dem ebenfalls der Phasenunterschied zwischen der Markierung in Abb. 4.65 und einem ausgezeichneten Punkt der aufgezeichneten Sinuswelle zur Messung dient, mit dem einzigen Unterschied, daß das Aufnahmegerät so lange längs eines Profiles verschoben wird, bis die Markierung längs der Sinuskurve eine halbe Wellenlänge zurückgelegt hat. Dazu ist es notwendig, die Phasenmarke für den Anfangspunkt des Profiles auf einen Nullpunkt der Sinuskurve zu justieren.

Wesentlich anders ist die Methode von Bergström und Linderholm [*61*], [*62*] zur Messung der Ausbreitungsgeschwindigkeit. Sie verwenden die in Abb. 4.64 gezeigte Phasenmessung, indem die Induktionsströme zweier Aufnehmer je an ein Plattenpaar des Kathodenstrahloszillographen gelegt werden, und ändern den Ort des vom Schwinger weiter abstehenden Aufnehmers, während der näher stehende festgehalten wird. Die Breite der aufgezeichneten Ellipse gibt dann den Phasenunterschied zwischen den Aufzeichnungen beider Aufnehmer an derart, daß die Ellipse während einer Viertelperiode zwischen ihren Grenzformen Kreis und Gerade schwankt, also die Entfernung des Aufnehmers 2 zwischen einer Geraden und der nächsten einer halben Wellenlänge entspricht.

Schließlich hat der Verfasser mit einem Zweistrahloszillographen der AEG (Abb. 4.70) gute Erfahrungen gemacht, der auf dem Bildschirm zwei Sinuswellen von zwei Aufnehmern abzeichnet und bei dem der Aufnehmer 2 so lange verschoben wird, bis die abgebildeten Oszillo-

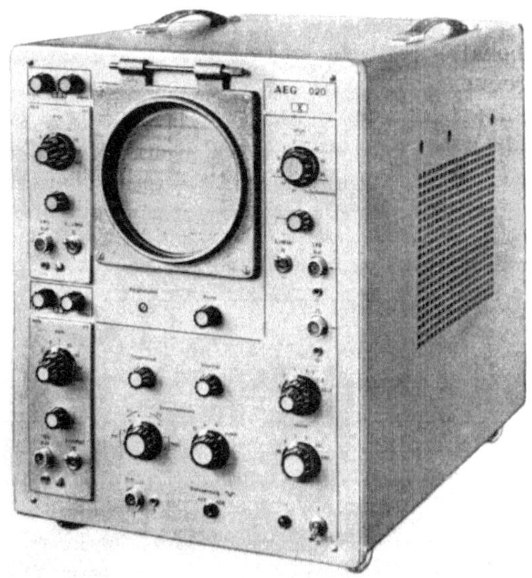

Abb. 4.70. Zweistrahloszillograph, Fabrikat AEG

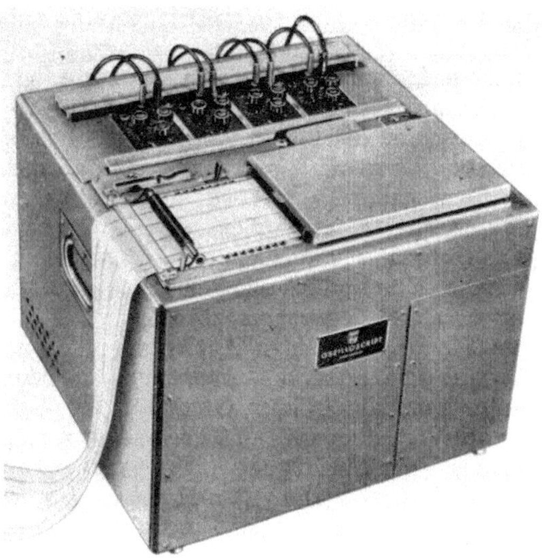

Abb. 4.71. Registriergerät *Oszilloscript* zum Kathodenstrahloszillographen (Philips)

gramme eine Phasenverschiebung von 90, 180 oder 360° zeigen (Abb. 4.61b, unten).

Neben der Phasenmessung und der daraus leicht zu bestimmenden Wellenlänge benötigt man noch eine Frequenzmessung, wenn man sich nicht auf die etwas ungenaue Angabe des mit dem Schwinger verbundenen Tachometers verlassen will. Am besten bedient man sich hierzu eines Frequenzgenerators, dessen Anzeige nur mit einem sehr kleinen Fehler behaftet ist. Weniger genau ist die Frequenzbestimmung über die Kippfrequenz des Oszillographen. Schließlich gibt der Oszillograph noch die Amplitude der Schwingung am Ort des Aufnehmers an (Abb. 4.61b, Mitte), wobei jedoch eine sorgfältige Eichung der Apparatur vorausgehen muß, weil die komplizierte elektrische Anordnung in der Regel keine Linearität zwischen mechanischer Amplitude und elektronischer Anzeige liefert. Erfordert starke Abweichung der Schwingungen von der Sinusform eine dauernde Aufzeichnung, so stehen auch Registriergeräte für Kathodenstrahloszillographen (Abb. 4.71) zur Verfügung.

4.233 Seismisches Verfahren, Erregung

Einleitend wurde bereits bemerkt, daß die Erregung der für das seismische Verfahren charakteristischen Longitudinalwellen einen Stoßimpuls erfordert, der je nach Aufgabe durch schwingende oder fallende Massen, plötzliches Lösen einer Verspannung, meist aber durch kleine Sprengungen bewirkt wird. Dieser Bemerkung ist zu entnehmen, daß von einer eigentlichen Erregerapparatur bei diesem Verfahren nicht gesprochen werden kann, so daß es genügt, einige Hinweise auf die erforderliche Größe des Stoßimpulses zu geben.

Sie hängt von der gestellten Aufgabe und von der Empfindlichkeit der Meßgeräte ab. Wir wollen aber gleich betonen, daß es nicht sinnvoll ist, diese Empfindlichkeit allzusehr zu steigern, weil damit der störende Einfluß der allgemeinen Bodenunruhe wächst, das Meßergebnis also nicht verbessert wird. Andererseits ist ein übertrieben starker Stoßimpuls nicht nur unter Umständen der Meßapparatur schädlich, sondern auch einer genauen Messung abträglich, woraus folgt, daß die empfehlenswerten Impulsstärken innerhalb nicht allzu weiter Grenzen liegen. Benutzt man den einfachen Massestoß, so wird die Transportschwierigkeit und das nötige Hebezeug bereits eine obere Grenze bilden, während die untere durch die Empfindlichkeit der Meßgeräte bestimmt ist. Wählt man — hauptsächlich für waagerechte Impulse — Spannvorrichtungen, so beschränkt die zulässige Auslenkung des zu messenden Systems (beispielsweise ein Maschinenfundament) bereits den Horizontalzug; somit genügt es hier, die üblichen Grenzwerte für Sprengladungen anzugeben. Unter der Voraussetzung, daß der meist verwendete Sprengstoff Gelatine-Donarit zur Verfügung steht, schwankt die Ladung zwischen einer halben Patrone (100 g) als Minimum und etwa 1 kg als Maximum. Daß die Impulswirkung der Sprengladung mit dem Grade der Verdämmung steigt, ist eine bekannte sprengtechnische Erfahrung und sei hier nur kurz erwähnt. Nicht allzu grobes Geröll vorausgesetzt, wird man auch die Minimalladung nicht tiefer als etwa 1 m setzen müssen.

4.234 Seismisches Verfahren, Meßapparatur

Weil die Messung der longitudinalen Geschwindigkeit auf dem Verfolgen des Stoßimpulses längs eines gewählten Profiles beruht, sind die Anforderungen an die Apparatur im Prinzip geringer als beim dynamischen Verfahren. Der Stoßimpuls, in der Seismik *erster Einsatz* genannt, zeichnet sich im Meßresultat deutlich ab, wie Abb. 4.72 zeigt;

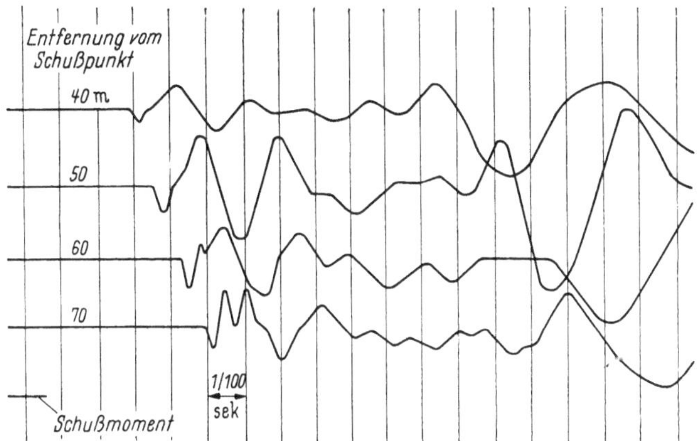

Abb. 4.72. Registrierfilm einer seismischen Baugrunduntersuchung

sein Fortschreiten mit der Entfernung der Meßstelle vom Erreger (*Schußpunkt*) ist deutlich zu erkennen. Jedoch erfordert die zahlenmäßige Auswertung des Diagrammes eine genaue Zeitmarke, die bei dem in Abb. 4.72 gezeigten Beispiel durch markierte Zeitintervalle von $^1/_{100}$ sek gegeben ist, und eine Schußmomentanzeige, die am einfachsten durch einen um die Ladung gelegten Ruhestrom bewirkt wird. Dieser Ruhestrom wird unterbrochen, wenn der Draht durch die Detonation zerrissen wird. Die Laufzeit der Welle ist dann sehr einfach als Zeit zwischen Schußmoment und erstem Einsatz abzulesen.

Im Gegensatz zu den stationären Aufzeichnungen periodischer Vorgänge beim dynamischen Verfahren sind hier Impulse zu verfolgen, die so schnell veränderliche Bilder ergeben, daß ihre photographische Registrierung unerläßlich ist. Deshalb bringt der Einsatz elektronischer Meßgeräte beim seismischen Verfahren weniger Vorteile als beim dynamischen Verfahren, und darum sind die seit Jahrzehnten bewährten Schleifenoszillographen nach wie vor empfehlenswert. Für Lagerstättenforschung ist allerdings die Meßtechnik heute insbesondere durch Einsatz von Magnetband-Apparaturen sehr vervollkommnet worden [*70*], [*71*]. Sicher läßt sich diese Registriertechnik auch für die Anwendung des seismischen Verfahrens bei Ingenieuraufgaben nutzbar machen.

Die der Veröffentlichung des Verfassers [*63*] entnommenen Abb. 4.73 und 4.74 zeigen sechs Oszillographenschleifen im Innern eines Registrierwagens und das Schema eines *Lichtschreibers*, d. i. ein Gerät, das der Fortbewegung des Registrierfilms und der Erzeugung des Lichtstrahles

Abb. 4.73. Innenaufnahme eines Registrierwagens für seismische Baugrunduntersuchungen. Blick auf die Oszillographenschleifen und das Schaltpult

dient, der vom Spiegel der Oszillographenschleife auf Grund elektrischer Impulse abgelenkt, von einer Zylinderlinse wieder gesammelt und schließlich auf dem Film registriert wird. Der elektrische Impuls stammt dabei von ähnlichen Aufnehmern, wie sie beim dynamischen Verfahren bereits

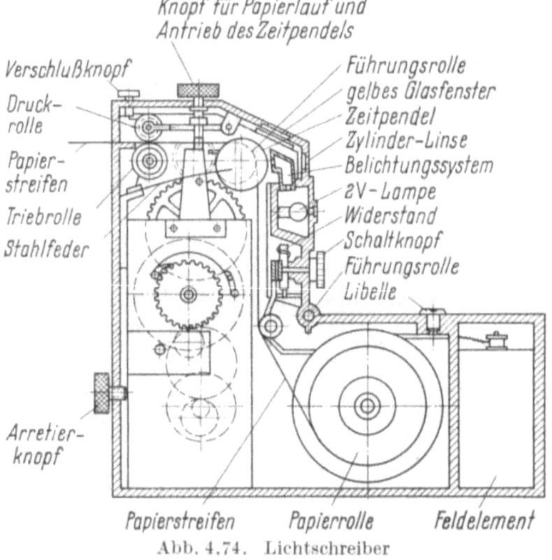

Abb. 4.74. Lichtschreiber

erwähnt wurden. Die Zeitmarke wird meist von einer elektromagnetisch angeregten Stimmgabel über ein entsprechendes Relais und das in Abb. 4.73 links erkennbare Spiegelgerät auf den Lichtschreiber gegeben.

4.24 Untersuchungsverfahren

Dieser Abschnitt fußt auf den in Abschn. 2 und 4.1 behandelten theoretischen Grundlagen und schildert die Durchführung der Messung sowie die Auswertung der Meßergebnisse.

4.241 Dynamisches Verfahren „am Ort“

Die Erregung durch einen Schwinger mit periodischer Vertikalkraft stellt eine erzwungene Schwingung eines Systems dar, das streng genommen aus einer endlichen Masse auf dem teils elastischen, teils plastischen, geschichteten Halbraum besteht. Ein solches System ist der mathematischen Behandlung nicht zugänglich, so daß vereinfachende Annahmen über das System unerläßlich sind. Wir haben diese Näherungsmöglichkeiten im Abschn. 4.1 behandelt mit dem Ergebnis, daß die einfachste, den Meßergebnissen adäquate Annahme darin besteht, zur Schwingermasse eine *mitschwingende* Bodenmasse zu rechnen und zweierlei Dämpfung gelten zu lassen, nämlich eine geschwindigkeitsproportionale *Systemdämpfung* infolge Abstrahlung und eine wegproportionale Dämpfung infolge bleibender Formänderung. Wir haben auch gezeigt, daß die beiden Hypothesen: frequenzabhängige Masse und nichtlineare Federung, im Endergebnis der Auswertung keine Widersprüche ergeben.

Die Durchführung der Messungen, mit denen HERTWIG 1930 in Deutschland begann [*17*] und die später in Schweden, den Niederlanden, in der Tschechoslowakei und in manchen anderen Ländern fortgesetzt wurden, hat viele gemeinsame Züge und nur wenige hervorzuhebende Besonderheiten.

Die Drehzahl ω des Schwingers wird entweder kontinuierlich oder in Stufen gesteigert, und zu jedem Frequenzwert werden die vertikale Amplitude X des Schwingerschwerpunktes, der Phasenunterschied φ zwischen Erregung und Amplitude, die Leistungsaufnahme des Antriebsmotors L und das Maß der bleibenden Einsenkung s (Sackungsmaß) registriert. Zwar genügt zur Aufzeichnung der Resonanzkurve das Wertepaar X und ω, jedoch zeigten die Ausführungen auf S. 21, wie vorteilhaft sich die Phasenmessung auf das Auswertungsverfahren auswirken kann. Demgegenüber ermöglicht die Leistungsmessung nur eine Kontrolle der Eigenfrequenz ω_e, so daß diese Messung gegenwärtig meist unterlassen wird.

Die Messungen in den verschiedenen Ländern unterscheiden sich in Größe und Variation des Erregermaßes $m_0\, r$, des Schwingergewichtes G, der Grundfläche F, somit der statischen und dynamischen Pressung σ.

Um die Ergebnisse künftig besser vergleichen zu können, empfiehlt sich folgendes Mindestprogramm der Versuchsdurchführung.

4.241.1 Variation des Erregermaßes. Man sollte wenigstens mit drei verschiedenen Werten $\varkappa = \frac{m_0\, r}{m}$, möglichst innerhalb der Grenzen 0,02 und 0,25 mm, arbeiten, denn aus Resonanzkurven, gemessen mit verschiedenen $\varkappa$-Werten, kann leicht beurteilt werden, wie stark die Baugrundfederung von der Linearität abweicht (vgl. hierzu Abb. 2.32 und 4.10 auf S. 38 und 178).

Über ein Verfahren, die drei Konstanten der Charakteristik Gl. (4.12), S. 179, aus Messungen mit verschiedenen Werten $\varkappa$ zu bestimmen, hat der Verfasser mehrfach berichtet [55], [56], [57]. Neueste Meßergebnisse und Veröffentlichungen gestatten, dieses Verfahren noch zu vereinfachen:

In Abschn. 4.1 haben wir ausgeführt, daß die Charakteristik bei unechter Nichtlinearität die Verbindungslinie der Endpunkte der mit einzelnen $\varkappa$-Werten gefunden $\sigma(X)$-Kurven ist. Diese Endpunkte sind

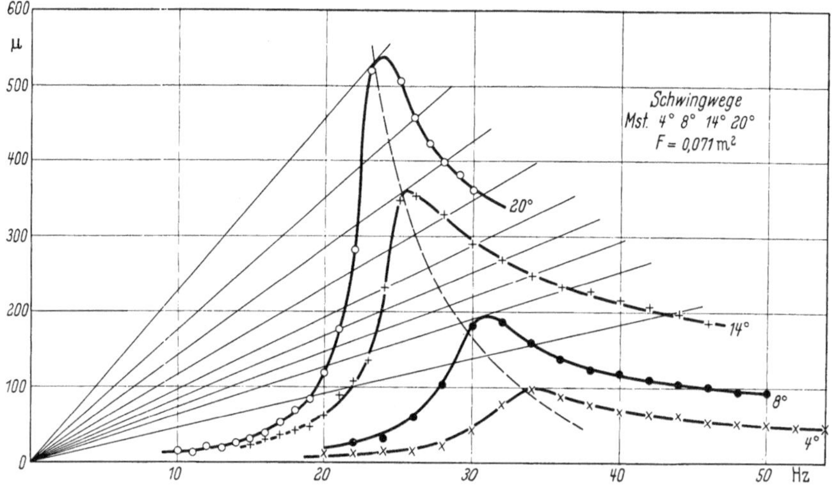

Abb. 4.75. Resonanzkurven, gemessen mit $\varepsilon = 4$, 8, 14 und 20°

gekennzeichnet durch den Extremwert der Amplitude max X und durch die zugehörige Frequenz $\omega_{\max}$. Ohne großen Fehler nehmen wir statt dessen die analytisch einfacheren Werte ω_e und $X_{\omega = \omega_e}$. Die dynamische Spannung σ_D in der Sohlfuge ergibt sich dann, d. h. für $\omega = \omega_e$, aus

$$c\,X = m\,\omega_e^2\,X_e \text{ zu } \sigma_D = \frac{m\,\omega_e^2\,X_e}{F}. \tag{4.34}$$

Oberhalb der Sohlfuge wirkt nur die Schwingermasse m, so daß der rechte Teil der Gl. (4.34) aus den Meßergebnissen errechnet und die Charakteristik $\sigma_D(X_e)$ aus Messungen mit verschiedenen Werten $\varkappa$ gefunden werden kann.

Die Tangente an die Charakteristik

$$C(\varkappa) = \frac{d\sigma_D}{dX_e} = \frac{m\,\omega_e^2(\varkappa)}{F} \tag{4.35}$$

wird *dynamische Bettungsziffer* genannt und hat die Dimension [kg/cm³]. Wegen der Konstanz von m und F hängt sie nur von $\omega_e(\varkappa)$ ab; somit erhält man über den Verlauf von $C(\varkappa)$ schon einen guten Überblick, wenn man die Abhängigkeit ω_e von $\varkappa$ untersucht.

Abb. 4.75 zeigt ein Meßergebnis der Bundesanstalt für Straßenbau in Köln, ermittelt mit einer Erregermaschine vom Losenhausenwerk, mit den Festwerten $m\,g = 2000$ kg, $F = 0{,}071$ m² und $\varkappa = 0{,}124 \sin \frac{\varepsilon}{2} \approx 1{,}1 \cdot 10^{-3} \cdot \varepsilon^0$ [cm], und zwar mit den Winkelstellungen $\varepsilon = 4°$, 8°, 14° und 20°, also $\varkappa = 0{,}0044$, 0,0088, 0,0154 und 0,022 cm. Bestimmt man hieraus gemäß Gl. (2.19) ω_e aus der Ursprungstangente, so zeigt Abb. 4.76 die Abnahme von ω_e bzw. n_e mit $\varkappa$ und läßt eine Anfangs- und eine Endasymptote erkennen, was von besonderer Wichtigkeit ist. Da aber nach Gl. (4.35) $C(\varkappa)$ dem Quadrat von ω_e proportional ist, entsprechen diese Asymptoten den Endtangenten der Charakteristik. Die Festellung des Verfassers in den Veröffentlichungen [*15*], daß die Charakteristik des Baugrundes eine zwischen einer steileren Anfangs- und flacheren Endtangente gespannte, nach unten hohle Kurve ist, bestätigt sich immer wieder. Das Verhältnis

$$\psi = \left(\frac{\omega_a}{\omega_e}\right)^2 = \frac{C_a}{C_e} \qquad (4.36)$$

der Anfangs- und Endwerte von ω_e^2 bzw. C kann als kennzeichnender Faktor der Nichtlinearität angesehen werden. Für eine unterlineare Charakteristik, wie sie für den Baugrund stets zutrifft, gilt $\psi \geqq 1$. Aus dem Meßergebnis nach Abb. 4.75 ist dann mit Hilfe von Gl. (4.34) die Charakteristik ermittelt und in Abb. 4.77 aufgetragen worden. Ein ähnliches Ergebnis liefert gemäß Abb. 4.78 die entsprechende Verwertung der Meßergebnisse von NOVÁK (s. hierzu S. 188, Abb. 4.21 und Tab. 4.4)

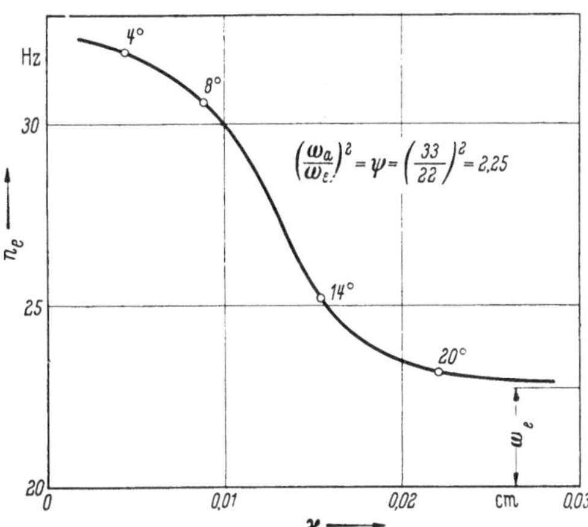

Abb. 4.76. Eigenfrequenzen, bestimmt aus den Resonanzkurven Abb. 4.75

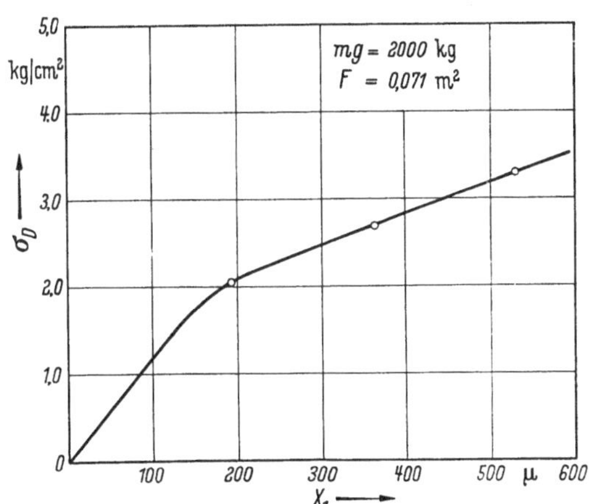

Abb. 4.77. Baugrundcharakteristik, ausgewertet aus Versuch Hamburg-Lüttkamp 1b der Bundesanstalt für Straßenbau, Köln

Alle bisher so ausgewerteten Messungen zeigen ein ähnliches Verhalten des Baugrundes, wobei bindige Böden einen größeren Nichtlinearitätsfaktor ψ aufweisen als sandige, bei welchen ψ nur unwesentlich über 1 liegt. Die Zahl der Messungen reicht noch nicht aus, um einen Zusammenhang zwischen ψ und den bodenmechanischen Kennzahlen herzuleiten.

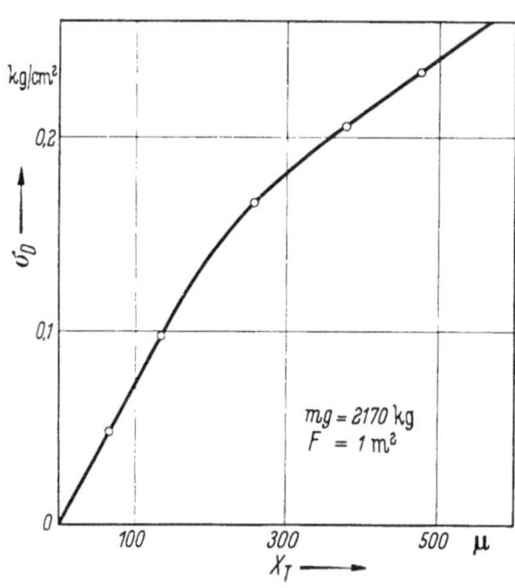

Abb. 4.78. Baugrundcharakteristik, ausgewertet aus Versuchen M 1 bis 6 von Novák

4.241.2 Variation des Schwingergewichtes, der Grundfläche und der statischen Pressung. Bei der Beantwortung der wichtigen Frage, wieweit Ergebnisse dynamischer Baugrunduntersuchungen auf Bauwerke übertragen werden können, kommt der Variation des Schwingergewichtes, der Grundfläche und damit der statischen Pressung erhebliche Bedeutung zu. Systematische Untersuchungen hierüber, aber lediglich auf einer Bodenart, hat bisher nur Novák [*16*] durchgeführt mit dem auf S. 187 eingehend geschilderten Ergebnis, daß innerhalb der Variationsbereiche:

$$1200\ \text{kg} < G < 3800\ \text{kg}$$

$$0{,}5\ \text{m}^2 < F < 1{,}5\ \text{m}^2$$

$$0{,}12\ \text{kg/cm}^2 < \sigma_{St} < 0{,}482\ \text{kg/cm}^2$$

ein Einfluß des Schwingergewichtes G und der statischen Pressung σ_{St} weder auf die mitschwingende Bodenmasse noch auf die gemessene Charakteristik festzustellen ist. Lediglich die Flächengröße F beeinflußt deutlich die mitschwingende Bodenmasse gemäß $G_B = f\, F^{3/4}$.

Es wäre wünschenswert, jedoch schwer durchführbar, den Variationsbereich nach oben zu erweitern. Mindestens sollten aber die Ergebnisse von Novák auf anderen Bodenarten überprüft werden. Hierzu empfiehlt sich die in Abb. 4.60 gezeigte, vom Verfasser [*15*] beschriebene Kombination

G:	2700 kg	1350 kg	675 kg
F:	1 m²	0,5 m²	0,25 m²
σ_{St}:	0,068 ÷ 1,08 kg/cm²,		

die weitgehend unabhängige Variationen erlaubt, unter anderem auch die Veränderung von G und F bei konstantem σ_{St}.

4.241.3 Kraft- und Phasenmessung. Die zum Verständnis des Zusammenhanges zwischen der vom Schwinger auf den Baugrund übertragenen Kräfte $\tilde{P}$ und der Frequenz ω nötigen Angaben enthält

Abschn. 2.1. Insbesondere Gl. (2.34) dieses Abschnittes zeigt an, daß die Kraft $\tilde{P}$ entweder unmittelbar oder mittelbar über den Phasenwinkel φ gemessen werden kann.

Zur unmittelbaren Kraftmessung schaltet man zwischen Schwinger und Baugrund ein Meßelement, das z. B. aus Kragarmen besteht, deren Deformation mittels aufgehefteter Dehnungs-Meßstreifen bestimmt wird. Dieses Meßelement kann dann statisch geeicht werden, sofern die Eigenfrequenz des Elementes, hier also der Kragarme, weit genug über der Untersuchungsfrequenz liegt.

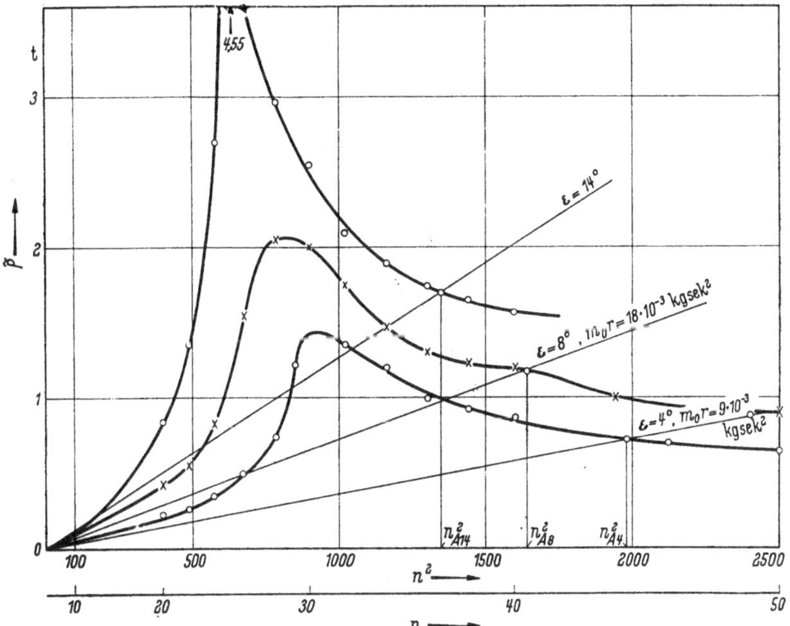

Abb. 4.79. Auswertung gemessener Kraft-Frequenzkurven. Messung Hamburg-Lüttkamp der Bundesanstalt für Straßenbau, Köln

Die Bundesanstalt für Straßenbau, Abt. Baugrund, in Köln hat die in Abb. 4.68a, b dargestellte Kraftmessungseinrichtung nach einem Vorschlag des Verfassers gebaut und damit zahlreiche Messungen durchgeführt. Ein Beispiel davon ist in Abb. 4.79 wiedergegeben. Die darin verzeichnete Massenstellung erlaubt nach Gl. (4.33) die entsprechenden Werte $m_0 r$ zu errechnen. Die Auswertung gemäß den Ausführungen in Abschn. 2.1 liefert dann

Massenstellung ε_0	n_A^2 s^{-2}	n_e^2 s^{-2}	$\tilde{P}_A$ kg	$\tilde{P}_e$ kg	n_e Hz	c kg/cm	D —	k $\frac{\text{kg}}{\text{cm}}$ s
4	1980	990	720	1400	31,4	79200	0,134	107
8	1640	820	1180	2070	28,6	65600	0,149	108
14	1345	673	1700	3600	25,9	53840	0,123	80,6

Unter denselben Versuchsbedingungen wurden auch die Wegamplituden gemessen; dieses Ergebnis ist in Abb. 4.80 dargestellt mit dem Auswertungsergebnis:

Massen-stellung ε_0	$\varkappa$ cm	n Hz	X_e cm	$D = \frac{\varkappa}{2X_e}$ —	ω_e^2 s^{-2}	c kg/cm	k $\frac{kg}{cm}s$
4	$4{,}4 \cdot 10^{-3}$	31,9	$10{,}5 \cdot 10^{-3}$	0,210	40150	80300	105
8	$8{,}8 \cdot 10^{-3}$	28,6	$22{,}0 \cdot 10^{-3}$	0,200	32300	64600	111
14	$15{,}4 \cdot 10^{-3}$	25,3	$38{,}6 \cdot 10^{-3}$	0,200	25300	50600	125

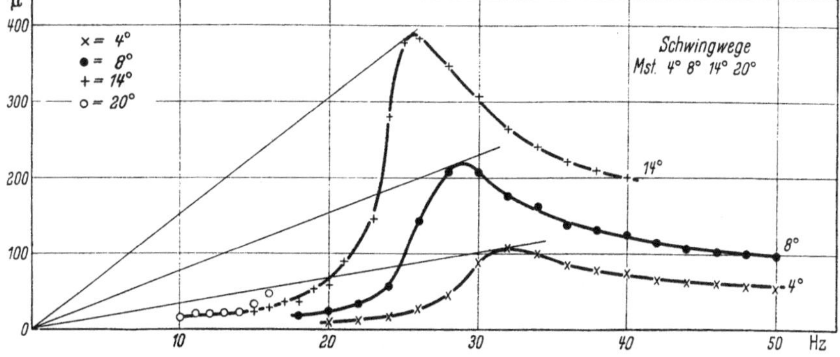

Abb. 4.80. Zugehörige Resonanzkurven zu den Kraftmessungen Abb. 4.79

Die Ergebnisse der Auswertung stimmen so gut überein, daß man beide Meßverfahren als gleichwertig bezeichnen kann.

Die mittelbare Kraftmessung benutzt die Gleichung (2.35)

$$\tilde{p}^2 = \left(\frac{\tilde{P}}{\tilde{K}}\right)^2 = 1 + 2\frac{X}{\varkappa}\cos\varphi + \left(\frac{X}{\varkappa}\right)^2$$

aus Abschn. 2.1 mittels Messung der Wegamplitude X und des Phasenwinkels φ zwischen Erregung $\tilde{K}$ und X. Hieraus wird

$$\tilde{P} = \tilde{K}\,\tilde{p} = m_0\, r\, \omega^2 \sqrt{1 + 2\frac{X}{\varkappa}\cos\varphi + \left(\frac{X}{\varkappa}\right)^2}\,.$$

Dieses Verfahren fand bei Messungen der Shell Anwendung und lieferte ebenfalls Ergebnisse, die, wie Abb. 4.81 zeigt, mit der theoretischen Kurvenform in guter Übereinstimmung stehen.

4.242 Dynamische Untersuchungen im Felde

Zum Unterschied von den bisher behandelten Untersuchungen am Orte des Schwingers gehen wir jetzt auf Messungen in größerer Entfernung vom Schwinger, d. h. auf Messungen *im Felde* ein. Gemessen wird hierbei der Schwingweg $x(s)$ in Abhängigkeit von der Entfernung s vom Schwinger und die Fortpflanzungsgeschwindigkeit v_t der durch periodische Erregung erzeugten Transversalwellen.

Einleitend müssen zunächst einige theoretische Zusammenhänge erläutert werden.

Die Gleichung für die Transversalgeschwindigkeit leitet sich aus der Grundgleichung von LOVE

$$\varrho \frac{\partial^2 \mathfrak{s}}{\partial t^2} = \frac{m G}{m - 2} \operatorname{grad} \operatorname{div} \mathfrak{s} + G \Delta \mathfrak{s} \tag{4.37}$$

ab, wobei $\mathfrak{s}$ der Verschiebungsvektor ist, und lautet

$$v_t = \sqrt{\frac{G}{\varrho}}\,; \tag{4.38}$$

G Schubmodul, $\varrho = \frac{\gamma}{g}$ = Dichte.

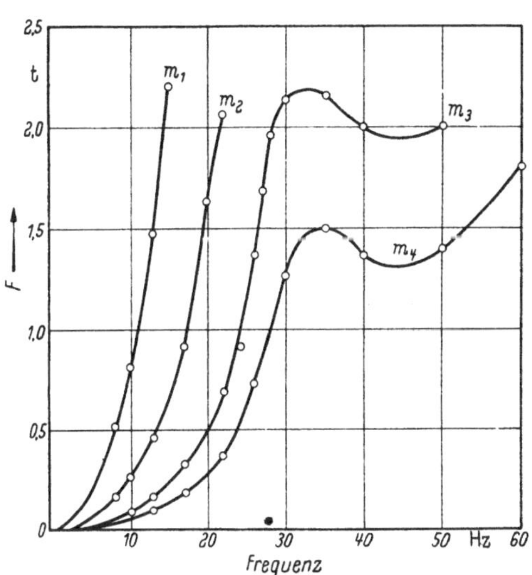

Abb. 4.81. Auf die Straße ausgeübte Kraft als Funktion der Frequenz (Messungen der Shell auf dem Flugplatz Paris-Orly) nach HEUKELOM [37]

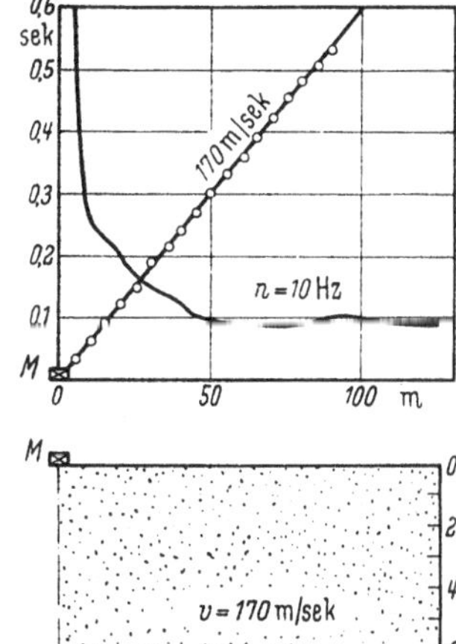

Abb. 4.82. Phasengeschwindigkeit und Schwingungsausschlag in Abhängigkeit von der Entfernung s, gemessen auf homogenem Sandboden

Ebenso wie Gl. (4.37) gilt auch Gl. (4.38) streng nur im elastisch-isotropen Halbraum. Für die Schwingwege gilt dann die Formel

$$x(s) = \frac{x_0}{s} e^{-k(s - s_0)}, \tag{4.39}$$

wobei

$x(s)$ den Schwingungsausschlag in der Entfernung s vom Schwinger,
x_0 den Schwingungssauschlag in der Entfernung s_0 vom Schwinger und
k die Absorptionskonstante

bedeuten.

Abb. 4.82 zeigt ein Meßergebnis auf homogenem Sandboden. Auf der Abszisse sind die Entfernungen s, auf der Ordinate die Laufzeiten eines

Wellenscheitels aufgetragen. Die Neigung der Verbindungsgeraden der Meßpunkte ist die gesuchte Geschwindigkeit der Welle (im Beispiel $v_t = 170$ m/sek). Abb. 4.82 zeigt außerdem die Abnahme der Amplituden $x(s)$, die dem Gesetz Gl. (4.39) folgt. Das Meßergebnis ist unabhängig von der gewählten Erregerfrequenz n.

Führt man jedoch Messungen im geschichteten Boden aus, so erkennt man eine deutliche Abhängigkeit der Geschwindigkeit v_t von der gewählten Frequenz n. In Analogie zur Optik soll auch hier diese Frequenzabhängigkeit der Geschwindigkeit als **Dispersion** bezeichnet werden. Nach RAMSPECK [41], [64] lautet das Dispersionsgesetz hier

$$\operatorname{tg} 2\pi \frac{n \cdot h}{v} \sqrt{\frac{v^2}{v_1^2} - 1} = \frac{v_2^2}{v_1^2} \sqrt{\frac{1 - \left(\frac{v}{v_2}\right)^2}{\left(\frac{v}{v_1}\right)^2 - 1}}, \tag{4.40}$$

worin

n die gewählte Erregerfrequenz,
v die gemessene Geschwindigkeit,
v_1 der untere Asymptotenwert der Dispersionskurve,
v_2 der obere Asymptotenwert der Dispersionskurve und
h die Schichtdicke

ist.

Abb. 4.83 erläutert diese Beziehung für den Normalfall des Zweischichtenproblems, daß die untere Schicht größere Dichte aufweist als die obere. Mit dem Meßergebnis in Abb. 4.83 steht die Tatsache im Einklang, daß die Tiefenwirkung einer Welle von ihrer Länge λ bestimmt wird. Wegen $v = \lambda n$ nimmt λ und damit die Tiefenwirkung mit n ab, so daß kleine Frequenzen zu tiefgreifenden, also mit der größeren Geschwindigkeit der tieferen Schicht wandernden Wellen führen, während große Frequenzen nur oberflächennahe Wellen erzeugen. Durch die mit verschiedenen Frequenzen gemessenen Werte von v können nun die Disperionskurve gelegt und ihre Asymptoten v_1 und v_2 bestimmt werden. Mit jedem Meßwert $v(n)$ läßt sich dann aus Gl. (4.40) die Schichtdicke h berechnen, am schnellsten aber mittels $v_m = \sqrt{v_1 v_2}$ und dem zugehörigen Wert n_m nach der Beziehung

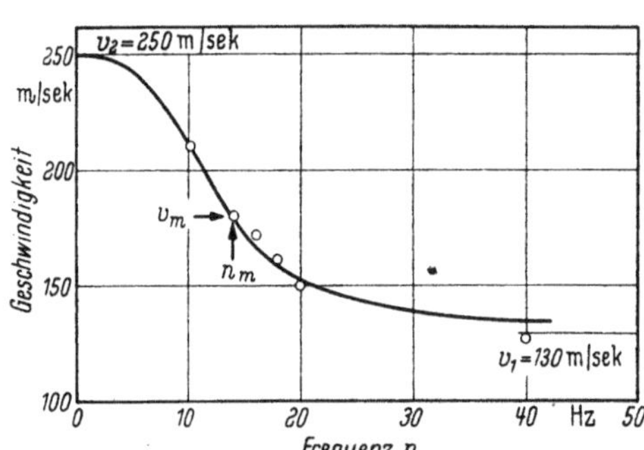

Abb. 4.83. Beispiel für die Auswertung einer Dispersionskurve. ∘ gemessene Geschwindigkeiten, v_1 Geschwindigkeit in der oberen Schicht, v_2 Geschwindigkeit in der unteren Schicht

$$h = \frac{v_m}{5 n_m}. \tag{4.41}$$

Diese Beziehung liefert für das Beispiel in Abb. 4.38 $h = \frac{180}{5 \cdot 13{,}9} = 2{,}60$ m, während Gl. (4.40) auf $h = 2{,}63$ m führt.

Ist die Dichte der unteren Schicht sehr viel größer als die der oberen, also $v_2 \gg v_1$, so geht die Dispersionskurve für kleine Werte n gegen ∞; das Dispersionsgesetz lautet dann

$$v = \frac{4n\, v_1\, h}{\sqrt{16 n^2 h^2 - v_1^2}}\,. \tag{4.42}$$

Die Nullstelle des Nenners zeigt, bei welcher Frequenz $v = \infty$ wird, nämlich bei $n = \frac{v_1}{4h}$; hieraus kann in diesem Falle h errechnet werden.

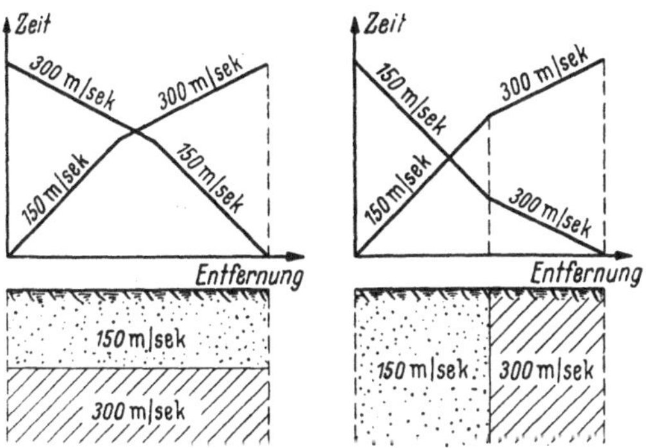

Abb. 4.84. Ergebnisse der Rückwärtsmessung unterscheiden senkrechte von waagrechten Schichtgrenzen

Im geschichteten Boden breiten sich in jeder Schicht Wellen aus, deren Ausschläge aber nicht der Gl. (4.39), sondern der Beziehung

$$x(s) = \frac{x_0}{\sqrt{s}}\, e^{-k(s - s_0)} \tag{4.43}$$

folgen, wobei vorausgesetzt ist, daß $h \ll s$.

Der Verfasser hat in einer Veröffentlichung [60] die wichtigsten Ergebnisse dieses Bodenuntersuchungsverfahrens beschrieben, sie sollen hier kurz zusammengefaßt werden:

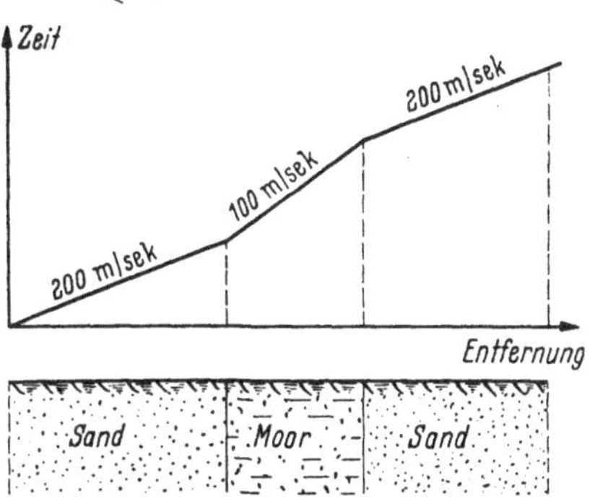

Abb. 4.85. Einfluß einer Mooreinlagerung auf die Laufzeitkurve

1. Sowohl waagerechte Schichtgrenzen als auch lotrechte Grenzen zwischen Materialien verschiedener Dichte führen zu gebrochenen Laufzeitkurven. Man kann daher diese beiden Fälle nur unterscheiden, wenn eine Meßstrecke von beiden Enden nacheinander untersucht wird (s. Abb. 4.84). Zeigt Messung und Gegenmessung dasselbe Ergebnis (Abb. 4.84 links), so liegt horizontale Schichtung vor, während lotrechte Grenzen zu einem inversen Meßergebnis führen (Abb. 4.84 rechts).

2. Unter der Voraussetzung, daß die erregte Welle eine Länge λ hat, die kleiner ist als die Schichtdicke n, gibt gemäß Abb. 4.85 der Knick der Laufzeitkurve genau

die Lage der Materialgrenze an, und die gemessene Geschwindigkeit deutet auf die Qualität des Bodens hin.

3. Aus den Bemerkungen über die Dispersion der elastischen Wellen im Baugrund folgt, daß mit großen Erregerfrequenzen die Oberflächenschicht, mit niedrigen Frequenzen tiefere Schichten erfaßt werden (Abb. 4.86). Dabei gilt wieder das unter 1. über die Doppeldeutigkeit der Laufzeitkurve Gesagte.

4. Wie in der Seismik wirkt sich eine Neigung der Schichtgrenze dadurch aus, daß die gemessene Phasengeschwindigkeit v_2 der unteren Schicht verfälscht wird, und zwar erhält man bei Aufwärtsmessung eine höhere, beim Abwärtsmessen eine niedrigere Scheingeschwindigkeit v_2' bzw. v_2'' gegenüber der wahren Geschwindigkeit v_2. Auch hier ermöglicht Messung und Gegenmessung das Feststellen der wahren Geschwindigkeit angenähert als Mittel aus den Scheingeschwindigkeiten

$$v_2 \approx \sqrt{v_2' v_2''} ; \qquad (4.44)$$

außerdem kann hieraus nach Ermittlung von v_1 auch die Neigung β der Schichtgrenze mit der Näherungsformel

$$\operatorname{tg} \beta = \frac{v_1}{2}\left(\frac{1}{v_2''} - \frac{1}{v_2'}\right) \qquad (4.45)$$

berechnet werden.

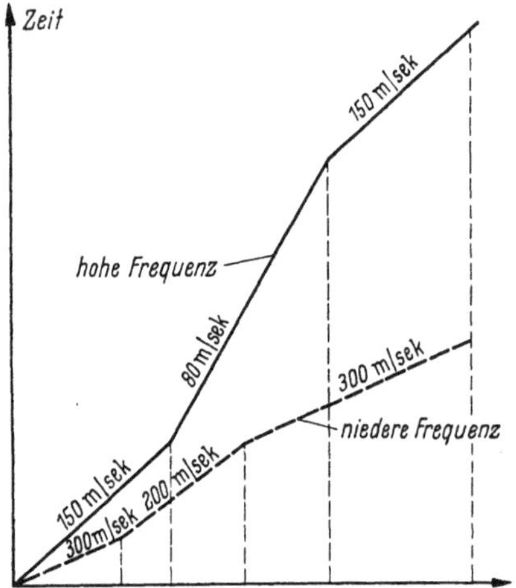

Abb. 4.86. Einfluß von Einlagerungen in der ersten und zweiten Schicht

Diese vereinfachte Berechnung der Wirkung einer Schichtneigung ist aber nur in Sonderfällen richtig, vielmehr kompliziert auch hier die Dispersion der Wellen das Meßergebnis. So zeigt Abb. 4.87, daß eine auskeilende Deckschicht die Transversalwelle nur bis zu einem Punkt zu tragen vermag, der etwa durch $h \approx \lambda$ bestimmt ist. Hiernach springt die Welle in die tiefere Schicht, was sich im Meßergebnis durch einen Knick der Laufzeitkurve äußert. Abb. 4.87 enthält die gemessene Laufzeitkurve für drei verschiedene Frequenzbereiche.

Diese keineswegs vollständige Wiedergabe der bisherigen Erfahrungen zeigt, daß die Auswertung dynamischer Untersuchungen im Felde große Erfahrung erfordert, wenn man nicht den zahlreichen Möglichkeiten fehlerhafter Deutung der Meßergebnisse erliegen will. Diese Möglichkeiten der Fehldeutung werden aber erheblich eingeschränkt, wenn sich das dynamische Untersuchungsergebnis auf einige Bohrungen stützen kann und seinem Wesen entsprechend zur Prüfung der Baugrundverhältnisse *zwischen* den Bohrungen herangezogen wird. Auf diese Weise ergänzen sich beide Untersuchungsverfahren vorzüglich.

4.243 Seismisches Verfahren

Über das seismische Verfahren, das in seinen Grundzügen von MINTROP [*65*], [*66*] aus den Erfahrungen der Erdbebenmessung (Makroseismik) entwickelt wurde und wegen der ungleich kleineren Stoßimpulse auch Mikroseismik genannt wird, finden sich zahlreiche Veröffentlichungen in der geophysikalischen Literatur. Dieses Verfahren ist seit MINTROP zu einem überaus wertvollen Werkzeug der praktischen Lager-

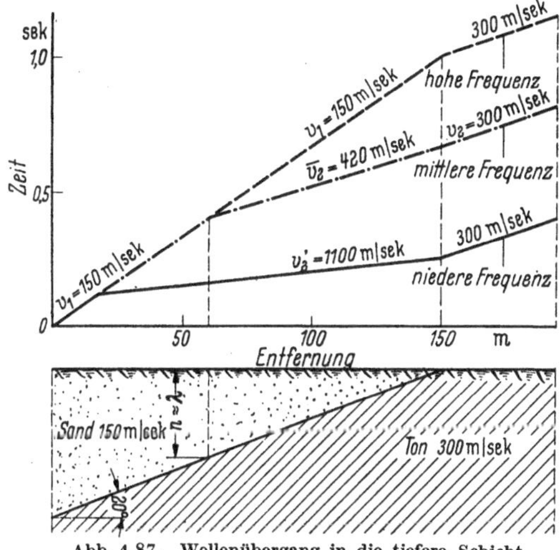

Abb. 4.87. Wellenübergang in die tiefere Schicht

stättenforschung geworden. Dagegen ist über die Möglichkeit, dieses Verfahren den Zwecken des Bauingenieurs nutzbar zu machen, viel weniger bekannt. Deshalb hat der Verfasser in seiner Veröffentlichung [*63*] versucht, dem Bauingenieur die wichtigsten Kenntnisse auf diesem Gebiet zu vermitteln und vor allem auf den Nutzen hinzuweisen, der durch sinngemäße Anwendung dieses Verfahrens erzielt werden kann. Er stützte sich dabei hauptsächlich auf Arbeiten von KÖHLER, RAMSPECK, SCHULZE [*40*], [*41*] und TUCHEL [*67*].

Vom Zentrum des Impulses, Schußpunkt genannt, breiten sich die erregten Longitudinalwellen derart aus, daß im homogenen Baugrund phasengleiche Punkte auf einer Kugelschale liegen. Mit besonderer Deutlichkeit markiert sich in der Schwingungsaufzeichnung an einem beliebigen Punkt des Halbraumes das Eintreffen des Impulses, der sog. ***erste Einsatz*** (s. auch S. 227). Alle Punkte, an denen dieser erste Impuls zu gleicher Zeit wirkt, liegen nach obiger Feststellung auf Kugelschalen. Nur vom Wandern dieses ersten Einsatzes durch den Baugrund soll hier die Rede sein.

Aus der bereits erwähnten Grundgleichung (4.37) von LOVE folgt die Geschwindigkeit der longitudinalen Kompressionswellen, um die es sich hier handelt,

$$v_K = \sqrt{\frac{G}{\varrho}\,\frac{2(m-1)}{m-2}}\,, \tag{4.46}$$

mit der sich die Wellenfront fortbewegt. Solange dies im homogenen Baugrund ungestört geschehen kann, sind die Zeitdifferenzen Δt zwischen dem Eintreffen des ersten Einsatzes an der Erdoberfläche der Entfernung Δs zweier Meßpunkte proportional, das als *Laufzeitkurve* (Abb. 4 88) dargestellte Meßergebnis ist also eine gerade Linie mit der Neigung $\alpha = \operatorname{arctg} v_k$. Trifft die Wellenfront aber auf eine Schichtgrenze, so entsteht am Berührungspunkt ein Sekundär-Erregerzentrum, das seinerseits Kompressionswellen aussendet, während in der oberen Schicht die Primärwelle weiterwandert. In der unteren Schicht, die wir künftig durch den Index 2 kennzeichnen, während Index 1 zur oberen Schicht gehört, läuft die Sekundärwelle wegen $G_1 \neq G_2$, $\varrho_1 \neq \varrho_2$ und $m_1 \neq m_2$ mit einer Geschwindigkeit $v_2 \neq v_1$. Schließlich sendet die Sekundärwelle von der Schichtgrenze auch Tertiärwellen nach oben, die zwar mit stark verminderter Intensität, aber wieder mit der

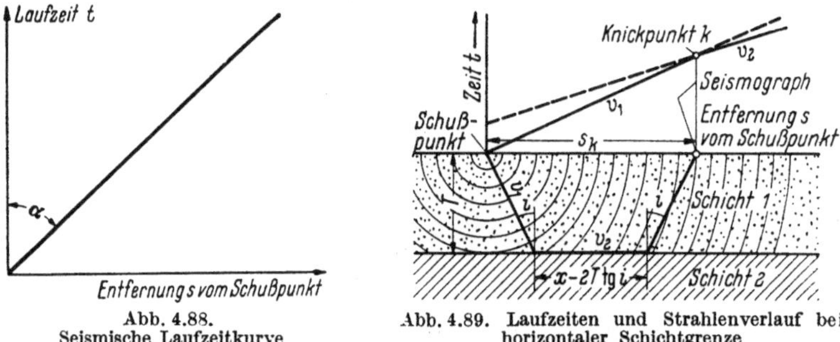

Abb. 4.88. Seismische Laufzeitkurve

Abb. 4.89. Laufzeiten und Strahlenverlauf bei horizontaler Schichtgrenze

Geschwindigkeit v_1 reisen. Abb. 4.89 veranschaulicht diese Verhältnisse mit der das Verständnis fördernden Vereinfachung. Es bleibt noch übrig festzustellen, an welcher Stelle der Schichtgrenze das Sekundärzentrum liegt. Zwar trifft die Wellenfront eine horizontale Grenze zuerst direkt unter dem Schußpunkt, für den wirksamen Strahlenweg ist aber nicht diese Zeit, sondern die Gesamtzeit des Wellenzuges Schußpunkt—Sekundärzentrum—Tertiärzentrum—Meßstelle über Tage maßgebend, also die Zeit

$$t_2 = 2\frac{h}{v_1 \cos i} + \frac{s - 2h \operatorname{tg} i}{v_2}, \tag{4.47}$$

und es bedeutet hierin

t_2 die Zeit des Impulsfortschreitens längs des genannten Wellenzuges,
h die Schichtdicke,
s die horizontale Entfernung der Meßstelle vom Schußpunkt,
i den unbekannten Richtungswinkel des Sekundärzentrums, bezogen auf den Schußpunkt,
v_1 und v_2 die Laufgeschwindigkeiten der Kompressionswellen in der Schicht 1 bzw. 2.

Die Zeit t in Gl. (4.47) trägt den Index 2 zum Unterschied von der Zeit t_1, mit der die ungestörte Oberflächenwelle auf kürzerem Wege demselben Ziel zueilt. Für t_1 gilt

$$t_1 = \frac{s}{v_1}. \tag{4.48}$$

Um den unbekannten Winkel i zu berechnen, wird nach dem FERMATschen Prinzip das Minimum von t_2 aus $\frac{dt_2}{di} = 0$ berechnet. Mit Gl. (4.47) ergibt sich auf diese Weise

$$\sin i = \frac{v_1}{v_2}, \tag{4.49}$$

womit der Wellenzug der Tiefenwelle festgelegt ist.

Zwar hat die Oberflächenwelle den kürzeren Weg zurückzulegen, das besagt aber nicht, daß sie früher eintrifft als die Tiefenwelle. Wir vergleichen also t_1 und t_2 und finden aus $t_1 = t_2$

$$s_k = 2h\sqrt{\frac{v_1 + v_2}{v_2 - v_1}} = 2h\sqrt{\frac{\sin i + 1}{1 - \sin i}}. \tag{4.50}$$

Gl. (4.50) zeigt an, in welcher Entfernung s_k beide Wellen gleichzeitig eintreffen; für $s < s_k$ trifft die Oberflächenwelle, für $s > s_k$ die Tiefenwelle zuerst ein.

In der Laufzeitkurve macht sich diese Entfernung durch einen Knick bemerkbar, deshalb wählte man den Index k für s_k. Der Knick ist leicht meßbar, weil in der Aufzeichnung des Meßgerätes Abb. 4.72 nur der *erste Einsatz* deutlich wird, der zweite, gegebenenfalls weiter folgende im Wellenbild der erregten Eigenschwingungen meist untergehen. Trägt man also für verschiedene Meßstellen in der Entfernung s_i jeweils die Zeit vom Schußmoment bis zum ersten Einsatz auf, so liegen diese Punkte gemäß Abb. 4.89 für $s_i < s_k$ auf einer Geraden durch den Ursprung mit der Neigung v_1, für $s_i > s_k$ auf einer unter v_2 geneigten Geraden mit dem Ordinatenabschnitt $t_0 = s_k\left(\frac{1}{v_1} - \frac{1}{v_2}\right)$. Die beiden Geraden schneiden sich im Knickpunkt K mit den Koordinaten s_K und $t_K = \frac{s_k}{v_1}$. Eine Messung nach dem geschilderten Verfahren liefert also v_1 und v_2, daraus Vergleichswerte von G, ϱ und m, sowie s_K und schließlich aus Gl. (4.50) die Schichtdicke h.

Bei geneigter Schichtgrenze tritt auch hier die bereits beim dynamischen Verfahren geschilderte Schwierigkeit auf, daß statt der wahren Geschwindigkeit v_2 je nach Aufwärts- oder Abwärtsmessen eine größere oder kleinere Scheingeschwindigkeit v_2' bzw. v_2'' auftritt. Wie in Abb. 4.90 gezeigt, hilft man sich auch hier durch Messung und Gegenmessung derselben Strecke; dann gilt

$$\left.\begin{aligned} h_1 &= s_K' \frac{1 - \sin(i - \beta)}{2\cos i \cos\beta}; \quad & \sin(i - \beta) &= \frac{v_1}{v_2'} \\ h_2 &= s_K'' \frac{1 - \sin(i + \beta)}{2\cos i \cos\beta}; \quad & \sin(i + \beta) &= \frac{v_1}{v_2''} \end{aligned}\right\} \tag{4.51}$$

mit der Bedeutung

s_k' Entfernung des Knickpunktes bei Aufwärtsmessung vom Schußpunkt A,
s_k'' Entfernung des Knickpunktes bei Abwärtsmessung vom Schußpunkt B,
h_1 Schichtdicke unter Schußpunkt A,
h_2 Schichtdicke unter Schußpunkt B,
v_2' Scheingeschwindigkeit beim Aufwärtsmessen,
v_2'' Scheingeschwindigkeit beim Abwärtsmessen,
β Neigung der Schichtgrenze,
i FERMATscher Winkel,

$$\sin i = \frac{v_1}{v_2}.$$

Das seismische Refraktionsverfahren, dessen Grundzüge für den verhältnismäßig einfachen Sonderfall nur einer waagerechten oder geneigten Schichtgrenze geschildert wurde, führt zur Bestimmung der Fortpflanzungsgeschwindigkeiten der beiden durch die Grenzebene getrennten Schichten und der Tiefe, gegebenenfalls Neigung, der Grenzebene.

An dem Beispiel der Vorarbeiten für den Entwurf einer Talsperre soll der Nutzen deutlich gemacht werden, der aus den der Messung folgenden Auswertungsergebnissen gezogen werden kann. Als Beispiel diene dabei die vom Verfasser [63] beschriebene seismische Untersuchung

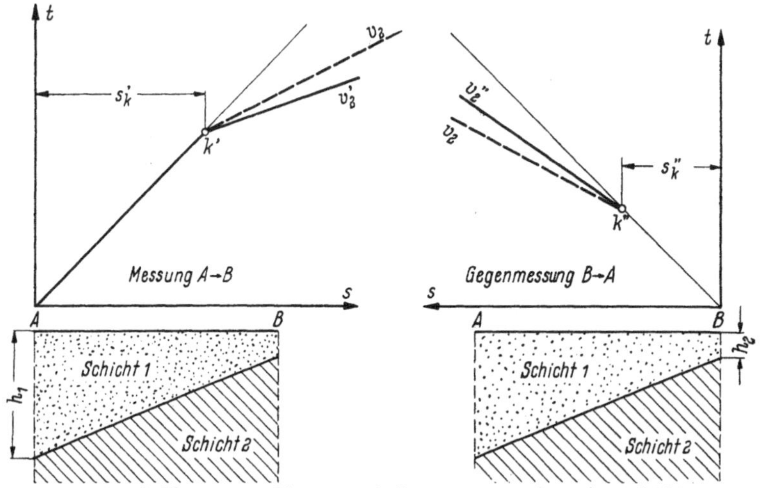

Abb. 4.90 Laufzeitkurven aus Messung und Gegenmessung bei geneigter Schichtgrenze

des Baugrundes für die Bistritza-Sperre bei Bicaz in den rumänischen Karpaten, deren geologisch und topographisch günstigste Lage aus Abb. 4.91 zu erkennen ist. Diese Abb. 4.91 zeigt auch die Höhenlinien des Geländes, Lage und Nummern der Schußpunkte (S 1 bis S 105), die Richtung der von den Schußpunkten aus seismisch vermessenen Profile sowie Lage und Nummer einiger Kontrollbohrungen und Schürfstollen. Ferner sind einige Querprofile eingezeichnet und mit Buchstaben versehen, deren Schichtung in Abb. 4.93 dargestellt wird. Man erkennt aus dieser Darstellung auch noch, daß sich die seismische Messung nicht auf das Ufergebiet der Bistritza beschränkt, sondern auch Messungen von Schußpunkten im Flußbett durchgeführt wurden, was wegen der großen Strömungsgeschwindigkeit, der geringen Wassertiefe und der Witterungsbedingungen erhebliche Schwierigkeiten verursachte.

Weil aus dem allgemeinen geologischen Bild, das vor Beginn der genaueren Untersuchungen zur Verfügung stand, bereits mit dem Auftreten von Scheingeschwindigkeiten gerechnet werden mußte, wurden die Schürfstollen zur Messung der wahren Geschwindigkeit benutzt mit dem Ergebnis, daß die Fortpflanzungsgeschwindigkeit der Kompressionswelle im gesunden Sandstein 3500 m/s betrug, im verwitterten auf

2700 m/s absank. Somit konnte die seismische Untersuchung zwei Aufgaben erfüllen: einen Höhenplan der Felsoberfläche aufzustellen und die Zonen des verwitterten Gesteins anzugeben. Die erstgenannte Aufgabe ist unter den natürlichen Verhältnissen stark gefalteter Felsoberfläche schwieriger zu lösen, als das nach den vereinfachten Darstellungen über die Grundzüge des Verfahrens den Anschein hat. Die Tatsache nämlich, daß die Schichtgrenze keine Ebene ist, zwingt dazu, um den durch die Auswertung gefundenen *Tiefenpunkt*, das ist der Punkt auf

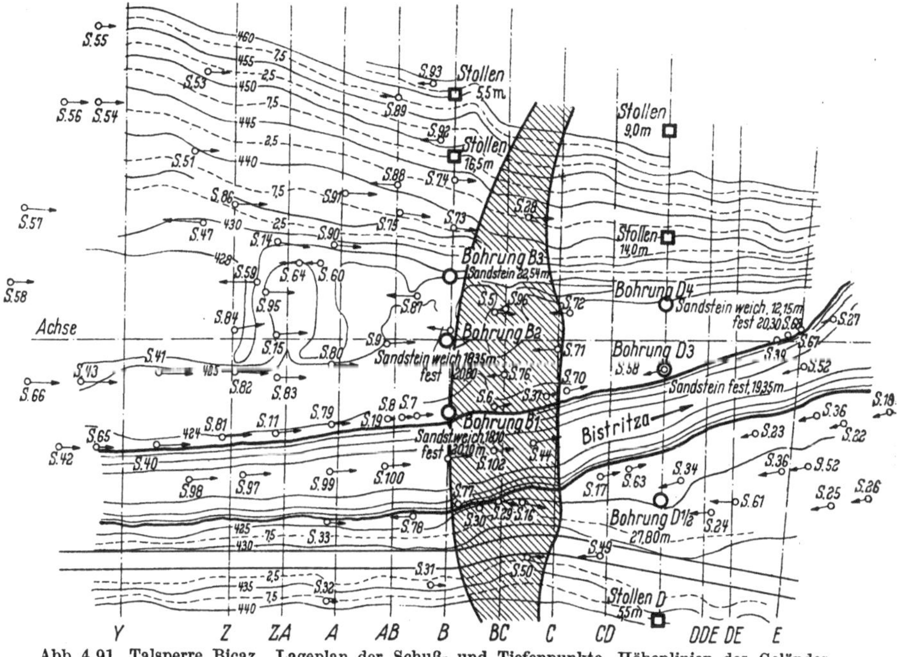

Abb. 4.91 Talsperre Bicaz Lageplan der Schuß- und Tiefenpunkte, Höhenlinien des Geländes

dem Gelände, für den die errechnete Tiefe h der Schichtgrenze zutrifft, eine Kugelschale mit dem Halbmesser h räumlich abzubilden und die Schichtgrenze als Hüllfläche dieser Kugelschalen zu deuten. Das Ergebnis dieser Arbeit ist der in Abb. 4.92 dargestellte Höhenplan der Felsoberfläche.

Natürlich war es nötig, das Ergebnis der seismischen Untersuchungen durch Bohrungen zu überprüfen, was allerdings unerwartet große Schwierigkeiten verursachte, weil das ungewöhnlich grobe Geröll, das die Bistritza abgelagert hat und das die Deckschicht darstellt, den Bohrfortschritt, insbesondere das Niederbringen der Verrohrung, so hemmte, daß in derselben Zeit, in der über hundert seismische Untersuchungen ausgeführt und ausgewertet wurden, nur 6 Bohrungen niedergebracht und hiervon nur 3 Bohrungen zur Kontrolle der seismischen Messungen herangezogen werden konnten. Das Ergebnis dieser Gegenüberstellung zeigt Tab. 4.8. Die Übereinstimmung mit den Bohrungen B 1 und B 2,

Tabelle 4.8

Ergebnisse der seismischen Messungen				Bohrergebnisse			
Nr. der Tiefenangabe	Gemessene Geschwindigkeit v_2 bzw. v_3	Deutung des Geschwindigkeitswertes	Errechnete Tiefe	Bohrloch Nr.	Erbohrte Tiefe	Erbohrte Beschaffenheit	Abweichung Spalte 4 gegen Spalte 6
1	2	3	4	5	6	7	8
T 20	3500 m/s	unverwitterter Fels	20,6 m	B 1	20,10 m	fester Sandstein	2,4%
T 10a	2700 m/s	verwitterter Fels	18,9 m	B 2	18,35 m	verwitterter Sandstein	2,9%
T 10b	3550 m/s	unverwitterter Fels	20,0 m		20,80 m	fester Sandstein	3,8%
T 63	3530 m/s	unverwitterter Fels	27,4 m	D 1/2	24,6 m	fester Sandstein	10%

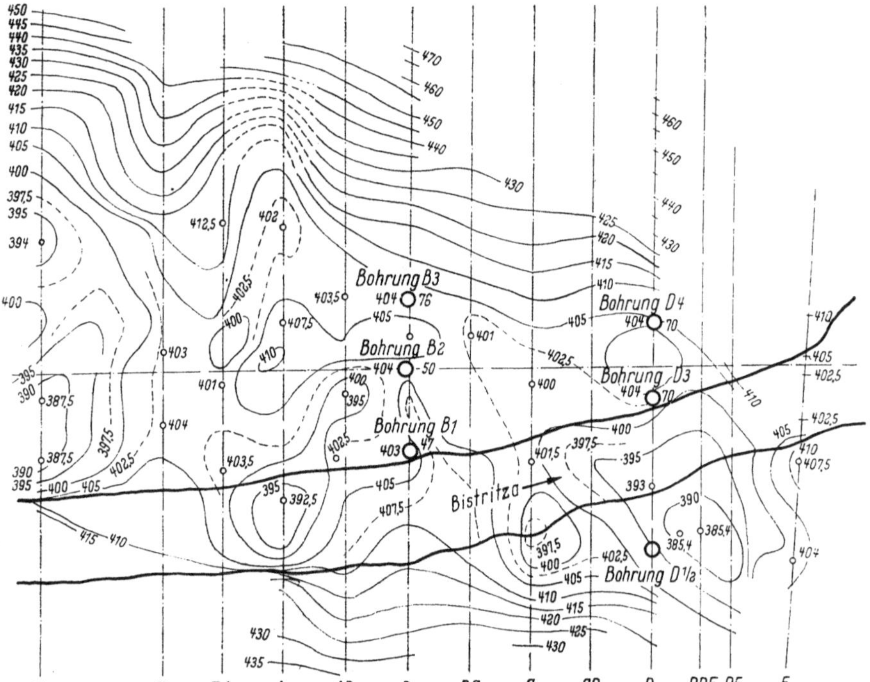

Abb. 4.92. Talsperre Bicaz. Höhenlinien der Felsoberkante

ist hiernach befriedigend, sowohl die Tiefe als auch die Beschaffenheit des Gesteins betreffend. Dagegen weicht das Ergebnis der Bohrung D 1/2 bezüglich der Felstiefe erheblich vom seismischen Ergebnis ab, jedoch erscheint der Schluß, in diesem eine mittlere Neigung der Schichtgrenze von etwa 55° aufweisenden Gebiet wäre das seismische Verfahren recht ungenau, nicht berechtigt, weil dem Bohrergebnis wegen der bekannten unvermeidbaren Lotabweichung des Gestänges ebenfalls ein beträchtlicher Fehler anhaftet.

Die aus Messung und Gegenmessung gefundenen wahren Geschwindigkeiten stimmen befriedigend mit den Testmessungen überein und lassen zu, die Gebiete des verwitterten Felsens genau festzulegen, ein Ergebnis, das für den Entwurf der Sperre nicht minder bedeutungsvoll ist als der Höhenplan der Felsoberfläche. Die Abb. 4.93 zeigt schließlich noch einige auf seismischem Wege ermittelte Querprofile, in die die Bohrergebnisse eingetragen sind.

Zum Abschluß stellen wir noch einige allgemeine Sätze für die Anwendung des seismischen Verfahrens bei Ingenieuraufgaben auf:

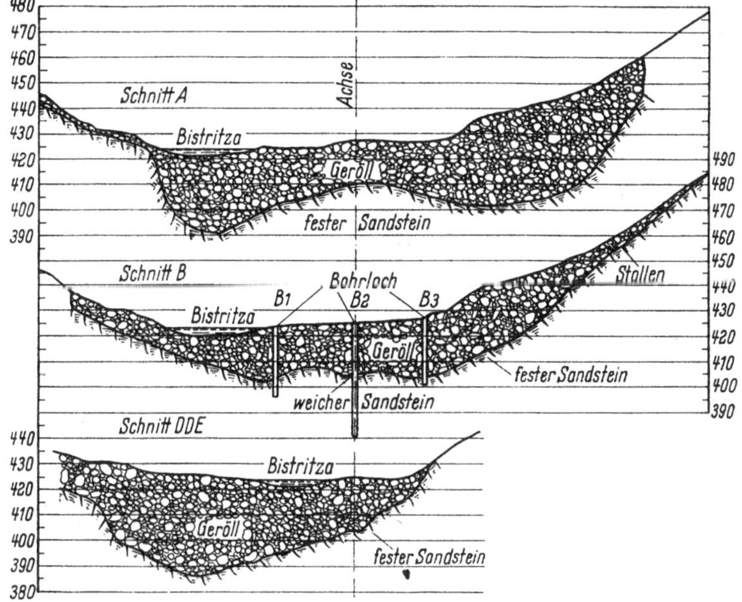

Abb. 4.93. Seismisch ermittelte Querprofile

1. Die Genauigkeit des seismischen Verfahrens wächst mit dem Dichteunterschied zwischen der Deckschicht und der tiefer gelegenen Schicht.

2. Das seismische Verfahren versagt in der Regel, wenn die Dichte der tieferen Schicht geringer ist als diejenige der Deckschicht.

3. Es empfiehlt sich, die Meßprofile parallel zu den Höhenlinien des Geländes zu legen, weil andernfalls mühsame, und weitere Fehlerquellen einschließende Reduktionsberechnungen der seismischen Meßergebnisse erforderlich werden.

4. Der Zeitgewinn und die wirtschaftliche Überlegenheit des seismischen Verfahrens gegenüber Bohrungen steigt mit den Bohrschwierigkeiten.

5. In der Regel ist der Fehler der aus seismischen Messungen abgeleiteten Angaben kleiner als 5%.

4.244 Kombination des dynamischen und seismischen Verfahrens

Ein Blick auf die aus der Grundgleichung (4.37) abgeleiteten Gleichungen

$$v_t = \sqrt{\frac{G}{\varrho}} \quad (4.38) \qquad \text{und} \qquad v_K = \sqrt{\frac{G}{\varrho}\,\frac{2(m-1)}{m-2}} \quad (4.46)$$

zeigt bereits, daß den drei zur Beschreibung des dynamischen Verhaltens des Bodens besonders wichtigen Konstanten Schubmodul G, POISSON-Zahl m, und Dichte $\varrho = \frac{\gamma}{g}$ zwei Meßwerte v_t und v_K gegenüberstehen. Da die Bestimmung der Dichte ϱ, praktisch also des Raumgewichtes γ, auf mechanischem Wege leicht möglich ist, bietet die kombinierte Anwendung des seismischen und dynamischen Verfahrens die Möglichkeit der Berechnung von G und m, denn es ist

$$G = \varrho\, v_t^2 \tag{4.52}$$

und

$$m = \frac{\dfrac{v_K^2}{v_t^2} - 1}{\dfrac{v_K^2}{2\,v_t^2} - 1}\,. \tag{4.53}$$

Die aufeinanderfolgende Messung der Fortpflanzungsgeschwindigkeiten v_t und v_k auf derselben Meßstrecke gestattet also, die überaus wichtigen unabhängigen Konstanten G und m zu bestimmen, mit deren Hilfe, wie Abschn. 4.1 ausführt, die von den Versuchsbedingungen bzw. Fundamentabmessungen abhängigen Schwingungskenngrößen berechnet werden können. Der Mühe, zwei verschiedene Verfahren anwenden zu müssen, wäre man enthoben, wenn die von HEUKELOM [*37*] vermutete Tatsache, periodische Erregung bewirke lotrecht unter dem Erreger longitudinale Wellen, allgemeine Bestätigung findet. Zur Zeit liegt zur Beurteilung dieser wichtigen Frage nur das in Abb. 4.33, S. 196 dargestellte Ergebnis vor, wonach die Front der von einem periodischen Erreger ausgehenden Wellen die Form eines Rotationsellipsoides besitzt, gebildet aus der lotrechten Hauptachse v_k und der waagerechten v_t. Wir haben versucht, alle bisher veröffentlichten Untersuchungsergebnisse zusammenzustellen, die eine Zuordnung der dynamischen Kennzahlen des Baugrundes zu seinen bodenmechanischen Eigenschaften gestatten. Das Ergebnis dieser Sammlung ist in Tab. 4.9 (S. 248/249) enthalten.

4.25 Zusammenfassung der Ergebnisse

Dynamische und seismische Baugrunduntersuchungen überprüfen, ergänzen und erweitern in mehrfacher Hinsicht die Aufschlüsse, die mechanische Verfahren vermitteln:

1. Sie ermöglichen zu überprüfen, ob und wie weit sich Bohrergebnisse auf den weiteren Bereich um das Bohrloch übertragen lassen.
2. Sie ergeben wertvolle Kennzahlen über das elastische und plastische Verhalten der einzelnen Bodenschichten.

3. Sie gestatten Strukturänderungen einer dem Bohrbefund nach anscheinend homogenen Schicht in waagerechter und lotrechter Richtung zu erkunden.

4. Sie können auch benutzt werden, um aus den unabhängigen Bodenkennzahlen die für die Schwingungsberechnung von Bauwerken erforderlichen, von deren Abmessungen abhängigen Kennzahlen zu ermitteln.

5. Ihre Durchführung bedeutet Zeitgewinn und Kostenersparnis gegenüber der alleinigen Anwendung mechanischer Untersuchungsverfahren; allerdings gilt dies nur für größere Untersuchungsgebiete von etwa $^1/_2\,\mathrm{km}^2$ ab.

Die Zusammenfassung wäre unvollständig, wenn nicht auch die noch ungeklärten Probleme Erwähnung fänden.

Da die unvollkommene Elastizität des Baugrundes, die sich vornehmlich in einer unterlinearen Charakteristik zeigt, als erwiesen gelten darf, erhebt sich die Frage nach dem Einfluß dieser Baugrundeigenschaft auf die Geschwindigkeit der künstlich erregten Wellen. Man sollte annehmen, daß die Wellen in der Nähe des Erregers wegen der dort wirkenden relativ großen Kräfte mit geringerer Geschwindigkeit wandern als in größerer Entfernung vom Erreger, denn der Boden wird bei unterlinearer Charakteristik mit abnehmender Spannung bzw. Amplitude scheinbar härter. Die Klärung dieser Frage erfordert sorgfältige Messungen auf einem weitgehend homogenen, mindestens in waagerechter Richtung isotropen Versuchsgelände. Sie hängt ferner mit dem Dispersionsproblem, also der Abhängigkeit der Geschwindigkeit von der Erregerfrequenz, deshalb zusammen, weil alle bisher zur dynamischen Baugrunduntersuchung benutzten Schwingungserreger mit Fliehkraft (also quadratischer) Erregung arbeiten, somit eine Änderung der Erregerfrequenz zu einer erheblichen Änderung der erregenden Kraft führt. Bei Gültigkeit einer unterlinearen Rückstellkraft müßten also höheren Erregerfrequenzen, somit größeren Erregerkräften, kleinere Geschwindigkeiten entsprechen, ein Ergebnis, das qualitativ bei Dispersionsmessungen in der Regel erhalten wird. Zur Klärung der Ursachen dieser Erscheinungen wird es deshalb notwendig sein, dynamische Untersuchungen auch mit konstanter Erregung durchzuführen.

Ähnliche Probleme treten natürlich auch bei longitudinalen Wellen auf, wie überhaupt der Frage nach dem alleinigen oder gleichzeitigen Auftreten der beiden Wellentypen erhöhte Aufmerksamkeit zu schenken sein wird und geprüft werden muß, unter welchen Bedingungen periodische Erreger auch longitudinale Wellen erzeugen.

Nach Klärung dieser Grundfragen auf homogenem Baugrund wird sich die Forschung dem Zwei- und Mehrschichtenproblem zuwenden müssen, um festzustellen, nach welchem Gesetz die elastischen Konstanten der einzelnen Schichten zu reduzierten, dem Schichtpaket zuzuordnenden Werten zusammengefaßt werden können. Auch die Wirkung des Grundwasserhorizontes und evtl. Einbauten, wie Spundwände u. dgl., wird zu untersuchen sein. Um das Ziel zu erreichen, einen Zusammenhang zwischen den dynamischen und bodenmechanischen Kenn-

Tabelle 4.9. *Zusammenstellung der in der Literatur beschriebenen Messungen*

	Bodenart	n bei max. Ampl. Hz	v_t m/s	Schubmodul G kg/cm²	m	Erregerart Flächenform; Kraftrichtung; Frequenzabhängigkeit; Gewicht/Fläche	Autor und Quelle
1.	Schotter ($\gamma = 1{,}66$) (50% > 20 mm)	63	n. g.[1]	131	2,3	○↓ $\omega^2 \big/ \frac{0{,}053}{0{,}025} \frac{\mathrm{t}}{\mathrm{m}^2}$	T. Y. Sung, Harvard S. M. S. 48 (1953) [*114*]
2.	Mittelkies ($\gamma = 1{,}8$)	n. g.	180	585	2,13	□↓ $\omega^2 \big/ \frac{0{,}5 \div 1{,}3}{0{,}25} \frac{\mathrm{t}}{\mathrm{m}^2}$	Degebo, H. 4 [*40*]
3.	Kies + Sand, dicht (1,7) . .	30	250	1060	3,18	□↓ $\omega^2 \big/ \frac{0{,}5 \div 1{,}3}{0{,}25} \frac{\mathrm{t}}{\mathrm{m}^2}$	Degebo, H. 4 [*40*]
4.	Sand (1,8) . . .	n. g.	250	1152	n. g.	○↓ $\omega^2 \big/ \frac{2{,}0}{0{,}071} \frac{\mathrm{t}}{\mathrm{m}^2}$	Nijboer, Kon. Shell-Lab. 1953 [*34*]
5.	Sand (1,8) . . .	n. g.	130	300	n. g.	○↓ $\omega^2 \big/ \frac{2{,}0}{0{,}071} \frac{\mathrm{t}}{\mathrm{m}^2}$	,,
6.	Sand (?)	n. g.	[227÷255][2]	1000÷1200	n. g.	○↓ $\omega^2 \big/ \frac{2{,}0}{0{,}071} \frac{\mathrm{t}}{\mathrm{m}^2}$	Heukelom, Kon. Shell-Lab., M 23020 [*37*]
7.	Mittelsand (1,63)	n. g.	160	416	2,20	□↓ $\omega^2 \big/ \frac{0{,}5 \div 1{,}3}{0{,}25} \frac{\mathrm{t}}{\mathrm{m}^2}$	Degebo, H. 4 [*40*]
8.	Sand (1,55) . . .	67	n. g.	144	n. g.	○↓ $\omega^2 \big/ \frac{0{,}053}{0{,}025} \frac{\mathrm{t}}{\mathrm{m}^2}$	T. Y. Sung, Harvard S. M. S. 48 (1953) [*114*]
9.	Feinsand (?) . .	n. g.	[190]	650	n. g.	○↓ $\omega^2 \big/ \frac{2{,}0}{0{,}071} \frac{\mathrm{t}}{\mathrm{m}^2}$	Heukelom, Kon. Shell-Lab., M 23020 [*37*]
10.	Schluffsand (1,8)	n. g.	225	930	n. g.	○↓ $\omega^2 \big/ \frac{2{,}0}{0{,}071} \frac{\mathrm{t}}{\mathrm{m}^2}$	Nijboer, Kon. Shell-Lab. 1953 [*34*]

11.	Schluffsand (1,8)	n. g.	242	1080	n. g.	○ ↓ ω^2 / $\frac{2{,}0}{0{,}071}\ \frac{t}{m^2}$	
12.	Schluffsand (1,65)	19,3	110	200	2,37	□ ↓ ω^2 / $\frac{0{,}5 \div 1{,}3}{0{,}25}\ \frac{t}{m^2}$	Degebo, H. 4 [*40*]
13.	Lehm (1,85) . .	n. g.	114	240	n. g.	○ ↓ ω^2 / $\frac{2{,}0}{0{,}071}\ \frac{t}{m^2}$	Nijboer, Kon. Shell-Lab. 1953 [*34*]
14.	Lehm (1,80) . .	n. g.	105÷110	200÷220	n. g.	○ ↓ ω^2 / $\frac{2{,}0}{0{,}071}\ \frac{t}{m^2}$	„
15.	Lehm (?)	n. g.	[125]	290	n. g.	○ ↓ ω^2 / $\frac{2{,}0}{0{,}071}\ \frac{t}{m^2}$	Heukelom, Kon. Shell-Lab. M 23020 [*37*]
16.	Lehm u. Mergel(?)	n. g.	[205]	750	n. g.	○ ↓ ω^2 / $\frac{2{,}0}{0{,}071}\ \frac{t}{m^2}$	„
17.	Lehm (1,56) . . .	n. g.	50÷55	50	n. g.	○ ↶ ω^2 / $\frac{0{,}12}{0{,}28}\ \frac{t}{m^2}$	Bergström-Linderholm, Dynamic Soil Investigation on Säve Airfield 1948 [*62*]
18.	Lehm (1,56) . . .	n. g.	39÷42	47÷49	n. g.	○ ↓↶ ω^2 / $\frac{0{,}12}{0{,}28}\ \frac{t}{m^2}$	
19.	Löß, trocken (1,67)	23,5	260	1130	2,27	□ ↓ ω^2 / $\frac{0{,}5 \div 1{,}3}{0{,}25}\ \frac{t}{m^2}$	Degebo, H. 4 [*40*]
20.	Schlick (0,9) . .	n. g.	110	112	n. g.	○ ↓ ω^2 / $\frac{2{,}0}{0{,}071}\ \frac{t}{m^2}$	Nijboer, Kon. Shell-Lab., 1953 [*34*]
21.	Schlick (0,9) . .	n. g.	90	75	n. g.	○ ↓ ω^2 / $\frac{2{,}0}{0{,}071}\ \frac{t}{m^2}$	„
22.	Ton (?)	n. g.	[180]	600	n. g.	○ ↓ ω^2 / $\frac{2{,}0}{0{,}071}\ \frac{t}{m^2}$	Heukelom, Kon. Shell-Lab., M 23020 [*37*]
23.	Ton (?)	n. g.	[200]	740	n. g.	○ ↓ ω^2 / $\frac{2{,}0}{0{,}071}\ \frac{t}{m^2}$	„
24.	Nasser Ton (1,8)	n. g.	150	405	2,02	□ ↓ ω^2 / $\frac{0{,}5 \div 1{,}3}{0{,}25}\ \frac{t}{m^2}$	Degebo, H. 4 [*40*]

[1] n. g. = nicht gemessen. — [2] Die eingeklammerten Werte beziehen sich auf die Frequenz, bei der die mitschw. Masse (1) ist.

zahlen des Baugrundes abzuleiten, wird man einige der bekannten bodenmechanischen Standardversuche mit periodischen Beanspruchungen durchführen müssen. Einen Schritt auf diesem Wege machten BENDEL [*100*] und die Japaner T. MOGAMI und K. KUBO [*68*] mit ihren Messungen über die Abnahme der Scherfestigkeit rolliger und bindiger Böden mit der Beschleunigung. Hierüber berichten wir S. 258–262. Ebenso wie diese Untersuchung mit abnehmender Frequenz eine Annäherung an die statisch ermittelte Scherfestigkeit ergab, werden auch weitere Untersuchungen über das dynamische Verhalten des Baugrundes stetigen Anschluß an die statisch ermittelten Werte liefern müssen.

Besonderes Augenmerk wird der Energiebilanz eines Versuchsschwingers bzw. dynamisch erregten Bauwerkes geschenkt werden müssen, weil den beiden in vorstehenden Abschnitten eingehend behandelten Dämpfungsarten besondere bodenphysikalische Bedeutung zukommt und die genaue Kenntnis dieser Konstanten, gegebenenfalls deren Vergrößerung durch geeignete künstliche Maßnahmen, die Gründungsschwierigkeiten bei Maschinenfundamenten erheblich verringern kann. Auch bei dem folgenden Abschn. 4.3 über Schwingungsverdichtung ist die genauere Kenntnis der in den Baugrund gesandten Energie und ihre Umwandlung in andere Formen von großer Wichtigkeit. Die zufriedenstellenden Ergebnisse der Phasen- und Kraftmessungen am Ort des Schwingers lassen einen tieferen Einblick in den Energieverlauf erwarten.

Mit dem berechtigten Wunsch nach Schaffung eines Modellgesetzes der Baugrunddynamik steht die Frage nach dem einfachsten Schwingungssystem, das den Berechnungen zugrunde zu legen ist, in engem Zusammenhang. Insbesondere über die Abhängigkeit der wirksamen Masse von der Frequenz und damit über Größe, Form und Abgrenzung des *mitschwingenden Bodenkörpers* gehen die Ansichten noch auseinander, so daß auch hierbei weiteres Studium dringend erwünscht ist

4.3 Schwingungsverdichtung

Unter Schwingungsverdichtung versteht man im Grundbau die Vergrößerung der Lagerungsdichte hauptsächlich rolliger Böden mittels periodisch erregter, meist selbstbeweglicher Verdichtungsgeräte. Dieses Verdichtungsverfahren hat sich in den letzten Jahren vermöge seiner guten Wirkung und wegen des leichten Einsatzes der Geräte auf der Baustelle durchgesetzt. Sein Anwendungsgebiet sind Schüttungen und gewachsene Böden aus rolligem Material. Die hierbei gewonnenen guten Erfahrungen haben zur Entwicklung des sog. *Bodenersatzverfahrens* [*101, 102*] geführt, wobei ungünstige Bodenschichten beseitigt und durch stark verdichtete Schüttungen ersetzt werden. Da an die Qualität des Ersatzbodens keine hohen Ansprüche gestellt werden müssen und da der hierdurch geschaffene Baugrund große Pressungen aufzunehmen erlaubt, ist dieses Bodenersatzverfahren meist sehr wirtschaftlich.

Wir werden der Schwingungsverdichtung breiteren Raum widmen, weil dieses Anwendungsgebiet der Baugrunddynamik neben seiner praktischen Bedeutung im Grundbau mehrere Probleme aufwirft, deren Lösung nicht nur für die Weiterentwicklung der Verdichtungsgeräte und Bodenverbesserungsverfahren von Bedeutung ist, sondern auch andere Gebiete zu befruchten vermag.

4.31 Aufgaben und Probleme der Schwingungsverdichtung

Die Aufgabe der Schwingungsverdichtung besteht darin, die Lagerungsdichte vornehmlich rolliger Böden mit größtem Effekt und in kürzester Zeit zu vergrößern. Die Lagerungsdichte wird durch den Wert $D = \frac{\varepsilon_0 - \varepsilon_n}{\varepsilon_0 - \varepsilon_d}$ gekennzeichnet, wobei ε die Porenziffer bedeutet und die Indizes 0 und d die Grenzwerte, der Index n den natürlichen Wert angibt. Somit ist ε_0 der Maximalwert von ε für lockerste, ε_d der Minimalwert für dichteste und ε_n der natürliche Wert der Porenziffer. Die Grenzwerte ε_0 und ε_d müssen für jeden Boden im Laboratorium besonders bestimmt werden, sie hängen von der Bodenart, von der Korngröße und -verteilung und von der Kornform ab.

Wird durch eine künstliche Verdichtung ε_n auf den Wert ε_d reduziert, so erreicht die Lagerungsdichte D den Maximalwert 1. Mit der Verbesserung der Verdichtungsgeräte mehren sich aber die Fälle, in denen Werte $D > 1$ gefunden werden, also $\varepsilon_n > \varepsilon_d$ wird. Solche Werte zeigen, daß die laboratoriumsmäßige Bestimmung von ε_d ungenau sein kann und daß das Meßverfahren einer Verbesserung bedarf.

Man kann natürlich nicht erwarten, daß eine von der Baugrundsohle ausgeführte Verdichtung beliebig große Tiefen erreicht und muß daher die Frage nach der Tiefenwirkung stellen. Die Tiefenwirkung hängt von der in den Boden geschickten Verformungsenergie und von der Dauer ihrer Einwirkung ab. Es ist jedoch nicht sinnvoll, nach der Tiefenwirkung eines bestimmten Gerätes zu fragen, vielmehr ist zu klären, welche Verdichtungswirkung vom Gerät bei einer bestimmten Aufgabe erwartet wird. Handelt es sich z. B. um die Verdichtung eines geschütteten Dammes, so ist die optimale Leistung des Gerätes durch die Stärke der einzelnen Lagen, die notwendige Zahl der Verdichtungsgänge (kurz Durchgänge genannt) und die Laufgeschwindigkeit des Gerätes bestimmt, wobei die zweckmäßige Lagendicke noch von der Art der Einbringung des Schüttgutes bestimmt wird. Es ist auch nicht in allen Fällen nötig und wirtschaftlich, die Verdichtung der einzelnen Lagen bis auf den Wert $D = 1$ zu treiben, und es kann genügen, eine Porenziffer ε_n zu erzielen, die dem Wert an der Entnahmestelle des Schüttgutes entspricht. Dagegen wird man in diesem Falle auf einen gleichmäßigen Wert D bzw. ε_n in allen Teilen der Schüttung besonderen Wert legen.

Handelt es sich dagegen um die Verdichtung gewachsenen Bodens von der Fundamentalsohle aus, so wird die notwendige Einflußtiefe der Verdichtung durch die Spannungsverteilung der Lasten unter den Fundamenten bestimmt. Wählt man eine durchgehende Grundplatte, so wird eine verhältnismäßig kleine Tiefenwirkung genügen, aber eine gute Verdichtung der Randzonen ist erforderlich; Streifen- oder Einzelfundamente dagegen verlangen größere Tiefenwirkung im Einflußbereich der Lasten. Bei jeder Gründungsart ist anzustreben, daß entsprechend der Lastausbreitung der Grad der erreichten Verdichtung von der Fundamentsohle abwärts abnimmt und stetig an die Lagerungsdichte des natürlichen (nicht verdichteten) Bodens anschließt.

Mit diesen beiden Beispielen soll gezeigt werden, daß nicht unbedingt ein Verdichtungsgerät mit großer Verformungsenergie anzustreben ist, sondern seine vielseitige Anwendbarkeit von der weitgehenden Verstellmöglichkeit der Erregergrößen, das sind insbesondere Frequenz und Richtung der Erregerkraft, abhängt.

Wie in vielen technischen Gebieten ist auch bei der Schwingungsverdichtung die Konstruktion der Geräte der wissenschaftlichen Erkenntnis über die theoretischen Zusammenhänge weit vorgeeilt. Es ist nun an der Zeit, diese Zusammenhänge aufzuklären. Hierzu dienen die in einem späteren Teil dieses Abschnittes wiedergegebenen Berechnungsverfahren der Bewegungskurven und der optimalen Wirkung eines Verdichtungsgerätes, aber auch Studien über das Verhalten des Bodens bei dynamischer Einwirkung. Hier besonders treten echte wissenschaftliche Probleme an uns heran, weil die Frage nach Federung und Dämpfung einer in Umlagerung begriffenen Schüttung mit der Frage der Wirkungstiefe zusammenhängt und das Problem der zur Verdichtung, also Umlagerung, nötigen Energie zur Lösung stellt. Es erhebt sich aber auch die Frage nach der Kornsortierung, also Entmischung, und die Frage, ob ohne äußere Einwirkung, gegebenenfalls unter welchen Bedingungen, ein gut verdichteter Boden wieder aufgelockert werden kann.

4.32 Theorien über das Verhalten des Bodens bei Schwingungsverdichtung

Ziel der zu schildernden Theorien ist, zu klären, von welchen Größen die Zunahme der Lagerungsdichte des Bodens verursacht wird, wenn man ihn einer dynamischen Beanspruchung durch einen Schwinger unterwirft.

4.321 Resonanztheorie von A. Hertwig

Die ersten Beobachtungen über den Verdichtungseffekt machte Hertwig [*17*] anläßlich der Entwicklung eines dynamischen Baugrunduntersuchungsverfahrens. Er stellte fest, daß die bleibende Einsenkung eines Schwingers auf rolligem Boden den stärksten Zuwachs bei Frequenzen erfährt, die nahe der Eigenfrequenz des Schwingers auf der elastischen Bettung des Baugrundes liegen. Abb. 4.94 zeigt diesen Zusammenhang, der von Hertwig etwa wie folgt gedeutet wurde:

Arbeitet ein Schwinger in Resonanz, so versetzt er den Baugrund in einen Zustand stark verminderter Reibung, so daß relativ geringe Kräfte, nämlich das Schwingergewicht bzw. die Trägheitskraft des

Schwingers, eine Kornumlagerung in dichtere Packung erzwingen. Um eine solche bleibende Formänderung mit statischem Druck zu erreichen, wäre ein Vielfaches der Last erforderlich. HERTWIG stellte ferner fest, daß als Folge der erreichten Verdichtung die Eigenfrequenz schwach zunahm, die Dämpfung aber merklich abnahm.

Während HERTWIG seine Untersuchungen noch mit dem Ansatz geschwindigkeitsproportionaler Dämpfung durchführte, wissen wir heute aus den Arbeiten K. W. WAGNERS [*49*], daß die der plastischen Verformung entsprechende Dämpfung wegproportional angesetzt werden muß (s. hierzu S. 29), so daß die Vergrößerungsfunktion

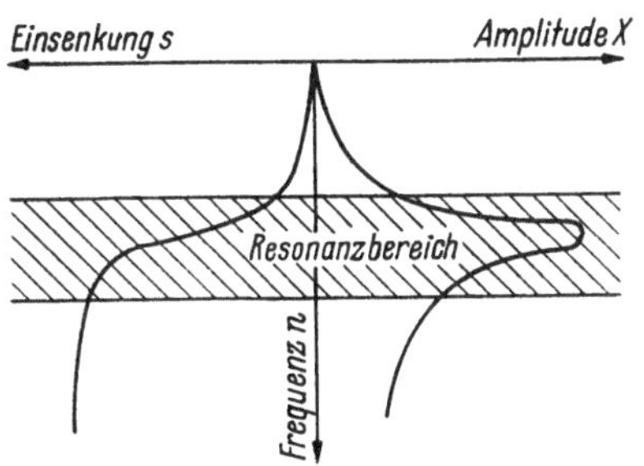

Abb. 4.94. Amplituden- und Einsenkungskurven bei mitteldicht gelagertem rolligen Boden

$$V' = \frac{\eta^2}{\sqrt{(1-\eta^2)^2 + \left(\frac{k_0}{m}\right)^2}}$$

lautet. Der Scheitel der Kurve $V'(\eta)$ liegt bei $\eta_{max} = \sqrt{1 + \left(\frac{k_0}{m}\right)^2}$, so daß abnehmende Dämpfung k_0 eine geringfügige Verringerung der Scheitelabszisse η_{max} verursacht. Deshalb konnte das Anwachsen der Federung infolge der Verdichtung bei den Versuchen von HERTWIG [*17*] experimentell nicht ermittelt werden.

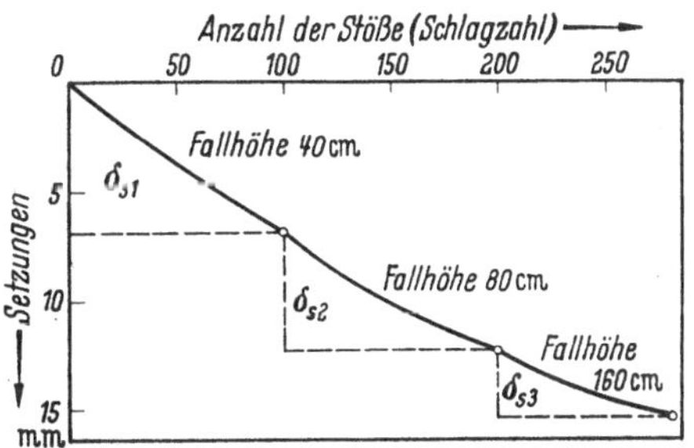

Abb. 4.95. Setzungen einer Sandschüttung unter den Stößen einer wiederholt fallenden Kugel als Funktion der Schlagzahl nach PIPPAS [*74*]

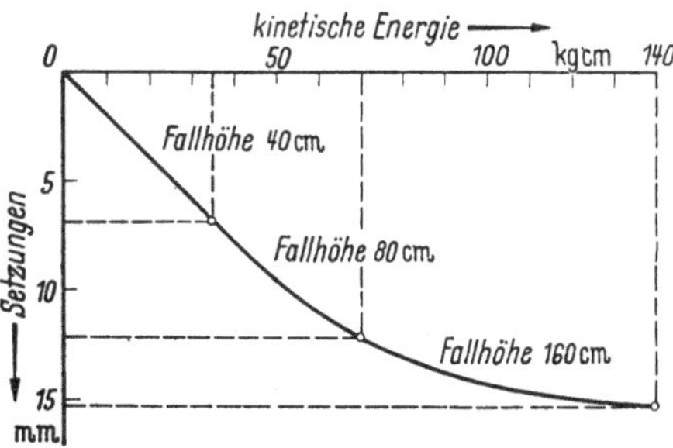

Abb. 4.96. Setzungen einer Sandschüttung unter den Stößen einer wiederholt fallenden Kugel als Funktion der kinetischen Energie nach PIPPAS [*74*]

Um die bleibende Formänderung einer Sandschüttung infolge leicht meßbarer Schläge zu prüfen, hat auf Anregung HERTWIGS D. A. PIPPAS [*74*] die Setzungen unter den Stößen einer wiederholt aus wachsender Höhe fallenden Kugel gemessen. Das Ergebnis zeigen die Abb. 4.95 und 4.96, wobei auf der Abszissenachse die Schlagzahl bzw. die kinetische Energie aufgetragen sind. Diese Versuche ergaben eindeutig, daß bei verdoppelter Fallhöhe der Zuwachs der bleibenden Formänderung kleiner wird. Trägt man dagegen gemäß Abb. 4.97 die Setzung unter einem Schwinger als Funktion der Lastwechselzahl auf, so erreicht der

Zuwachs der Setzung sein Maximum bei derjenigen Lastwechselzahl, die in den Resonanzbereich fällt. Auch die Auftragung der Setzung als Funktion der kinetischen Energie $\frac{m}{2} X^2 \omega^2$ des Schwingers in Abb. 4.98 zeigt keine Ähnlichkeit mit den Fallversuchen Abb. 4.96. Aus diesen Beobachtungen zog HERTWIG den Schluß, daß optimale Verdichtungswirkung durch Einstellung der Resonanzfrequenz am Schwinger erreichbar ist, und hat darauf in Zusammenarbeit mit dem Losenhausenwerk den ersten Schwingungsverdichter entwickelt.

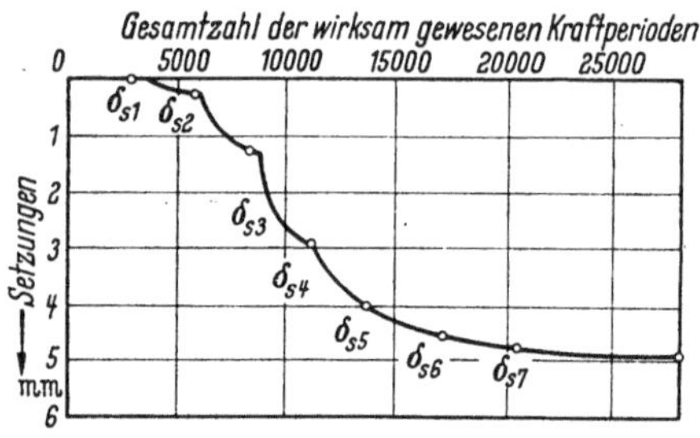

Abb. 4.97. Setzungen des Schwingers als Funktion der Gesamtzahl der wirksam gewesenen Kraftperioden

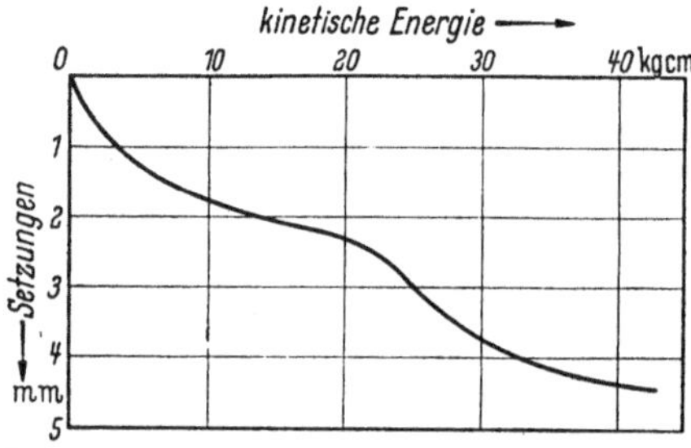

Abb. 4.98. Setzungen des Schwingers als Funktion der kinetischen Energie

Betrachtet man heute diese Resonanztheorie kritisch, so ist zunächst darauf hinzuweisen, daß die Versuche HERTWIGS mit einem Schwinger ausgeführt wurden, dessen Gewicht größer war als die maximale Fliehkraft, der sich also nicht vom Boden abheben konnte. Bei den neueren selbstbeweglichen

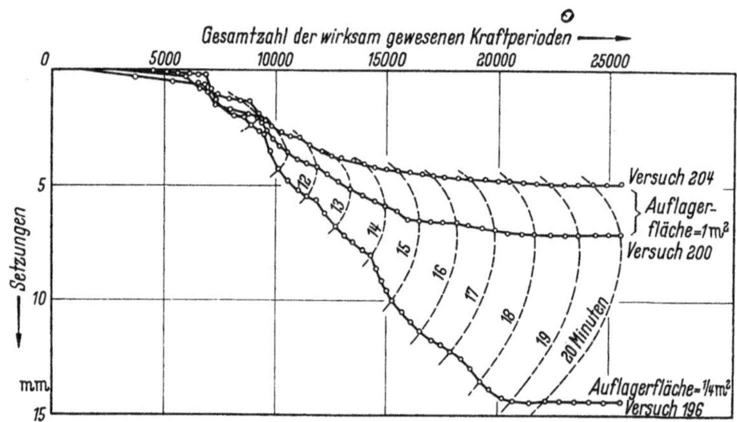

Abb. 4.99. Setzungen des Schwingers als Funktion der Gesamtzahl der wirksam gewesenen Kraftperioden für zwei verschiedene Auflagerflächen

Verdichtungsgeräten dagegen übersteigt die Fliehkraft des Gewicht erheblich, so daß sie springen; die größte Verdichtungswirkung hängt also von der Auftreffgeschwindigkeit ab. Aber auch der von

HERTWIG beobachtete Einfluß der Flächengröße auf die plastische Deformation des Baugrundes, die, wie Abb. 4.99 zeigt, bei $F = {}^1/_4\,\mathrm{m}^2$ etwa dreimal so groß ist wie bei $F = 1\,\mathrm{m}^2$, widerspricht der Resonanztheorie, denn bei allen Versuchen wurde etwa gleich lange mit der Resonanzfrequenz gearbeitet. Das in Abb. 4.99 dargestellte Versuchsergebnis deutet auf einen Zusammenhang zwischen eingeprägter Verformungsenergie und Volumen des verdichteten Bodens.

Aufbauend auf den Gedanken von HERTWIG hat RAMSPECK [75] Untersuchungen über den günstigsten Frequenzbereich angestellt und eine Bedingungsgleichung für das Lösen eines Bodenelementes aus seinem Verbande aufgestellt. Ist $p = \varrho X \omega^2$ die auf die Volumeneinheit bezogene Trägheitskraft, ϱ die Dichte und K die Summe aller statischen Kräfte am Element, so lautet die Bedingung für das Lösen aus dem Verbande

$$p > K + \bar{\sigma}_D\, \omega^2 \mu, \tag{4.54}$$

worin $\bar{\sigma}_D$ der durch die Schwingung bewirkten, also dynamischen, Normalspannung σ_D proportional ist. Mit $\alpha = \frac{K}{\varrho}$ und $\frac{\bar{\sigma}_D \mu}{\varrho} = \beta$ wird aus Gl. (4.54)

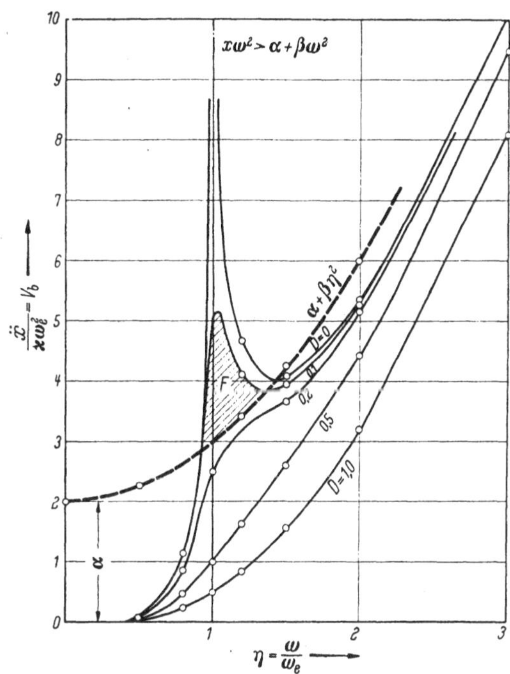

Abb. 4.100. Darstellung der Bedingungsgleichung von A. RAMSPECK [75] $X\,\omega^2 > \alpha + \beta\,\omega^2$

$$\ddot{X} \equiv X\,\omega^2 > \alpha + \beta\,\omega^2. \tag{4.55}$$

Diese Beziehung lautet dimensionslos $\frac{\ddot{X}}{\varkappa\,\omega^2} \equiv V_b > \bar{\alpha} + \bar{\beta}\,\eta^2$. Sie ist in Abb. 4.100 dargestellt, woraus zu ersehen ist, daß ihre Erfüllung von dem Frequenzverhältnis η und der Dämpfung D abhängt. Für große Dämpfungen ist die Gl. (4.55) nicht erfüllbar, für kleine Dämpfungen nur im Bereich zwischen den Schnittpunkten der Kurven $X\,\omega^2$ und $\alpha + \beta\,\omega^2$. RAMSPECK beurteilt die Verdichtungswirkung nach der in Abb. 4.100 für $D = 0{,}1$ schraffierten Restfläche $F = X\,\omega^2 - (\alpha + \beta\,\omega^2)$ und versucht auch, hieraus die Setzung zu errechnen. Wir gehen hierauf nicht näher ein, weil diesen Gedankengängen offenbar ein Fehler anhaftet: Für konstante Dämpfung D nimmt nämlich F mit wachsendem α und β, d. h. mit abnehmender Dichte ϱ, wachsender Reibung μ und Spannung σ ab. Dieses Ergebnis ist weder plausibel noch mit den anschließend besprochenen Versuchsergebnissen vereinbar.

4.322 Theorie über den Einfluß der Lastwechselzahl von Tschebotarioff

Aufbauend auf den von HERTWIG geschaffenen Grundlagen hat TSCHEBOTARIOFF [42], [43], [44], [46], [76] unter bewußtem Vermeiden der Resonanzfrequenz die Abhängigkeit der plastischen Verformung rolliger Böden von der Lastwechselzahl der Schwingung untersucht. Der

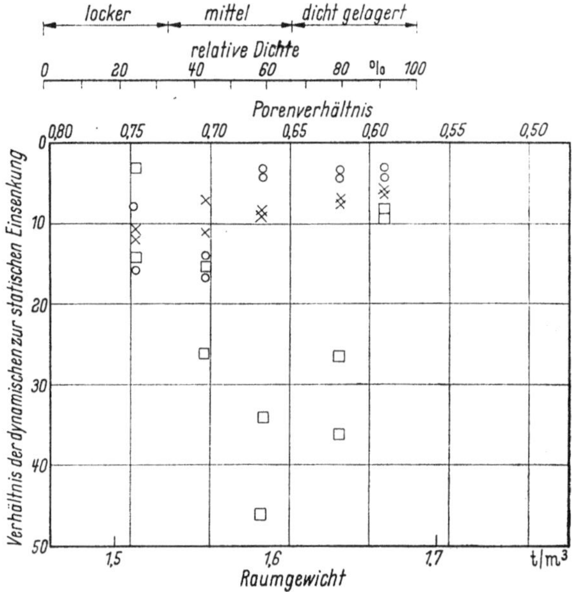

Abb. 4.101. Einfluß der Lagerungsdichte auf das Verhältnis zwischen dynamischer und statischer Einsenkung (nach TSCHEBOTARIOFF [43])

Verfasser hat diese Ergebnisse in einer Veröffentlichung [77] wie folgt zusammengefaßt:

a) Bei jeder Lagerungsdichte und bei jedem beliebigen Wassergehalt ist die Verdichtungswirkung einer dynamischen Kraft ein Vielfaches der gleichwertigen statischen Kraft (Abb. 4.101).

b) Bei jeder Lagerungsdichte und sowohl bei statischer als auch bei dynamischer Kraftwirkung ist die Verdichtung eines Sandes unter Auftrieb erheblich größer als bei trockenem Sand; andererseits ist die Verdichtung bei einem Wassergehalt nahe der Sättigung größer als bei trockenem Material (Abb. 4.102).

c) Sand von gleichförmiger Korngröße ist gegen dynamische Wirkungen empfindlicher als solcher ungleichförmiger Korngröße. Bei gleichförmigem Feinsand fand man unter dynamischer Erregung innerhalb von 10 Minuten eine Einsenkung, die den 140fachen Wert der bei der entsprechenden statischen Belastung erreichten Einsenkung ergab.

d) Unter sonst gleichen Verhältnissen wächst die Einsenkung etwa linear mit dem Lastflächendurchmesser. Bei Sand unter Auftrieb ist diese Zunahme merklich schwächer (Abb. 4.103).

e) Die Verdichtungswirkung eines Sandbodens unter dynamischer Beanspruchung hängt nicht ab von der Erregerfrequenz, solange die Amplitude der Erreger-

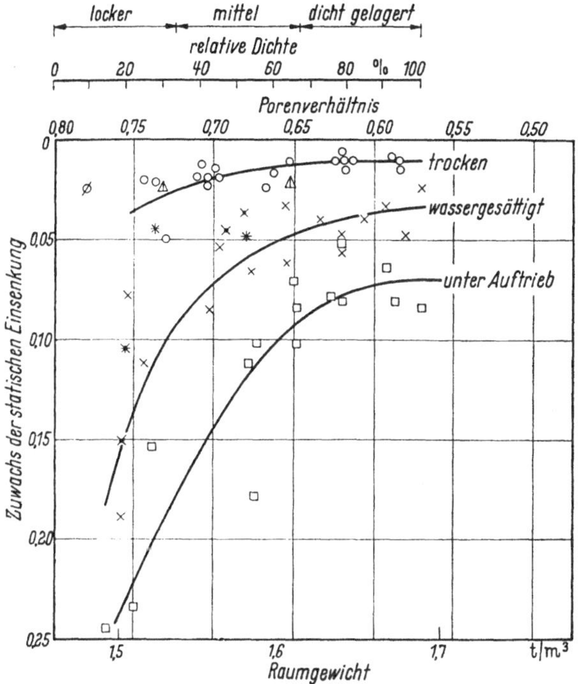

Abb. 4.102. Einfluß der Lagerungsdichte auf die statische Einsenkung (nach TSCHEBOTARIOFF [43])

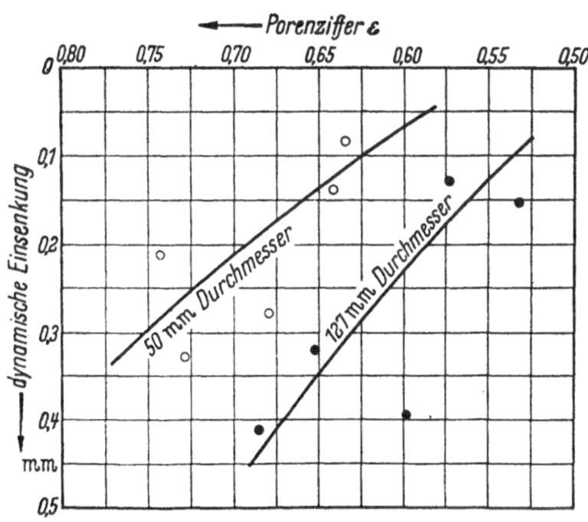

Abb. 4.103. Abhängigkeit der dynamischen Einsenkung von der Porenziffer und dem Lastflächendurchmesser bei wassergesättigtem Sand nach TSCHEBOTARIOFF [43]

kraft nicht durch Resonanzwirkung vergrößert wird. Man fand beispielsweise dieselbe Verdichtung bei einer Frequenz von 1 U/min und 1000 U/min, wenn nur die Lastwechselzahl dieselbe war.

f) Die Verdichtung eines Sandbodens sowohl unter statischen als auch dynamischen Kräften war am größten bei Lagerungsdichten des Sandes, die kleiner waren, als der kritischen Porenziffer entsprach.

g) Bei gleicher Lastwechselzahl wächst die Einsenkung mit der Größe der Erregerkraft (Abb. 4.104). Hält man das Verhältnis der Erregerkraft zum Eigengewicht des Schwingers konstant, so wächst die Einsenkung auch mit vergrößertem Eigengewicht, aber der Einfluß der Erregerkraft überwiegt den Einfluß des Eigengewichtes.

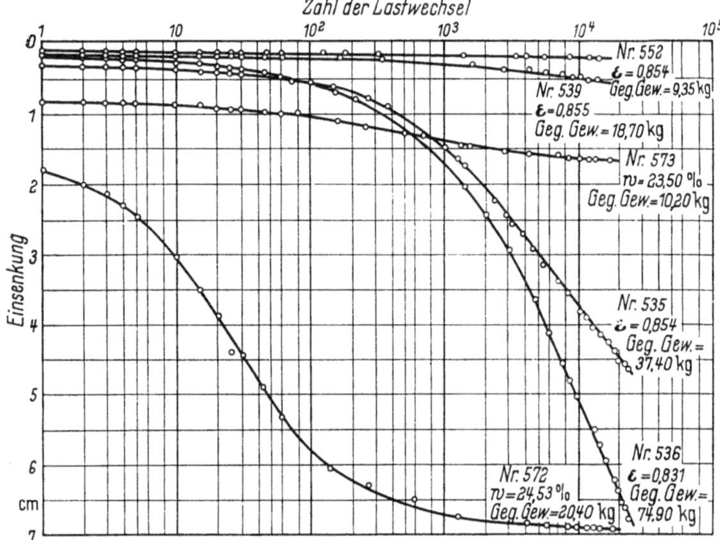

Abb. 4.104. Einfluß der Lastwechselzahl auf die Einsenkung bei Sand und rotem Ton nach TSCHEBOTARIOFF [43]

4.323 Theorie über den Einfluß der Beschleunigung

Die bei Erdbeben gewonnene Erfahrung, daß die Schwingungsbeschleunigung die zur Beurteilung der Wirkung eines Schwingungsverdichters ausschlaggebende Größe ist, hat die Japaner T. MOGAMI und K. KUBO [68] zu Versuchen über den Einfluß von Schwingungen auf die Scherfestigkeit von Böden veranlaßt.

Die erste Aufgabe bestand darin, einfache Testversuche zu ersinnen, die das Überschreiten eines bestimmten Schwingwertes eindeutig anzeigen sollten. Man wählte drei Kriterien, nämlich das Einstürzen eines Modelldammes aus Sand innerhalb von 10 sek, die Verformung eines Sandkegels in einen solchen mit größerer Grundfläche und kleinerer Höhe nach 5 sek Schwingungseinwirkung und das Eindringen eines Stabes in den Sand um ein bestimmtes Maß ebenfalls nach 5 sek dynamischer Einwirkung. Der durch einen dieser Vorgänge bewirkte Effekt wird *Verflüssigung* (liquefaction) genannt. Die Versuche wurden mit verschiedenen Amplituden (bis 2 mm) und Frequenzen (10 bis 50 Hz) ausgeführt, und jedesmal wurde das Wertepaar X, n aufgezeichnet, wenn eines der drei Kriterien eintrat. Die Auftragung dieser Wertepaare im doppellogarithmischen Maßstab zeigt Abb. 4.105, und die Tatsache, daß diese Punkte auf einer Geraden X^α, n^β = const liegen, wobei $\frac{\beta}{\alpha} \approx 2$, beweist deutlich den Einfluß der Beschleunigung $b = X\,n^2$.

Hiernach wurde gemäß Abb. 4.106 ein kleines Rahmenschergerät auf einem Schütteltisch montiert und die Scherfestigkeit verschiedener Böden unter dynamischem Einfluß gemessen, wobei die Beschleunigung variiert wurde. Abb. 4.107 und 4.108 zeigen das Ergebnis trockener Sande, und zwar einmal bei festgehaltener Auflast und veränderter Frequenz, dann bei konstanter Frequenz und verschiedenen Auflasten. Beide Diagramme zeigen starke Abnahme der Scherfestigkeit mit der Beschleunigung, sie erreicht den Minimalwert etwa bei der doppelten Erdbeschleunigung. Leider gibt die japanische Quelle weder den Reibungswinkel des Versuchssandes noch die Gesamtauflast an. Der in Abb. 4.107 angegebene Auflastwert $\sigma = 39$ g/cm² kann nur eine zusätzliche Last bedeuten, denn sonst würde sich mit dem Ausgangswert der Kurve $\tau = 130$ g/cm² aus $\operatorname{tg} \varrho = \frac{130}{39} = 3{,}33$ ein unmöglicher Wert $\varrho = 73°$ errechnen. Unter der Annahme, daß der Versuchssand einen Reibungswinkel $\varrho = 35°$ besaß, die Auflast damit 150 g/cm² + σ betrug, wird bei einer Beschleunigung $b \geqslant 2\,g$ der Reibungswinkel auf $\operatorname{tg} \varrho = \frac{15}{186} = 0{,}08$, $\varrho \approx 4°$ verringert.

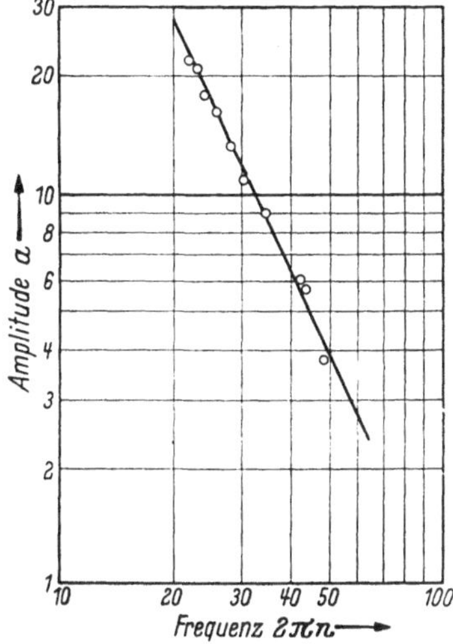

Abb. 4.105. Abhängigkeit des Schwingungsausschlages von der Frequenz nach MOGAMI-KUBO [68]

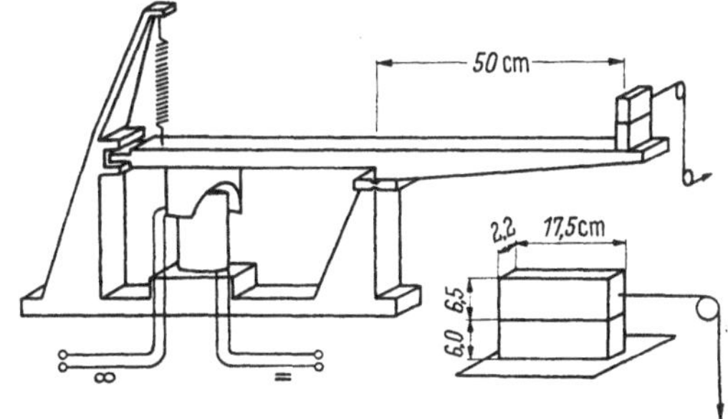

Abb. 4.106. Dynamisches Schergerät nach MOGAMI-KUBO [68]

Der Einfluß der Frequenz tritt gegenüber der Beschleunigung weit zurück, auch ist keine klare Tendenz des Frequenzeinflusses erkennbar. Dagegen zeichnet sich in Abb. 4.108 die Wirkung einer veränderten Auflast deutlich ab; offenbar behindert größere Auflast die *Verflüssigung* des Sandes.

Aufschlußreich ist auch die in den Abb. 4.109 und 4.110 dargestellte Abhängigkeit des Trockenraumgewichtes γ_t von der Beschleunigung. Bei allen Frequenzen ist ein Maximum von γ_t zu beobachten, das bei einem Beschleunigungswert auftritt, der mit der Frequenz anzusteigen scheint. Ohne zusätzliche Auflast erfährt hiernach ein allerdings sehr locker gelagerter Sand durch den Einfluß wachsender Beschleunigung eine Verdichtung, deren Zuwachs aber, wie Abb. 4.109 zeigt, unter zusätzlicher Auflast stark vermindert wird.

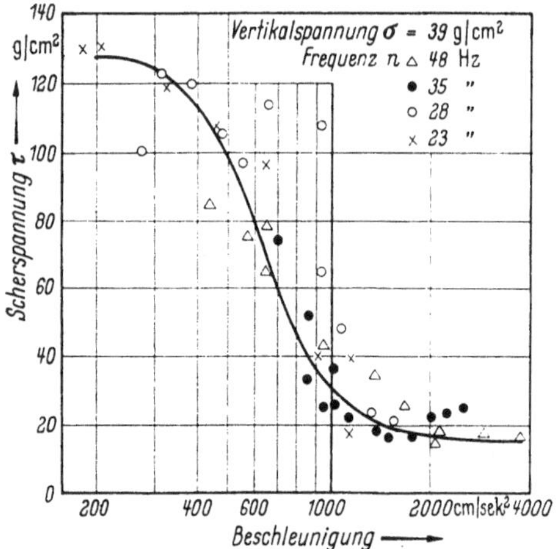

Abb. 4.107. Einfluß der Beschleunigung auf die Scherspannung nach MOGAMI-KUBO [68]. Vertikalspannung konstant, Frequenz verändert

Schließlich haben MOGAMI und KUBO noch festgestellt, daß die Verminderung der Scherfestigkeit durch Schwingungseinwirkung nicht auf rollige Böden beschränkt ist, sondern gemäß Abb. 4.111 auch bei bindigem Material beobachtet wird. Das Beispiel zeigt eine fast lineare Abnahme der Scherfestigkeit, die bei einer Beschleunigung $b \approx 3$ g nahezu Null wird.

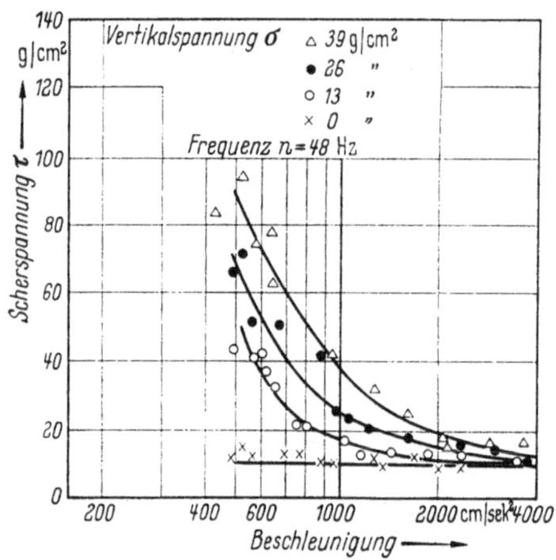

Abb. 4.108. Einfluß der Beschleunigung auf die Scherspannung nach MOGAMI-KUBO [68]. Frequenz konstant, Vertikalspannung verändert

Die Abnahme des Reibungsbeiwertes mit der Beschleunigung ist übrigens auch von mehreren russischen Forschern bestätigt worden, wie aus der Veröffentlichung von BARKAN [78] hervorgeht, der die Abb. 4.112 entnommen ist.

4.324 Versuch einer Deutung der bisherigen Ergebnisse

Auf ein Korn in einem dynamisch erregten ungleichförmigen Haufwerk wirken neben Eigengewicht und Trägheitskraft die Reibungskräfte an den Berührungspunkten. Während die Trägheitskraft

$$\tilde{P}^2 = \tilde{K}^2 + m^2 X^2 \omega^4 + 2\tilde{K} m X \omega^2 \cos\varphi$$

gemäß Gl. (2.34), S. 26 von der Erregung $\tilde{K}$, der Beschleunigung $X\omega^2$, der Masse m des Kornes und dem Phasenwinkel φ zwischen Erregung und Bewegung abhängt, wird die Reibungskraft vom Korndruck und der Anzahl der Berührungspunkte beeinflußt. Die Reibung wächst also mit der Tiefe und der Lagerungsdichte. Also wird die Beschleunigung, die zur Erzeugung eines Schwebezustandes (Liquifaction) des Haufwerkes nötig ist, ebenfalls mit der Lagerungsdichte wachsen und in größeren Tiefen größere Werte annehmen müssen als an der Erdoberfläche. Schließlich wird man nicht erwarten dürfen, daß das gesamte Haufwerk wie ein monolithischer Körper schwingt, vielmehr wird die unterschiedliche Masse der einzelnen Körner verschieden große Trägheitskräfte und in unterschiedlicher Tiefe Phasenunterschiede aufweisen.

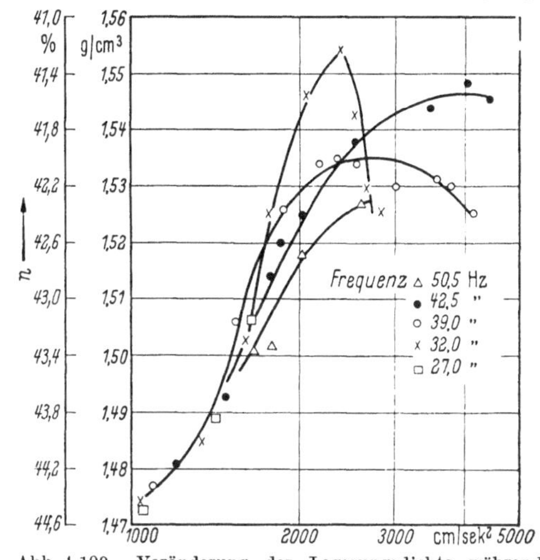

Abb. 4.109. Veränderung der Lagerungsdichte während der Schwingung nach MOGAMI-KUBO [68]

Wenn auch die Bewegungsgleichung dieser Kräfte bis heute noch nicht aufgestellt und gelöst worden ist, so sind die oben geschilderten Zusammenhänge doch plausibel, weil sie mit den erwähnten Versuchen übereinstimmen und die bekannte Tatsache der Kornsortierung erklären. Diese Erscheinung besteht z. B. darin, daß eine Stahlkugel in einem dynamisch erregten Haufwerk nach oben steigt. In der Praxis der Schwingungsverdichtung macht sich die Kornsortierung dadurch unangenehm bemerkbar, daß das gröbere Material in eine andere Richtung wandert als das feinere.

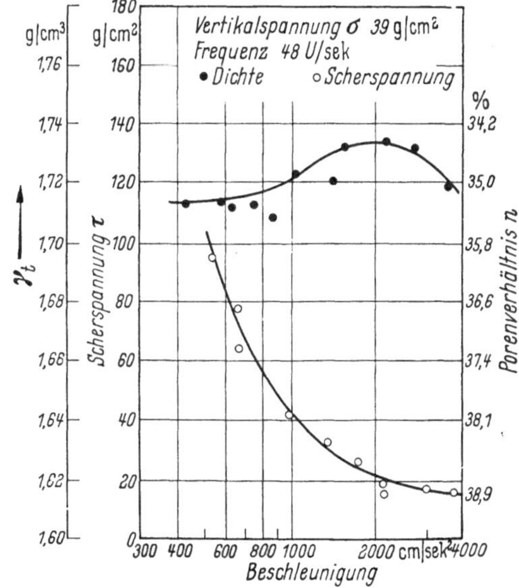

Abb. 4.110. Einfluß der Beschleunigung auf die Lagerungsdichte und die Scherspannungen nach MOGAMI-KUBO [68]

Einer Arbeit von L'HERMITE [79] entstammt ein wertvoller Hinweis aus der Theorie der Betonrüttelung, wonach die Korngröße D der von der Schwingung erfaßten Fraktion der Gleichung

$$D < \frac{3900}{n^2} \tag{4.56}$$

folgt, worin n in Hz auszudrücken ist und D sich in cm ergibt. Hiernach werden z.B. von einer Frequenz $n = 50$ Hz nur Körner $D < 1{,}5$ cm, von $n = 100$ Hz nur noch $D < 0{,}4$ cm betroffen. Wieweit diese Erkenntnis aus der Betontechnologie auf die Bodenverdichtung anwendbar ist, bleibt allerdings noch offen.

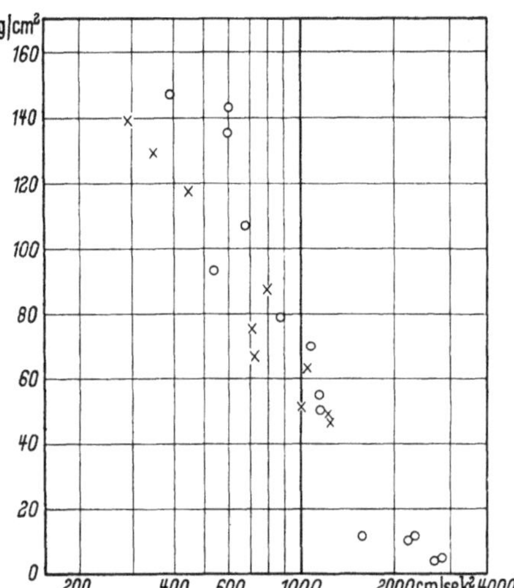

Abb. 4.111. Abnahme der Scherspannung mit der Beschleunigung bei bindigem Boden nach MOGAMI-KUBO [68]

Aus den bisher durchgeführten Versuchen lassen sich folgende Erkenntnisse zusammenstellen:

1. Die wesentliche Schwingungsgröße ist die Beschleunigung. Sie muß, um einen Verdichtungseffekt zu ergeben, den Wert der Erdbeschleunigung erheblich übersteigen; sie besitzt aber einen optimalen Wert, bei dessen Überschreiten die Verdichtungswirkung wieder abnimmt.

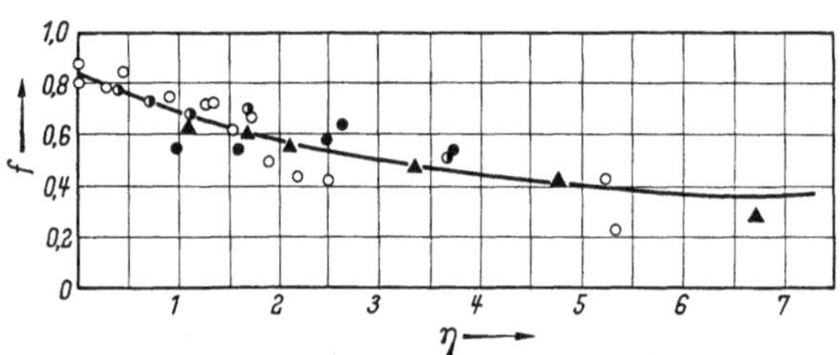

Abb. 4.112. Änderung des Reibungskoeffizienten f des Sandes mit der auf g bezogenen Beschleunigung η (nach SAVSCHENKO)

2. Auch außerhalb der Resonanzfrequenz ist eine gute Verdichtungswirkung erzielbar; allerdings wird dann die notwendige Einwirkungsdauer recht groß.

4.33 Verdichtungsverfahren und Verdichtungsgeräte

Wie bereits einleitend ausgeführt wurde, haben wir zwischen Oberflächenverdichtung und Tiefenverdichtung zu unterscheiden. Zur Oberflächenverdichtung dienen Sprungrüttler und Auflastrüttler; das Unterscheidungsmerkmal ist dabei das Verhältnis der Erregerkraft zum Eigengewicht.

Wir wollen die Schwingungsverdichtung hier nur als ein, allerdings sehr wichtiges, Anwendungsbeispiel für die Bedeutung dynamischer Probleme im Grundbau behandeln, können und wollen deshalb nicht alle dynamischen Verdichtungsgeräte schildern. Wenn wir als Beispiel einen vom Verfasser entwickelten Sprungrüttler gewählt haben, so geschah dies, weil ihm dessen Konstruktionsmerkmale naturgemäß besser vertraut sind, als dies für andere Geräte zutrifft. Die Beschränkung auf Sprungrüttler erschien angebracht, weil ihre Theorie wesentlich schwierigere Probleme aufwirft als bei Auflastrüttlern und weil der Verfasser der Ansicht ist, daß dieser Gerätetyp seine optimale Leistung in der Praxis noch nicht gezeigt hat. Das liegt offenbar an der Vielzahl der an diesen Geräten möglichen Einstellungen.

4.331 Konstruktive Einzelheiten eines Sprungrüttlers

Ein Sprungrüttler muß eine Fliehkraft erzeugen, deren Größe, Richtung und Frequenz weitgehend regelbar ist. Er muß, wie der Name sagt, springen, also verhältnismäßig große Amplituden ausführen, ohne daß der Antriebsmotor Schaden leidet. Daher wird dieser Motor, vom Rüttelteil getrennt, federnd gelagert. Der Sprungrüttler soll ferner eine möglichst große Grundfläche und ein entsprechendes Eigengewicht besitzen, weil hiervon die Verdichtungswirkung insbesondere in größerer Tiefe abhängt. Er soll schließlich selbstbeweglich sein, d. h. weder zum normalen Fortbewegen auf der Baustelle, noch zur Richtungsänderung, vor allem zum Wenden, äußerer Kräfte bedürfen. Der Straßentransport braucht und soll dagegen nicht selbsttätig sein.

Abb. 4.113. Großrüttler des Losenhausenwerkes

Der erste Rüttler dieser Art wurde etwa im Jahre 1934 vom Losenhausenwerk in Düsseldorf hergestellt; er ist in Abb. 4.113 dargestellt. Sein

Gewicht betrug etwa 25 t, die Grundfläche 7,5 m², die Drehzahl war zwischen 10 und 20 Hz regelbar. Dieses Gerät, dessen Abmessungen nicht wieder erreicht wurden, war nicht selbstbeweglich, sondern wurde

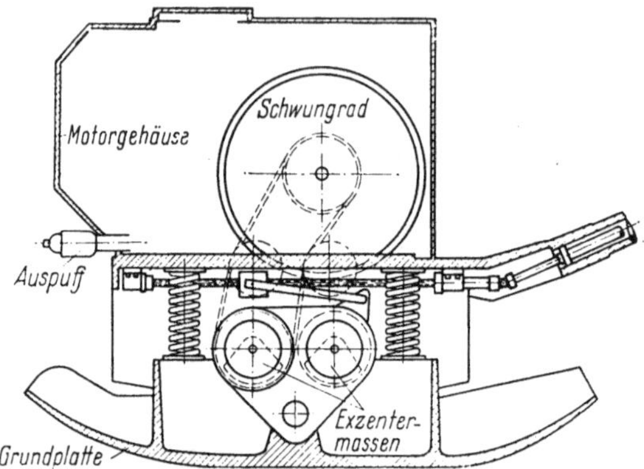

Abb. 4.114. Systemskizze des Rüttelverdichters AT 5000 Losenhausenwerk, Düsseldorf

mittels Raupen vorgetrieben und brauchte deshalb auch keine Verstellmöglichkeit der Erregerkraftrichtung. Die nächste wesentliche Entwicklungsstufe stellt das erste selbstbewegliche Gerät, der *Vibromax*

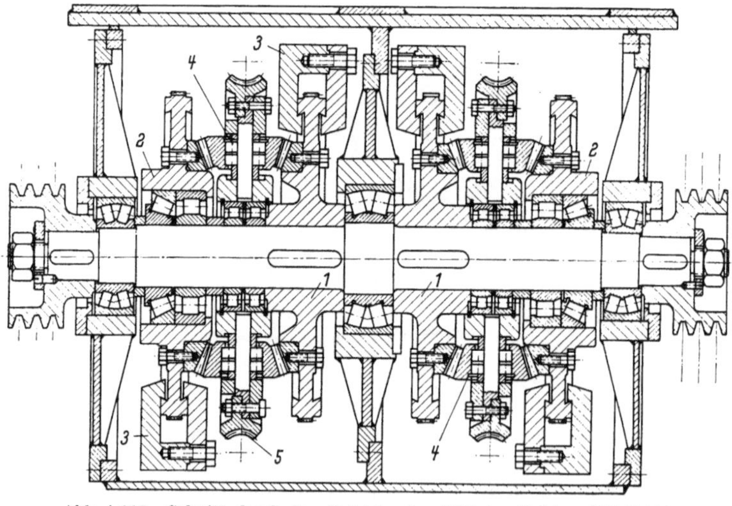

Abb. 4.115. Schnitt durch das Getriebe des Rüttelverdichters RV 20000, Bauart Bohn & Kähler, Kiel

AT 5000 des Losenhausenwerkes dar. Abb. 4.114 zeigt die Verstellmöglichkeit der Erregerkraft, die durch Schwenken des zweiwelligen Schwingungserregers um eine waagerechte Achse erreicht wird.

Um neben dem normalen Vortrieb noch die Fahrtrichtung steuerbar zu machen, aber auch die Richtung der Erregerkraft kontinuierlich

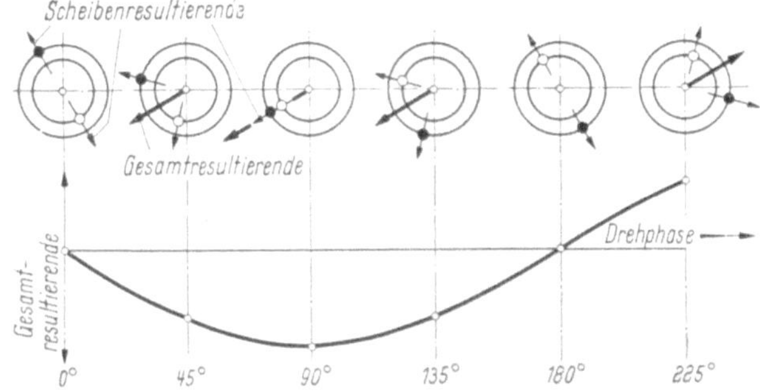

Abb. 4.116. Wirkungsweise des einwelligen Schwingersystems

während der Fahrt von der Lotrechten bis in die Waagerechte verstellen zu können, hat der Verfasser das von Losenhausen benutzte zweiwellige Antriebssystem zugunsten eines einwelligen verlassen. Das Prinzip dieses Antriebes ist auf S. 264 und in einer Veröffentlichung von ERLENBACH [*80*] beschrieben worden. Es besteht gemäß Abb. 4.115 aus zwei auf einer Welle montierten Scheibenpaaren, deren jedes eine festaufgekeilte und eine freibewegliche Scheibe besitzt. Durch ein Differential wird das Drehmoment von der festen Scheibe auf die bewegliche übertragen, wobei sich der Drehsinn verändert. Die Scheiben eines Paares laufen in der Regel also synchron, aber gegensinnig. Die Fliehkräfte der auf den Scheiben montierten

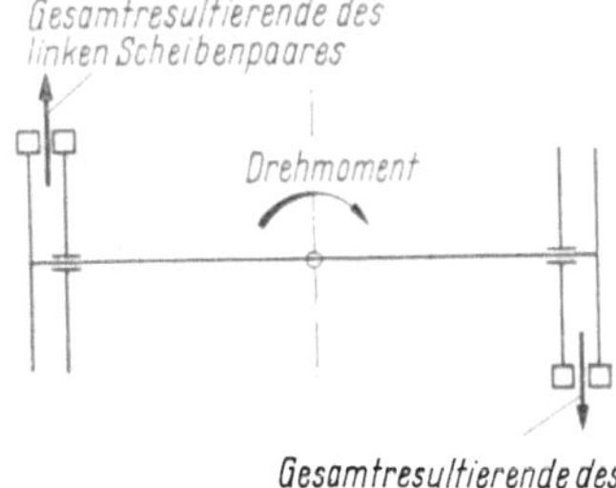

Abb. 4.117. Schema der Seitensteuerung

Abb. 4.118. Verdichtungsspur bei einer Kehrtwendung des Gerätes

Exzenter addieren sich also in dem Augenblick, wenn die Verbindungslinie vom Exzenter zur Welle gerade gleiche Richtung hat. Die

Fliehkraftrichtung bleibt in jeder Drehphase konstant, es ändert sich dann nur die Größe der Erregerkraft, und zwar nach der Sinusfunktion.

Abb. 4.119. Rüttelverdichter Bohn & Kähler, Kiel, in Transportstellung

Um nun diese Richtung bei laufender Maschine verstellen zu können, ist gemäß Abb. 4.115 an dem Differential *4* eine Schneckenverzahnung *5* angebracht, die eine Relativbewegung der beweglichen Scheibe gegen

Abb. 4.120. Rüttelverdichter Bohn & Kähler, Steuerorgane

die feste Scheibe auszuführen erlaubt. Infolge dieser Relativbewegung verändert sich die Richtung des Maximalwertes der Fliehkraft, also der Gesamtresultierenden in Abb. 4.116. Da schließlich beide Scheibenpaare getrennt gesteuert werden, kann man, wie Abb. 4.117 im Grundriß zeigt, z. B. die Resultierende des linken Scheibenpaares in die Fahrtrichtung, diejenige des rechten Scheibenpaares nach rückwärts stellen und erreicht damit ein Drehmoment um die lotrechte Schwerachse des Verdichtungsgerätes. Die Folge ist ein selbsttätiges Wenden (Abb. 4.118). Zur Frequenzregelung bedient man den Gashebel des Antriebsmotors, der über ein Stufengetriebe und mittels Keilriemenantrieb auf die Schwingerwelle wirkt. Das in Abb. 4.119 gezeigte Gerät erlaubt Erregerfrequenzen im Bereich von etwa 12 bis 30 Hz. Die beiden Handräder in Abb. 4.120 dienen der Verstellung der Richtung der Erregerkräfte; sie wirken getrennt auf die beiden Scheibenpaare. Schließlich kann die Erregerkraft noch durch Verstellen der Exzentermassen geregelt werden. In Tab. 4.10 sind die technischen Daten des beschriebenen Gerätes zusammengestellt.

Tabelle 4.10. *Technische Daten des Rüttelverdichters Bohn und Kähler „RV 20000“*

Effektive Rüttelfläche	1 m²
Leistung des Antriebsmotors .	28 PS
Anzahl der Exzenter	4
Exzentermoment $m_0\,r$	0,175 kgs²
Maximale Fliehkraft	20000 kg
Erregerfrequenz regelbar . . .	12,5 bis 30 Hz
Arbeitsgeschwindigkeit	
Dauerbetrieb	10 bis 17 m/min
maximal	17 bis 23 m/min
Betriebsgewicht	2500 kg

4.332 Nachprüfung der erreichten Verdichtung

Zur Nachprüfung der erreichten Verdichtung eines Rüttlers stehen verschiedene Verfahren zur Verfügung, die hier zu beschreiben über den Rahmen des Buches hinausginge. Wir verweisen auf die einschlägigen Quellen [*81*], [*82*], [*83*] und beschränken uns auf die Wiedergabe der Ergebnisse.

Gemessen wird entweder der Porenanteil n bzw. die Porenziffer $\varepsilon = \frac{1-n}{n}$ vor und nach der Verdichtung sowie die Grenzwerte der lockersten (n_0, ε_0) und der dichtesten (n_d, ε_d) Lagerung, woraus die relative Dichte $D = \frac{\varepsilon_0 - \varepsilon_n}{\varepsilon_0 - \varepsilon_d}$ berechnet wird oder das Raumgewicht γ vor und nach der Verdichtung in Verbindung mit der sog. 100%-Proctordichte, die bekanntlich den für die Verdichtung eines Bodens optimalen Wassergehalt angibt. Die 100%-Proctordichte liegt in der Regel unter dem Wert $D = 1$.

Die Messung muß in verschiedenen Tiefen ausgeführt werden, um die Tiefenwirkung erkennen zu können. Das Ergebnis einer Nachprüfung zeigt prinzipiell das in Abb. 4.121 dargestellte Diagramm, in dem die relative Dichte in Abhängigkeit von der Tiefe aufgetragen ist. Die strichpunktierte Kurve zeigt das Anwachsen von D mit der Tiefe vor der Verdichtung. Der Zuwachs rührt von der größeren Auflast, vor allem aber von der Verdichtungsarbeit der Baugeräte beim Schütten her. Die gestrichelte Kurve zeigt zum Vergleich die Lagerungsdichte des Schüttbodens an der Entnahmestelle, also im gewachsenen Zustand. Die ausgezogenen Kurven geben das Verdichtungsergebnis nach mehrmaligem Überfahren (Durchgänge) an. Die Verdichtungswirkung hat hiernach an der Oberfläche ihren Größtwert und nimmt mit der Tiefe ab, bis sie in die strichpunktierte Kurve einmündet.

Mit der Anzahl der Durchgänge verbessert sich die Verdichtung, der Zuwachs nimmt aber mit jedem Durchgang ab. Die notwendige Anzahl der Durchgänge richtet sich nach dem Zweck der Verdichtung, worüber wir auf S. 251 bereits das Nötige ausgeführt haben.

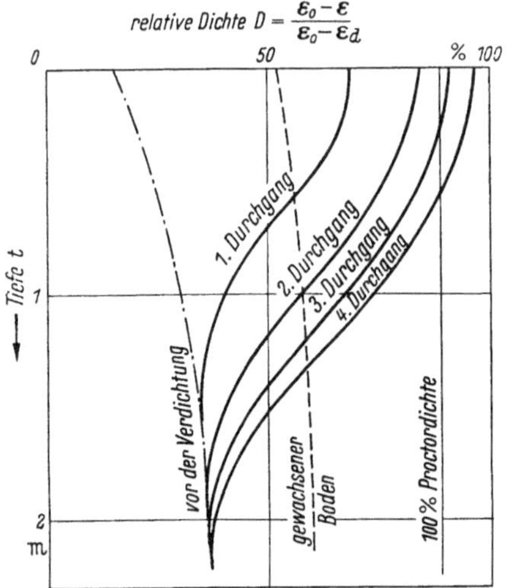

Abb. 4.121. Ergebnis der Nachprüfung der dynamischen Verdichtung einer Schüttung

Die Aufgabe der Verdichtungsnachprüfung ist, sowohl den für einen bestimmten Boden und eine vorgegebene Verdichtungsaufgabe geeignetsten Gerätetyp zu suchen, als auch für ein gewähltes Gerät die günstigsten Arbeitsbedingungen zu finden. Die bisher veröffentlichten Arbeiten dieser Art beschränken sich meist auf die erstgenannte Aufgabe und stellen im Ergebnis vergleichende Untersuchungen verschiedener Gerätetypen auf gleichartigem Boden dar. Die zweite Aufgabe, nämlich die günstigste Einstellung der Schwingerkonstanten zu suchen, wurde bisher für Sprungrüttler nur unvollkommen bearbeitet. Das liegt offenbar an der geringen Kenntnis über die theoretischen Zusammenhänge bei Sprungrüttlern, aber auch an der praktischen Schwierigkeit, die einzelnen Konstanten getrennt zu verändern. Beispielsweise vergrößert eine Frequenzerhöhung bei der allen Sprungrüttlern eigenen quadratischen Erregung die Fliehkraft erheblich, so daß das Bild der reinen Frequenzabhängigkeit gestört wird. Man sollte sich aber durch diese Schwierigkeiten, die vermeidbar sind, nicht von dem Ziel abbringen lassen, für die wichtigsten Bodenarten die jeweils günstigste Einstellung eines Sprungrüttlers aufzusuchen, denn ohne diese Vorarbeit ist der Vergleich verschiedener Typen fragwürdig, weil ja nicht feststeht, ob die verglichenen Geräte ihre optimale Einstellung besaßen.

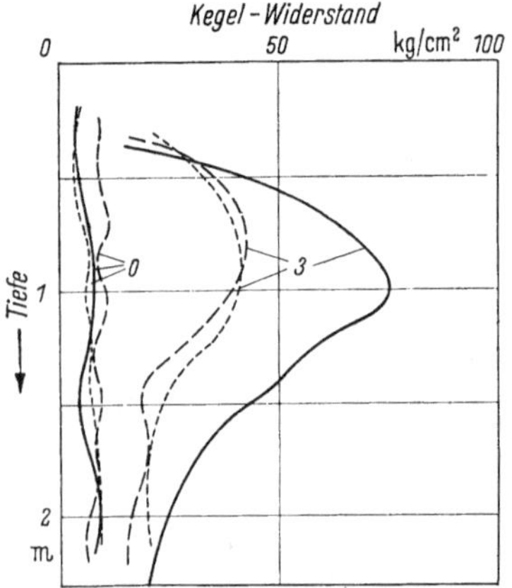

Abb. 4.122. Verdichtungswerte dreier verschiedener Bodenverdichter nach PLANTEMA [81]

Unter Hinweis auf diese wichtige Einschränkung geben wir einige Vergleichsuntersuchungen wieder, die den Arbeiten von PLANTEMA [*81*], THEINER [*82*] und LEWIS [*83*] entstammen. PLANTEMA fand durch Nachprüfen mit der schwedischen Kegelprobe, daß gemäß Abb. 4.122 die größte Dichte nicht immer an der Oberfläche erzielt wird, wie das schematische Diagramm Abb. 4.121 erwarten läßt.

THEINER stellte unterschiedliche Wirkung von Vibrationswalzen und Sprungrüttlern insofern fest, als nach Abb. 4.123 Vibrationswalzen an der Oberfläche bessere Verdichtung ergeben, die Tiefenwirkung der Sprungrüttler aber wesentlich größer ist. Der Vergleich mit statisch wirkenden

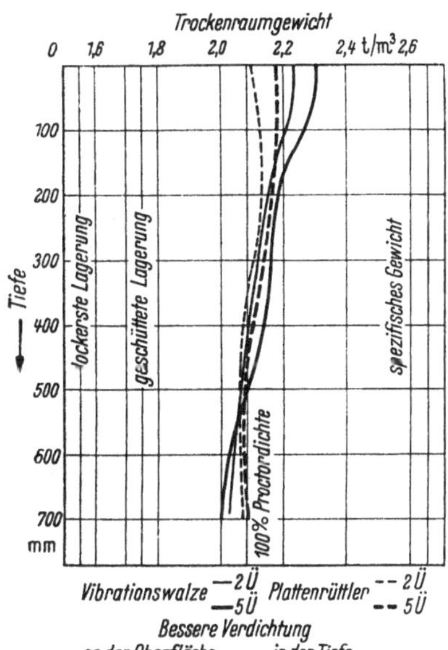

Abb. 4.123. Verdichtungsunterschiede von Sprung- und Auflastrüttlern im Kiessand nach THEINER [*82*]

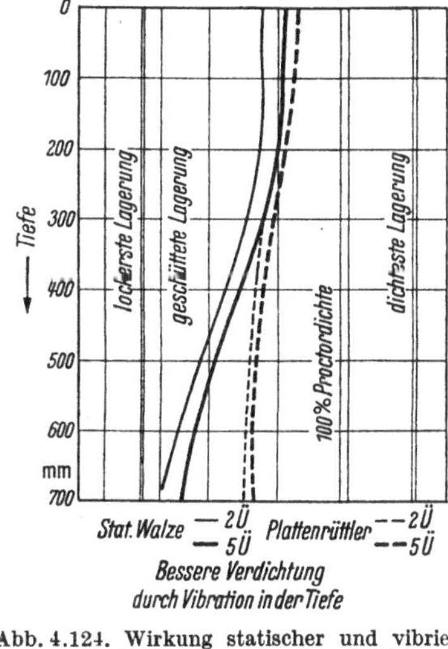

Abb. 4.124. Wirkung statischer und vibrierender Verdichtungsgeräte im Mittelsand nach THEINER [*82*]

Walzen fiel nach THEINER (Abb. 4.124) völlig zugunsten der Sprungrüttler aus.

LEWIS verdanken wir eine Zusammenstellung der Ergebnisse zahlreicher Verdichtertypen, die in Tab. 4.11 wiedergegeben ist. Diese einer soeben abgeschlossenen Versuchsreihe des British Road-Research-Laboratory in Harmondworth entnommenen Angaben zeigen auf, welche Flächenleistung, Tiefenwirkung und damit Kosten die einzelnen untersuchten Geräte bei etwa gleicher Verdichtungswirkung (10% Porenraum) erreichen. Hiernach liegt bezüglich der m^3-Leistung die schwerste luftbereifte, statisch wirkende Walze mit 610 m^3/h an der Spitze, während die größte Tiefenwirkung vom 600-kg-Delmag-Frosch und den schwereren Plattenrüttlern mit $t = 30{,}5$ cm erzielt wurde. Die geringsten Kosten verursachte ebenfalls der Delmag-Frosch. Vergleicht man dieses Ergebnis mit Abb. 4.124, vor allem aber mit den eingangs erwähn-

Tabelle 4.11. *Ungefähr mögliche Leistungen der untersuchten Geräte beim Verdichten des Bodens bis etwa 10% Porenvolumen und ungefähre Kosten pro m³ verdichteten Bodens nach W. A. Lewis* [83] (Preise von 1958 in Großbritannien)

Gerätetyp	ungefähre Kosten/h Miete, Löhne und Treibstoff sind eingeschlossen	Durchschnittliche Leistung des Gerätes						Kosten pro m³ verdichteten Bodens
		Verdichtete Breite	Walzgeschwindigkeit	Zahl der erforderlichen Übergänge	Stündlich verdichtete Fläche	Tiefe der verdichteten Schicht	Stündlich verdichtete Menge	
	DM	cm	(m/min)		(m²)	(cm)	(m³)	DM
12 t-luftber. Walze	25,60	208	61	4	1590	12,7	199	0,13
20 t-luftber. Walze	34,20	214	61	4	1620	15,2	245	0,137
45 t-luftber. Walze	60,00	236	61	3	2420	25,4	610	0,10
2,75 t-Glattradwalze	8,26	130	55	8	440	12,7	57	0,15
8 t-Glattradwalze	10,50	178	55	4	1250	15,2	191	0,056
100 kg-Kraftramme	4,85	0,45[1]	60[2]	6[3]	23	15,2	3,4	1,43
600 kg-Frosch	7,70	4,3[1]	50[2]	12[3]	92	30,5	27,5	0,028
200 kg-Vibrationswalze	3,70	61	30[4]	8	35	7,6	2,7	1,37
350 kg-Vibrationswalze	4,85	71	18,3	16	41	15,2	6,3	0,735
3,75 t-Vibrationswalze	20,50	184	36,6	6	560	15,2	84	0,42
200 kg-Vibrationsplatte	6,00	38	85	3	54	12,7	6,9	0,82
650 kg-Vibrationsplatte	7,10	61	18,3	4	14,2	20,3	28,3	0,25
700 kg-Vibrationsplatte	7,10	61	12,8	2	192	15,2	30	0,236
1,5 t-Vibrationsplatte	9,70	76	7,6	2	142	30,5	43,5	0,224
2,5 t-Vibrationsplatte	9,70	86	8,2	2	175	30,5	53,5	0,18
40 PS-Raupenschlepper	19,40	76	107	6	680	15,2	100	0,193
80 PS-Raupenschlepper	30,40	102	134	6	1170	15,2	176	0,174

[1] Pro Schlag verdichtete Fläche (m²). — [2] Durchschnittliche Schlagzahl pro Minute. — [3] Zahl der Schläge. — [4] Handantrieb.

ten Erkenntnissen über die Ausschaltung der Reibung unter der Wirkung hinreichend großer Beschleunigung, so wird deutlich, daß die dynamischen Geräte bei den Vergleichsuntersuchungen sicher nicht ihre bestmögliche Leistung entfaltet haben.

4.34 Theorie der Sprungrüttler

4.341 Sprungrüttler ohne abgefederte Masse

4.341.1 Schwingungsverdichter ohne abgefederte Masse auf starrer Unterlage. Unter der Annahme starrer Unterlage berechnete SIEDENBURG [72] die Sprungkurven eines Schwingungsverdichters, dessen Motorblock ungefedert ist und dessen Erregerkraft gegen die Lotrechte unter dem Winkel ε (Abb. 4.125) wirkt. Nach dieser ersten theoretischen Arbeit über die Sprungwegfunktion solcher Schwingungsverdichter zerfällt die Schwingungsperiode $T = \frac{2\pi}{\omega}$ in vier Phasen, deren Dauer nachstehend angegeben wird:

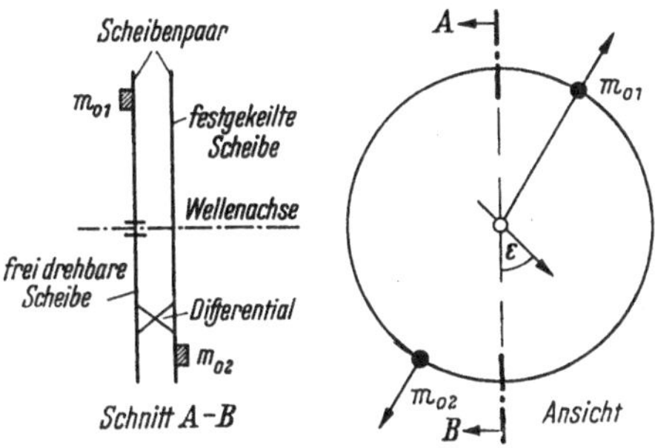

Abb. 4.125. Schema eines Schwingungserregers mit einem Scheibenpaar auf einer Welle. Resultierende Fliehkraft bei gegensinniger Drehrichtung beider Scheiben, stets unter dem Winkel ε

a) Keine Bewegung $0 < t < t_1$,
b) das Gleiten vor dem Abheben vom Boden $t_1 < t \leqslant t_2$; $x = x_1$,
c) die Sprungphase $t_2 < t \leqslant t_3$; $x = x_2$,
d) das Gleiten nach dem Auftreffen auf dem Boden $t_3 < t < \frac{2\pi}{\omega}$; $x = x_3$.

Bezeichnet man mit x und z die Koordinaten des Schwerpunktes des Schwingungsverdichters und mit μ den Reibungskoeffizienten zwischen Maschine und Baugrund, so gelten die beiden Bewegungsgleichungen

$$m\,\ddot{z} + m\,g = \tilde{K} \sin\varepsilon \sin\omega\,t \tag{4.57}$$

und

$$m\,\ddot{x}_{1,3} + \mu\,m\,g = \tilde{K} \sin\omega\,t\,(\cos\varepsilon + \mu\sin\varepsilon) \tag{4.58}$$

beim Aufliegen auf dem Boden

$$m\,\ddot{x}_2 = \tilde{K} \sin\omega\,t \cos\varepsilon \tag{4.59}$$

beim Sprung.
Die erste Integration der Gln. (4.57) bis (4.59) liefert

$$\dot{z} = -\frac{\tilde{K}}{m\,\omega} \sin\varepsilon \cos\omega\,t - g\,t + C_1 \tag{4.60}$$

$$\dot{x}_{1,3} = -\frac{\tilde{K}}{m\,\omega} \cos\varepsilon \cos\omega\,t - \mu\left(\frac{\tilde{K}}{m\,\omega} \sin\varepsilon \cos\omega\,t + g\,t\right) + C_3 \tag{4.61}$$

$$\dot{x}_2 = -\frac{\tilde{K}}{m\,\omega} \cos\varepsilon \cos\omega\,t + C_5 . \tag{4.62}$$

Nach nochmaligem Integrieren erhält man

$$z = -\frac{\tilde{K}}{m\,\omega^2} \sin\varepsilon \sin\omega\, t - \frac{g\,t^2}{2} + C_1\, t + C_2. \tag{4.63}$$

$$x_{1,3} = -\frac{\tilde{K}}{m\,\omega^2} \cos\varepsilon \sin\omega\, t - \mu \left(\frac{\tilde{K}}{m\,\omega^2} \sin\varepsilon \sin\omega\, t + \frac{g\,t^2}{2}\right) + C_3\, t + C_4 \tag{4.64}$$

$$x_2 = -\frac{\tilde{K}}{m\,\omega^2} \cos\varepsilon \sin\omega\, t + C_5\, t + C_6. \tag{4.65}$$

Aus den Randbedingungen

Beginn des Gleitens: $t = t_1$; $x_1 = 0$; $\dot{x}_1 = 0$; $\ddot{x}_1 = 0$,
Beginn der Sprungphase: $t = t_2$; $z = 0$; $\dot{z} = 0$; $\ddot{z} = 0$, $x_2 = x_1$; $\dot{x}_2 = \dot{x}_1$,
Ende der Sprungphase = Beginn der zweiten Gleitphase $t = t_3$; $z = 0$; $x_3 = x_2$; $\dot{x}_3 = \dot{x}_2$,

ergeben sich die Grenzzeiten t_1 und t_2 sowie die Integrationskonstanten C_1 bis C_6 mit $\varkappa = \frac{m_0\, r}{m} = \frac{\tilde{K}}{m\,\omega^2}$ zu

$$\sin\omega\, t_1 = \frac{g\,\mu}{\varkappa\,\omega^2 (\cos\varepsilon + \mu \sin\varepsilon)}; \qquad \sin\omega\, t_2 = \frac{g}{\varkappa\,\omega^2 \sin\varepsilon}$$

$$C_1 = g\, t_2 + \varkappa\,\omega \sin\varepsilon \cos\omega\, t_2$$

$$C_2 = \frac{g\, t_2^2}{2} + \varkappa \sin\varepsilon \sin\omega\, t_2 - C_1\, t_2$$

$$C_3 = \varkappa\,\omega \cos\omega\, t_1 (\cos\varepsilon + \mu \sin\varepsilon) + \mu\, g\, t_1$$

$$C_4 = \varkappa \sin\omega\, t_1 (\cos\varepsilon + \mu \sin\varepsilon) + \mu\, g \frac{t_1^2}{2} - C_3\, t_1$$

$$C_5 = C_3 - g\, t_2 - \varkappa\,\omega\,\mu \cos\omega\, t_2 \sin\varepsilon$$

$$C_6 = C_3\, t_2 + C_4 - C_5\, t_2 - \mu\,\varkappa \sin\varepsilon \sin\omega\, t_2 - \mu\, g \frac{t_2^2}{2}.$$

Siedenburg erläutert die Ergebnisse an dem Beispiel $m\, g = 7000$ kg;

$$\varkappa = \frac{m_0\, r}{m} = 2{,}86 \text{ cm};$$

$$\varepsilon = 45°; \quad \mu = 0{,}66 \quad \text{und} \quad \omega = 8\pi/\text{s}.$$

Damit wird

$$t_1 = 0{,}013 \text{ s}$$
$$t_2 = 0{,}035 \text{ s}$$
$$t_3 = 0{,}150 \text{ s}$$

und die Gln. (4.63), (4.64) und (4.65) ergeben

$$z = 66{,}7\, t - 490\, t^2 - 2{,}02 \sin\omega\, t - 0{,}17 \tag{4.63a}$$

$$x_1 = 86{,}3\, t - 309\, t^2 - 3{,}29 \sin\omega\, t - 0{,}004 \tag{4.64a}$$

$$x_2 = 44{,}4\, t - 2{,}02 \sin\omega\, t + 0{,}090 \tag{4.65a}$$

$$x_3 = 111{,}8\, t - 309\, t^2 - 3{,}29 \sin\omega\, t - 3{,}7. \tag{4.64b}$$

Die Bahn des Schwerpunktes der Verdichtungsmaschine während einer Periode zeigt Abb. 4.126 als Kurve im Achsenkreuz x und z mit dem Parameter t. Diese Kurve läßt die eingangs erwähnten vier Bewegungsphasen deutlich erkennen.

Ändert man in obigem Beispiel nur die Richtung der resultierenden Erregerkraft, also den Winkel ε, so ergibt sich

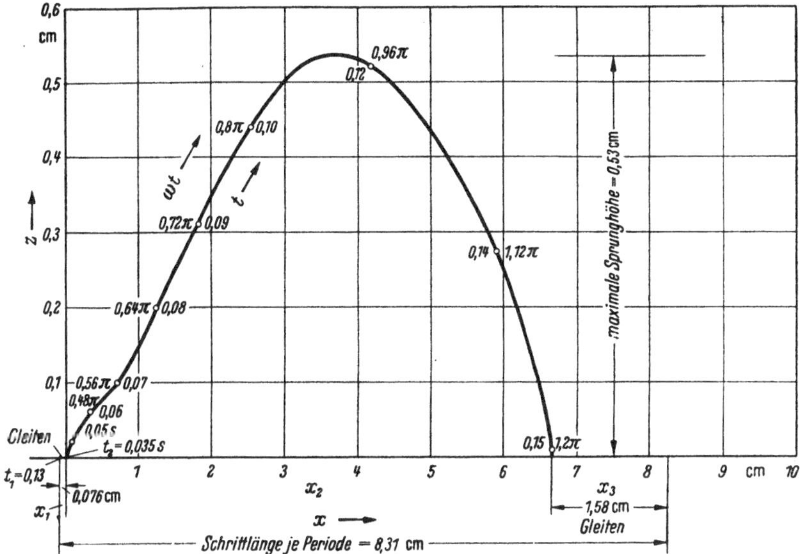

Abb. 4.126. Schwerpunktsbahn eines Schwingungsverdichters

Tabelle 4.12

Winkel der Resultierenden			Max. Sprunghöhe	Schrittlänge je Periode	Laufgeschwindigkeit	Auftreffgeschwindigkeit	W	Fallgeschwindigkeit
ε	$\sin\varepsilon$	$\cos\varepsilon$	$\max z$	Σx	v	$\dot{z}_{t=t_3}$	$v\cdot\dot{z}_{t_3}$	$\sqrt{2gz_{\max}}$
°	—	—	cm	cm	km/h	cm/s	—	cm/s
45	0,707	0,707	0,53	9,5	1,37	39,2	54	37,4
70	0,94	0,34	2,30	5,1	0,73	105,5	73	67,2
90	1	0	3,00	0	0	121,8	0	76,7

Aus Tabelle 4.12 ergeben sich einige wichtige Erkenntnisse für den Bau und Betrieb von Schwingungsverdichtern:

1. Schrittlänge und Laufgeschwindigkeit wachsen mit abnehmendem Winkel ε, und zwar etwa proportional der Horizontalkomponente $\tilde{K}\cos\varepsilon$ der Erregerkraft.

2. Sprunghöhe und Auftreffgeschwindigkeit wachsen mit ε aber viel stärker als die Vertikalkomponente $\tilde{K}\sin\varepsilon$.

3. Maßgebend für die Verdichtungsleistung ist die Auftreffgeschwindigkeit $\dot{z}_{t=t_3}$, denn $m\,\dot{z}_{t_3}$ ist der Stoßimpuls.

4. Der Maximalwert des Produktes $W = v \cdot \dot{z}_{t_3}$ gibt die günstigste Stellung ε der Resultierenden an, weil dann die relativ größte Verdich-

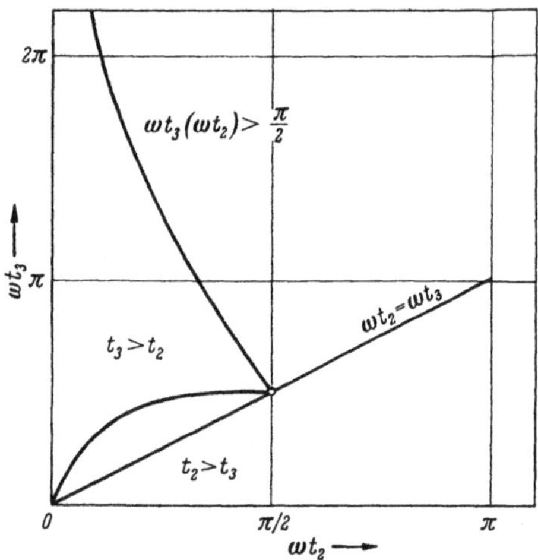

Abb. 4.127. Abhängigkeit des Argumentes $\omega\, t_3$ vom Argument $\omega\, t_2$ nach der Beziehung $\sin \omega\, t_3 = \sin \omega\, t_2 + \omega\, (t_3 - t_2) \left[\cos \omega t_2 - \sin \omega\, t_2 \frac{\omega}{2} (t_3 - t_2)\right]$

tungsleistung mit der relativ größten Laufgeschwindigkeit kombiniert ist. Diese optimale Stellung ist etwa $\varepsilon \approx 70°$.

5. Die Auftreffgeschwindigkeit $\dot{z}_{t\,=\,t_3}$ ist größer als die Geschwindigkeit beim freien Fall $\sqrt{2g\, z_{\max}}$.

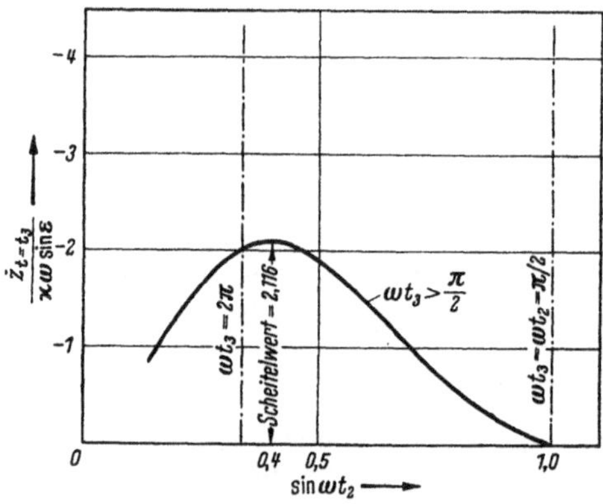

Abb. 4.128. Abhängigkeit der Auftreffgeschwindigkeit $\dot{z}_{t\,=\,t_3}$ von $\sin \omega\, t_2$ und Ermittlung ihres Scheitelwertes

Die Zeit t_3 des Auftreffens nach dem Sprung wurde für das beschriebene Beispiel aus der Sprungkurve extrapoliert, exakt müßte sie aus

$$\sin \omega\, t_3 = \sin \omega\, t_2 + \omega\, (t_3 - t_2) \left[\cos \omega\, t_2 - \sin \omega\, t_2 \frac{\omega}{2} (t_3 - t_2)\right] \quad (4.66)$$

berechnet werden. Die Lösung der Gl. (4.66) kann aber nur graphisch gefunden werden. Deshalb wurde in Abb. 4.127 die Gl. (4.66) als Kurve dargestellt, woraus zu ersehen ist, daß der nur interessierende Ast $\omega t_3 > \frac{\pi}{2}$ näherungsweise als Gerade angesehen werden darf, so daß

$$\omega t_3 \approx 7{,}71 - 5{,}12 \sin \omega t_2 \tag{4.67}$$

folgt. Aus t_3 folgt dann die Auftreffgeschwindigkeit $\dot{z}_{t=t_3}$ mittels

$$\dot{z}_{t=t_3} = \varkappa \omega \sin \varepsilon \left[\cos \omega t_2 - \cos \omega t_3 - \omega (t_3 - t_2) \sin \omega t_2\right],$$

woraus sich mit Gl. (4.67) die Näherung

$$\dot{z}_{t=t_3} \approx - \varkappa \omega \sin \varepsilon \cdot 2{,}12 \cos^2\left(\frac{\pi}{2} \frac{\sin \omega t_2 - 0{,}4}{0{,}6}\right) \tag{4.68}$$

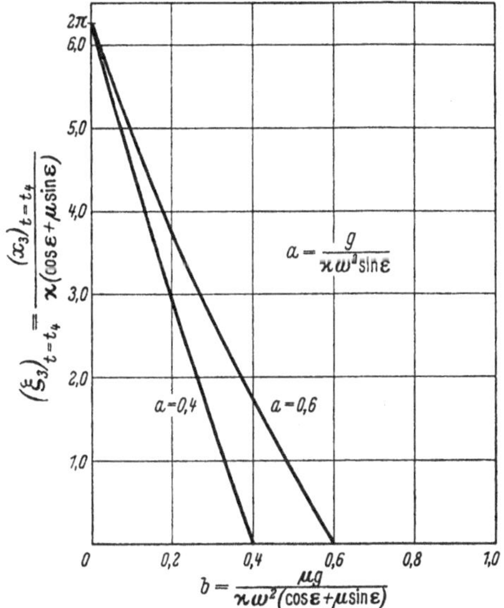

Abb. 4.129. Darstellung der dimensionslosen Schrittlänge $(\xi_3)_{t=t_4}$ in Abhängigkeit von den Hilfsgrößen a und b

ableiten läßt. Diese Gleichung gestattet auch, wie Abb. 4.128 zeigt, sofort den Maximalwert von $\dot{z}_{t_3}$ abzulesen, der für $\sin \omega t_2 = 0{,}4$ erreicht wird und den Wert $\max \dot{z}_{t=t_3} = - 2{,}12 \varkappa \omega \sin \varepsilon$ hat.

Die Laufgeschwindigkeit v ergibt sich aus $x_t = \frac{\omega t_4}{2\pi}$. Für $t = t_4$ gilt mit den Hilfsgrößen $a = \frac{g}{\varkappa \omega^2 \sin \varepsilon}$ und $b = \frac{\mu g}{\varkappa \omega^2 (\cos \varepsilon + \mu \sin \varepsilon)}$

$$\cos \omega t_4 + b \omega t_4 = b \omega (t_3 - t_2 + t_1) - \frac{b}{a} (\cos \omega t_2 - \cos \omega t_3) + \cos \omega t_1 . \tag{4.69}$$

Die graphische Lösung der Gl. (4.69) zeigt Abb. 4.129, wo auf der Ordinatenachse $(\xi_3)_{t=t_4} = \frac{(x_3)_{t=t_4}}{\varkappa (\cos \varepsilon + \mu \sin \varepsilon)}$ aufgetragen ist. Alle Kurven mit dem Parameter a beginnen bei $\xi_3 = 2\pi$ und enden bei $b = a$; sie weichen nur unwesentlich von Geraden ab, so daß

$$(\xi_3)_{t=t_4} \approx \frac{2\pi}{1+\mu\,\mathrm{tg}\,\varepsilon}\,; \quad (x_3)_{t=t_4} \approx \varkappa\,(\cos\varepsilon + \mu\sin\varepsilon)\frac{2\pi}{1+\mu\,\mathrm{tg}\,\varepsilon}\,. \quad (4.70)$$

Das Produkt W aus Lauf- mal Auftreffgeschwindigkeit wird damit

$$W = \dot{z}_{t=t_3}\cdot x_{t=t_4}\cdot\frac{\omega}{2\pi} = -\,2{,}12\,\varkappa^2\,\omega^2\frac{\sin 2\varepsilon}{2}\cos^2\left[\frac{\pi}{1{,}2}\,\frac{g}{\varkappa\,\omega^2\sin\varepsilon} - 0{,}4\right]. \quad (4.71)$$

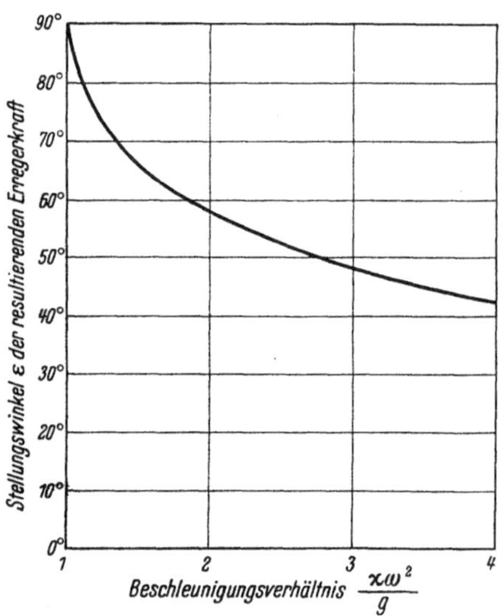

Abb. 4.130. Relatives Maximum $\frac{\partial W}{\partial\varepsilon} = 0$. Darstellung der Gl. (4.72c)
$\mathrm{tg}^2\,\varepsilon = 1 + \frac{a\,\pi}{0{,}6}\,\mathrm{tg}\left(\frac{a}{1{,}2} - \frac{1}{3}\right)\pi$; $a = \frac{g}{\varkappa\,\omega^2\sin\varepsilon}$

Von praktischem Interesse ist, welche Einstellungen $\varkappa$, ω und ε am Verdichtungsgerät zu einem Maximum von W führen. Aus Gl. (4.71) erhält man für

$$\frac{\partial W}{\partial\omega} = 0 \quad \text{die Bedingung} \quad \mathrm{tg}\left(\frac{a}{1{,}2} - \frac{1}{3}\right)\pi = -\frac{0{,}6a}{\pi} \quad (4.72\mathrm{a})$$

$$\frac{\partial W}{\partial\varkappa} = 0 \quad \text{die Bedingung} \quad \mathrm{tg}\left(\frac{a}{1{,}2} - \frac{1}{3}\right)\pi = -\frac{1{,}2a}{\pi} \quad (4.72\mathrm{b})$$

und für

$$\frac{\partial W}{\partial\varepsilon} = 0 \quad \text{die Bedingung} \quad \mathrm{tg}\left[\frac{\pi}{1{,}2}(a - 0{,}4)\right] = \frac{0{,}6}{a\,\pi}(\mathrm{tg}^2\,\varepsilon - 1)\,. \quad (4.72\mathrm{c})$$

Gl. (4.72a) führt auf $a \approx 0{,}375$.

Gl. (4.72b) führt auf $a \approx 0{,}350$.

Gl. (4.72c) wird durch Abb. 4.130 veranschaulicht.

Auf der Suche nach dem absoluten Maximum von W ist zunächst festzustellen, daß die Gl. (4.72a) und (4.72b) nicht gleichzeitig existieren können und daß die Kombination von Gl. (4.72a) mit Gl. (4.72c) auf

$$\sin^2 \varepsilon \, (1 - \operatorname{tg}^2 \varepsilon) = \left(\frac{g}{\varkappa \, \omega^2}\right)^2 \tag{4.73}$$

führt, also nur für $\frac{g}{\varkappa \, \omega^2} \leqslant 0{,}4$ möglich ist. Für die Kombination von Gl. (4.72b) mit Gl. (4.72c) gilt entsprechend

$$\sin^2 \varepsilon \, (1 - \operatorname{tg}^2 \varepsilon) = \frac{2 g^2}{\varkappa^2 \, \omega^4} \quad \text{und} \quad \frac{g}{\varkappa \, \omega^2} \leqslant 0{,}283 \,. \tag{4.74}$$

Daraus folgt: ein absolutes Maximum für W gibt es nicht, vielmehr ergibt sich die größtmögliche Wert von W aus $\varkappa \, \omega^2 \geqslant 3{,}5\,g$, wobei gemäß Gl. (4.72c) bzw. Abb. 4.130 der Wert $\varepsilon \leqq 45°$ zu wählen ist.

Die Gl. (4.66, 4.69—4.74) sowie die Abb. 4.126—4.129 stammen aus einer mündlichen Mitteilung von Herrn Priv.-Doz. Dr.-Ing. H.-U. Smoltczyk

4.341.2 Besondere Schwingertypen. Siedenburg behandelt auch noch Schwingungsverdichter anderen Typs, nämlich Drehschwinger und sog. Kombischwinger. Beim Drehschwinger rotiert der Vektor der Erregerkraft dauernd mit der Erregerfrequenz ω, beim Kombischwinger handelt es sich um eine Überlagerung von gerichteten Schwingungen gemäß S. 271 mit Drehschwingungen.

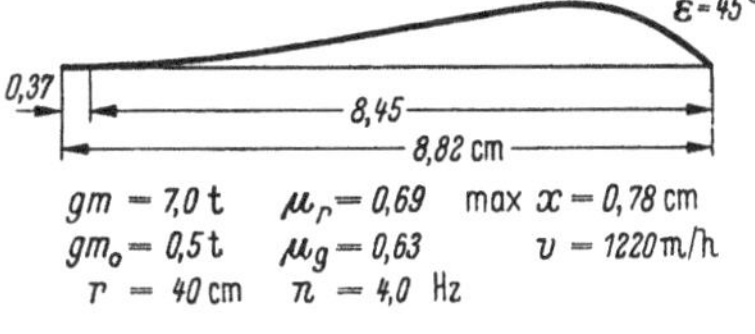

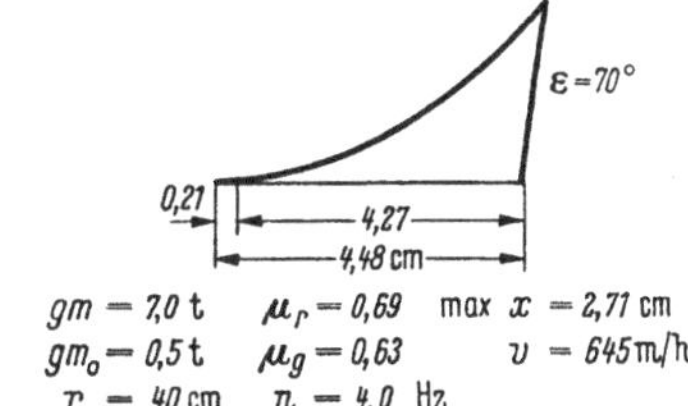

Abb 4.131. Bahnkurve des Drehschwingers nach Siedenburg [72]

Abb. 4.132. Bahnkurven des Kombischwingers nach Siedenburg [72]

Unter Annahme gleicher Werte wie im Beispiel des vorigen Abschnittes bewegt sich ein Drehschwinger auf der in Abb. 4.131 gezeichneten Bahn, während ein Kombischwinger je nach Wahl des Winkels ε die aus Abb. 4.132 ersichtlichen Bahnkurven beschreibt. Die der Arbeit Siedenburg entnommene Tab. 4.13 zeigt eine Gegenüberstellung der wichtigsten Daten der drei verschiedenen Typen und läßt einige Vorteile der bisher nicht gebräuchlichen Typen Drehschwinger und Kombischwinger bezüglich Sprunghöhe und Laufgeschwindigkeit erkennen.

Tabelle 4.13 *nach*

	System	Gesamtgewicht $g\,m$	Schwunggewicht $g\,m_0$
	Modelle		
		g	g
Modell I	Drehschwinger	1705 1653 1653	52 52 52
			Normal-
		t	t
7 t-Hüpfer $n_m = 3$ . . . . $n_m = 2$	Kombischwinger	7,0 7,0	0,5 0,5
7 t-Hüpfer	Linearschwinger	7,0 7,0 7,0	2×0,25 2×0,25 2×0,25
7 t-Hüpfer	Drehschwinger	7,0 7,0	0,318 0,5
7 t-Rutscher.		7,0	0,5
7 t-Hüpfer mit 1 t-Rutschanhänger		7,0 + 1,0 7,0 + 1,0	0,5 0,5
7 t-Rutscher mit 1 t-Rutschanhänger		7,0 + 1,0	0,5
70 t-Rutscher		70,0 70,0 70,0	5,0 0,15 0,15

4.342 Schwingungsverdichter mit abgefedertem Motorblock

Bei den größeren Schwingungsverdichtern ist der Antriebsmotor gegen das Schwingmassengehäuse abgefedert (Abb. 4.133). Als erster hat Bathelt [*73*] diesem Umstand Rechnung getragen und auch das plastisch-elastische Verhalten des Baugrundes beim Verdichtungsprozeß rechnerisch zu erfassen versucht.

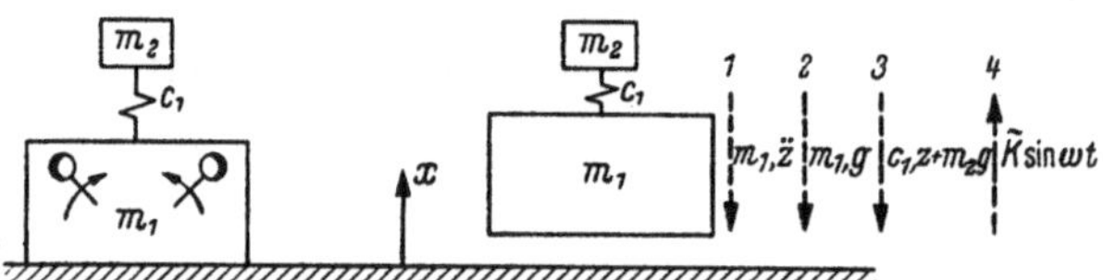

Abb. 4.133. Schwingungsverdichter mit abgefedertem Motorblock nach Bathelt [*73*]

4.342.1 Die Sprungphase. Ohne über das plastische und elastische Verhalten des Baugrundes Annahmen zu treffen, kann nur die Sprungphase untersucht werden. Während des Sprunges folgt das gekoppelte System aus Schwingergehäuse m_1 und Motorblock m_2, zwischen welchen die Federung c_1 liegt, der Gleichung

$$m_1 \ddot{z} + c_1 z + (m_1 + m_2)\, g = \tilde{K} \sin \varepsilon \sin \omega t, \qquad (4.75)$$

SIEDENBURG [72]

Flieh-kraft	Reibungs-beiwert μ_r	μ_g	Lei-stung	Lei-stung für Hüpfen	An-stell-winkel ε	Fre-quenz n	Hüpf-höhe z	Boden-nei-gung	Geschwindigkeit
g						s^{-1}	cm		m/h
3635	0,205	0,155			—	21,2	0,174	0	204
1653	0,205	0,155			—	14,3	—	0,05	122
2890	0,205	0,155			—	18,9	0,016	0,05	
aggregate									
t			kgm/s	kgm/s		s^{-1}	cm		m/h
12,8	0,69	0,63			45°	4	0,78	0	1220
12,8	0,69	0,63			70°	4	2,71	0	645
12,8	0,69	0,63			45°	4	0,485	0	1370
12,8	0,69	0,63			70°	4	2,30	0	730
12,8	—	—			90°	4	3,00	0	0
12,8	0,69	0,63			—	5	1,77	0	529
12,8	0,69	0,63	118	2800	—	4	3,00	0	660
7,0	0,69	0,63	258	—	—	3	—	0	314
12,8	0,69	0,63			—	4	3,00	0,07	143
12,8	0,69	0,63			—	4	3,00	0	360
7,0	0,69	0,63			—	3	—	0,07	rutscht rückwärts
70,0	0,69	0,63	2580		—	3	—	0	314
70,0	0,69	0,63	425		—	19,9	—	0	48
70,0	0,69	0,63			—	19,9	—	0,1	2,5

deren vollständige Lösung mit $\omega_e^2 = \frac{c_1}{m_1}$

$$z = A \sin \omega_e t + B \cos \omega_e t + \frac{\tilde{K}}{c_1 - m_1 \omega^2} \sin \omega t - g \frac{m_1 + m_2}{2 m_1} t^2 \tag{4.76}$$

lautet. Im Zeitpunkt des Abhebens $t = t_2$ gilt dann

$$(m_1 + m_2) g = \tilde{K} \sin \varepsilon \sin \omega t_2; \quad z_{t = t_2} = \dot{z}_{t_2} = 0 \tag{4.76a}$$

und Gl. (4.76) wird in dimensionsloser Schreibweise mit

$$\zeta = z \frac{\omega^2}{g} \frac{m_1}{m_1 + m_2} \left(1 - \frac{1}{\eta^2}\right); \quad \eta^2 = \frac{\omega^2}{c_1} m_1; \quad \gamma = \frac{m_1 + m_2}{\tilde{K} \sin \varepsilon} g$$

$$\alpha = \sin\left(\frac{\operatorname{arc} \sin \gamma}{\eta}\right) \left[1 + \frac{\eta^2 - 1}{2 \eta^2} (\operatorname{arc} \sin \gamma)^2\right] + \eta \cos\left(\frac{\operatorname{arc} \sin \gamma}{\eta}\right) \left[\sqrt{\frac{1}{\gamma^2} - 1} + \frac{\eta^2 - 1}{\eta^2} \operatorname{arc} \sin \gamma\right]$$

$$\beta = \cos\left(\frac{\operatorname{arc} \sin \gamma}{\eta}\right) \left[1 + \frac{\eta^2 - 1}{2 \eta^2} (\operatorname{arc} \sin \gamma)^2\right] - \eta \sin\left(\frac{\operatorname{arc} \sin \gamma}{\eta}\right) \left[\sqrt{\frac{1}{\gamma^2} - 1} + \frac{\eta^2 - 1}{\eta^2} \operatorname{arc} \sin \gamma\right]$$

$$\zeta = \alpha \sin \omega_e t + \beta \cos \omega_e t - \frac{\sin \omega t}{\gamma} - \frac{\eta^2 - 1}{2} \omega_e^2 t^2. \tag{4.77}$$

Der Abhebezeitpunkt t_2 folgt aus Gl. (4.76a) zu $\sin \omega t_2 = \gamma$, der Zeitpunkt t_3 des Auftreffens aus Gl. (4.77) mittels $\zeta_{t_3} = 0$.

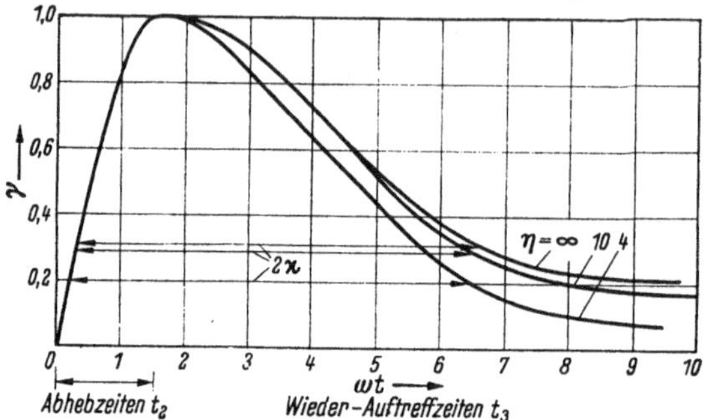

Abb. 4.134. Abhebezeiten und Auftreffzeiten nach BATHELT [73]

Abb. 4.134 gibt die Zeiten t_2 und t_3 in Abhängigkeit von γ und η wieder und zeigt, daß die Sprungphase $t_3 - t_2$ mit wachsendem γ und η kleiner wird (für $\gamma \geqslant 1$ hebt sich der Schwinger nicht mehr ab).

Abb. 4.135 zeigt den zeitlichen Verlauf der ζ-Komponente der Bahnkurve für den der Voraussetzung des Abschn. 4.341 (S. 271) entsprechenden Fall $c_1 = 0$, $\omega_e = 0$; $\eta = \infty$. Um volle Übereinstimmung mit dem dort behandelten Beispiel zu erzielen, muß man

$$a = \gamma = \frac{m_1 g}{m_0 r \omega^2 \sin \varepsilon} = 0{,}768$$

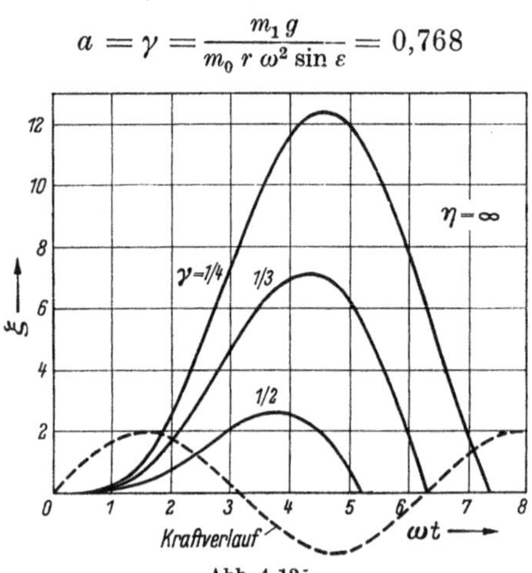

Abb. 4.135. Sprungbewegung nach BATHELT [73]

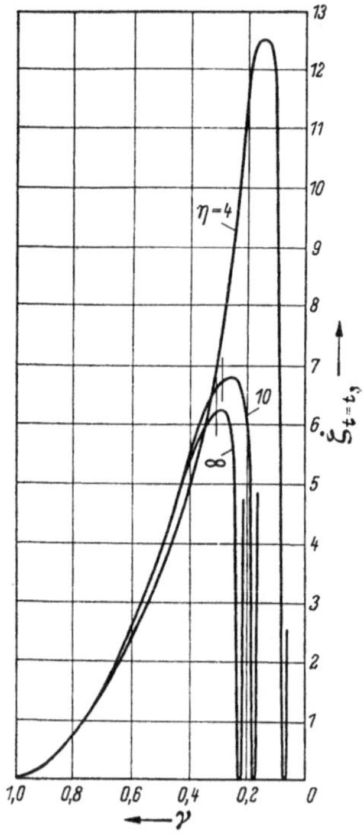

Abb. 4.136. Auftreffgeschwindigkeit nach BATHELT [73]

setzen. Die Geschwindigkeit $\dot{\zeta}$ ergibt sich aus Gl. (4.77) zu

$$\dot{\zeta} = \dot{z} \frac{\omega}{g} \frac{m_1}{m_1 + m_2} \frac{\eta^2 - 1}{\eta^2} = \frac{\alpha}{\eta} \cos \omega_e t + \frac{\beta}{\eta} \sin \omega_e t - \frac{1}{\gamma} \cos \omega t - \frac{\eta^2 - 1}{\eta} \omega_e t. \tag{4.78}$$

Mit $t = t_3$ ergibt sich daraus die Auftreffgeschwindigkeit $\dot{\zeta}_{t_3}$ bzw. $\dot{z}_{t_3}$. $\dot{\zeta}_{t_3}$ ist in Abb. 4.136 für verschiedene Werte η über γ aufgetragen, wonach $\dot{\zeta}_{t_3}$ für $\frac{1}{3} < \gamma < 1$ von η weitgehend unabhängig ist. Es wird hieraus

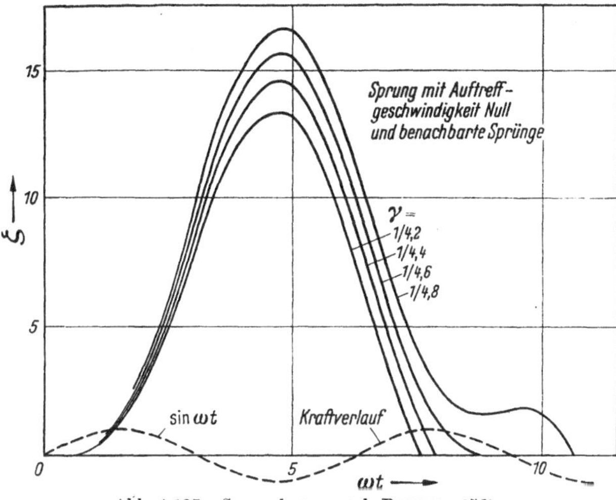

Abb. 4.137. Sprungkurve nach BATHELT [73]

die bemerkenswerte Tatsache deutlich, daß jede Kurve mit dem Parameter η für einen endlichen Wert γ eine Nullstelle aufweist, für dieses Wertepaar η, γ der Schwinger also stoßfrei ($\dot{\zeta} = 0$) aufsetzt. Dieser Fall kann gemäß Abb. 4.137 nur eintreten, wenn beim Auftreffen die Erregerkraft schon wieder nach oben gerichtet ist und den freien Fall abbremst. Da eine möglichst große Auftreffgeschwindigkeit anzustreben ist, muß dieser Fall praktisch vermieden werden.

Da uns besonders die Auftreffenergie $E = \frac{m_1 \dot{z}_{t_3}^2}{2}$ und der Impuls $J = m_1 \dot{z}_{t_3}$ interessieren, suchen wir die relativen Maxima $\frac{\partial E}{\partial m_1} = 0$; $\frac{\partial E}{\partial m_2} = 0$; $\frac{\partial E}{\partial \varkappa} = 0$ und $\frac{\partial E}{\partial \omega} = 0$.

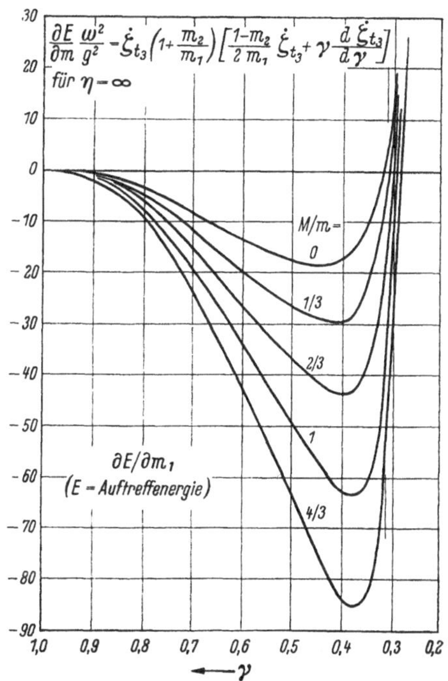

Abb. 4.138 Veränderung der Auftreffenergie mit der Masse m_1 nach BATHELT [73]

Ohne diese von Bathelt errechneten Ableitungen wiederzugeben, beschränken wir uns auf die in den Abb. 4.138 bis 4.141 dargestellten Kurven, deren Nullstellen die relativen Maxima anzeigen. Ein absolutes Maximum von E existiert, wenn $\omega \to \infty$ oder $m_1 + m_2 = 0$ oder $\dot{\zeta} = 0$ ist, also nur in technisch bedeutungslosen Fällen.

Somit haben wir die optimale Auftreffenergie nach den relativen Maxima zu beurteilen: Unter der vereinfachenden Annahme $c_1 = 0$; $\eta = \infty$ liegen hiernach alle vier Nullstellen zwischen $\gamma = 0{,}28$ und $0{,}38$. Besonders einfach ist nach Abb. 4.141 die richtige Wahl der Erregerfre-

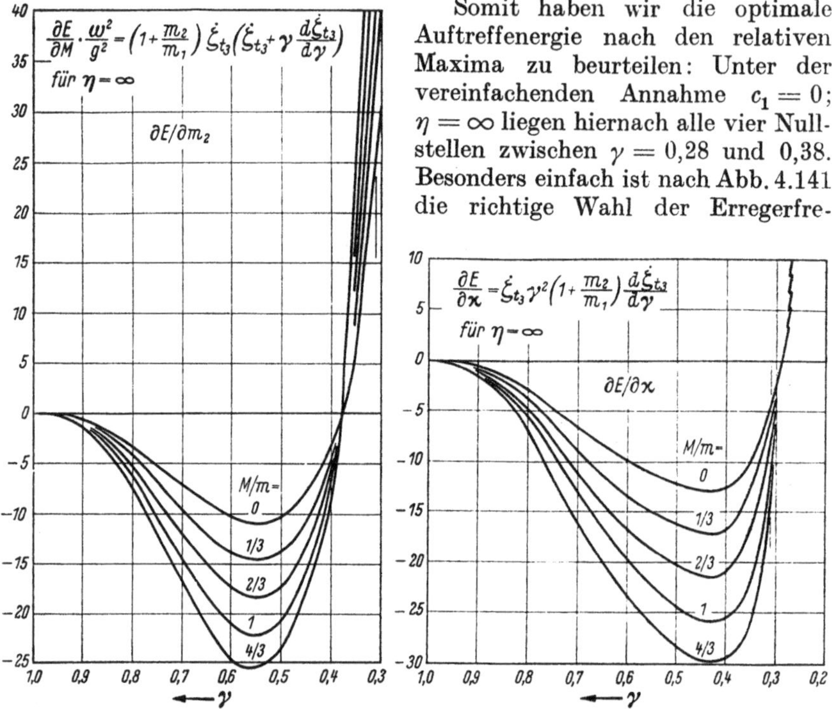

Abb. 4.139. Veränderung der Auftreffenergie mit der Masse m_2 nach Bathelt [73]

Abb. 4.140. Veränderung der Auftreffenergie mit $\varkappa$ nach Bathelt [73]

quenz ω für $m_2 = 0$ aus $\gamma = \frac{g}{\varkappa\, \omega^2 \sin \varepsilon} = 0{,}32$. Ähnliche Ergebnisse liefert auch die Untersuchung der relativen Maxima des Auftreffimpulses.

Die Horizontalkomponente x der Schwerpunktsbahn folgt der Gleichung

$$(m_1 + m_2)\, \ddot{x} = \tilde{K} \cos \varepsilon \sin \omega\, t \tag{4.79}$$

mit der totalen Lösung

$$x = \frac{\tilde{K} \cos \varepsilon}{m_1 + m_2} \frac{\sin \omega\, t}{\omega^2} + C_1\, t + C_2\,. \tag{4.80}$$

Mit $\sin \omega\, t_2 = \gamma$ und $x_{t_2} = \dot{x}_{t_2} = 0$ wird

$$x = -\frac{g \sin \omega\, t}{\gamma\, \omega^2 \operatorname{tg} \varepsilon} + \frac{\sqrt{1 - \gamma^2}}{\gamma \operatorname{tg} \varepsilon} \frac{g}{\omega} \left(t - \frac{\operatorname{arc} \sin \gamma}{\omega}\right) + \operatorname{ctg} \varepsilon \frac{g}{\omega^2} \tag{4.81}$$

oder dimensionslos mit $\xi = \frac{x\,\gamma}{g}\,\omega^2\,\mathrm{tg}\,\varepsilon$

$$\xi = -\sin\omega\,t + \sqrt{1-\gamma^2}\,(\omega\,t - \arcsin\gamma) + \gamma\,. \tag{4.82}$$

Führt man in Gl. (4.82) den Auftreffzeitpunkt $t = t_3$ ein, so erhält man die Schrittlänge je Periode (Abb. 4.142) und daraus die Laufgeschwindigkeit.

4.342.2 Gedankenmodell des plastisch-elastischen Baugrundes. Als Ersatz für den Baugrund, dessen tatsächliche Eigenschaften BATHELT schwer erfaßbar und noch schwieriger in die Berechnung einführbar erscheinen, führt er ein Modell aus Federn ein, die teils von üblicher Art, teils *einklinkend*, d. h. in der größten Deformation verbleibend vorzustellen sind. Abb. 4.143 zeigt dieses Modell vor Belastung und nach Entlastung; die normale Feder c ist in üblicher Weise, die einklinkende, dem plastischen Verhalten des Baugrundes entsprechende Feder p mit lotrechten Linien gekennzeichnet.

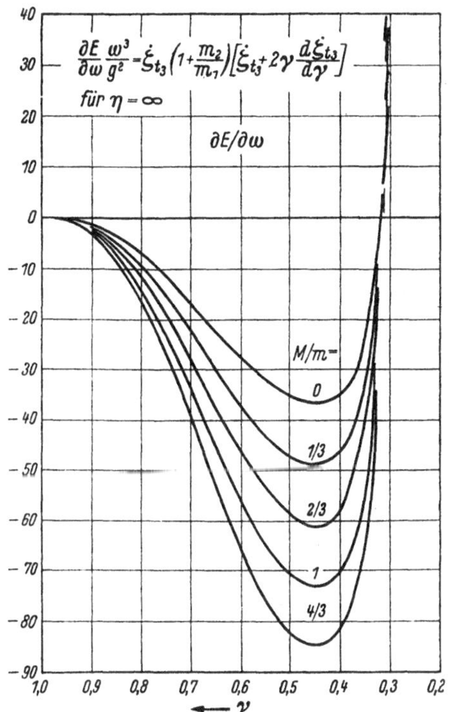

Abb. 4.141. Veränderung der Auftreffenergie mit ω nach BATHELT [73]

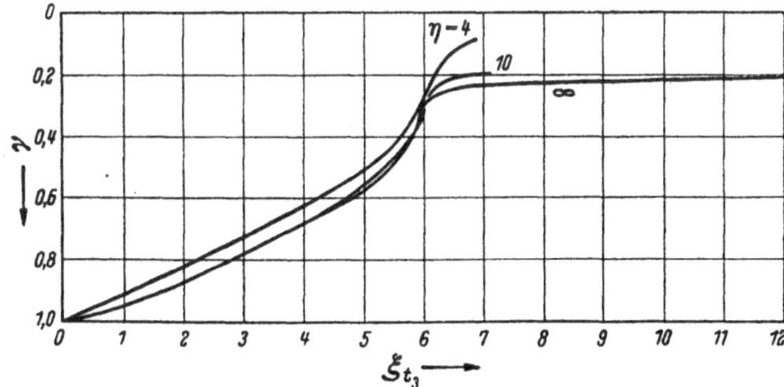

Abb. 4.142. Horizontale Sprungweite nach BATHELT [73]

net. Das Modell hat zwei Stockwerke, um bleibende Deformationen der Oberfläche zu ermöglichen. Die Deformationen sind leicht berechenbar, denn nach Abb. 2.1, S. 12 ist die resultierende Federkonstante $c = \frac{1}{\frac{1}{c+p} + \frac{1}{h}}$; c und p sind nämlich parallel, h hintereinander geschaltet. Also ist die Deformation der Oberfläche unter der Last P

$$z = P\left(\frac{1}{c+p} + \frac{1}{h}\right). \tag{4.83}$$

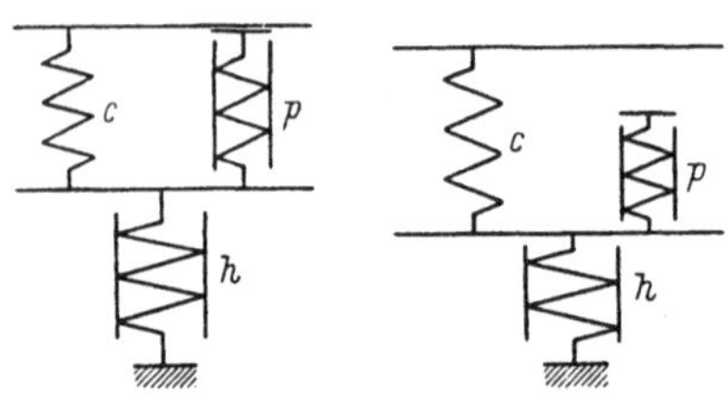

Abb. 4.143. P-E-Modell nach BATHELT [73]

Diese Formel gilt aber nur, solange alle Federn an der Lastübertragung teilnehmen und beim Zurückgehen in die Ruhelage nicht behindert sind. Bei Entlastung sind aber die Federn p und h *eingeklinkt*; p ist dann am Kräftespiel unbeteiligt, während h zwar mit dem oberen Modellteil in Berührung bleibt, aber nicht in die Ruhelage zurückkehren kann. Daraus folgt gemäß Abb. 4.143

Erstbelastung $z = P\left(\frac{1}{c+p} + \frac{1}{h}\right)$

Entlastung $\begin{cases} P \geqslant \frac{P_{\max}}{1+p/c}; & z_E = z^{P=P_{\max}} \\ P < \frac{P_{\max}}{1+p/c}; & z_E = \frac{P_{\max}}{h} + \frac{P}{c} \end{cases}$

Wiederbelastung $P_{\max} \geqslant P > \frac{P_{\max}}{1+p/c}$ $\quad z_W = z^{P=P_{\max}}$

Weiterbelastung = Erstbelastung $z = P\left(\frac{1}{c+p} + \frac{1}{h}\right)$.

Einzelne Deformationsphasen sind für ein Beispiel aus Abb. 4.145 zu entnehmen, während Abb. 4.144 das zugehörige Kraft-Deformations-Diagramm zeigt. Bei Belastung steigt die Deformation hiernach mit $\bar{c}$, ihr elastischer Anteil nimmt bei Entlastung mit c ab, und der plastische Anteil beträgt $\frac{P_{\max}}{h}$.

Das vorstehend beschriebene, masselose Federmodell wird nun als Ersatz für elastisch-plastischen Baugrund von dem aus der Sprungphase aufsetzenden Schwinger gestoßen. Läßt man die Zeitzählung der Stoßphase mit diesem Zeitpunkt beginnen und bezeichnet man mit $\omega_1^2 = \frac{1}{m\left(\frac{1}{c+p} + \frac{1}{h}\right)}$ die Eigenfrequenz des mit der Masse m belasteten Modells und mit $\omega_2^2 = \frac{c}{m}$ den entsprechenden Wert bei Entlastung, so gilt für den ersten Stoß

$$z_1 = \frac{1}{\omega_1^2}\left[g + \sqrt{g^2 + v_0^2\,\omega_1^2}\right] = m\left(\frac{1}{c+p} + \frac{1}{h}\right) g\left[1 + \sqrt{1 + \left(\frac{v_0\,\omega_1}{g}\right)^2}\right]. \tag{4.84}$$

Ein Vergleich mit Gl. (4.83) zeigt, daß die deformierende Kraft P gleich ist der Schwingermasse mal der reduzierten Beschleunigung

$$b_{\text{red}} = g\left[1 + \sqrt{1 + \left(\frac{v_0\,\omega_1}{g}\right)^2}\right];$$

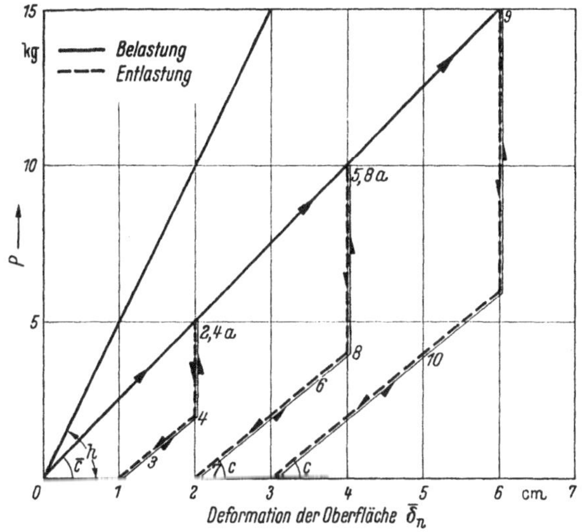

Abb. 4.144. Deformation der Erdoberfläche bei Be- und Entlastung eines elastisch-plastischen Baugrundes nach dem Modell von BATHELT

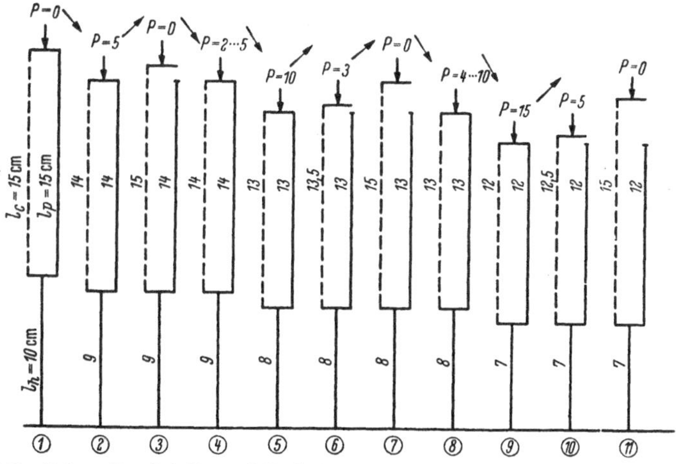

Abb. 4.145. Deformation bei Be- und Entlastung eines elastisch-plastischen Baugrundes nach dem Modell von BATHELT

dann ist auch die Deformation der Feder h:

$$z_p = \frac{m\,b_{\text{red}}}{h}. \tag{4.85}$$

Zum Zeitpunkt t_1 ist die maximale Deformation erreicht, und die Federn

p und h klinken ein. Die Rückstellung der Masse m folgt dann der Bewegungsgleichung

$$\frac{z - z_p - \frac{g}{\omega_2^2}}{z_1 - z_p - \frac{g}{\omega_2^2}} = \cos \omega_2 (t - t_1) . \tag{4.86}$$

Nach völliger Entspannung der Feder c hebt sich die Masse m wieder zum erneuten Sprung ab, und zwar zur Zeit $t = t_2$; dann gilt $z = z_p = 0$ und

$$\cos \omega_2 (t_2 - t_1) = \frac{-\frac{g}{\omega_2^2}}{z_1 - z_p - \frac{g}{w_2^2}} . \tag{4.87}$$

Ob sich die Masse m wieder abhebt, hängt davon ab, ob der rechte Ausdruck der Gl. (4.87) kleiner als 1 bleibt. Also ist

$$+ 1 > \frac{\frac{g}{\omega_2^2}}{z_1 - z_p - \frac{g}{\omega_2^2}} > - 1 \tag{4.88}$$

das Kriterium für das geplante Springen des Schwingers. Dieses Kriterium läßt sich aber auch schreiben

$$\left(\frac{v_0 \, \omega_2}{2g}\right)^2 > \frac{p}{c}\left(1 + \frac{p + c}{h}\right) . \tag{4.89}$$

Beim wiederholten Stoß ist zu prüfen, ob die durch die Zusammendrückung der Feder c von v_{0n} auf $\bar{v}_{0n}$ verminderte Geschwindigkeit eine weitere Verformung des Modells ergibt und wie lange diese elastische Stoßzeit t_0 dauert. Auch bei wiederholtem Stoß ist ferner zu untersuchen, ob die Geschwindigkeit $\bar{v}_0$ die Masse m hochschleudert oder ob sie nach Entspannnung von c liegenbleibt. Für den $(n + 1)$. Stoß gilt das Kriterium

$$\left(\frac{v_{0n+1} \cdot \omega_2}{2g}\right)^2 > \frac{p}{c}\left(1 + \frac{p + c}{h}\right) - \frac{1}{m}\left(c + p + \frac{h\,p}{c + p}\right)\frac{h}{c + p} z_{pn}^2 + 2g\, z_{pn} . \tag{4.90}$$

Darin ist v_{0n+1} die Auftreffgeschwindigkeit vor dem $n + 1$ten Stoß und z_{pn} die bleibende Deformation der Feder h nach dem n-ten Stoß.

Die nähere Untersuchung der Arbeit Bathelts zeigt, daß die Grenzgeschwindigkeit v_{0n} nach Gl. (4.90) mit wachsender Deformation, also steigender Stoßzahl abnimmt. Um die praktische Bedeutung dieser Feststellung zu erkennen, muß man bedenken, daß eine harmonische Wiederholung des Sprunges stets gleiche Anfangsbedingungen voraussetzt. Soll also der zweite Sprung unter gleichen Bedingungen wie der erste vor sich gehen, so darf der Schwinger nach dem ersten Stoß nicht hochgeschnellt werden. Entgegen der wahrscheinlichen Vermutung des Lesers, die Kriterien Gl. (4.88) und (4.89) wären für das Abheben oder Hochschnellen auszuwerten, zeigt sich, daß das Liegenbleiben anzustreben ist. Wenn aber die Grenzgeschwindigkeit mit wachsender Stoßzahl (an ein und derselben Verdichtungsstelle) abnimmt, so muß einmal der wünschenswerte Bereich von v_0 verlassen und die Grenze überschritten werden; dann springt der Schwinger nach Entspannen der elastischen Feder hoch und stört den harmonischen Rhythmus der Verdichterarbeit. Tatsächlich treten diese störenden Schwingungen, das *Tanzen*, bei Verdichtungsgeräten gelegentlich auf, und es war ein wichtiger Teil der Aufgabe BATHELTS, die Ursache hierfür aufzudecken. Über die praktischen Folgerungen hieraus berichten wir in der Zusammenfassung dieses Abschnittes.

Die nächste Aufgabe ist nun, das Modell quantitativ den Baugrundverhältnissen anzupassen. Hierzu sind Versuche nötig und von BATHELT mit folgendem Ergebnis ausgeführt worden.

a) Freier Fall, nicht verdichteter Boden. Gemessen wird die maximale Einsenkung z_1 und die bleibende Einsenkung z_p nach einem freien Fall der Masse m aus der Höhe H. Ferner wird die Eigenfrequenz ω_2 beim Ausschwingen gemessen. Dann ist $c = m\,\omega_2^2$. Aus Gl. (4.84) folgt mit $v_0^2 = 2gH$; $\omega_1^2 = 2g\,\dfrac{H + z_1}{z_1^2}$ und mit Gl. (4.85) schließlich

$$h = \frac{2mg}{z_p}\left(1 + \frac{H}{z}\right) \quad \text{sowie} \quad p = \frac{2mg}{z_1 - z_p}\left(1 + \frac{H}{z}\right) - m\,\omega_2^2. \tag{4.91}$$

b) Freier Fall, vorverdichteter Boden. Zur Bestimmung der Konstanten c genügt wieder die Messung von ω_2; dagegen erhält man h und p aus zweimaligem Messen der Zunahme der maximalen und bleibenden Einsenkung bei aufeinanderfolgenden Schlägen nur nach recht umständlicher Rechnung. Wir wollen uns daher auf die Wiedergabe der Versuchsergebnisse in Abb. 4.146 beschränken.

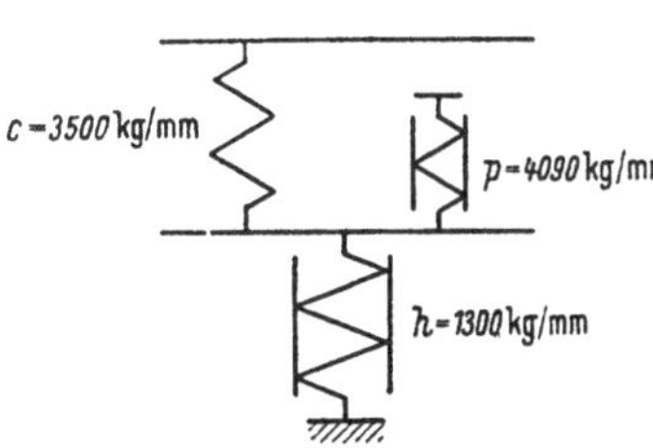

Abb. 1.146. Werte des Modells von BATHELT aus einem Versuch [73]

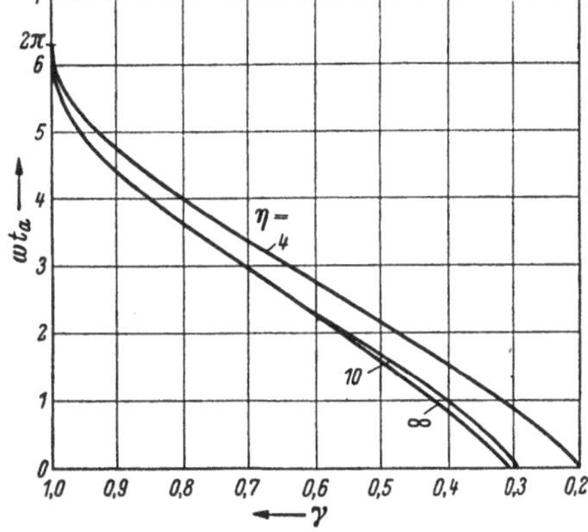

Abb. 4.147. Auflagezeit nach BATHELT [73]

Nach Beschreibung des Baugrundmodells von BATHELT muß nun der Zusammenhang zwischen Sprungphase und Verdichtungsphase hergestellt werden. Vor allem muß die Zeit zwischen Auftreffen und Wiederabheben für die plastische Verformung ausreichen. Während Abb. 4.134 die Sprungzeit t_s darstellt, zeigt Abb. 4.147 die Auflagezeit t_a gemäß $t_a = \dfrac{2\pi}{\omega} - t_s$. Unter Beschränkung auf den wichtigsten Fall vorverdichteten Bodens haben wir für die Dauer der plastischen Verformung zu setzen

$$t_p = \frac{1}{\omega_1} \operatorname{arc\,tg} \frac{\dot{v}_{0n+1}}{\omega_1\left(z_n - \frac{g}{\omega_1^2}\right)}$$

und es ergibt sich die Aufliegezeit $t_a \geqq t_p$ oder mit den ursprünglichen Konstanten

$$\operatorname{tg} \omega_1 t_a = \frac{\sqrt{\dot{\zeta}\,\frac{g^2}{\omega^2}\left(1+\frac{m_2}{m_1}\right)\frac{\eta^2}{\eta^2-1} - \frac{\omega_2^2}{2}\left(\frac{h}{c+p}\right)^2 z_{pn}^2 + \frac{g\,h}{c+p} z_{pn}}}{\omega_1\left(z_{pn} + z_{pn}\frac{h}{c+p} - \frac{g}{\omega_1^2}\right)}; \quad (4.92)$$

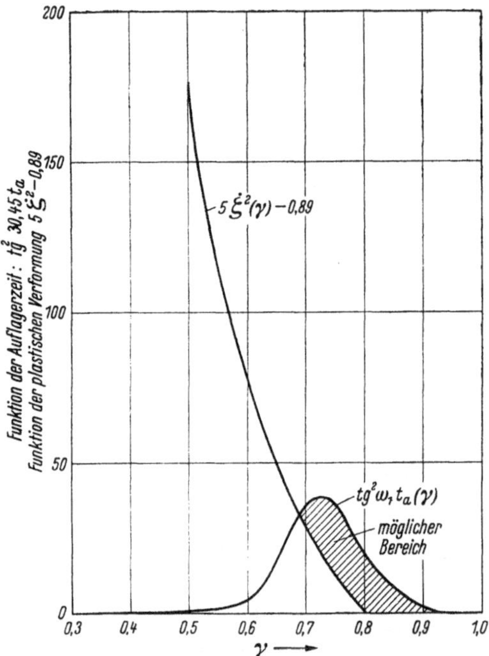

Abb. 4.148. Vergleich der Auflagezeit t_a mit der Dauer der plastischen Verformung, Darstellung der Ungleichung (4.93) für ein praktisches Beispiel

Mit den Konstanten $m_1 g = 1100$ kg, $h = 1300$ kg/mm, $z_p = 0{,}64$ cm

$m_2 g = 400$ kg, $c = 3500$ kg/mm, $\omega_1 = 30{,}45\,\text{s}^{-1}$

$p = 4090$ kg/mm, $\omega_2 = 176\,\text{s}^{-1}$

$\omega = 2\pi n = 62{,}8\,\text{s}^{-1}$

erhält man aus Gl. (4.92)

$$\operatorname{tg}^2 30{,}45\, t_a \geqq 5\,\dot{\zeta}^2 - 0{,}89 \quad (4.93)$$

Entnimmt man den Abb. 4.136 und 4.147 für $\eta = \infty$ die Funktionswerte $\dot{\zeta}(\gamma)$ und $t_a(\gamma)$, so kann die Ungleichung (4.93) entsprechend Abb. 4.148

dargestellt werden. Sie ist hiernach erfüllt im Bereich $\gamma = 0{,}69$ bis $\gamma = 1$. Da aber die Auftreffgeschwindigkeit $\dot{\zeta}$ mit wachsendem γ fällt, ist der kleinstmögliche γ-Wert, also 0,69 anzustreben, und das bedeutet wegen $\gamma = \frac{(m_1 + m_2)\,g}{m_0\,r\,\omega^2 \sin\varepsilon}$ ein Exzentermoment von $m_0\,r \sin\varepsilon = 0{,}55$ kg s², woraus bei gegebenen Werten m_0 und r die Richtung ε der resultierenden Fliehkraft errechnet werden kann.

4.342.3 Ergebnisse der Untersuchungen an einem Schwingungsverdichter der Bauart Bohn und Kähler RV 20000. Das zur Untersuchung benutzte Gerät war noch mit der auf S. 218, Abb. 4.59, dargestellten Automatik ausgerüstet, die eine starke Minderung des sonst quadratischen Anstieges der Zentrifugalkraft mit der Frequenz bewirkte. Bei den neueren Geräten dieses Typs fehlt die Automatik, weil sie die Verdichtungswirkung ungünstig beeinflußt. Mit Automatik folgt die Erregerkraft dem Gesetz $\tilde{K} = \left(18{,}48 - \frac{0{,}64}{1 - 2{,}23 \cdot 10^{-3}\,n^2}\right) n^2$, wenn n die Erregerfrequenz in Hz bedeutet. Die Messungen wurden im Drehzahlbereich 9,2 bis 13 Hz mit großem Winkel ε durchgeführt.

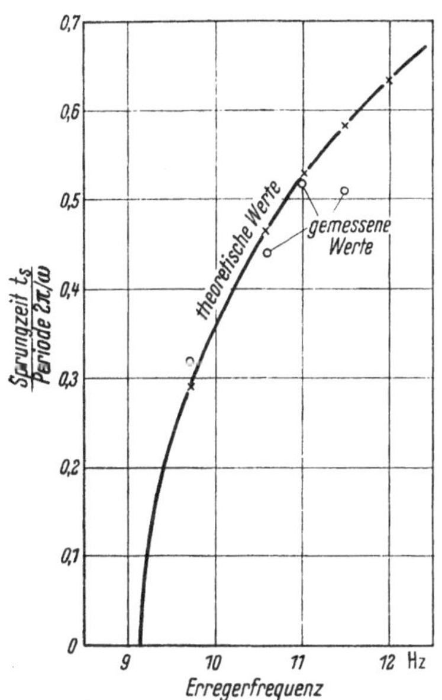

Abb. 4.149. Vergleich der gemessenen Sprungzeit mit der berechneten Zeit

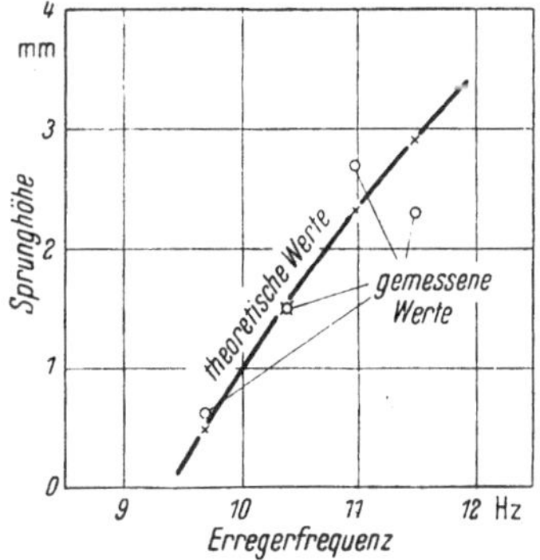

Abb. 4.150. Vergleich der gemessenen Sprunghöhe mit der berechneten

Abb. 4.149 und 4.150 zeigen den Vergleich zwischen der aus Abb. 4.134 zu entnehmenden Sprungzeit bzw. der aus Gl. (4.77) zu berechnenden Sprunghöhe mit den gemessenen Werten. Die Übereinstimmung ist befriedigend; offenbar entsprechen also die Voraussetzungen der Berechnung hinreichend gut der Wirklichkeit.

4.342.4 Zusammenfassung der Ergebnisse. Durch schrittweise Verfeinerung — Einzelmasse auf starrem Baugrund, Einzelmasse auf elastischem Baugrund, Doppelmasse auf plastisch-elastischem Baugrund — konnte die Wirkungsweise eines Schwingungsverdichters analytisch erfaßt werden, so daß aus den gewonnenen Beziehungen, deren Gültigkeit durch Versuche erwiesen wurde, Regeln für den Bau und Betrieb von Rüttelverdichtern hergeleitet werden können.

1. Die entscheidende Größe bei Beuteilung der Leistung eines Schwingungsverdichters ist $\gamma = \frac{(m_1 + m_2)\,g}{m_0\,r\,\omega^2 \sin\varepsilon}$. Dieser Wert darf 0,3 keinesfalls unterschreiten und 1,0 nicht überschreiten, er muß vielmehr den Baugrundverhältnissen entsprechend Ungleichung (4.92) angepaßt werden. Da nun ein Verdichtungsgerät möglichst alle verdichtungsfähigen Böden bearbeiten muß, soll $m_0\,r\,\omega^2 \sin\varepsilon$ veränderlich sein, um jeweils $0{,}3 \leqslant \gamma \leqslant 1{,}0$ zu gewährleisten. Für das Beispiel $(m_1 + m_2)\,g = 1500$ kg; $m_0\,r = 0{,}5$ kg s² zeigt Abb. 4.151 den erforderlichen Drehzahlbereich und

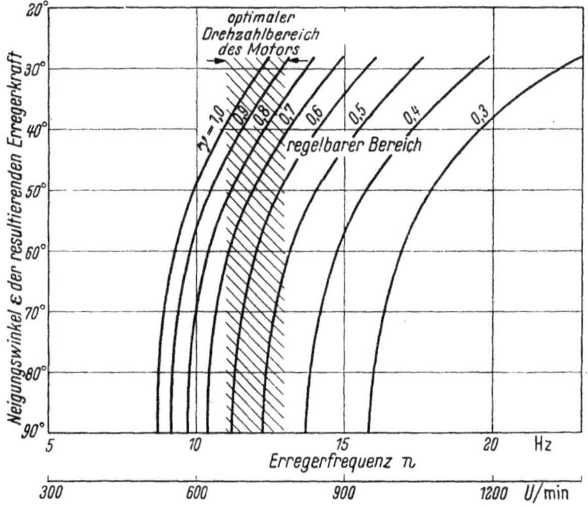

Abb. 4.151. Regelbarer Drehzahlbereich eines Schwingungsverdichters mit den Konstanten $(m_1 + m_2) \cdot g = 1500$ kg, $m_0\,r = 0{,}5$ kgs², um für gewählte Richtung ε der Erregerkraft die Bedingung $0{,}3 \leq \frac{(m_1 + m_2)\,g}{m_0\,r\,\omega^2 \sin\varepsilon} \leq 1$ zu erfüllen

läßt erkennen, daß auch eine stetige Regelbarkeit des Winkels ε der Erregerkraft erforderlich ist, weil Verbrennungsmotoren, die zum Antrieb von Verdichtungsgeräten allein in Frage kommen, nur in engem Frequenzbereich optimale Leistung abgeben. Der zur guten Verdichtung erforderliche Wert γ muß also durch richtige Einstellung von ε in den optimalen Drehzahlbereich des Motors fallen.

2. Eine sehr störende Erscheinung bei Verdichtungsarbeiten ist das *Tanzen* des Gerätes. Es besteht im wesentlichen darin, daß die Sprunghöhe bei gleichgehaltener Drehzahl ständig wächst und bald Werte annimmt, die eine Bedienung unmöglich machen. Außerdem versagt dann auch die Richtungssteuerung, und das Gerät wandert auf unkontrollierbaren Bahnen. Es ist ein besonderes Verdienst der Arbeit Bathelts, diese Erscheinung geklärt zu haben. Durch Messung an einem *tanzenden* Verdichter wurde festgestellt, daß die Nullage beim Absprung mit hoher Geschwindigkeit durchlaufen wird, während beim normalen Lauf

der Schwinger eine gewisse Zeit fast ruhig steht und sich erst mit Anwachsen der Geschwindigkeit abhebt. Mit anderen Worten: die Beschleunigung ist beim normalen Betrieb in der Nullage größer, die Geschwindigkeit kleiner als beim unruhigen Lauf.

Eine weitere wichtige Feststellung ist, daß der unruhige Lauf nach gewisser Zeit eintritt, wenn das Verdichtungsgerät auf der Stelle arbeitet, und zwar um so früher, je stärker die Vorverdichtung des Bodens ist. Das heißt, daß der unruhige Lauf beim Erreichen eines bestimmten (sehr hohen) Verdichtungsgrades beginnt. Durch Verringerung der Erregerfrequenz konnte stets der ruhige Lauf wiederhergestellt werden; daraus folgt, daß das Tanzen beim Überschreiten einer zulässigen Auftreffgeschwindigkeit beginnt. Hierauf wies aber bereits die Ungleichung (4.92) hin, wonach die Grenzgeschwindigkeit v_0 größer sein muß als die Auftreffgeschwindigkeit. Da aber die Grenzgeschwindigkeit mit zunehmender Verdichtung abnimmt, muß sie einmal den Wert der Auftreffgeschwindigkeit erreichen und unterschreiten, dann beginnt der unruhige Lauf, es sei denn, der Maschinist ermäßigt sofort die Drehzahl. Selbstverständlich würde diese Maßnahme den Beginn des unruhigen Laufes nur verzögern und nicht verhindern.

Die wichtige praktische Lehre, die aus dieser Erkenntnis gezogen werden muß, lautet: Die Laufgeschwindigkeit $v = \frac{x\,\omega}{2\,\pi}$ muß so bemessen werden, daß die Grenzgeschwindigkeit niemals kleiner wird als die Auftreffgeschwindigkeit, mit anderen Worten, daß das Gerät eine verdichtete Stelle bereits verlassen hat, ehe die bleibende Deformation auf ein Maß gewachsen ist, das zum unruhigen Lauf führt. Diese Lehre enthält die Feststellung, daß bei ruhigem Lauf das Verdichtungsmaximum, also die relative Dichte 1, nur in Oberflächennähe zu erreichen ist und die zum ruhigen Lauf erforderliche Deformation bei jedem Schlag aus der Verdichtung in größeren Tiefen stammt. Wegen dieser Wirkungsweise gehören Verdichter des beschriebenen Typs zu den Oberflächengeräten.

3. Aus Gl. (4.82) läßt sich die Laufgeschwindigkeit v berechnen; sie ist für $m_1\,g = 1100$ kg, $m_2 = 400$ kg, $m_0\,r = 0{,}5$ kg s^2 für verschiedene Winkel ε und Frequenzen n in Abb. 4.152 aufgetragen. In dieses Diagramm ist auch die Auftreffgeschwindigkeit $\dot{z}$ eingetragen und schließlich das Produkt $W = v \cdot \dot{z}$ beider Geschwindigkeiten. Während v und $\dot{z}$ mit ε monoton steigen bzw. fallen, hat $W = v\,\dot{z}$ ein Maximum, wovon schon auf S. 276 gesprochen wurde. Dieses Maximum zeigt die optimale Einstellung am Schwingungsverdichter an, weil dann relativ größte Verdichtung (Auftreffgeschwindigkeit $\dot{z}$) mit relativ größter Laufgeschwindigkeit v gekoppelt ist. Um diesen Scheitelwert zu erzielen, muß bei höherer Erregerfrequenz eine stärkere Neigung ε der resultierenden Erregerkraft eingestellt werden als bei niedrigerer Frequenz. Der Maximalwert des Produktes wächst mit n stark an. Da die Scheitelwerte außer vom Schwingergewicht $(m_1 + m_2)\,g$ und vom Exzentermoment $m_0\,r$ auch noch von den Baugrundverhältnissen (Federungen c, p und h) abhängen, erkennt man auch hieraus die Bedeutung einer ein-

fachen Verstellmöglichkeit des Neigungswinkels ε und der Frequenz n am Verdichtungsgerät. Daß es aber zwecklos ist, die Erregerfrequenz zu weit zu steigern, wurde unter 1. bereits erwähnt.

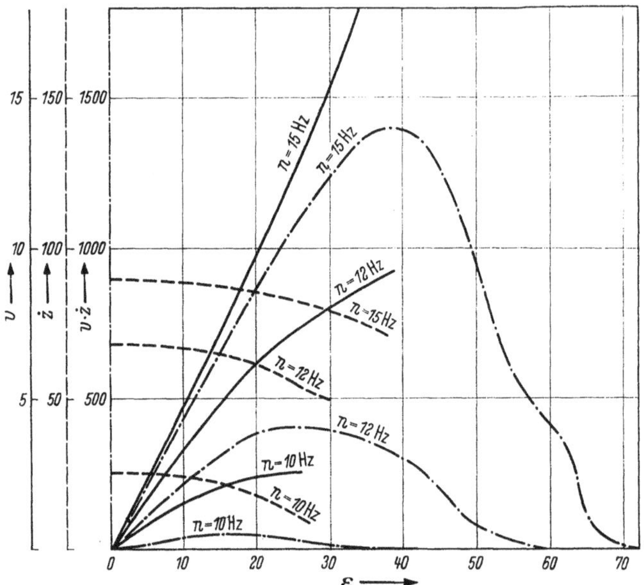

Abb. 4.152. Darstellung der Laufgeschwindigkeit v, der Auftreffgeschwindigkeit $\dot{z}$ und des Produktes $v \cdot \dot{z}$ in Abhängigkeit vom Neigungswinkel ε der Erregerkraft und von der Erregerfrequenz n für das Beispiel

$m_1 g = 1100$ kg, $m_0 r = 0{,}5$ kgs², $m_2 g = 400$ kg, $c = 35000$ kg/cm, $p = 40900$ kg/cm, $h = 13000$ kg/cm, $z_p = 0{,}64$ cm

4.4 Schwingrammung

Ein anderes Beispiel nutzbringender Anwendung der Erkenntnisse auf dem Gebiete der Dynamik im Grundbau ist die Schwingrammung. Hierunter versteht man das Eintreiben langgestreckter Körper, wie Pfähle, Spundbohlen, Träger usw., in das Erdreich, also eine Aufgabe, die üblicherweise durch Rammen bewirkt wird.

Auch dieses Verfahren geht auf HERTWIG zurück, der schon 1932 unter Mitwirkung des Verfassers auf dem Grundstück der Technischen Hochschule Berlin-Charlottenburg den ersten Holzpfahl mittels eines Schwingers in den Boden eingetrieben hat. In Zusammenarbeit mit HERTWIG hat dann das Losenhausenwerk das Patent DRP. Nr. 611392 angemeldet, in dem die Grundzüge der Schwingrammung niedergelegt sind. Die Tatsache, daß dieses Verfahren in Deutschland bis heute keine Anwendung fand, aber z. B. seit 1949 in Rußland mit überzeugendem Erfolge von der Baupraxis aufgenommen wurde, stellt keinen Sonderfall in der Geschichte bedeutender Erfindungen dar. Wir beschränken uns auf die Wiedergabe des wichtigsten Anspruches aus dem genannten Pionierpatent und geben im folgenden die Ergebnisse der sowjetischen Arbeiten bekannt. Patentanspruch 1 lautet:

Verfahren zum Rammen von Pfählen, Spundwänden oder dgl., bei dem der zu rammende Pfahl durch eine Rammaschine einer statisch wirkenden Belastung und außerdem periodisch wirkenden dynamischen Kräften ausgesetzt wird, dadurch gekennzeichnet, daß die Frequenz der Rammaschine der Eigenfrequenz des Pfahles und des ihn umgebenden Erdreiches ganz oder annähernd angepaßt wird.

4.41 Theoretische Vorarbeiten

Einem Kongreßbereicht von D. Barkan [78] entnehmen wir zahlreiche weitere russische Quellenangaben von Arbeiten, die die Vorgänge im Boden beim Eintreiben eines zylindrischen Körpers untersucht haben. Leider sind dem Verfasser diese Originalarbeiten nicht zugänglich, so daß er sich in seinem Bericht im wesentlichen auf Barkan stützen wird.

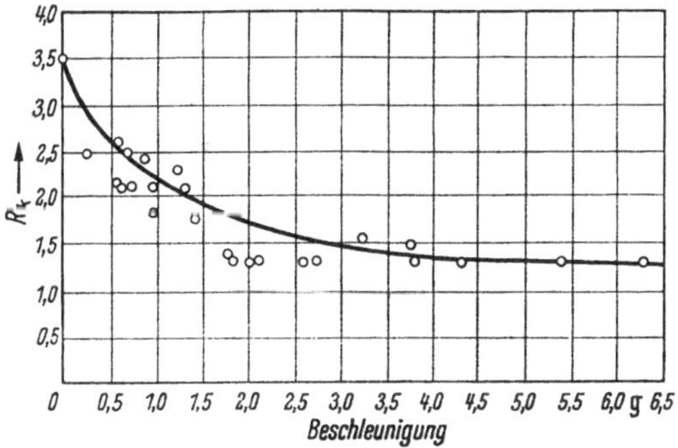

Abb. 4.153. Zugkraft R_k eines Holzpfahles in Abhängigkeit von der Schwingbeschleunigung (Vielfaches der Erdbeschleunigung g) nach Versuchen von N. A. Preobrajhenskaja [92]. Der Pfahl war 4 m tief gerammt und wurde sofort nach der Rammung gezogen.

Über die Abnahme des Reibungsbeiwertes mit der Beschleunigung wurde auf S. 258 bereits ausführlich berichtet. Diese Untersuchungen stellen natürlich die Basis für die weiteren Arbeiten auf dem Gebiete der Schwingrammung dar. Wie bei jedem Pfahlrammungsproblem besteht der Widerstand des Erdreiches aus Mantelreibung und Spitzenwiderstand. Zur Mantelreibung tritt noch meist infolge Korrosion des Pfahles eine Haftfestigkeit, die sich zu Beginn des Pfahlziehens bemerkbar macht. Daß durch lotrechte Schwingungen die Mantelreibung stark herabgesetzt werden kann, geht aus Abb. 4.153 hervor. Barkan berichtet ferner, daß beim Ziehen eines 17 m langen I-55-Trägers die notwendige Zugkraft mit der Schwingbeschleunigung abnahm. Während die statische Zugkraft über 80 t betrug, war bei $X = 0{,}4$ cm und $\omega = 70\,\text{s}^{-1}$ also $b = X\,\omega^2 \approx 2\,g$ nur etwa 2 t Zug nötig. Zur Überwindung der Haftspannung zwischen Pfahl und Erdreich sind relativ große Amplituden erforderlich.

Selbstverständlich sind die Bodeneigenschaften von großer Wichtigkeit, insbesondere die Kornverteilung und der Wassergehalt. Unter gleicher Schwingerwirkung zeigten sich die kleinsten Eindringwerte bei einem Wassergehalt von 13%, und die Reibungsverminderung nahm etwa proportional mit der Korngröße zu.

Ebenso wie die Haftspannung ist auch der Spitzenwiderstand nur durch Steigern der Schwingungsamplitude zu überwinden. Dies wurde an flach gerammten Pfählen erkannt. Abb. 4.154 zeigt für einen Holzpfahl und ein Rohr von 325 mm ∅ die Eindringgeschwindigkeit in Abhängigkeit von der Amplitude. Bemerkenswert sind der fast lineare Anstieg der Geschwindigkeit, der erreichte Wert von 5 m/min und die Grenzwerte der Amplitude von 2 bzw. 6 mm, unter welchen kein Eindringen zu erzielen war. Die Eindringgeschwindigkeit wächst nicht mit der Erregerfrequenz, es hat vielmehr den Anschein, als ob der Spitzenwiderstand linear mit der Frequenz ansteigt.

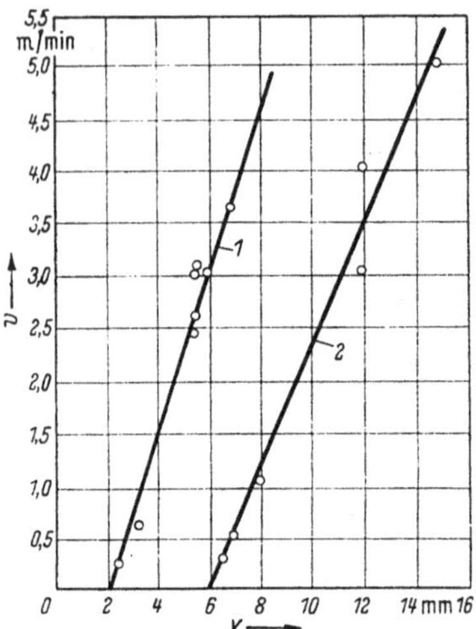

Abb. 4.154. Abhängigkeit der Eindringgeschwindigkeit v von der Schwingungsamplitude X bei konstanter Tiefe nach BARKAN [78]. Kurve 1 Holzpfahl, Kurve 2 Stahlrohr (Durchmesser 325 mm)

Die Amplituden eines lotrecht erregten Pfahles folgen im wesentlichen dem bekannten Verlauf der Resonanzkurven bei quadratischer Erregung, allerdings zeigt sich auch hier die auf gekrümmte Federcharakteristik zurückzuführende Abnahme der Scheitelfrequenz mit der Erregerkraft. Abb. 4.155 vergleicht gerechnete Amplituden (ausgezogene Kurven) mit gemessenen (Punkte), wobei das Exzentermoment $m_0\,g\,r$ [kgcm] als Parameter erscheint.

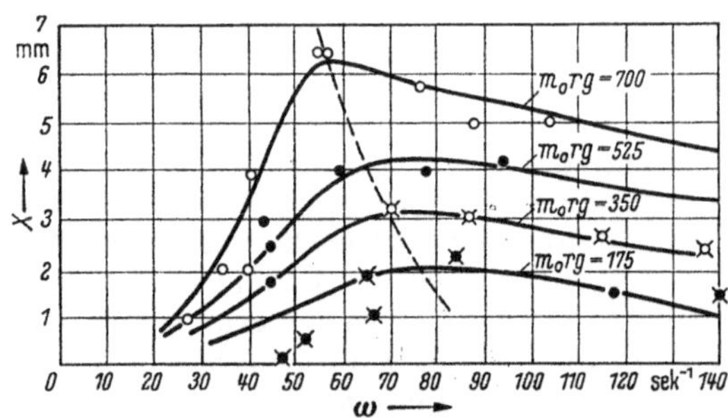

Abb. 4.155. Resonanzkurve der lotrechten Amplitude eines dynamisch eingebrachten Pfahles. Vergleich der Meßwerte (Punkte) mit den berechneten Werten (Kurven). Parameter der Kurven: Exzentermoment $m_0\,r\,g$ [kgcm] nach BARKAN [78]

scheint. Hiernach kann für Amplituden bis etwa 1 cm mit der einfachen harmonischen Grundgleichung (2.13), S. 15 und den hieraus abgeleiteten Formeln gerechnet werden.

Nach den von BARKAN geschilderten Versuchen wächst der Spitzenwiderstand exponentiell mit der Querschnittsfläche des einzutreibenden

Körpers, damit wächst auch die bei Diskussion der Abb. 4.154 erwähnte, zum Eindringen erforderliche Grenzamplitude X_{min}.

Da ferner die Größe der an der Schwingung teilnehmenden Masse nicht nur auf die Eindringgeschwindigkeit, sondern auch auch auf die erreichbare Grenztiefe von Einfluß ist und sich in jedem Einzelfall ein Optimum dieser Masse bestimmen läßt, kann es von Vorteil sein, die den Optimalwert übersteigende erforderliche Masse gefedert abzustützen, so daß sie an der Schwingung nicht beteiligt ist.

Die theoretischen Angaben Barkans schließen mit Betrachtungen über den Einfluß der bleibenden und elastischen Bodenverformung auf den Eindringvorgang. Hiernach ändert sich der elastische Anteil der Bodenverformung nicht mit der Eindringtiefe, und der bleibende Anteil wächst mit der Tiefe linear. So erklärt Barkan die Beobachtung, daß die Eigenfrequenz des Systems, die ja von den elastischen Baugrundeigenschaften bestimmt wird, von der Eindringtiefe fast unabhängig ist. Die Schwingerleistung muß aber mit der Tiefe zunehmen entsprechend dem Anwachsen der bleibenden Deformation.

4.42 Praktische Erfahrungen

Die sehr ermutigenden Versuchergebnisse haben in Rußland sehr bald zur Entwicklung geeigneter Schwinger geführt. Es sind dies hauptsächlich die in Tab. 4.14 zusammengestellten Geräte.

Die Erregerkräfte $\tilde{K}$ sind bei den vier Schwingertypen ziemlich gleich, deshalb muß die Drehzahl bei dem Gerät BT–5 mit dem kleinsten Exzentermoment sehr hoch getrieben werden. Eine Vergrößerung der Erregerkraft würde die störenden Schwingungen und die Antriebsleistung zu sehr anwachsen lassen. Weil der Schwinger BT–5 nur kleine Amplituden erzeugt, ist er nur zum Eintreiben von Stahlspundbohlen im wassergesättigten Boden bis etwa 8 oder 10 m Tiefe geeignet. Mit dem Gerät VPP–2 erreichte man bei Spundbohlen im erdfeuchten Sand

Tabelle 4.14 *nach Barkan* [78]

Schwingertyp	Drehzahl n	Erregerkraft $\tilde{K}$	Exzentermoment $m_0 g r$	Exzentermoment $x = \frac{m_0 r}{m}$	Schwingergewicht $m g$	Motorleistung	Amplitude x	Beschleunigung $\ddot{x}$	Abgefederter Schwingerteil
Dimension	Hz	kg	kg cm	cm	kg	kW	cm	cm/s²	kg
BT–5	41,7	21800	350	0,27	1300	28	0,1—0,2	6000—12000	0
VPP–2	25	22500	1000	0,46	2200	40	0,4—0,6	9000—14000	1500
100	13,3	20000	3000	1,67	1800	28	0,8—1,0	6000—10000	0
VP	6,7	16000	10000	2,00	5000	60	1,0—2,0	3200—6000	0

Tiefen bis 14 m und konnte auch schwache Tonschichten durchstoßen. Der Schwingertyp 100, der Amplituden bis 1 cm bewirkt, rammt Spundbohlen jeden Profils bis 16 m Tiefe und durchstößt Tonschichten mittlerer Festigkeit und einer Dicke bis 4 m. Man benutzt ihn auch zur Herstellung von Sandpfählen. Der stärkste Schwinger VP endlich dient zur Schwingrammung von Stahlbetonpfählen bis zu Tiefen von 10 m und darüber, wenn gleichzeitig gespült wird.

Über die Eindringgeschwindigkeit gibt die mehrfach erwähnte Quelle erstaunlich hohe Werte an. Schon beim ersten Großeinsatz des Schwingers BT—5 für den Bau von Zellenfangedämmen der Wasserkraftanlage Gorki dauerte das Einbringen der Spundbohlen von 9 bis 12 m Länge nur 2 bis 3 Minuten, die mittlere Geschwindigkeit betrug somit über 4 m/min. Als Schichtleistung wurden dort 31 Bohlen eingetrieben, während mit Schnellschlaghämmern bestenfalls 18 Bohlen pro Schicht gerammt werden konnten. Mit den neueren Typen VPP—2 und 100 konnte die Schichtleistung sogar auf 53 Bohlen, die Geschwindigkeit im wassergesättigten Sand auf 10 m/min gesteigert werden.

Insgesamt sind bis zur Berichterstattung von Barkan etwa 70000 t Spundbohlen mit Tiefen von 9 bis 14 m in der UdSSR dynamisch eingebracht worden. Die durchfahrenen Böden waren Sand, teilweise mit zwischengelagerten Lehm-, Ton- und Kiesschichten. Schließlich erwähnt Barkan noch andere Anwendungsarten der Schwingrammung: das Herstellen von Sand- und Kiespfählen ⌀ 325 mm, wobei der nichttragfähige Boden von 7 m Mächtigkeit in 0,5 bis 1 Minute durchfahren wurde, die Vibrosonde zur Entnahme ungestörter Bodenproben, die Verbesserung der Leistung von Rotary-Bohrgeräten und endlich der Einsatz von hochfrequenten Schwingern ($n = 150 - 180$ Hz) beim Lösen des Bodens, wobei die Erregung in der Richtung der größten Schubspannung wirken soll und auf diese Weise der Scherwiderstand auf die Hälfte des normalen Wertes absinkt.

Es kann hiernach nicht bezweifelt werden, daß die Schwingrammung große Vorteile im Grundbau bringt und es scheint an der Zeit, daß sich die westliche Bau- und Baumaschinenindustrie dieses Teilgebietes der Dynamik annimmt und ihr Augenmerk auf die Entwicklung von Schwingrammen für die verschiedensten Anwendungsgebiete richtet.

5 Zusammenfassung der Ergebnisse

Wir wollen nun versuchen, die wichtigsten Ergebnisse der in den vorstehenden Abschnitten behandelten Aufgaben kurz zusammenzufassen mit dem Ziel, möglichst einfache Berechnungsverfahren für dynamische Probleme im Grundbau vorzuschlagen, aber auch auf die noch ungelösten oder hier nicht behandelten Fragen hinzuweisen.

5.1 Schwingungssysteme mit konzentrierten Massen

Von den im gleichlautend betitelten Abschn. 2 geschilderten Berechnungsverfahren ist Gebrauch zu machen, wenn blockförmige, also nicht aufgelöste Bauwerke periodische Beanspruchung erfahren. Fällt die Erregungsrichtung mit der Federachse in die lotrechte Schwerachse des Systems, so ist näherungsweise nach 2.1, wegen der elastisch-plastischen Eigenschaften des Baugrundes exakt nach 2.2 zu rechnen.

Wirken auf einen Block Rückstellkräfte in mehreren Richtungen, die nicht sämtlich durch den Schwerpunkt laufen, so ist von den Formeln in 2.3 Gebrauch zu machen und beim Entwurf auf Symmetrie um die z-Achse zu achten, weil dadurch ein Koppelungsgrad vermieden wird.

Mehrmassensysteme mit einheitlicher Bewegungsrichtung der Einzelmassen werden nach 2.4 behandelt und es wird von den Vorteilen sinnvoller Abstimmung der Einzelmassen und Einzelfedern gegeneinander Gebrauch gemacht.

5.2 Homogene Systeme

Aufgelöste Grundbauwerke sind, soweit die Konstruktionsglieder betrachtet werden, nach den Regeln der Stabwerkdynamik zu behandeln. Zur Ermittlung der Eigenfrequenzen ist das Verfahren von Hohenemser-Prager empfehlenswert, für einfachere Fälle sind die hiernach entwickelten Nomogramme heranzuziehen. Die erzwungenen Schwingungen werden besser nach der Deformationsmethode von Koloušek behandelt. Die Grundzüge beider Verfahren sind im Abschn. 3 besprochen. Die Wirkung einer Werkstoffdämpfung kann gemäß 2.14 berücksichtigt werden.

5.3 Dynamik des Baugrundes

Im Kap. 4 wurde versucht, den Stand der Erkenntnis über das Verhalten des Baugrundes wiederzugeben und die möglichen Untersuchungsverfahren des Baugrundes zu schildern. Kennt man hieraus die Dichte $\varrho = \gamma/g$, die Poisson-Zahl m und den Schubmodul G, so können die von den Fundamentabmessungen abhängigen, für die Schwingungsberechnung erforderlichen Werte der Baugrundfederung, der Dämpfung und der mitschwingenden Masse berechnet werden. Dabei erweist sich vor allem eine im Verhältnis zum Bauwerksgewicht große Grundfläche der Fundierung als nützlich, weil dadurch große Systemdämpfung und unter Umständen aperiodisches Verhalten des Schwingungssystems erzielt werden kann.

Als Beispiele für die nutzbringende Anwendung dieser Erkenntnisse wurden die Schwingungsverdichtung und die Schwingrammung behandelt.

5.4 Verwickelte Schwingungssysteme

An den Schluß unserer Betrachtungen wollen wir einen Überblick über die Möglichkeiten zur Schwingungsberechnung des in Abb. 5.1 dargestellten Turbinenfundamentes stellen, weil bei dieser dynamischen Aufgabe alle Einzelprobleme angesprochen werden. Auf Vorschlag des

Verfassers hat Dipl.-Ing. K.-H. SCHRADER [*106*] dieses Fundament nach der Deformationsmethode von KOLOUŠEK durchgerechnet und den Einfluß der Baugrundfederung untersucht. Die Einzelergebnisse dieser zur Stunde noch nicht publizierten Arbeit können hier nicht wiedergegeben werden, sie sind in einer Veröffentlichung des Verfassers [*105*] kurz zusammengefaßt. Wir wollen uns hier mit folgenden Feststellungen begnügen:

1. Schrittweises Lösen der Fesseln des symmetrisch erregten Systems in Abb. 5.2 derart, daß zur Verdrehung γ_1 und γ_2 der Punkte 1 und 2 und zur Verschiebung y_2 (Stufe 1) die Stielverformung y_1 (Stufe 2), die

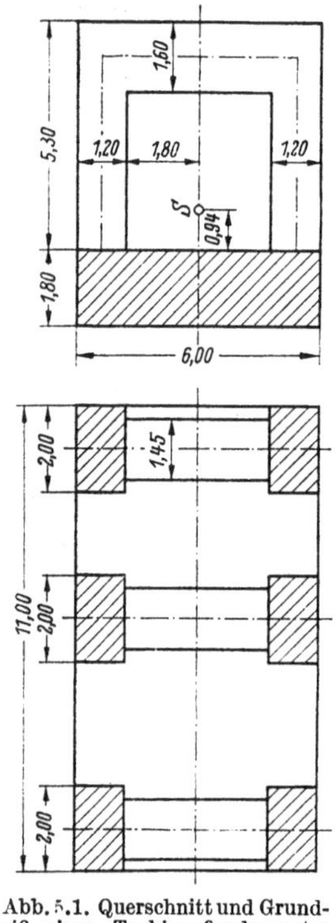

Abb. 5.1. Querschnitt und Grundriß eines Turbinenfundamentes

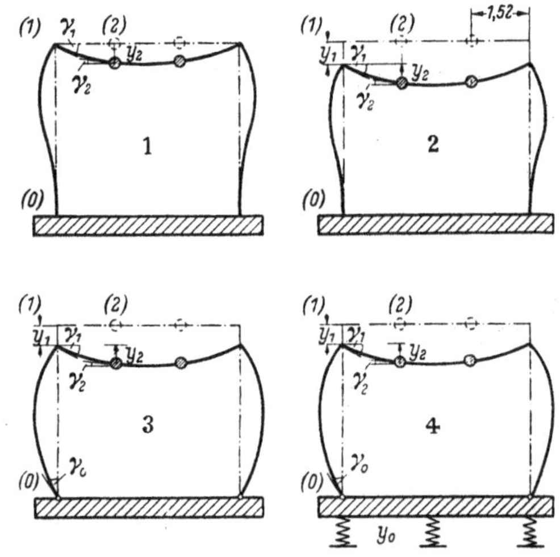

Abb. 5.2. Stufen der schrittweisen Näherung an das exakte Berechnungssystem bei symmetrischer Schwingungsform

Fußpunktdrehung γ_0 (Stufe 3) und schließlich die Baugrundfederung y_0 (Stufe 4) tritt, zeigt in Abb. 5.3 den vorherrschenden Einfluß der Baugrundeigenschaften auf die Eigenfrequenzen. Noch deutlicher führt dies Abb. 5.4 vor, woraus die niedrigste Eigenfrequenz des Systems für verschiedene Federungswerte C entnommen werden kann.

2. Die bekannten Berechnungsverfahren nach E. RAUSCH [*9*], [*19*] und nach DIN 4024 erfassen die Formänderung des Fundamentrahmens und die Baugrundfederung getrennt. System (Stufe 3) in Abb. 5.2 ist mit dem der Berechnung nach RAUSCH zugrunde gelegten System vergleichbar; trotz Vernachlässigung der Stielmasse bei letzterem erhält man eine um etwa 10% zu kleine Eigenfrequenz ($n_e = 3800$/min gegenüber 4220/min nach exakter Berechnung für System 3). Die Eigenfrequenz des Gesamtblockes auf der Baugrundfederung errechnet sich nach Gl. (2.88a), S. (56), zu $n_e = 10\sqrt{C}$ [min^{-1}], worin C die auf die

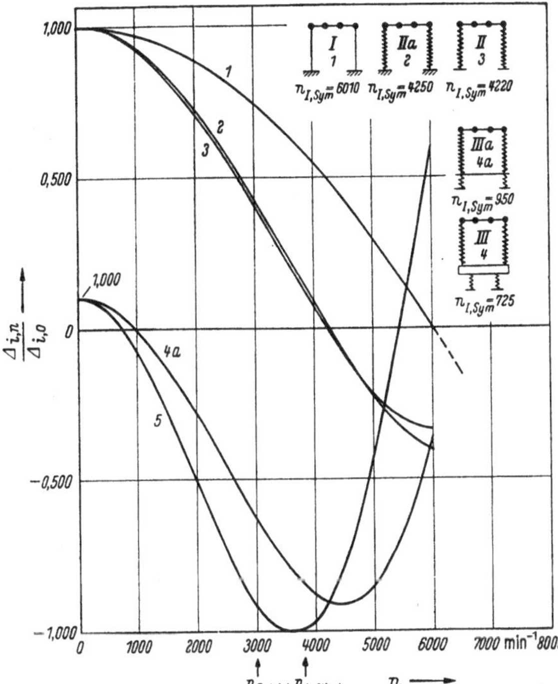

Abb. 5.3. Reduzierte Nennerdeterminanten für symmetrische Schwingungsformen (Eigenfrequenzen aus Nullstellen) nach SCHRADER [106]

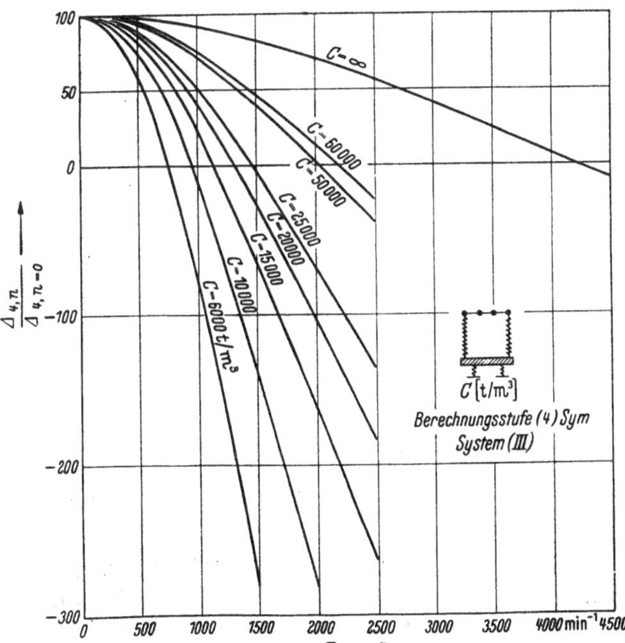

Abb. 5.4. Reduzierte Nennerdeterminanten bei verschiedenen dynamischen Bettungsziffern C (t/m³) (Symmetrischer Schwingungsanteil) nach SCHRADER [106]

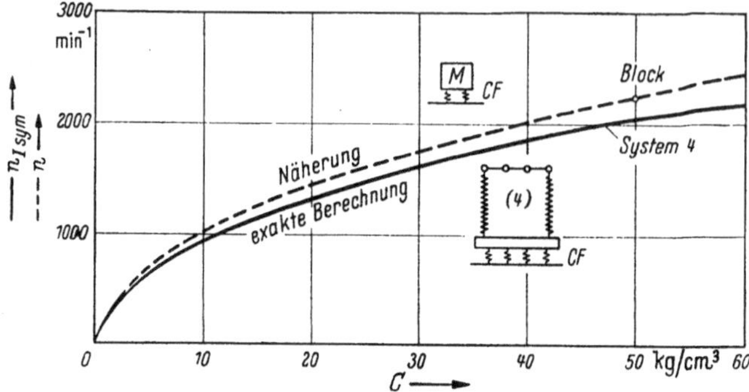

Abb. 5.5. Einfluß der Baugrundfederung C auf das exakte Ergebnis der Stufe 4 und die Näherung

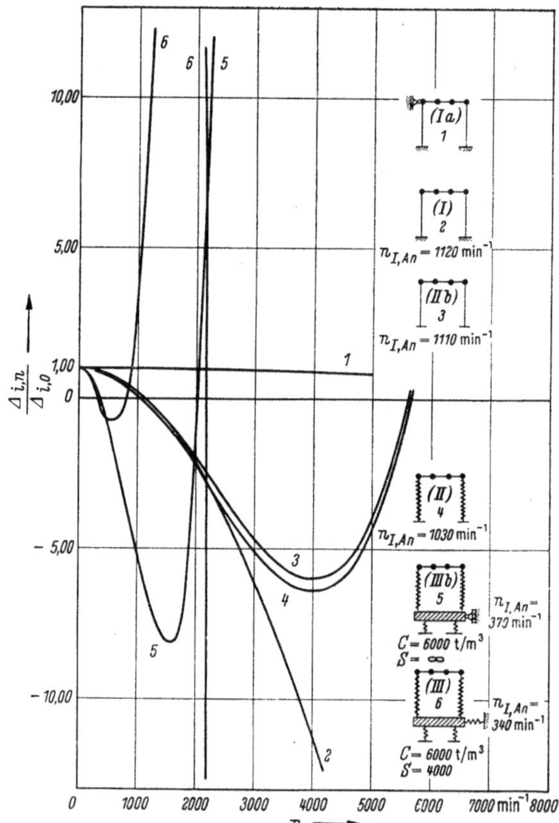

Abb. 5.6. Reduzierte Nennerdeterminanten für antimetrische Schwingungsformen (Eigenfrequenzen aus Nullstellen) nach SCHRADER [106]

Flächeneinheit bezogene Federung des Baugrundes in [t/m³] bedeutet. Abb. 5.5 stellt diese Werte $n_e(C)$ dem Ergebnis einer exakten Berechnung des Systems Stufe 4 gegenüber; dieses weichere System hat natürlich eine niedrigere Grundfrequenz, der Unterschied beträgt ebenfalls rund 10%.

Der Vergleich lehrt, daß die Näherungsverfahren Fehler von $\pm 10\%$ ergeben. Da aber System 3 auf federndem Baugrund nicht möglich, also nur System 4 in Betracht zu ziehen ist, erübrigt sich die Näherungsberechnung nach Rausch [*9*], [*19*], und das Turbinenfundament kann für rohe Berechnung als Block auf der Baugrundfeder angesehen werden.

3. Das exakte Deformationsverfahren wurde auch für die antimetrische Schwingung durchgeführt und ergab gemäß Abb. 5.6 ebenfalls einen erheblichen Einfluß der Baugrundfederung auf die Eigenfrequenzen; der Einfluß der waagerechten Bodenreaktion S ist allerdings gering. Das mit Stufe 3 vergleichbare Näherungssystem von Rausch [*9*], [*19*] liefert

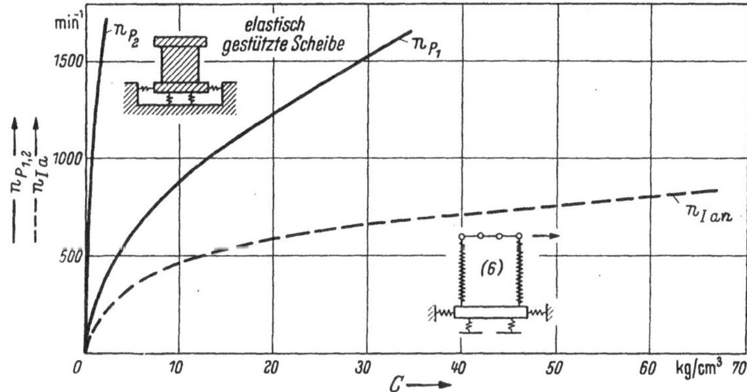

Abb. 5.7. Antimetrische Grundfrequenz n_{Ia} und Pendelfrequenzen $n_{p_{1,2}}$ in Abhängigkeit von der Baugrundfederung C

fast genaue denselben Wert ($n = 1110\ \text{min}^{-1}$), jedoch ist kein Näherungsverfahren bekannt, das der antimetrischen Endstufe 6 entspricht, deren Grundfrequenz $n_{\mathrm{I\,ant}}$ gemäß Abb. 5.7 von C abhängt.

Keinesfalls entspricht diese Schwingung einer der beiden Pendelfrequenzen $n_{P_{1,2}}$ des als elastisch gestützte Scheibe aufgefaßten Turbinenfundamentes, wie Abb. 5.7 deutlich zeigt.

4. Amplituden und Biegemomente folgen im Bereich $\eta = \dfrac{\omega}{\omega_{\mathrm{I}}} \leqq 1$ hinlänglich genau der Vergrößerungsfunktion $V = \dfrac{1}{1-\eta^2}$ bzw. $V' = \dfrac{\eta^2}{1-\eta^2}$, so daß $X = X_{St} \cdot V$ und $M = M_{St} \cdot V$. Für $\eta > 1$ gilt diese einfache Näherung aber weder quantiativ noch qualitativ; letzteres soll sagen, daß die einzelnen Systempunkte keine der statischen Verformung proportionale Bewegung ausführen. Bisher gelang es noch nicht, für diesen Bereich Näherungsberechnungen der Amplituden und Biegemomente zu entwickeln.

Literaturverzeichnis

[1] HOHENEMSER-PRAGER: Dynamik der Stabwerke. Berlin: Springer 1933.

[2] RAYLEIGH: Theory of sound. London 1877.

[3] RITZ, W.: Über eine neue Methode zur Lösung gewisser Variationsprobleme der mathematischen Physik. Crelles Journal Bd. 135 (1909), S. 1.

[4] BIEZENO, C. B., u. R. GRAMMEL: Technische Dynamik, 2 Bde. 2. Aufl. Berlin/Göttingen/Heidelberg: Springer 1953.

[5] KLEINLOGEL: Rahmenformeln. Berlin: Ernst & Sohn 1939.

[6] KORENEW, B. G., u. E. S. SOROKIN: Dynamik von Baukonstruktionen — Die Methode der Berechnung des unelastischen Materialwiderstandes bei der Berechnung der Schwingungen von Konstruktionen. Berlin: VEB Verlag Technik 1953.

[7] GEIGER, J.: Z. VDI Bd. 66 (1922) und Bd. 67 (1923).

[8] RAUSCH, E.: Schwingungsberechnung von Dampfturbinenfundamenten in Stahlbeton. Beton u. Eisen Bd. 41 (1942), S. 193—196.

[9] „Hütte", Taschenbuch des Ingenieurs, Bd. 1, 27. Aufl. Berlin: Ernst & Sohn 1948.

[10] HÜBNER, E.: Technische Schwingungslehre in ihren Grundzügen. Berlin/Göttingen/Heidelberg: Springer 1957.

[11] FÖPPL, O.: Die Dämpfung, die bei der Schwingungsbeanspruchung von Metallen auftritt, in Abhängigkeit von der Verformungsgeschwindigkeit. 2. Int. Kongreß für techn. Mechanik Zürich 1926, Berichte S. 328—331.

[12] ROWETT, F. E.: Proc. Roy. Soc., Lond., Ser. A, Bd. 89 (1913), S. 528.

[13] DEN HARTOG, J. P.: Mechanical Vibrations. 2. Aufl. London/New York: McGraw-Hill 1940.

[14] KLOTTER, K.: Technische Schwingungslehre, Bd. 1, 2. Aufl. Berlin/Göttingen/Heidelberg: Springer 1951.

[15] LORENZ, H.: Der Baugrund als Federung und Dämpfung schwingender Körper. Bauingenieur Bd. 25 (1950), S. 365—372.

[16] NOVÁK, M.: Über die Nichtlinearität der Vertikalschwingungen von starren Körpern auf dem Baugrunde. Acta Technica, Ročnik Bd. 2 (1957), Nakladatelstvi CSAV, Praha II, CSR.

[17] HERTWIG, A., G. FRÜH, u. H. LORENZ: Die Ermittlung der für das Bauwesen wichtigsten Eigenschaften des Bodens durch erzwungene Schwingungen. Veröff. Degebo T. H. Berlin, H. 1. Berlin: Springer 1933.

[18] ZURMÜHL, R.: Praktische Mathematik für Ingenieure und Physiker. 2. Aufl. Berlin/Göttingen/Heidelberg: Springer 1957.

[19] RAUSCH, E.: Maschinenfundamente und andere dynamische Bauaufgaben. 3 Bde. 2. Aufl. Berlin: VDI-Verlag 1943.

[20] NEUBER, H.: Allgemeine Schwingungsberechnung des elastisch gestützten, geschwindigkeitsproportional gedämpften starren Körpers unter besonderer Berücksichtigung der Verhältnisse bei Maschinenfundamenten. Diss. Techn. Universität Berlin 1953.

[21] LEHR, E.: Arch. Elektrotechn. Bd. 24 (1930), S. 330.

[22] LORENZ, H.: Zeichnerische Auswertung von Resonanzkurven. Ing.-Arch. V (1934), S. 376—394.

[23] FÖPPL, O.: Grundzüge der technischen Schwingungslehre. Berlin 1931.

[24] HERTWIG, A.: Die dynamische Bodenuntersuchung. Bauingenieur Bd. 12 (1931), S. 457—461 und 475—480.

[25] HERTWIG, A., u. H. LORENZ: Das dynamische Bodenuntersuchungsverfahren. Bauingenieur Bd. 16 (1935), S. 1—7.
[26] —: Baugrunduntersuchungen ausgedehnter Baustellen für Industrie- und Verkehrsanlagen oder Flugplätze. Schriften Dtsch. Akademie Luftforschung Bd. 48 (1941).
[27] LORENZ, H.: Neue Ergebnisse der dynamischen Baugrunduntersuchung. Z. VDI Bd. 78 (1934), S. 379—385.
[28] REISSNER, E.: Stationäre, axialsymmetrische durch eine schüttelnde Masse erregte Schwingungen eines homogenen elastischen Halbraumes. Ing.-Arch. VII (1936), S. 381—395.
[29] ŠECHTER, O. J.: Ob učote inercionnych svojstv gruntov pri rasčotě vertikalnych vynužděnnych kolebanij massivnych fundamentov. Trudy NII Minvojenmorstroja Bd. 12 (1948).
[30] EHLERS, G.: Der Baugrund als Federung in schwingenden Systemen. Beton u. Eisen Bd. 41 (1942), S. 197—203.
[31] LOVE: Some problems of geodynamics. Adams Prize Essay. Cambridge 1911.
[32] POEL, C. v. d.: Dynamic testing of road constructions. J. Appl. Chem. I, Bd. 7 (1951).
[33] —: Dynamische Prüfung von Straßendecken. Elektr. Messen Bd. 3, S. 2—12.
[34] — u. L. W. NIJBOER: A study of vibration phenomena in asphaltic road constructions. Draft Publ. Assoc. Asphalt Paving Technologists (1953). Koninklijke Shell-Lab., Amsterdam.
[35] NIJBOER, L. W.: A calculation method for the behaviour of bituminous pavements under dynamic loading. Report M 23003 (1954) Koninklijke Shell-Lab., Amsterdam.
[36] —: Dynamic investigations of road constructions. Shell Bitumen Monograph Bd. 2 (1955).
[37] HEUKELOM, W.: Über die mechanischen Elemente, die die Steifigkeit von Straßenkonstruktionen beherrschen. Report M 23020 (1957) Koninklijke Shell-Lab., Amsterdam.
[38] BAUM, G.: Beitrag zur Deutung von Schwingungsuntersuchungen an Straßen, 2 Teile. Bundesanstalt f. Straßenbau, Abt. Baugrund. Köln 1956 und 1957.
[39] BOUSSINESQ, J.: Application des Potentiels à l'Étude de l'Équilibre et du Mouvement des Solides Élastiques. Paris: Gauthier-Villard 1885.
[40] KÖHLER, R., u. A. RAMSPECK: Die Anwendung dynamischer Baugrunduntersuchungen. Veröff. Degebo T. H. Berlin H. 4. Berlin: Springer 1936.
[41] RAMSPECK, A., u. G. A. SCHULZE: Die Dispersion elastischer Wellen im Boden. Veröff. Degebo T. H. Berlin H 6. Berlin: Springer 1938.
[42] TSCHEBOTARIOFF, G. P., u. G. W. MCALPIN: Vibratory and slow repetitional loading of soils. Proc. 26th Annual Meeting Highway Research Board (1946), S. 551—562.
[43] — —:The effect of vibratory and slow repetitional forces on the bearing porperties of soils. Technical Development Report Bd. 57 (1947) U. S. Dpt. Commerce, Washington.
[44] — u. H. F. WINTERKORN: Testing of submerged bitumen-sand mixtures by slow repetitional loading. Proc. 27th Annual Meeting Highway Research Board (1947), S. 467—471.
[45] — u. E. R. WARD: The resonance of machine foundations and the soil coefficients which affect it. Proc. IInd Int. Conf. Soil Mechanics I S. 309—313 Rotterdam (1948).
[46] —: Soil mechanics, foundations and earth structures. New York: McGraw-Hill 1952.
[47] —: Performance records of engine foundations. Reprint ASTM Bd. 93b (1953).
[48] NEWCOMB, W. K.: Principles of foundation design for engines and compressors. Trans. Amer. Soc. mech. Engrs. Bd. 73 (1951), S. 307—318.
[49] WAGNER, K. W.: Lehre von den Schwingungen und Wellen. Wiesbaden: Dietrich Vlg. 1957.
[50] SCHMIDT, E.: Experimentelle Untersuchung von schwingungsdämpfenden Unterlagen von Maschinen. Gesundh.-Ing. Bd. 46 (1923).

[51] WILLMS, W., u. L. KEIDEL: Prüfung von Körperschalldämmstoffen. Elektr. Nachr.-Techn. Bd. 11 (1934).
[52] LEWIS, F. M.: Trans. Amer. Soc. mech. Engrs. Bd. 54 (1932) APM S. 253.
[53] ZELLER, W.: M. T. Z. Bd. 10 (1949) S. 11.
[54] McCANN u. BENNETT: J. Appl. Mech. Bd. 16 (1949) Nr. 49 — APM 10.
[55] LORENZ, H.: Elasticity and damping effects of oscillating bodies on soil. Publ. 156 ASTM 1953.
[56] —: The determination of the dynamic characteristic of soils. Third Int. Conf. Soil Mechanics I, Sess. 4. Zürich 1953.
[57] —: Dynamik des Baugrundes. Grundbau-Taschenbuch. Berlin: Ernst & Sohn 1955.
[58] SMOLTCZYK, H.-U.: Zusammenfassende Darstellung des Standes von Wissenschaft und Technik der dynamischen Baugrunduntersuchungen. Forsch. u. Fortschr., Reihe D, Heft 25 (1955).
[59] KÖGLER-SCHEIDIG: Baugrund und Bauwerk. Berlin: Ernst & Sohn 1944.
[60] LORENZ, H.: Stand des dynamischen Bodenuntersuchungsverfahrens. Abhandl. Bodenmech. und Grundbau. Bielefeld: E. Schmidt 1944.
[61] BERGSTRÖM, S. G., u. S. LINDERHOLM: A dynamic method for determination of elastic properties of soil . Swedish Cement and Concrete Research Inst. Proc. No. 7 (1946).
[62] — —: Dynamic soil investigations on Säve Airfield. Svenska Forsknings-inst. for Cement och Betong, Stockholm, T. H. 1947.
[63] LORENZ, H.: Anwendung des seismischen Bodenuntersuchungsverfahrens bei einem Talsperrenbau. Bautechn.-Archiv H. 3 (1949).
[64] RAMSPECK, A.: Baugrunduntersuchungen mit Hilfe elastischer Wellen und Schwingungen, Taschenb. d. angew. Geophysik. Leipzig: Akad. Verlagsges. 1942.
[65] MINTROP, L.: Über künstliche Erdbeben. Ber. des Intern. Kongresses f. Bergbau, angew. Mechanik u. prakt. Geologie Düsseldorf 1910.
[66] —: Über die Ausbreitung der von den Massendrucken einer Großgasmaschine erzeugten Bodenschwingungen. Dissertation Breslau 1914.
[67] TUCHEL, G.: Seismische Messungen. Taschenb. d. angew. Geophysik, S. 207ff. Leipzig: Akad. Verlagsges. 1942.
[68] MOGAMI, T., u. K. KUBO: The Behaviour of Soil during Vibration. Proc. IIIrd. Int. Conf. on Soil Mech. and Found. Eng. Zürich 1953 I, S. 152—155.
[69] BERNHARD, R. K.: Study on Mechanical Oscillations. ASTM Philadelphia 1949.
[70] Prakla GmbH., Hannover: Prospekt über Lagerstättenforschung 1958.
[71] VETTERLEIN, P.: Wozu Magnetbandaufzeichnungen für seismische Messungen? Öl u. Kohle Bd. 9 (1956) November.
[72] SIEDENBURG, R.: Unwuchtschwingerreger mit selbsttätiger Fortbewegung. Bautechn. Bd. 34 (1957), H. 9.
[73] BATHELT, U.: Das Arbeitsverhalten des Rüttelverdichters auf plastisch-elastischem Untergrund. Bautechn.-Archiv Heft 12 (1956).
[74] PIPPAS, D. A.: Über die Setzungen und Dichtigkeitsänderungen bei Sandschüttungen infolge von Erschütterungen. Veröff. Degebo, T. H. Berlin, H. 2. Berlin: Springer 1932.
[75] RAMSPECK, A.: Bodenverfestigung durch Schwingungsrüttler. Bautechn. Bd. 15 (1937) H. 17, S. 219—221.
[76] TSCHEBOTARIOFF, G. P.: Vibratory and Impact Compaction of Soil. Amer. Road Builders Association.
[77] LORENZ, H.: Über die Vorgänge im rolligen Baugrund bei Schwingungsverdichtung. Forschungsarbeiten aus dem Straßenwesen. Neue Folge, H. 17. Bielefeld: Kirschbaum-Verlag.
[78] BARKAN, D. D.: Foundation Engineering and Drilling by the Vibration Method. Proc. Fourth Intern. Conf. on Soil Mechanics and Foundation Engineering, Vol. II. London 1957.
[79] L'HERMITE, R.: Französische Forschungen über das Rütteln des Betons. Bautechn. Bd. 36 (1959) Heft 2, S. 56.

[80] Erlenbach, L.: Ein steuerfähiger, selbstbeweglicher Schwingungsverdichter. Bautechn. Bd. 30 (1953) H. 11, S. 337—339.
[81] Plantema, G.: Einfluß von Frequenz und Marschgeschwindigkeit einiger Bodenverdichtungsgeräte. Straßen- u. Tiefbau Bd. 8 (1954), H. 8.
[82] Theiner, J.: Untersuchungen der statischen Walzverdichtungsvorgänge mit Glattwalzen und Vergleiche mit dynamischen Verdichtungsgeräten. Dissertation T. H. Aachen 1958.
[83] Lewis, W. A.: Ergebnisse von Bodenverdichtungsversuchen am Britischen Straßenbaulaboratorium. Bauing. Bd. 33 (1958), H. 12, S. 459—465.
[84] Barkan, D. D.: On the use of forced oscillations in pile driving. Stroit. Prom., No. 8.
[85] —: Construction of foundations using the vibratory method.
[86] —: Experimental research on the penetration into the earth and extraction from the earth of sheet piles, pipes and piles by the BT-12 Vibrator. Proc. Sci. Res. Inst. Foundations, No. 22.
[87] Fizdel, I. A., u. Paranbeck, G. E.: The practical use of deep hydraulic vibration of soils for building.
[88] Gumensky, B. M., and N. S. Komarov: Vibratory drilling of the ground for surveying railways.
[89] Kalmikov, S. G., and N. E. Belash: Vibratory-rotary method for drilling rocks of medium and high hardness. Gornyi J., No. 7.
[90] Medvedev, C. R., and A. O. Shestopalov: Design of sheet-pile cellular cofferdams using vibratory driving. Gidrotekh., Stroit., No. 11.
[91] Neumark, J. I.: Theory of vibratory penetration. Tech. Pap. Acad. Sci. U. S. S. R., V, XV.
[92] Preobrajhenskaja, N. A.: The influence of vibration factors on the penetration of piles and sheet piles. Papers of Meeting of Institute of Foundations.
[93] Savinov, O. A., A. J. Luskin, M. G. Zeutlin and S. V. Plekhanova: Vibratory pile driving with sprung loads.
[94] Skekhter, O. J.: The amplitude of forced vibrations of piles as a function of vibrator characteristics. Proc. Sci. Res. Inst. Foundations, No. 27.
[95] Shkurenko, N. S.: On the influence of vibration on shearing resistance of soil. Proc. Sci. Inst. Foundations, No. 28.
[96] Tatarnikov, B. N.: Provisional specifications for the use of low-frequency vibratory pile driver VP—1, 1955.
[97] Tsaplin, S. A.: Vibratory-impact mechanisms.
[98] Yefremov, M. G.: On the problem of vibratory geological-exploratory shaft sinking. Proc. Sci. Res. Inst. Foundations, No. 28.
[99] Barkan, D. D.: Application of the vibratory method in the construction of sand and concrete piles. Proc. Sci. Res. Inst. Foundations, No. 22.
[100] Bendel, L.: Problèmes dynamiques de résistance des sols, Travaux 1948, S. 445.
[101] Lorenz, H.: Baugrunduntersuchungen „Interbau Berlin", Heft 4, S. 240 bis 241.
[102] Neumeuer, H.: Baugrunduntersuchungen und Gründungen beim Wiederaufbau des südlichen Hansa-Viertels in Berlin-Tiergarten. Baum. und Bautechnik 1958, Heft 2, S. 43—48.
[103] Bishop, R. E. D., u. D. G. Johnson: Schwingungstechnische Tabellen. Baden-Baden: Verlag für angew. Wissenschaften 1958.
[104] Koloušek, V.: Baudynamik der Durchlaufträger und Rahmen. Leipzig: Fachbuchverlag 1953.
[105] Lorenz, H.: Schwingungsberechnung von Rahmentragwerken. Vorträge Baugrundtagung 1958, Hamburg, Eigenverlag Dt. Ges. f. Erd- und Grundbau, Hamburg 1959.
[106] Schrader, K. H.: Schwingungsberechnung eines auf dem Baugrund stehenden Turbinenfundamentes nach Koloušek. (Wird im „Bauing." veröffentl.)
[107] Förtsch, O., u. H. Muhs: Untersuchungen an einem fehlerhaften Kompressorfundament. Bautechn.-Archiv Heft 3, (1949).
[108] Crockett, J. H. A., and R. E. R. Hammond: Reduction of Ground Vibrations into Structures. Inst. Civ. Eng., London, Session 1946—47.

[*109*] Crockett, J. H. A.: The Dynamic Principles of Machine Foundations and Ground. Inst. Mech. Eng., London, 1949.
[*110*] Terebesi, P.: Rechenschablonen für harmonische Analyse und Synthese. Berlin: Springer 1930.
[*111*] Zipperer, L.: Tafeln zur harmonischen Analyse. Berlin 1926.
[*112*] Dubbel: Taschenbuch für den Maschinenbau. 11. Aufl. Berlin/Göttingen/Heidelberg: Springer 1953.
[*113*] Sanden, H. von: Die Rungesche Parabel. Ing. Arch. I (1930), S. 645.
[*114*] Tse Yung Sung: Vibration in Semi-infinite Solids due to Periodic Loadings. Harvard Soil Mech. Ser. No. 48, 1953. Harvard Univ. Cambridge, Mass.
[*115*] Szabó, J. Höhere Technische Mechanik, Springer 1956.

Sachverzeichnis